Java Web 程序开发进阶

传智播客高教产品研发部 / 编著

清华大学出版社
北 京

内 容 简 介

本书从有一定Web开发基础的编程人员的角度出发，深刻地揭示了Java Web开发的内幕。全书共12章，详细讲解了从JDBC基础到DBUtils工具，从Filter到Servlet事件监听器，以及文件上传下载、EL表达式、JSTL标签、国际化等Java Web开发的各个方面的知识和技巧。最重要的是，本书加入了真实的电商项目，揭示了真实项目开发内幕，让编程人员切身感受项目开发带来的乐趣。本书使用深入浅出、通俗易懂的语言阐述教材中涉及的概念，并通过结合典型翔实的Web应用案例、分析案例代码、解决常见问题等方式，帮助读者真正明白Web应用程序开发的全过程。

本书附有配套视频、源代码、习题、教学课件等资源，而且为了帮助编程人员更好地解决学习过程中遇到的问题，传智播客还专门提供了免费的在线答疑平台。

本书适合作为高等院校计算机相关专业程序设计或者Web项目开发的教材，是一本适合广大计算机编程爱好者的优秀读物。

本书封面贴有清华大学出版社防伪标签，无标签者不得销售。
版权所有，侵权必究。举报：010-62782989，beiqinquan@tup.tsinghua.edu.cn。

图书在版编目(CIP)数据

Java Web程序开发进阶/传智播客高教产品研发部编著．—北京：清华大学出版社，2015（2021.12重印）
ISBN 978-7-302-40726-3

Ⅰ．①J… Ⅱ．①传… Ⅲ．①JAVA语言—程序设计 Ⅳ．①TP312

中国版本图书馆CIP数据核字(2015)第161901号

责任编辑：袁勤勇　薛　阳
封面设计：乔婷婷
责任校对：胡伟民
责任印制：曹婉颖

出版发行：清华大学出版社
网　　址：http://www.tup.com.cn，http://www.wqbook.com
地　　址：北京清华大学学研大厦A座　**邮　　编**：100084
社 总 机：010-62770175　**邮　　购**：010-83470235
投稿与读者服务：010-62776969，c-service@tup.tsinghua.edu.cn
质量反馈：010-62772015，zhiliang@tup.tsinghua.edu.cn
课件下载：http://www.tup.com.cn，010-83470236
印 刷 者：北京富博印刷有限公司
装 订 者：北京市密云县京文制本装订厂
经　　销：全国新华书店
开　　本：185mm×260mm　**印　张**：22.25　**字　　数**：560千字
版　　次：2015年8月第1版　**印　　次**：2021年12月第14次印刷
定　　价：49.90元

产品编号：065774-06

序言

作为本书的作者，江苏传智播客教育科技股份有限公司（简称“传智教育”）是一家培养高精尖数字化人才的公司，主要培养人工智能、大数据、智能制造、软件、互联网、区块链等数字化专业人才及数据分析、网络营销、新媒体等数字化应用人才。传智教育自成立以来紧随国家互联网科技战略及产业发展步伐，始终与软件、互联网、智能制造等前沿技术齐头并进，已持续向社会高科技企业输送数十万名高新技术人员，为企业数字化转型升级提供了强有力的人才支撑。

公司由一批拥有10年以上开发管理经验，且来自互联网或研究机构的IT精英组成，负责研究、开发教学模式和课程内容。公司具有完善的课程研发体系，一直走在整个行业发展的前端，在行业内树立起了良好的品质口碑。

一、黑马程序员——高端IT教育品牌

黑马程序员的学员多为大学毕业后，想从事IT行业，但各方面条件还不成熟的年轻人。“黑马程序员”的学员筛选制度非常严格，包括了严格的技术测试、自学能力测试，还包括性格测试、压力测试、品德测试等。百里挑一的残酷筛选制度确保学员质量，并降低企业的用人风险。

自“黑马程序员”成立以来，教学研发团队一直致力于打造精品课程资源，不断在产、学、研三个层面创新自己的执教理念与教学方针，并集中“黑马程序员”的优势力量，有针对性地出版了计算机系列教材百余种，制作教学视频数百套，发表各类技术文章数千篇。

二、院校邦——院校服务品牌

院校邦以“协万千名校育人、助天下英才圆梦”为核心理念，针对中国本科教育和职业教育改革的痛点，为高校提供健全的校企合作解决方案。主要包括原创教材、高校教辅平台、师资培训、院校公开课、实习实训、产学合作协同育人、专业建设、传智杯大赛等，每种方式现已形成稳固的系统的高校合作模式，旨在深化教学改革，实现高校人才培养与企业发展的合作共赢。

1. 为大学生提供的配套服务

（1）请同学们登录 http://stu.ityxb.com，进入“高校学习平台”，免费获取海量学习资

源，平台可以帮助高校学生解决各类学习问题。

(2) 针对高校学生在学习过程中存在的压力等问题，我们面向大学生量身打造了IT学习小助手——“邦小苑”，可提供教材配套学习资源。同学们快来关注“邦小苑”微信公众号。

2. 为教师提供的配套服务

(1) 高校老师请登录 http://tch.ityxb.com，进入“高校教辅平台”，院校邦为IT系列教材精心设计了“教案＋授课资源＋考试系统＋题库＋教学辅助案例”的系列教学资源。

(2) 针对高校教师在教学过程中存在的授课压力等问题，我们专为教师打造了教学好帮手——“传智院校邦”，老师可添加“码大牛”老师微信/QQ：2011168841，或扫描下方二维码，获取最新的教学辅助资源。

三、意见与反馈

为了让老师和同学们有更好的教材使用体验，如有任何关于教材信息的意见或建议欢迎您扫码进行反馈，您的意见和建议对我们十分重要。

传智教育

2021年1月

前言

关于本书

作为一门技术的进阶教程最重要也最难的一件事情就是要将一些非常复杂、难以理解的思想和问题简单化,让读者能够轻松理解并快速掌握。本教材对每个知识点都进行了深入地分析,并针对每个知识点精心设计了相关案例,然后在每个阶段模拟这些知识点在实际工作中的运用,真正做到了知识的由浅入深、由易到难。

本教材共分为 12 章:

- 第 1 章主要介绍 JDBC 入门的相关知识。通过本章的学习,要求读者了解什么是 JDBC,熟悉 JDBC 的常用 API,掌握 JDBC 操作数据库的步骤,并可以开发简单的 JDBC 程序。
- 第 2 章讲解 JDBC 处理事务以及数据库连接池的知识,其中在讲解数据库连接池时,介绍了 DBCP 数据源和 C3P0 数据源这两种常用的数据源。通过本章的学习,能让读者熟悉如何用 JDBC 处理事务以及通过数据源获取数据库连接的开发流程。
- 第 3 章讲解 DBUtils 工具,它是操作数据库的一个组件,实现了对 JDBC 的简单封装。通过本章的学习,读者能够了解 DBUtils 工具的核心类库、ResultSetHandler 接口的实现类,学会使用 DBUtils 工具对数据库进行增删改查和处理事务。
- 第 4~5 章讲解 JavaWeb 的其中两个核心组件(Filter 和 Listener)。通过这两章的学习,读者能够掌握 Filter 的概念、创建和部署的过程以及 Filter 的具体应用,能够掌握 Servlet 事件监听器的原理及其在开发中的具体应用。
- 第 6 章讲解文件上传和下载的功能,主要内容包括如何使用 Commons-FileUpload 组件实现文件的上传、文件下载的原理以及如何实现文件下载。
- 第 7~9 章讲解 EL 表达式、JSTL 和自定义标签。使用 EL 表达式和标签可以大大简化 JSP 页面的编写,通过本章的学习,读者能够掌握 EL 表达式和 JSTL 标签库的使用,以及掌握如何开发自定义标签。
- 第 10 章讲解 Web 开发中的国际化,本章主要介绍了什么是国际化、国际化开发过程中所涉及的相关 API,并通过具体的案例来演示如何开发国际化的 Web 应用。通过本章的学习,让读者可以熟练掌握国际化的开发流程。
- 第 11~12 章讲解一个网上书城项目,将前面章节学习的 Web 开发的各种知识融会贯通,并在这个项目中进行实际应用,这两章内容力求从需求分析、功能结构分析到数据库设计,从项目前台到项目后台多方面全方位解析项目开发的内幕。通过这两章的学习,让读者能够掌握如何灵活地使用所学知识开发一个电子商务网站。

第1～3章主要讲解JDBC相关的知识，在Web开发中这些知识是必不可少的，要求读者深入掌握，为后面知识的学习奠定好基础。第4～5章，讲解的是Java Web开发中的其中两个核心组件，读者不仅需要掌握原理，还需要动手实践，认真完成教材中每个知识点对应的案例。第6章中讲解的文件上传和下载的功能在实际开发中经常使用，要求读者熟练掌握。第7～10章要求读者掌握EL表达式的用法和常用的JSTL标签即可。第11～12章讲解一个网上书城项目，要求读者能够熟悉如何开发一个电子商务网站。

另外，如果读者在理解知识点的过程中遇到困难，建议不要纠结于某个地方，可以先往后学习，通常来讲，看到后面对知识点的讲解或者其他章节的内容后，前面看不懂的知识点一般就能理解了，如果读者在动手练习的过程中遇到问题，建议多思考，理清思路，认真分析问题发生的原因，并在问题解决后多总结。

致谢

本教材的编写和整理工作由传智播客教育科技有限公司高教产品研发部完成，主要参与人员有徐文海、高美云、陈欢、马丹、黄云、孙洪乔、金鑫、杜宏、梁桐、王友军、王昭珽、张阳、姜涛、刘悦东、任童、王泽，全体人员在这近一年的编写过程中付出了很多辛勤的汗水。除此之外，还有传智播客600多名学员也参与到了教材的试读工作中，他们站在初学者的角度对教材提供了许多宝贵的修改意见，在此一并表示衷心的感谢。

意见反馈

尽管我们尽了最大的努力，但教材中难免会有不妥之处，欢迎各界专家和读者朋友们来信来函给予宝贵意见，我们将不胜感激。您在阅读本书时，如发现任何问题或有不认同之处可以通过电子邮件与我们取得联系。

请发送电子邮件至：itcast_book@vip.sina.com

传智播客教育科技有限公司 高教产品研发部

2015-5-1 于北京

目录

专属于教师和学生
的在线教育平台

让IT学习更简单

学生扫码关注“邦小苑”
获取教材配套资源及相关服务

让IT教学更有效

教师获取教材配套资源

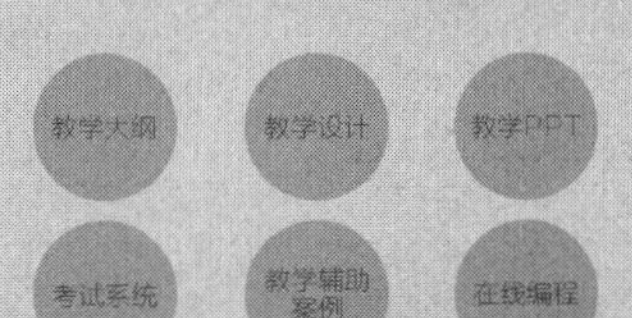

教师扫码添加“码大牛”
获取教学配套资源及教学前沿资讯
添加QQ/微信2011168841

第1章 JDBC入门

学习目标

- ◆ 了解什么是JDBC，熟悉JDBC的常用API；
- ◆ 熟练掌握JDBC操作数据库的步骤；
- ◆ 学会JDBC批处理及大数据处理。

在Web开发中，不可避免地要使用数据库来存储和管理数据。为了在Java语言中提供对数据库访问的支持，Sun公司于1996年提供了一套访问数据库的标准Java类库，即JDBC。本章将主要围绕JDBC常用API、JDBC连接数据库的步骤、JDBC基本操作、批处理和大数据处理等展开详细的讲解。需要注意的是，掌握数据库的基本知识和标准SQL语句是学习JDBC编程的前提，因此在学习本章内容之前，首先要学习数据库相关课程。

1.1 JDBC概述

1.1.1 什么是JDBC

JDBC的全称是Java数据库连接(Java Database Connectivity)，它是一套用于执行SQL语句的Java API。应用程序可通过这套API连接到关系数据库，并使用SQL语句来完成对数据库中数据的查询、更新和删除等操作。应用程序使用JDBC访问数据库的方式如图1-1所示。

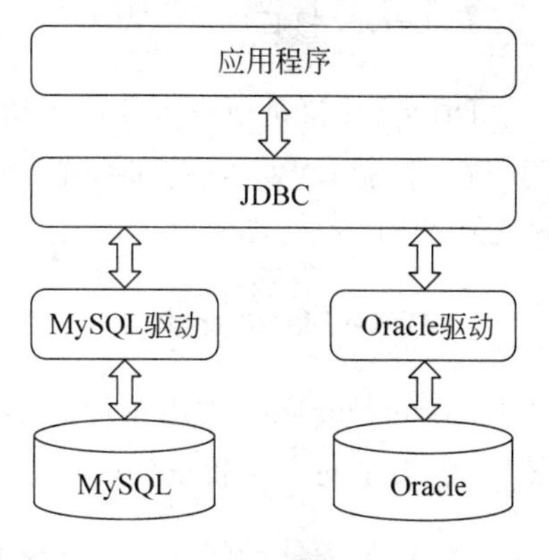

图1-1 应用程序使用JDBC访问数据库方式

从图1-1中可以看出，应用程序使用JDBC访问特定的数据库时，需要与不同的数据库驱动进行连接。由于不同数据库厂商提供的数据库驱动不同，因此，为了使应用程序与数据库真正建立连接，JDBC不仅需要提供访问数据库的API，还需要封装与各种数据库服务器通信的细节。

为了帮助读者更好地理解应用程序如何通过JDBC访问数据库，下面通过一张图来描述JDBC的具体实现细节，如图1-2所示。

从图1-2中可以看出，JDBC的实现包括三部分。

(1) JDBC驱动管理器：负责注册特定的JDBC驱动器，主要通过java.sql.DriverManager类实现。

(2) JDBC驱动器API：由Sun公司负责制定，其中最主要的接口是java.sql.Driver

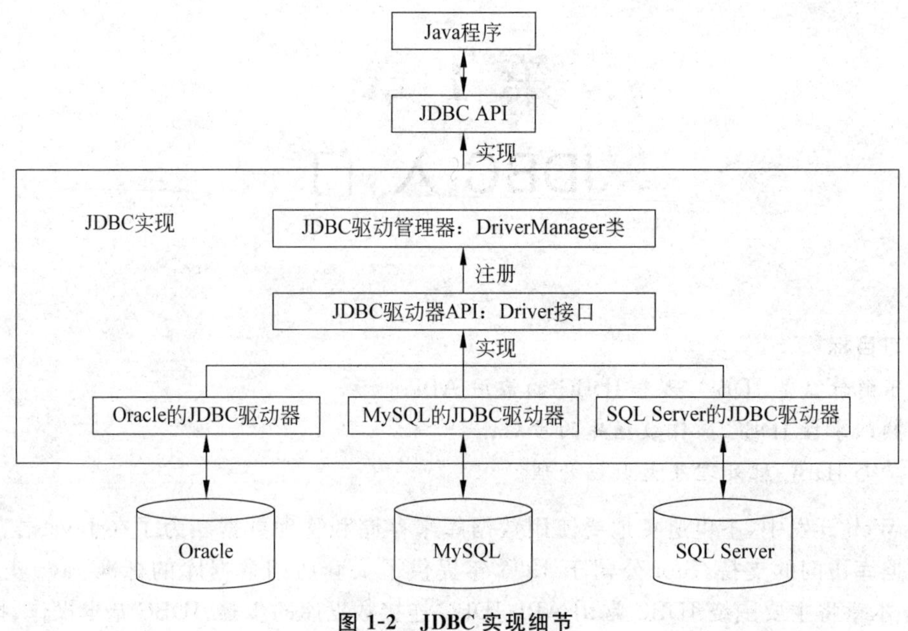

图 1-2 JDBC 实现细节

接口。

(3) JDBC 驱动器：它是一种数据库驱动，由数据库厂商创建，也称为 JDBC 驱动程序。JDBC 驱动器实现了 JDBC 驱动器 API，负责与特定的数据库连接，以及处理通信细节。

1.1.2 JDBC 常用 API

在开发 JDBC 程序前，首先了解一下 JDBC 常用的 API。JDBC API 主要位于 java. sql 包中，该包定义了一系列访问数据库的接口和类，具体如下。

1. Driver 接口

Driver 接口是所有 JDBC 驱动程序必须实现的接口，该接口专门提供给数据库厂商使用。在编写 JDBC 程序时，必须要把指定数据库驱动程序或类库加载到项目的 classpath 中。

2. DriverManager 类

DriverManager 类用于加载 JDBC 驱动并且创建与数据库的连接。在 DriverManager 类中，定义了两个比较重要的静态方法，如表 1-1 所示。

表 1-1 DriverManager 类的方法

方法名称	功能描述
registerDriver(Driver driver)	该方法用于向 DriverManager 中注册给定的 JDBC 驱动程序
getConnection(String url, String user, String pwd)	该方法用于建立和数据库的连接，并返回表示连接的 Connection 对象

3. Connection 接口

Connection 接口代表 Java 程序和数据库的连接，在 Connection 接口中，定义了一系列方法，具体如表 1-2 所示。

表 1-2 Connection 接口的方法

方法名称	功能描述
getMetaData()	该方法用于返回表示数据库的元数据的 DatabaseMetaData 对象
createStatement()	用于创建一个 Statement 对象来将 SQL 语句发送到数据库
prepareStatement(String sql)	用于创建一个 PreparedStatement 对象来将参数化的 SQL 语句发送到数据库
prepareCall(String sql)	用于创建一个 CallableStatement 对象来调用数据库存储过程

4. Statement 接口

Statement 接口用于向数据库发送 SQL 语句，在 Statement 接口中，提供了三个执行 SQL 语句的方法，具体如表 1-3 所示。

表 1-3 Statement 接口的方法

方法名称	功能描述
execute(String sql)	用于执行各种 SQL 语句，该方法返回一个 boolean 类型的值，如果为 true，表示所执行的 SQL 语句具备查询结果，可通过 Statement 的 getResultSet()方法获得查询结果
executeUpdate(String sql)	用于执行 SQL 中的 insert、update 和 delete 语句。该方法返回一个 int 类型的值，表示数据库中受该 SQL 语句影响的记录的数目
executeQuery(String sql)	用于执行 SQL 中的 select 语句，该方法返回一个表示查询结果的 ResultSet 对象

5. PreparedStatement 接口

PreparedStatement 是 Statement 的子接口，用于执行预编译的 SQL 语句。在 PreparedStatement 接口中，提供了一些基本操作的方法，具体如表 1-4 所示。

表 1-4 PreparedStatement 接口的方法

方法名称	功能描述
executeUpdate()	在此 PreparedStatement 对象中执行 SQL 语句，该语句必须是一个 DML 语句或者是无返回内容的 SQL 语句，比如 DDL 语句
executeQuery()	在此 PreparedStatement 对象中执行 SQL 查询，该方法返回的是 ResultSet 对象
setInt(int parameterIndex, int x)	将指定参数设置为给定的 int 值
setFloat(int parameterIndex, float x)	将指定参数设置为给定的 float 值

续表

方法名称	功能描述
setString(int parameterIndex, String x)	将指定参数设置为给定的 String 值
setDate(int parameterIndex, Date x)	将指定参数设置为给定的 Date 值
addBatch()	将一组参数添加到此 PreparedStatement 对象的批处理命令中
setCharacterStream(parameterIndex, reader, length)	将指定的输入流写入数据库的文本字段
setBinaryStream(parameterIndex, x, length)	将二进制的输入流数据写入到二进制字段中

需要注意的是,表 1-4 中的 setDate()方法可以设置日期内容,但参数 Date 的类型是 java.sql.Date,而不是 java.util.Date。

6. CallableStatement 接口

CallableStatement 是 PreparedStatement 的子接口,用于执行 SQL 存储过程。在 CallableStatement 接口中,提供了一些基本操作的方法,具体如表 1-5 所示。

表 1-5 CallableStatement 接口的方法

方法名称	功能描述
registerOutParameter(int parameterIndex, int sqlType)	按顺序位置将 OUT 参数注册为 SQL 类型。其中,parameterIndex 表示顺序位置,sqlType 表示 SQL 类型
setNull(String parameterName, int sqlType)	将指定参数设置为 SQL 类型的 NULL
setString(String parameterName, String x)	将指定参数设置为给定的 Java 类型的 String 值
wasNull()	查询最后一个读取的 OUT 参数是否为 SQL 类型的 NULL 值
getInt(int parameterIndex)	以 Java 语言中 int 值的形式获取指定的数据库中 INTEGER 类型参数的值

需要注意的是,由于 CallableStatement 接口继承了 PreparedStatement, PreparedStatement 接口又继承了 Statement,因此 CallableStatement 接口中除了拥有自己特有的方法,也同时拥有了这两个父接口中的方法。

7. ResultSet 接口

ResultSet 接口表示 select 查询语句得到的结果集,该结果集封装在一个逻辑表格中。在 ResultSet 接口内部有一个指向表格数据行的游标,ResultSet 对象初始化时,游标在表格的第一行之前。表 1-6 列举了 ResultSet 接口中的常用方法。

从表 1-6 可以看出,ResultSet 接口中定义了大量的 getXxx()方法,采用哪种 getXxx()方法取决于字段的数据类型。程序既可以通过字段的名称来获取指定数据,也可以通过字段的索引来获取指定的数据,字段的索引是从 1 开始编号的。

表 1-6　ResultSet 接口的方法

方法名称	功能描述
getString(int columnIndex)	用于获取指定字段的 String 类型的值，参数 columnIndex 代表字段的索引
getString(String columnName)	用于获取指定字段的 String 类型的值，参数 columnName 代表字段的名称
getInt(int columnIndex)	用于获取指定字段的 int 类型的值，参数 columnIndex 代表字段的索引
getInt(String columnName)	用于获取指定字段的 int 类型的值，参数 columnName 代表字段的名称
getDate(int columnIndex)	用于获取指定字段的 Date 类型的值，参数 columnIndex 代表字段的索引
getDate(String columnName)	用于获取指定字段的 Date 类型的值，参数 columnName 代表字段的名称
next()	将游标从当前位置向下移一行
absolute(int row)	将游标移动到此 ResultSet 对象的指定行
afterLast()	将游标移动到此 ResultSet 对象的末尾，即最后一行之后
beforeFirst()	将游标移动到此 ResultSet 对象的开头，即第一行之前
previous()	将游标移动到此 ResultSet 对象的上一行
last()	将游标移动到此 ResultSet 对象的最后一行

上面相继列出了 JDBC 的常用 API，在这里只需了解即可，具体的使用将在下面进行详细的讲解。

1.1.3　实现第一个 JDBC 程序

通过前面的学习，我们对 JDBC 及其常用 API 有了大致的了解，接下来就开始学习 JDBC 编程，JDBC 编程大致按照以下几个步骤进行。

(1) 加载并注册数据库驱动，具体方式如下。

```
DriverManager.registerDriver(Driver driver);
```

(2) 通过 DriverManager 获取数据库连接，具体方式如下。

```
Connection conn= DriverManager.getConnection(String url, String user, String pass);
```

从上述方式可以看出，getConnection()方法中有三个参数，它们分别表示数据库 url、登录数据库的用户名和密码。数据库 url 通常遵循如下形式的写法。

```
jdbc:subprotocol:subname
```

上面的 url 写法中 jdbc 部分是固定的，subprotocol 指定连接到特定数据库的驱动程序，而 subname 部分则很不固定，也没有什么规律，不同数据库的 url 形式可能存在较大差异，以 MySQL 数据库 url 为例，其形式如下。

```
jdbc:mysql://hostname:port/databasename
```

(3) 通过 Connection 对象获取 Statement 对象。Connection 创建 Statement 的方式有如下三种。

① createStatement()：创建基本的 Statement 对象。

② prepareStatement()：创建 PreparedStatement 对象。

③ prepareCall()：创建 CallableStatement 对象。

以创建基本的 Statement 对象为例，具体方式如下。

```
Statement stmt= conn.createStatement();
```

(4) 使用 Statement 执行 SQL 语句。所有的 Statement 都有如下三种方法来执行 SQL 语句。

① execute()：可以执行任何 SQL 语句。

② executeQuery()：通常执行查询语句，执行后返回代表结果集的 ResultSet 对象。

③ executeUpdate()：主要用于执行 DML 和 DDL 语句。执行 DML 语句，如 INSERT、UPDATE 或 DELETE 时，返回受 SQL 语句影响的行数，执行 DDL 语句返回 0。

以 executeQuery()方法为例，具体方式如下。

```
//执行 SQL 语句,获取结果集 ResultSet
ResultSet rs=stmt.executeQuery(sql);
```

(5) 操作 ResultSet 结果集。如果执行的 SQL 语句是查询语句，执行结果将返回一个 ResultSet 对象，该对象里保存了 SQL 语句查询的结果。程序可以通过操作该 ResultSet 对象来取出查询结果。ResultSet 对象提供的方法主要可以分为以下两类。

① next()、previous()、first()、last()、beforeFirst()、afterLast()、absolute()等移动记录指针的方法。

② getXxx()获取指针指向行，特定列的值。

(6) 回收数据库资源。关闭数据库连接，释放资源，包括关闭 ResultSet、Statement 和 Connection 等资源。

至此，JDBC 编程的大致步骤已经完成，为了帮助读者快速学习如何开发 JDBC 程序，接下来，编写第一个 JDBC 程序，该程序从 users 表中读取数据，并将结果打印在控制台，具体步骤如下所示。

1. 搭建实验环境

在 MySQL 中创建一个名称为 chapter01 的数据库，然后在该数据库中创建一个 users 表，SQL 语句如下所示。

```
CREATE DATABASE chapter01;
USE chapter01;
CREATE TABLE users(
    id INT PRIMARY KEY AUTO_INCREMENT,
    name VARCHAR(40),
    password VARCHAR(40),
```

```
    email VARCHAR(60),
    birthday DATE
)CHARACTER SET utf8 COLLATE utf8_general_ci;
```

数据库和表创建成功后，再向 users 表中插入三条数据，SQL 语句如下所示。

```
INSERT INTO users(NAME,PASSWORD,email,birthday)
VALUES('zs','123456','zs@sina.com','1980-12-04');
INSERT INTO users(NAME,PASSWORD,email,birthday)
VALUES('lisi','123456','lisi@sina.com','1981-12-04');
INSERT INTO users(NAME,PASSWORD,email,birthday)
VALUES('wangwu','123456','wangwu@sina.com','1979-12-04');
```

为了查看数据是否添加成功，使用 SELECT 语句查询 users 表，执行结果如下所示。

```
mysql>SELECT * FROM users;
+----+--------+----------+-----------------+------------+
| id | name   | password | email           | birthday   |
+----+--------+----------+-----------------+------------+
| 1  | zs     | 123456   | zs@sina.com     | 1980-12-04 |
| 2  | lisi   | 123456   | lisi@sina.com   | 1981-12-04 |
| 3  | wangwu | 123456   | wangwu@sina.com | 1979-12-04 |
+----+--------+----------+-----------------+------------+
3 rows in set (0.03 sec)
```

2. 导入数据库驱动

新建 Java 工程 chapter01，将要访问的数据库驱动文件添加到 classpath 中。由于应用程序访问的是 MySQL 数据库，因此，将 MySQL 的数据库驱动文件 mysql-connector-java-5.0.8-bin.jar 添加到 classpath 中即可。

3. 编写 JDBC 程序

在工程 chapter01 中，新建 Java 类 Example01，该类用于读取数据库中的 users 表，并将结果输出，如例 1-1 所示。

例 1-1 Example01.java

```
1   package cn.itcast.jdbc.example;
2   import java.sql.Connection;
3   import java.sql.DriverManager;
4   import java.sql.ResultSet;
5   import java.sql.SQLException;
6   import java.sql.Statement;
7   import java.sql.Date;
8   public class Example01 {
9       public static void main(String[] args) throws SQLException {
10          //1.注册数据库的驱动
11          DriverManager.registerDriver(new com.mysql.jdbc.Driver());
12          //2.通过 DriverManager 获取数据库连接
```

```
13          String url="jdbc:mysql://localhost:3306/chapter01";
14          String username="root";
15          String password="itcast";
16          Connection conn=DriverManager.getConnection (url, username,
17                  password);
18          //3.通过 Connection 对象获取 Statement 对象
19          Statement stmt=conn.createStatement();
20          //4.使用 Statement 执行 SQL 语句。
21          String sql="select * from users";
22          ResultSet rs=stmt.executeQuery(sql);
23          //5. 操作 ResultSet 结果集
24          System.out.println("id|name|password|email|birthday");
25          while (rs.next()) {
26              int id=rs.getInt("id");         //通过列名获取指定字段的值
27              String name=rs.getString("name");
28              String psw=rs.getString("password");
29              String email=rs.getString("email");
30              Date birthday=rs.getDate("birthday");
31              System.out.println(id+"|"+name+"|"+psw+"|"+email
32                      +"|"+birthday);
33          }
34          //6.回收数据库资源
35          rs.close();
36          stmt.close();
37          conn.close();
38          }
39      }
```

程序执行成功后，会将从 users 表中读取到的数据打印到控制台，具体如图 1-3 所示。

```
Properties  Servers  Data Source Explorer  Console  Debug
<terminated> Example01 (1) [Java Application] E:\Program Files\Java\jdk1.7.0_60\bin\javaw.exe (2015-4-18 下午2:13:11)
id | name | password | email | birthday
1 | zs | 123456 | zs@sina.com | 1980-12-04
2 | lisi | 123456 | lisi@sina.com | 1981-12-04
3 | wangwu | 123456 | wangwu@sina.com | 1979-12-04
```

图 1-3 运行结果

在例 1-1 中演示了 JDBC 访问数据库的步骤。首先注册 MySQL 的数据库驱动器类，通过 DriverManager 获取一个 Connection 对象，然后使用 Connection 对象创建了一个 Statement 对象，Statement 对象能够通过 executeQuery()方法执行 SQL 语句，并返回结果集 ResultSet 对象。最后，通过遍历 ResultSet 对象便可得到最终的查询结果。

需要注意的是，在实现第一个 JDBC 程序时，还有两个方面需要改进，具体如下。

1. 注册驱动

在注册数据库驱动时，虽然 DriverManager. registerDriver(new com. mysql. jdbc. Driver())方法可以完成，但会使数据库驱动被注册两次。这是因为 Driver 类的源码中，已经在静态代码块中完成了数据库驱动的注册。所以,为了避免数据库驱动被重复注册,只需要在程序中加载驱动类即可,具体加载方式如下所示。

```
Class.forName("com.mysql.jdbc.Driver");
```

2. 释放资源

由于数据库资源非常宝贵,数据库允许的并发访问连接数量有限,因此,当数据库资源使用完毕后,一定要记得释放资源。为了保证资源的释放,在Java程序中,应该将最终必须要执行的操作放在finally代码块中,具体方式如下。

```
if(rs!=null) {
    try {
        rs.close();
    } catch (SQLException e) {
        e.printStackTrace();
    }
    rs=null;
}
if(stmt!=null) {
    try {
        stmt.close();
    } catch (SQLException e) {
        e.printStackTrace();
    }
    stmt=null;
}
if(conn!=null) {
    try {
        conn.close();
    } catch (SQLException e) {
        e.printStackTrace();
    }
    conn=null;
}
```

1.1.4 PreparedStatement对象

在1.1.3节中,SQL语句的执行是通过Statement对象实现的。Statement对象每次执行SQL语句时,都会对其进行编译。当相同的SQL语句执行多次时,Statement对象就会使数据库频繁编译相同的SQL语句,从而降低数据库的访问效率。

为了解决上述问题,Statement提供了一个子类PreparedStatement。PreparedStatement对象可以对SQL语句进行预编译。也就是说,当相同的SQL语句再次执行时,数据库只需使用缓冲区中的数据,而不需要对SQL语句再次编译,从而有效提高数据的访问效率。为了帮助读者快速了解PreparedStatement对象的使用,接下来,通过一个案例来演示,如例1-2所示。

例 1-2 Example02. java

```
1  package cn.itcast.jdbc.example;
2  import java.sql.Connection;
3  import java.sql.DriverManager;
4  import java.sql.PreparedStatement ;
5  import java.sql.SQLException;
6  public class Example02 {
7    public static void main(String[] args) throws SQLException {
8        Connection conn=null;
9        PreparedStatement preStmt=null;
10       try {
11           //加载数据库驱动
12           Class.forName("com.mysql.jdbc.Driver");
13           String url="jdbc:mysql://localhost:3306/chapter01";
14           String username="root";
15           String password="itcast";
16           //创建应用程序与数据库连接的 Connection 对象
17           conn=DriverManager.getConnection(url, username, password);
18           //执行的 SQL 语句
19           String sql="INSERT INTO users(name,password,email,birthday)"
20                   +"VALUES(?,?,?,?)";
21            //创建执行 SQL 语句的 PreparedStatement 对象
22           preStmt=conn.prepareStatement(sql);
23           preStmt.setString(1, "zl");
24           preStmt.setString(2, "123456");
25           preStmt.setString(3, "zl@sina.com");
26           preStmt.setString(4, "1789-12-23");
27           preStmt.executeUpdate();
28       } catch (ClassNotFoundException e) {
29           e.printStackTrace();
30       } finally {                              //释放资源
31           if (preStmt !=null) {
32               try {
33                   preStmt.close();
34               } catch (SQLException e) {
35                   e.printStackTrace();
36               }
37               preStmt=null;
38           }
39           if (conn !=null) {
40               try {
41                   conn.close();
42               } catch (SQLException e) {
43                   e.printStackTrace();
44               }
45               conn=null;
46           }
47       }
48   }
49 }
```

例 1-2 演示了使用 PreparedStatement 对象执行 SQL 语句的步骤。首先通过

Connection 对象的 prepareStatement()方法生成 PreparedStatement 对象，然后调用 PreparedStatement 对象的 setXxx()方法，给 SQL 语句中的参数赋值，最后通过调用 executeUpdate()方法执行 SQL 语句。

例 1-2 运行成功后，会在数据库 chapter01 的 users 表中插入一条数据。进入 MySQL，使用 SELECT 语句查看 users 表，结果如下所示。

```
mysql>select * from users;
+----+--------+----------+------------------+------------+
| id | name   | password | email            | birthday   |
+----+--------+----------+------------------+------------+
| 1  | zs     | 123456   | zs@sina.com      | 1980-12-04 |
| 2  | lisi   | 123456   | lisi@sina.com    | 1981-12-04 |
| 3  | wangwu | 123456   | wangwu@sina.com  | 1979-12-04 |
| 4  | zl     | 123456   | zl@sina.com      | 1789-12-23 |
+----+--------+----------+------------------+------------+
4 rows in set (0.00 sec)
```

从上述结果可以看出，users 表中多了一条数据，说明 PreparedStatement 对象可以成功执行对数据库的操作。

1.1.5 CallableStatement 对象

CallableStatement 接口是用于执行 SQL 存储过程的接口，它继承自 PreparedStatement 接口。JDBC API 提供了一个存储过程 SQL 转义语法，该语法允许对所有关系型数据库管理系统(RDBMS)使用标准方式调用存储过程。此语法有一个包含结果参数的形式和一个不包含结果参数的形式，具体如下所示。

```
{?=call<procedure-name>[(<arg1>,<arg2>,…)]}
{call<procedure-name>[(<arg1>,<arg2>,…)]}
```

在上述语法格式中，其中的参数(<arg1>,<arg2>,…)有三种不同的形式，具体如下。

(1) IN 类型：此类型是用于参数从外部传递给存储过程使用。

(2) OUT 类型：此类型是存储过程执行过程中的返回值。

(3) IN、OUT 混合类型：此类型是参数传入，然后返回。

如果使用结果参数，则必须将其注册为 OUT 参数。其他参数可用于输入、输出或同时用于二者。参数是根据编号按顺序引用的，第一个参数的编号是 1。

IN 参数值是使用继承自 PreparedStatement 的 setXxx()方法设置的。在执行存储过程之前，必须注册所有 OUT 参数的类型；它们的值是在执行后通过此类提供的 getXxx()方法获取的。

CallableStatement 可以返回一个 ResultSet 对象或多个 ResultSet 对象。多个 ResultSet 对象是通过继承 Statement 来处理的。

下面的 SQL 语句用于在 chapter01 数据库中创建一个简单的存储过程。

```
DELIMITER//
CREATE PROCEDURE add_pro(a INT,b INT,OUT SUM INT)
BEGIN
SET SUM=a+b ;
END//
DELIMITER;
```

上面的程序创建了名为add_pro的存储过程,该存储过程包含三个参数：a、b是默认参数,即传入参数,而sum使用out修饰,是传出参数。

调用存储过程使用CallableStatement,可以通过Connection的prepareCall()方法来创建CallableStatement对象,创建该对象时需要传入调用存储过程的SQL语句,示例代码如下。

```
//使用 Connection 来创建一个 CallableStatement 对象
CallableStatement cstmt=conn.prepareCall("{call add_pro(?,?,?)}");
```

在上述示例代码中,?占位符可以是IN、OUT或者INOUT参数,这取决于存储过程add_pro。

存储过程的参数既有传入参数,也有传出参数。所谓传入参数就是Java程序必须为这些参数传入值,那么可以通过CallableStatement的setXxx()方法为传入的参数设置值;所谓传出参数就是Java程序可以通过该参数获取存储过程里的值,那么CallableStatement需要调用registerOutParameter()方法来注册该参数,示例代码如下所示。

```
//注册 CallableStatement 的第三个参数 int 类型
cstmt.registerOutParameter(3,Types.INTEGER);
```

经过上面的步骤之后,就可以调用CallableStatement的execute()方法来执行存储过程,执行结束后通过CallableStatement对象的getXxx(int index)方法来获取指定传出参数的值。为了帮助读者掌握如何调用存储过程,接下来,通过一个具体的案例来演示,如例1-3所示。

例1-3 Example03.java

```
1    package cn.itcast.jdbc.example;
2    import java.sql.CallableStatement;
3    import java.sql.Connection;
4    import java.sql.DriverManager;
5    import java.sql.Types;
6    public class Example03 {
7        public static void main(String[] args) throws Exception {
8            CallableStatement cstmt=null;
9            Connection conn=null;
10            try {
11                //注册数据库的驱动
12                Class.forName("com.mysql.jdbc.Driver");
13                //通过 DriverManager 获取数据库连接
14                String url="jdbc:mysql://localhost:3306/chapter01";
15                String username="root";
```

```
16              String password="itcast";
17              conn=DriverManager.getConnection(url, username, password);
18              //使用 Connection 来创建一个 CallableStatement 对象
19              cstmt=conn.prepareCall("call add_pro(?,?,?)");
20              cstmt.setInt(1, 4);
21              cstmt.setInt(2, 5);
22              //注册 CallableStatement 的第三个参数为 int 类型
23              cstmt.registerOutParameter(3, Types.INTEGER);
24              //执行存储过程
25              cstmt.execute();
26              System.out.println("执行结果是: "+cstmt.getInt(3));
27          //回收数据库资源
28          } finally {
29              if (cstmt !=null) {
30                  cstmt.close();
31              }
32              if (conn !=null) {
33                  conn.close();
34              }
35          }
36      }
37  }
```

程序执行成功后，会将 4 和 5 两数相加的结果打印到控制台，具体如图 1-4 所示。

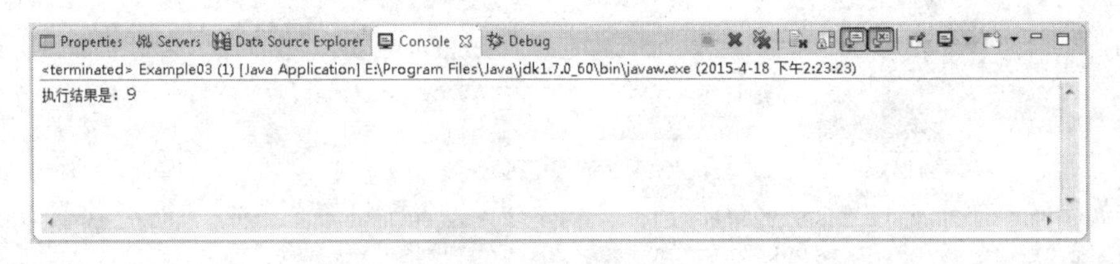

图 1-4 运行结果

从图 1-4 中可以看出，运行结果正常。例 1-3 中第 11～17 行代码实现了注册数据库驱动和获取数据库连接的功能，第 19～23 行代码创建了一个 CallableStatement 对象用来调用数据库存储过程，该存储过程名为 add_pro，并带有三个参数，其中第一、二个参数为输入参数，分别赋值为 4 和 5，第三个为输出参数，第三个参数通过调用 registerOutParameter() 方法注册为 int 类型。第 25 行代码通过调用 execute()方法，执行该存储过程。第 26 行代码用于输出该存储过程执行后的结果，即第一、二个参数相加之和。

1.1.6 ResultSet 对象

在之前所讲解的 ResultSet 操作中，ResultSet 主要用于存储结果集，并且只能通过 next()方法由前向后逐个获取结果集中的数据。但是，如果想获取结果集中任意位置的数据，则需要在创建 Statement 对象时，设置两个 ResultSet 定义的常量，具体设置方式如下。

```
Statement st=conn.createStatement(ResultSet.TYPE_SCROLL_INSENSITIVE, ResultSet.CONCUR_
            READ_ONLY);
ResultSet rs=st.excuteQuery(sql);
```

在上述方式中，常量 Result. TYPE_SCROLL_INSENITIVE 表示结果集可滚动，常量 ResultSet. CONCUR_READ_ONLY 表示以只读形式打开结果集。

为了帮助读者更好地学习 ResultSet 对象的使用，接下来，通过一个案例来演示如何使用 ResultSet 对象滚动读取结果集中的数据，如例 1-4 所示。

例 1-4 Example04. java

```
1    package cn.itcast.jdbc.example;
2    import java.sql.Connection;
3    import java.sql.DriverManager;
4    import java.sql.ResultSet;
5    import java.sql.SQLException;
6    import java.sql.Statement;
7    public class Example04 {
8        public static void main(String[] args) {
9            Connection conn=null;
10            Statement stmt=null;
11            try {
12                Class.forName("com.mysql.jdbc.Driver");
13                String url="jdbc:mysql://localhost:3306/chapter01";
14                String username="root";
15                String password="itcast";
16                conn=DriverManager.getConnection(url, username, password);
17                String sql="select * from users";
18                Statement st=conn.createStatement(
19                        ResultSet.TYPE_SCROLL_INSENSITIVE,
20                        ResultSet.CONCUR_READ_ONLY);
21                ResultSet rs=st.executeQuery(sql);
22                System.out.print("第 2 条数据的 name 值为:");
23                rs.absolute(2);                    //将指针定位到结果集中第 2 行数据
24                System.out.println(rs.getString("name"));
25                System.out.print("第 1 条数据的 name 值为:");
26                rs.beforeFirst();                  //将指针定位到结果集中第 1 行数据之前
27                rs.next();                         //将指针向后滚动
28                System.out.println(rs.getString("name"));
29                System.out.print("第 4 条数据的 name 值为:");
30                rs.afterLast();                    //将指针定位到结果集中最后一条数据之后
31                rs.previous();                     //将指针向前滚动
32                System.out.println(rs.getString("name"));
33            } catch (Exception e) {
34                e.printStackTrace();
35            } finally {                            //释放资源
36                if (stmt !=null) {
37                    try {
38                        stmt.close();
39                    } catch (SQLException e) {
40                        e.printStackTrace();
41                    }
42                    stmt=null;
43                }
```

```
44                  if (conn !=null) {
45                      try {
46                          conn.close();
47                      } catch (SQLException e) {
48                          e.printStackTrace();
49                      }
50                      conn=null;
51                  }
52              }
53          }
54      }
```

程序的运行结果如图 1-5 所示。

```
<terminated> Example04 (1) [Java Application] E:\Program Files\Java\jdk1.7.0_60\bin\javaw.exe (2015-4-18 下午2:25:12)
第2条数据的name值为:lisi
第1条数据的name值为:zs
第4条数据的name值为:zl
```

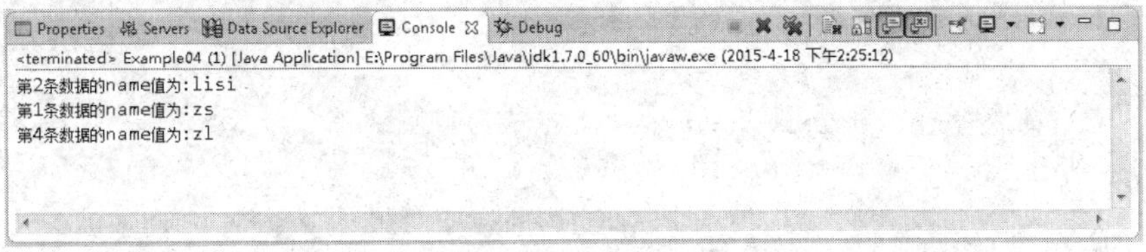

图 1-5 运行结果

从图 1-5 中可以看出,程序输出了结果集中指定的数据。由此可见,使用 ResultSet 对象处理结果集是相当灵活的。

1.2 案例——JDBC 的基本操作

通过前面的学习,相信读者对如何使用 JDBC 连接数据库有了一定的了解,使用 JDBC 连接数据库后,可以执行 SQL 语句,实现数据库的基本操作,接下来,本节将通过一个具体的案例详细讲解如何使用 JDBC 操作 users 表,具体步骤如下。

(1)在工程 chapter01 下,新建一个包 cn.itcast.jdbc.example.domain,并在该包下创建一个用于保存用户数据的 User 类,User 类的具体实现方式如例 1-5 所示。

例 1-5 User.java

```
1   package cn.itcast.jdbc.example.domain;
2   import java.util.Date;
3   public class User {
4       private int id;
5       private String username;
6       private String password;
7       private String email;
8       private Date birthday;
9       public int getId() {
10          return id;
11      }
12      public void setId(int id) {
13          this.id=id;
```

```
14        }
15        public String getUsername() {
16            return username;
17        }
18        public void setUsername(String username) {
19            this.username=username;
20        }
21        public String getPassword() {
22            return password;
23        }
24        public void setPassword(String password) {
25            this.password=password;
26        }
27        public String getEmail() {
28            return email;
29        }
30        public void setEmail(String email) {
31            this.email=email;
32        }
33        public Date getBirthday() {
34            return birthday;
35        }
36        public void setBirthday(Date birthday) {
37            this.birthday=birthday;
38        }
39    }
```

(2)由于每次操作数据库时,都需要加载数据库驱动、建立数据库连接以及关闭数据库连接。因此,为了避免代码的重复书写,新建一个包 cn.itcast.jdbc.example.utils,并在包中创建一个封装了上述操作的工具类 JDBCUtils,JDBCUtils 的具体实现方式如例 1-6 所示。

例 1-6 JDBCUtils.java

```
1   package cn.itcast.jdbc.example.utils;
2   import java.sql.Connection;
3   import java.sql.DriverManager;
4   import java.sql.ResultSet;
5   import java.sql.SQLException;
6   import java.sql.Statement;
7   public class JDBCUtils {
8       //加载驱动,并建立数据库连接
9       public static Connection getConnection() throws SQLException,
10              ClassNotFoundException {
11          Class.forName("com.mysql.jdbc.Driver");
12          String url="jdbc:mysql://localhost:3306/chapter01";
13          String username="root";
14              String password="itcast";
15          Connection conn=DriverManager.getConnection(url, username,
16                  password);
```

```
17            return conn;
18        }
19        //关闭数据库连接,释放资源
20        public static void release(Statement stmt, Connection conn) {
21            if (stmt !=null) {
22                try {
23                    stmt.close();
24                } catch (SQLException e) {
25                    e.printStackTrace();
26                }
27                stmt=null;
28            }
29            if (conn !=null) {
30                try {
31                    conn.close();
32                } catch (SQLException e) {
33                    e.printStackTrace();
34                }
35                conn=null;
36            }
37        }
38        public static void release(ResultSet rs, Statement stmt,
39                Connection conn){
40            if (rs !=null) {
41                try {
42                    rs.close();
43                } catch (SQLException e) {
44                    e.printStackTrace();
45                }
46                rs=null;
47            }
48            release(stmt, conn);
49        }
50    }
```

(3) 新建一个包 cn. itcast. jdbc. example. dao,在包中创建一个类 UsersDao,该类封装了对表 users 的添加、查询、删除和更新等操作,具体实现方式如例 1-7 所示。

例 1-7　UsersDao. java

```
1    package cn.itcast.jdbc.example.dao;
2    import java.sql.Connection;
3    import java.sql.ResultSet;
4    import java.sql.Statement;
5    import java.text.SimpleDateFormat;
6    import java.util.ArrayList;
7    import cn.itcast.jdbc.example.domain.User;
8    import cn.itcast.jdbc.example.utils.JDBCUtils;
9    public class UsersDao {
10       //添加用户的操作
11       public boolean insert(User user) {
```

```
12          Connection conn=null;
13          Statement stmt=null;
14          ResultSet rs=null;
15          try {
16          //获得数据的连接
17          conn=JDBCUtils.getConnection();
18          //获得 Statement 对象
19          stmt=conn.createStatement();
20          //发送 SQL 语句
21          SimpleDateFormat sdf=new SimpleDateFormat("yyyy-MM-dd");
22          String birthday=sdf.format(user.getBirthday());
23      String sql="INSERT INTO users(id,name,password,email,birthday) "+
24                  "VALUES("
25                  +user.getId()
26                  +",'"
27                  +user.getUsername()
28                  +"','"
29                  +user.getPassword()
30                  +"','"
31                  +user.getEmail()
32                  +"','"
33                  +birthday+"')";
34              int num=stmt.executeUpdate(sql);
35              if (num>0) {
36                  return true;
37              }
38              return false;
39          } catch (Exception e) {
40              e.printStackTrace();
41          } finally {
42              JDBCUtils.release(rs, stmt, conn);
43          }
44          return false;
45      }
46      //查询所有的 User 对象
47      public ArrayList<User> findAll() {
48          Connection conn=null;
49          Statement stmt=null;
50          ResultSet rs=null;
51          ArrayList<User>list=new ArrayList<User>();
52          try {
53              //获得数据的连接
54              conn=JDBCUtils.getConnection();
55              //获得 Statement 对象
56              stmt=conn.createStatement();
57              //发送 SQL 语句
58              String sql="SELECT *  FROM users";
59              rs=stmt.executeQuery(sql);
60              //处理结果集
61              while (rs.next()) {
```

```
62                  User user=new User();
63                  user.setId(rs.getInt("id"));
64                  user.setUsername(rs.getString("name"));
65                  user.setPassword(rs.getString("password"));
66                  user.setEmail(rs.getString("email"));
67                  user.setBirthday(rs.getDate("birthday"));
68                  list.add(user);
69              }
70              return list;
71          } catch (Exception e) {
72              e.printStackTrace();
73          } finally {
74              JDBCUtils.release(rs, stmt, conn);
75          }
76          return null;
77      }
78      //根据 id 查找指定的 user
79      public User find(int id) {
80          Connection conn=null;
81          Statement stmt=null;
82          ResultSet rs=null;
83          try {
84              //获得数据的连接
85              conn=JDBCUtils.getConnection();
86              //获得 Statement 对象
87              stmt=conn.createStatement();
88              //发送 SQL 语句
89              String sql="SELECT *  FROM users WHERE id="+id;
90              rs=stmt.executeQuery(sql);
91              //处理结果集
92              while (rs.next()) {
93                  User user=new User();
94                  user.setId(rs.getInt("id"));
95                  user.setUsername(rs.getString("name"));
96                  user.setPassword(rs.getString("password"));
97                  user.setEmail(rs.getString("email"));
98                  user.setBirthday(rs.getDate("birthday"));
99                  return user;
100             }
101             return null;
102         } catch (Exception e) {
103             e.printStackTrace();
104         } finally {
105             JDBCUtils.release(rs, stmt, conn);
106         }
107         return null;
108     }
109     //删除用户
110     public boolean delete(int id) {
111         Connection conn=null;
```

```
112            Statement stmt=null;
113            ResultSet rs=null;
114            try {
115                //获得数据的连接
116                conn=JDBCUtils.getConnection();
117                //获得 Statement 对象
118                stmt=conn.createStatement();
119                //发送 SQL 语句
120                String sql="DELETE FROM users WHERE id="+id;
121                int num=stmt.executeUpdate(sql);
122                if (num>0) {
123                    return true;
124                }
125                return false;
126            } catch (Exception e) {
127                e.printStackTrace();
128            } finally {
129                JDBCUtils.release(rs, stmt, conn);
130            }
131            return false;
132        }
133        //修改用户
134        public boolean update(User user) {
135            Connection conn=null;
136            Statement stmt=null;
137            ResultSet rs=null;
138            try {
139                //获得数据的连接
140                conn=JDBCUtils.getConnection();
141                //获得 Statement 对象
142                stmt=conn.createStatement();
143                //发送 SQL 语句
144                SimpleDateFormat sdf=new SimpleDateFormat("yyyy-MM-dd");
145                String birthday=sdf.format(user.getBirthday());
146                String sql="UPDATE users set name='"+user.getUsername()
147                        +"',password='"+user.getPassword()+"',email='"
148                        +user.getEmail()+"',birthday='"+birthday
149                        +"' WHERE id="+user.getId();
150                int num=stmt.executeUpdate(sql);
151                if (num>0) {
152                    return true;
153                }
154                return false;
155            } catch (Exception e) {
156                e.printStackTrace();
157            } finally {
158                JDBCUtils.release(rs, stmt, conn);
159            }
160            return false;
161        }
162    }
```

（4）编写测试类 Example05，实现向 User 表中添加数据的操作，如例 1-8 所示。

例 1-8　Example05. java

```
1    package cn.itcast.jdbc.example;
2    import java.util.Date;
3    import cn.itcast.jdbc.example.dao.UsersDao;
4    import cn.itcast.jdbc.example.domain.User;
5    public class Example05{
6        public static void main(String[] args) {
7            //向 users 表插入一个用户信息
8            UsersDao ud=new UsersDao();
9            User user=new User();
10           user.setId(5);
11           user.setUsername("hl");
12           user.setPassword("123");
13           user.setEmail("hl@sina.com");
14           user.setBirthday(new Date());
15           boolean b=ud.insert(user);
16           System.out.println(b);
17       }
18   }
```

程序执行后，如果控制台的打印结果为 true，说明添加用户信息的操作执行成功了。这时，进入 MySQL，使用 SELECT 语句查询 users 表，SQL 语句的执行结果如下所示。

```
mysql>select * from users;
+----+--------+----------+-------------------+------------+
|id  | name   | password | email             | birthday |
+----+--------+----------+-------------------+------------+
| 1  | zs     | 123456   | zs@sina.com       | 1980-12-04 |
| 2  | lisi   | 123456   | lisi@sina.com     | 1981-12-04 |
| 3  | wangwu | 123456   | wangwu@sina.com   | 1979-12-04 |
| 4  | zl     | 123456   | zl@sina.com       | 1789-12-23 |
| 5  | hl     | 123      | hl@sina.com       | 2015-04-18 |
+----+--------+----------+-------------------+------------+
5 rows in set (0.00 sec)
```

从上述结果可以看出，users 表中添加了一条数据，该数据正是例 1-8 所插入的数据。

（5）编写测试类 Example06，实现读取 users 表中所有的数据，具体如例 1-9 所示。

例 1-9　Example06. java

```
1    package cn.itcast.jdbc.example;
2    import java.util.ArrayList;
3    import cn.itcast.jdbc.example.dao.UsersDao;
4    import cn.itcast.jdbc.example.domain.User;
5    public class Example06 {
6        public static void main(String[] args) {
7            UsersDao ud=new UsersDao();
8            ArrayList<User>list=ud.findAll();
```

```
9         for (int i=0; i<list.size(); i++) {
10            System.out.println("第"+ (i+1)+"条数据的 username 值为:"
11                    +list.get(i).getUsername());
12        }
13    }
14 }
```

程序运行后,控制台会打印出所有的 username 值,结果如图 1-6 所示。

```
<terminated> Example06 (1) [Java Application] E:\Program Files\Java\jdk1.7.0_60\bin\javaw.exe (2015-4-18 下午2:33:02)
第1条数据的username值为:zs
第2条数据的username值为:lisi
第3条数据的username值为:wangwu
第4条数据的username值为:zl
第5条数据的username值为:hl
```

图 1-6 运行结果

(6) 编写测试类 Example07,实现读取 users 表中指定的数据,具体如例 1-10 所示。

例 1-10 Example07.java

```
1  package cn.itcast.jdbc.example;
2  import cn.itcast.jdbc.example.dao.UsersDao;
3  import cn.itcast.jdbc.example.domain.User;
4  public class Example07 {
5      public static void main(String[] args) {
6      UsersDao ud=new UsersDao();
7      User user=ud.find(1);
8      System.out.println("id 为 1 的 User 对象的 name 值为: "+user.getUsername());
9    }
10 }
```

程序运行后,控制台会将 id 为 1 的 User 对象的 name 值打印出来,结果如图 1-7 所示。

图 1-7 运行结果

(7) 编写测试类 Example08,实现修改 users 表中数据的操作,具体如例 1-11 所示。

例 1-11 Example08.java

```
1  package cn.itcast.jdbc.example;
2  import java.util.Date;
3  import cn.itcast.jdbc.example.dao.UsersDao;
4  import cn.itcast.jdbc.example.domain.User;
5  public class Example08{
6      public static void main(String[] args) {
```

```
7           //修改 User 对象的数据
8           UsersDao ud=new UsersDao();
9           User user=new User();
10          user.setId(4);
11          user.setUsername("zhaoxiaoliu");
12          user.setPassword("456");
13          user.setEmail("zhaoxiaoliu@sina.com");
14          user.setBirthday(new Date());
15          boolean b=ud.update(user);
16          System.out.println(b);
17      }
18  }
```

程序运行后,如果控制台打印结果为 true,说明修改用户信息的操作执行成功了。这时,进入 MySQL,使用 SELECT 语句查看 users 表,SQL 语句的执行结果如下所示。

```
mysql>select * from users;
+----+-------------+----------+---------------------+------------+
|id  | name        | password | email               | birthday   |
+----+-------------+----------+---------------------+------------+
| 1  | zs          | 123456   | zs@sina.com         | 1980-12-04 |
| 2  | lisi        | 123456   | lisi@sina.com       | 1981-12-04 |
| 3  | wangwu      | 123456   | wangwu@sina.com     | 1979-12-04 |
| 4  | zhaoxiaoliu | 456      | zhaoxiaoliu@sina.com| 2015-04-18 |
|5   | hl          | 123      | hl@sina.com         | 2015-04-18 |
+----+-------------+----------+---------------------+------------+
5 rows in set (0.00 sec)
```

从上述结果可以看出,id 为 4 的 User 对象的信息发生了变化。

(8) 编写测试类 Example09,实现删除 users 表中数据的操作,具体如例 1-12 所示。

例 1-12 Example09.java

```
1   package cn.itcast.jdbc.example;
2   import cn.itcast.jdbc.example.dao.UsersDao;
3   public class Example09{
4       public static void main(String[] args) {
5           //删除操作
6           UsersDao ud=new UsersDao();
7           boolean b=ud.delete(4);
8           System.out.println(b);
9       }
10  }
```

程序运行后,如果控制台打印结果为 true,说明删除用户信息的操作执行成功了。这时,进入 MySQL,使用 SELECT 语句查看 users 表,结果如下所示。

```
mysql>select * from users;
+----+--------+----------+-----------------+------------+
|id  | name   | password | email           | birthday   |
```

```
+----+--------+----------+----------------+------------+
| 1  | zs     | 123456   | zs@sina.com    | 1980-12-04 |
| 2  | lisi   | 123456   | lisi@sina.com  | 1981-12-04 |
| 3  | wangwu | 123456   | wangwu@sina.com | 1979-12-04 |
| 5  | hl     | 123      | hl@sina.com    | 2015-04-18 |
+----+--------+----------+----------------+------------+
4 rows in set (0.00 sec)
```

从上述结果可以看出，users 表中 id 为 4 的 User 对象被成功删除了。

1.3 JDBC 批处理

在实际开发中，经常需要向数据库发送多条 SQL 语句，这时，如果逐条执行这些 SQL 语句，效率会很低。为此，JDBC 提供了批处理机制，即同时执行多条 SQL 语句。Statement 和 PreparedStatement 都实现了批处理，本节将针对它们的批处理方式进行详细的讲解。

1.3.1 Statement 批处理

当向数据库发送多条不同的 SQL 语句时，可以使用 Statement 实现批处理。Statement 通过 addBatch()方法添加一条 SQL 语句，通过 executeBatch()方法批量执行 SQL 语句。

为了帮助读者更好地学习如何使用 Statement 实现批处理，下面通过一个案例来演示，如例 1-13 所示。

例 1-13 Example10. java

```
1    package cn.itcast.jdbc.example;
2    import java.sql.Connection;
3    import java.sql.Statement;
4    import cn.itcast.jdbc.example.utils.JDBCUtils;
5    public class Example10 {
6        public static void main(String[] args) {
7            Connection conn=null;
8            Statement stmt=null;
9            try {
10               //加载数据库驱动
11               conn=JDBCUtils.getConnection();
12               stmt=conn.createStatement();
13               //SQL 语句
14           String sql1="DROP TABLE IF EXISTS school";
15           String sql2="CREATE TABLE school(id int,name varchar(20))";
16           String sql3="INSERT INTO school VALUES(2,'传智播客')";
17           String sql4="UPDATE school SET id=1";
18               //Statement 批处理 SQL 语句
19               stmt.addBatch(sql1);
20               stmt.addBatch(sql2);
21               stmt.addBatch(sql3);
22               stmt.addBatch(sql4);
23               stmt.executeBatch();
```

```
24            } catch (Exception e) {
25                e.printStackTrace();
26            } finally {                              //释放资源
27                JDBCUtils.release(null, stmt, conn);
28            }
29        }
30    }
```

程序运行过程中,Statement会将4条SQL语句提交给数据库一起执行。为了验证例1-13中的SQL语句是否执行成功,进入MySQL,使用SELECT语句查看school表,SQL语句的执行结果如下所示。

```
mysql>select * from school;
+------+----------+
| id   | name     |
+------+----------+
|  1   | 传智播客   |
+------+----------+
1 row in set (0.00 sec)
```

从上述结果可以看出,school表存在,并且向表中添加了一条数据,该数据的id被成功修改成了1。

1.3.2 PreparedStatement 批处理

当向同一个数据表中批量更新数据时,如果使用Statement,需要书写很多SQL语句,这时,为了避免重复代码的书写,可以使用PreparedStatement实现批处理。与Statement相比,PreparedStatement灵活许多,它既可以使用完整的SQL,也可以使用带参数的不完整SQL。但是,对于不完整的SQL,其具体的内容是采用"?"占位符形式出现的,设置时要按照"?"顺序设置具体的内容。

为了帮助读者更好地学习如何使用PreparedStatement实现批处理,下面通过一个案例来演示,如例1-14所示。

例1-14 Example11.java

```
1   package cn.itcast.jdbc.example;
2   import java.sql.Connection;
3   import java.sql.Date;
4   import java.sql.PreparedStatement ;
5   import cn.itcast.jdbc.example.utils.JDBCUtils;
6   public class Example11 {
7       public static void main(String[] args) {
8           Connection conn=null;
9           PreparedStatement preStmt=null;
10          try {
11              //加载并注册数据库驱动
12              conn=JDBCUtils.getConnection();
13              String sql="INSERT INTO users(name,password,email,birthday)"
```

```
14                 +"VALUES(?,?,?,?)";
15          preStmt=conn.prepareStatement(sql);
16          for (int i=0; i<5; i++) {
17              preStmt.setString(1, "name"+i);
18              preStmt.setString(2, "password"+i);
19              preStmt.setString(3, "email"+i+"@itcast.cn");
20              preStmt.setDate(4, Date.valueOf("1989-02-19"));
21              preStmt.addBatch();
22          }
23          preStmt.executeBatch();
24      } catch (Exception e) {
25          e.printStackTrace();
26      } finally {                         //释放资源
27          JDBCUtils.release(null, preStmt, conn);
28      }
29    }
30  }
```

程序运行后，users 表中会同时添加 5 条数据。为了查看数据添加是否成功，进入 MySQL，使用 SELECT 语句查看 users 表，结果如下所示。

```
mysql>select * from users;
+----+--------+-----------+-----------------+------------+
|id  | name   | password  | email           | birthday   |
+----+--------+-----------+-----------------+------------+
| 1  | zs     | 123456    | zs@sina.com     | 1980-12-04 |
| 2  | lisi   | 123456    | lisi@sina.com   | 1981-12-04 |
| 3  | wangwu | 123456    | wangwu@sina.com | 1979-12-04 |
| 5  | hl     | 123       | hl@sina.com     | 2015-04-18 |
| 6  | name0  | password0 | email0@itcast.cn | 1989-02-19 |
| 7  | name1  | password1 | email1@itcast.cn | 1989-02-19 |
| 8  | name2  | password2 | email2@itcast.cn | 1989-02-19 |
| 9  | name3  | password3 | email3@itcast.cn | 1989-02-19 |
| 10 | name4  | password4 | email4@itcast.cn | 1989-02-19 |
+----+--------+-----------+-----------------+------------+
9 rows in set (0.00 sec)
```

从上述结果可以看出，Example11 批量添加了 5 条数据。由此可见，当向同一个表中批量添加或者更新数据的时候，使用 PreparedStatement 比较方便。

注意：批处理执行 SELECT 语句会报错。因为 Statement 和 PreparedStatement 的 executeBatch()方法的返回值都是 int[]类型，所以，能够进行批处理的 SQL 语句必须是 INSERT、UPDATE、DELETE 等返回值为 int 类型的 SQL 语句。

1.4 大数据处理

大数据处理主要指的是对 CLOB 和 BLOB 类型数据的操作。在应用程序中，要想操作这两种数据类型，必须使用 PreparedStatement 完成，并且所有的操作都要以 IO 流的形式进行存放和读取。本节将针对 CLOB 数据和 BLOB 数据的处理方式进行详细的讲解。

1.4.1 处理 CLOB 数据

在实际开发中,CLOB 用于存储大文本数据,但是,对 MySQL 而言,大文本数据的存储是用 TEXT 类型表示的。为了帮助读者更好地学习 JDBC 中 CLOB 数据的处理方式,下面通过一个案例来演示,具体步骤如下。

(1) 首先在数据库 chapter01 中,创建一个数据表 testclob,创建表的 SQL 语句如下所示。

```
create table testclob(
    id int primary key auto_increment,
    resume text
);
```

(2) 在工程 chapter01 中,新建一个类 CLOBDemo01,该类实现了向数据库写入大文本数据的功能,CLOBDemo01 的具体实现方式如例 1-15 所示。

例 1-15 CLOBDemo01.java

```
1   package cn.itcast.jdbc.example;
2   import java.io.*;
3   import java.sql.Connection;
4   import java.sql.PreparedStatement ;
5   import cn.itcast.jdbc.example.utils.JDBCUtils;
6   public class CLOBDemo01 {
7   public static void main(String[] args) {
8           Connection conn=null;
9           PreparedStatement preStmt=null;
10          try {
11              conn=JDBCUtils.getConnection();
12              String sql="insert into testclob values(?,?)";
13              preStmt=conn.prepareStatement(sql);
14              File file=new File("D:\itcast.txt");
15              Reader reader=new InputStreamReader(
16                      new FileInputStream(file),"utf-8");
17              preStmt.setInt(1, 1);
18              preStmt.setCharacterStream(2, reader, (int) file.length());
19              preStmt.executeUpdate();
20          } catch (Exception e) {
21              e.printStackTrace();
22          } finally {
23              //释放资源
24              JDBCUtils.release(null, preStmt, conn);
25          }
26      }
27  }
```

在例 1-15 中,由于文本数据保存在文件中,因此使用 FileInputStream 读取文件中的数据,然后通过 PreparedStatement 对象将数据写入到表 testclob 的 resume 字段中。

(3) 在工程 chapter01 中,新建一个类 CLOBDemo02,该类用于读取表 testclob 中的数据,CLOBDemo2 的具体实现方式如例 1-16 所示。

例 1-16 CLOBDemo2.java

```
1  package cn.itcast.jdbc.example;
2  import java.io.*;
3  import java.sql.Connection;
4  import java.sql.PreparedStatement ;
5  import java.sql.ResultSet;
6  import cn.itcast.jdbc.example.utils.JDBCUtils;
7  public class CLOBDemo02 {
8      public static void main(String[] args) {
9          Connection conn=null;
10         PreparedStatement preStmt=null;
11         ResultSet rs=null;
12         try {
13             conn=JDBCUtils.getConnection();
14             String sql="select * from testclob";
15             preStmt=conn.prepareStatement(sql);
16             rs=preStmt.executeQuery();
17             if (rs.next()) {
18                 Reader reader=rs.getCharacterStream("resume");
19                 Writer out=new FileWriter("resume.txt");
20                 int temp;
21                 while ((temp=reader.read()) !=-1) {
22                     out.write(temp);
23                 }
24                 out.close();
25                 reader.close();
26             }
27         } catch (Exception e) {
28             e.printStackTrace();
29         } finally {
30             //释放资源
31             JDBCUtils.release(rs, preStmt , conn);
32         }
33     }
34 }
```

在例 1-16 中,将 PreparedStatement 对象读取到的数据保存到 ResultSet 中,然后通过循环的方式不断把内容取出来,写入到 resume.txt 文件中。程序执行完毕后,会在工程 chapter01 的根目录下发现 resume.txt 文件。

1.4.2 处理 BLOB 数据

BLOB 类型的操作与 CLOB 类似,只是 BLOB 专门用于存放二进制数据,如图片、电影等。为了帮助读者更好地学习 BLOB 数据的处理方式,接下来,在 D 盘下保存一个 itcast.jpg 图片,通过一个具体的案例来演示图片的存储和读取,具体步骤如下。

(1) 首先在数据库 chapter01 中,创建一个数据表 testblob,创建表的 SQL 语句如下所示。

```
create table testblob(
    id int primary key auto_increment,
    img blob
);
```

（2）在工程chapter01中，新建一个类BLOBDemo01，该类用于将图片写入表testblob中，BLOBDemo01的具体实现代码如例1-17所示。

例1-17　BLOBDemo01.java

```
1   package cn.itcast.jdbc.example;
2   import java.io.*;
3   import java.sql.Connection;
4   import java.sql.PreparedStatement ;
5   import cn.itcast.jdbc.example.utils.JDBCUtils;
6   public class BLOBDemo01 {
7       public static void main(String[] args) {
8           Connection conn=null;
9           PreparedStatement prestmt=null;
10          try {
11              conn=JDBCUtils.getConnection();
12              String sql="insert into testblob values(?,?)";
13              prestmt=conn.prepareStatement(sql);
14              prestmt.setInt(1, 1);
15              File file=new File("D:\itcast.jpg");
16              InputStream in=new FileInputStream(file);
17              prestmt.setBinaryStream(2, in, (int) file.length());
18              prestmt.executeUpdate();
19          } catch (Exception e) {
20              e.printStackTrace();
21          } finally {
22              //释放资源
23              JDBCUtils.release(null, prestmt, conn);
24          }
25      }
26  }
```

程序执行后，图片的信息就以二进制的形式保存到表testblob中了，如果直接使用SELECT语句查看表testblob中的数据，则只能显示一些二进制数据，图片是无法显示的。

（3）在工程chapter01中，新建一个类BLOBDemo02，该类用于从数据库中读取要获取的图片，BLOBDemo02的具体实现方式如例1-18所示。

例1-18　BLOBDemo02.java

```
1   package cn.itcast.jdbc.example;
2   import java.io.*;
3   import java.sql.Connection;
4   import java.sql.PreparedStatement ;
5   import java.sql.ResultSet;
6   import cn.itcast.jdbc.example.utils.JDBCUtils;
7   public class BLOBDemo02 {
8       public static void main(String[] args) {
```

```
9           Connection conn=null;
10          PreparedStatement stmt=null;
11          ResultSet rs=null;
12          try {
13              conn=JDBCUtils.getConnection();
14              String sql="select * from testblob where id=1";
15              stmt=conn.prepareStatement(sql);
16              rs=stmt.executeQuery();
17              if (rs.next()) {
18                  InputStream in=new BufferedInputStream(
19                          rs.getBinaryStream("img"));
20                  OutputStream out=new BufferedOutputStream(
21                          new FileOutputStream("img.jpg"));
22                  int temp;
23                  while ((temp=in.read()) !=-1) {
24                      out.write(temp);
25                  }
26                  out.close();
27                  in.close();
28              }
29          } catch (Exception e) {
30              e.printStackTrace();
31          } finally {
32              JDBCUtils.release(rs, stmt, conn);
33          }
34      }
35  }
```

在例 1-18 中,使用 PreparedStatement 对象读取数据库中所存储的图片,由于读取出来的图片无法显示,因此,将读取出来的图片保存到 img.jpg 中。程序执行完毕后,可以直接在工程 chapter01 的根目录下发现 img.jpg 图片。

小结

本章主要讲解了 JDBC 的基本知识,包括 JDBC 的 API、JDBC 的基本操作、JDBC 的批处理以及对大数据的处理。通过本章的学习,读者应该熟悉 JDBC 的开发流程,可以开发简单的 JDBC 程序。

【思考题】

请设计一个类实现 PreparedStatement 对象的相关批处理操作。
指定 SQL 语句如下:

```
INSERT INTO users(name,password) VALUES(?,?);
```

第 2 章

JDBC处理事务与数据库连接池

学习目标

◆ 熟练掌握 JDBC 处理事务；

◆ 了解什么是数据库连接池，会使用 DBCP 和 C3P0 数据源。

第 1 章讲解了 JDBC 的基本操作、批处理以及对大数据的处理，数据库中还有一项非常重要的操作，就是事务的处理，本章将针对 JDBC 处理事务进行详细的讲解。

2.1 JDBC 处理事务

在数据库操作中，一项事务是由一条或多条操作数据库的 SQL 语句组成的一个不可分割的工作单元。只有当事务中的所有操作都正常完成，整个事务才能被提交到数据库中，如果有一项操作没有完成，则整个事务会被撤销。例如，在银行的转账业务中，假定 zhangsan 从自己的账号上把 200 元转到 lisi 的账号里，相关的 SQL 语句如下。

```
UPDATE ACCOUNT set MONEY=MONEY-200 WHERE NAME='zhangsan';
UPDATE ACCOUNT set MONEY=MONEY+200 WHERE NAME='lisi';
```

在上述 SQL 语句中，它们只有全部执行成功，才能提交整个事务。否则，如果 zhangsan 账号的钱少了 200，而 lisi 账号的钱没有变化，势必会造成银行转账业务的混乱。

针对 JDBC 处理事务的操作，在 Connection 接口中，提供了三个相关的方法，具体如下。

（1）setAutoCommit(boolean autoCommit)：设置是否自动提交事务。

（2）commit()：提交事务。

（3）rollback()：撤销事务。

在上述三个方法中，默认情况下，事务是自动进行提交的。也就是说，如果每一条操作数据库的 SQL 语句执行成功，系统会自动调用 commit()方法来提交事务，否则就自动调用 rollback()撤销事务。

为了帮助读者更好地学习 JDBC 如何处理事务，接下来，通过一个案例来模拟银行之间的转账业务，具体步骤如下。

(1)首先创建一个 chapter02 数据库，并在该数据库中创建名为 account 的表，向表中插入若干条数据，具体的 SQL 语句如下所示。

```
CREATE DATABASE chapter02;
USE chapter02;
```

```
CREATE TABLE account(
id int primary key auto_increment,
name varchar(40),
money float
)character set utf8 collate utf8_general_ci;

INSERT INTO account(name,money) VALUES('aaa',1000);
INSERT INTO account(name,money) VALUES ('bbb',1000);
INSERT INTO account(name,money) VALUES ('ccc',1000);
```

上述SQL语句执行成功后,使用SELECT语句查询account表中的数据,SQL语句的执行结果如下。

```
mysql>SELECT * FROM account;
+----+------+-------+
| id | name | money |
+----+------+-------+
| 1  | aaa  | 1000  |
| 2  | bbb  | 1000  |
| 3  | ccc  | 1000  |
+----+------+-------+
3 rows in set (0.00 sec)
```

从上述结果可以看出,account表存在三条数据,并且这三条数据的money值都为1000。

(2) 新建工程chapter02,在工程中,新建一个类Example01,该类用于模拟两个账号之间的转账业务,Example01的具体实现代码如例2-1所示。

例 2-1 Example01.java

```
1    package cn.itcast.jdbc.example;
2    import java.sql.Connection;
3    import java.sql.PreparedStatement ;
4    import java.sql.SQLException;
5    import cn.itcast.utils.JDBCUtils;
6    public class Example01{
7        public static void main(String[] args) {
8            String outAccount="aaa";
9            String inAccount="bbb";
10            double amount=200;
11            Connection conn=null;
12            PreparedStatement pstmt1=null;
13            PreparedStatement pstmt2=null;
14            try {
15                conn=JDBCUtils.getConnection();
16                //控制事务,关闭事务的自动提交
17                conn.setAutoCommit(false);
18                //账号转出 200
19                String sql="UPDATE account SET money=money-? WHERE "
20                        +"name=? AND money>=200";
```

```
21              pstmt1=conn.prepareStatement(sql);
22              //设置参数
23              pstmt1.setDouble(1, amount);
24              pstmt1.setString(2, outAccount);
25              pstmt1.executeUpdate();
26              //账号转入 200
27              String sql2="update account set money=money+? where name=?";
28              pstmt2=conn.prepareStatement(sql2);
29              pstmt2.setDouble(1, amount);
30              pstmt2.setString(2, inAccount);
31              pstmt2.executeUpdate();
32              //提交事务
33              conn.commit();
34              System.out.println("转账成功");
35          } catch (Exception e) {
36              //回滚事务
37              try {
38                  conn.rollback();
39                  System.out.println("转账失败");
40              } catch (SQLException e1) {
41                  e1.printStackTrace();
42              }
43          } finally {
44              if (pstmt1 !=null) {
45                  try {
46                      pstmt1.close();
47                  } catch (SQLException e) {
48                      e.printStackTrace();
49                  }
50                  pstmt1=null;
51              }
52              if (pstmt2 !=null) {
53                  try {
54                      pstmt2.close();
55                  } catch (SQLException e) {
56                      e.printStackTrace();
57                  }
58                  pstmt2=null;
59              }
60              if (conn !=null) {
61                  try {
62                      conn.close();
63                  } catch (SQLException e) {
64                      e.printStackTrace();
65                  }
66                  conn=null;
67              }
68          }
69      }
70  }
```

程序运行后,会在控制台打印出"转账成功"的结果,这时,进入 MySQL,使用 SELECT 语句查看当前的 account 表,SQL 语句的执行结果如下。

```
mysql>SELECT * FROM account;
+----+------+-------+
| id | name | money |
+----+------+-------+
| 1  | aaa  | 800   |
| 2  | bbb  | 1200  |
| 3  | ccc  | 1000  |
+----+------+-------+
3 rows in set (0.00 sec)
```

从上述执行结果可以看出,第一条数据的 money 值为 800,第二条数据的 money 值为 1200。由此可见,JDBC 程序成功实现了转账功能。

需要注意的是,将 setAutoCommit()方法的参数设置为 false 后,事务必须使用 conn.commit()方法提交,而事务的回滚不一定显式执行 conn.rollback()。如果程序最后没有执行 conn.commit(),事务也会回滚,一般是直接抛出异常,终止程序的正常执行。因此,通常情况下,会将 conn.rollback()语句放在 catch 语句块中执行。

2.2 数据库连接池

前面学习了 JDBC 的基本用法,由于每操作一次数据库,都会执行一次创建和断开 Connection 对象的操作,影响数据库的访问效率,为了解决这个问题,本节将继续讲解 JDBC 在实际开发中的一个高级操作——数据库连接池。

2.2.1 什么是数据库连接池

在 JDBC 编程中,每次创建和断开 Connection 对象都会消耗一定的时间和 IO 资源。这是因为在 Java 程序与数据库之间建立连接时,数据库端要验证用户名和密码,并且要为这个连接分配资源,Java 程序则要把代表连接的 java.sql.Connection 对象等加载到内存中,所以建立数据库连接的开销很大。尤其是在大量的并发访问时,假如某网站一天的访问量是 10 万,那么,该网站的服务器就需要创建、断开连接 10 万次,频繁地创建、断开数据库连接势必会影响数据库的访问效率,甚至导致数据库崩溃。

为了避免频繁地创建数据库连接,工程师们提出了数据库连接池技术。数据库连接池负责分配、管理和释放数据库连接,它允许应用程序重复使用现有的数据库连接,而不是重新建立。接下来,通过一张图来简单描述应用程序如何通过连接池连接数据库,如图 2-1 所示。

从图 2-1 中可以看出,数据库连接池在初始化时将创建一定数量的数据库连接放到连接池中,当应用程序访问数据库时并不是直接创建 Connection,而是向连接池"申请"一个 Connection。如果连接池中有空闲的 Connection,则将其返回,否则创建新的 Connection。使用完毕后,连接池会将该 Connection 回收,并交付其他的线程使用,以减少创建和断开数据库连接的次数,提高数据库的访问效率。

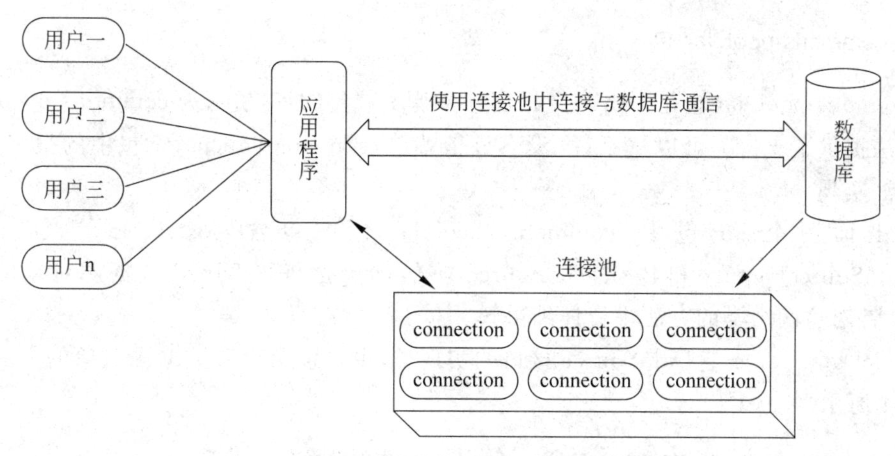

图 2-1　采用数据库连接池操作数据库的示意图

2.2.2　DataSource 接口

为了获取数据库连接对象（Connection），JDBC 提供了 javax. sql. DataSource 接口，它负责与数据库建立连接，并定义了返回值为 Connection 对象的方法，具体如下。

```
Connection getConnection()
Connection getConnection(String username, String password)
```

上述两个重载的方法，都能用来获取 Connection 对象。不同的是，第一个方法是通过无参的方式建立与数据库的连接，第二个方法是通过传入登录信息的方式建立与数据库的连接。

接口通常都会有其实现类，javax. sql. DataSource 接口也不例外，人们习惯性地把实现了 javax. sql. DataSource 接口的类称为数据源，顾名思义，数据源即数据的来源。在数据源中存储了所有建立数据库连接的信息。就像通过指定文件名称可以在文件系统中找到文件一样，通过提供正确的数据源名称，可以找到相应的数据库连接。

数据源中包含数据库连接池。如果数据是水，数据库就是水库，数据源就是连接水库的管道，终端用户看到的数据集是管道里流出来的水。一些开源组织提供了数据源的独立实现，常用的有 DBCP 数据源和 C3P0 数据源，接下来，将会对这两种数据源进行详细的讲解。

2.2.3　DBCP 数据源

DBCP 是数据库连接池（DataBase Connection Pool）的简称，是 Apache 组织下的开源连接池实现，也是 Tomcat 服务器使用的连接池组件。单独使用 DBCP 数据源时，需要在应用程序中导入两个 jar 包，具体如下。

1. commons-dbcp. jar 包

commons-dbcp. jar 包是 DBCP 数据源的实现包，包含所有操作数据库连接信息和数据库连接池初始化信息的方法，并实现了 DataSource 接口的 getConnection()方法。

2. commons-pool.jar 包

commons-pool.jar 包是 DBCP 数据库连接池实现包的依赖包，为 commons-dbcp.jar 包中的方法提供了支持。可以这么说，没有该依赖包，commons-dbcp.jar 包中的很多方法就没有办法实现。

在上面两个 jar 包中，commons-dbcp.jar 包中包含两个核心的类，分别是 BasicDataSourceFactory 和 BasicDataSource，它们都包含获取 DBCP 数据源对象的方法。接下来，针对这两个类的方法进行详细讲解。

BasicDataSource 是 DataSource 接口的实现类，主要包括设置数据源对象的方法，具体如表 2-1 所示。

表 2-1 BasicDataSource 类的常用方法

方法名称	功能描述
void setDriverClassName(String driverClassName)	设置连接数据库的驱动名称
void setUrl(String url)	设置连接数据库的路径
void setUsername(String username)	设置数据库的登录账号
void setPassword(String password)	设置数据库的登录密码
void setInitialSize(int initialSize)	设置数据库连接池初始化的连接数目
void setMaxActive (int maxIdle)	设置数据库连接池最大活跃的连接数目
void setMinIdle(int minIdle)	设置数据库连接池最小闲置的连接数目
Connection getConnection()	从连接池中获取一个数据库连接

在表 2-1 中，列举了 BasicDataSource 对象的常用方法，其中，setDriverClassName()、setUrl()、setUsername()、setPassword()等方法都是设置数据库连接信息的方法；setInitialSize()、setMaxActive()、setMinIdle()等方法都是设置数据库连接池初始化值的方法；getConnection()方法表示从 DBCP 数据源中获取一个数据库连接。

BasicDataSourceFactory 是创建 BasicDataSource 对象的工厂类，它包含一个返回值为 BasicDataSource 对象的方法 createDataSource()，该方法通过读取配置文件的信息生成数据源对象并返回给调用者。这种把数据库的连接信息和数据源的初始化信息提取出来写进配置文件的方式，让代码看起来更加简洁，思路也更加清晰了。

当使用 DBCP 数据源时，首先要创建数据源对象，数据源对象的创建方式有两种，具体如下。

1. 通过 BasicDataSource 类直接创建数据源对象

使用 BasicDataSource 类创建一个数据源对象，手动给数据源对象设置属性值，然后获取数据库连接对象。接下来，通过一个案例来演示，具体步骤如下。

在工程 chapter02 中导入 mysql-connector-java-5.0.8-bin.jar、commons-dbcp.jar、commons-pool-1.5.6.jar 三个 jar 包，然后在该工程的 src 目录下创建 cn.itcast.example

包，并在该包下创建一个 Example02 类，如例 2-2 所示。

例 2-2 Example02. java

```
1  package cn.itcast.example;
2  import java.sql.Connection;
3  import java.sql.DatabaseMetaData;
4  import java.sql.SQLException;
5  import javax.sql.DataSource;
6  import org.apache.commons.dbcp.BasicDataSource;
7  public class Example02 {
8      public static DataSource ds=null;
9      static {
10         //获取 DBCP 数据源实现类对象
11         BasicDataSource bds=new BasicDataSource();
12         //设置连接数据库需要的配置信息
13         bds.setDriverClassName("com.mysql.jdbc.Driver");
14         bds.setUrl("jdbc:mysql://localhost:3306/chapter02");
15         bds.setUsername("root");
16         bds.setPassword("itcast");
17         //设置连接池的参数
18         bds.setInitialSize(5);
19         bds.setMaxActive(5);
20         ds=bds;
21     }
22     public static void main(String[] args) throws SQLException {
23         //获取数据库连接对象
24         Connection conn=ds.getConnection();
25         //获取数据库连接信息
26         DatabaseMetaData metaData=conn.getMetaData();
27         //打印数据库连接信息
28         System.out.println(metaData.getURL()
29             +",UserName="+metaData.getUserName()
30             +","+metaData.getDriverName());
31     }
32 }
```

程序的运行结果如图 2-2 所示：

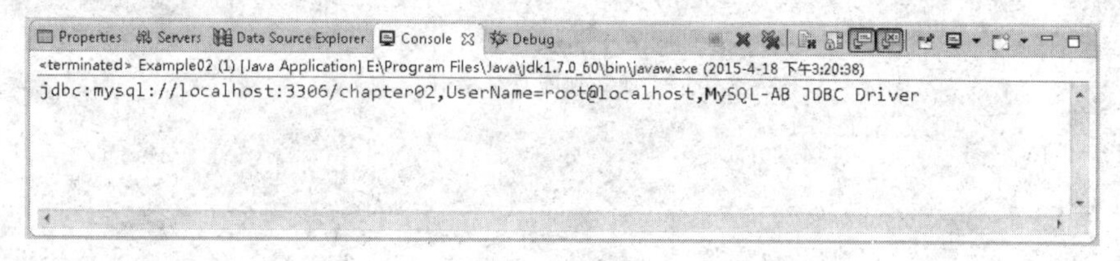

图 2-2 运行结果

从图 2-2 中可以看出，BasicDataSource 成功创建了一个数据源对象，然后获取到了数据库连接对象。

2. 通过读取配置文件创建数据源对象

使用 BasicDataSourceFactory 工厂类读取配置文件，创建数据源对象，然后获取数据库连接对象。接下来,通过一个案例来演示,具体步骤如下。

(1) 在 chapter02 工程的 src 目录下创建 dbcpconfig. properties 文件,用于设置数据库的连接信息和数据源的初始化信息,如例 2-3 所示。

例 2-3 dbcpconfig. properties

```
#连接设置
driverClassName=com.mysql.jdbc.Driver
url=jdbc:mysql://localhost:3306/chapter02
username=root
password=itcast
#初始化连接
initialSize=5
#最大连接数量
maxActive=10
#最大空闲连接
maxIdle=10
```

(2) 在 cn. itcast. example 包下创建一个 Example03 类,如例 2-4 所示。

例 2-4 Example03. java

```
1   package cn.itcast.example;
2   import java.io.InputStream;
3   import java.sql.Connection;
4   import java.sql.DatabaseMetaData;
5   import java.sql.SQLException;
6   import java.util.Properties;
7   import javax.sql.DataSource;
8   import org.apache.commons.dbcp.BasicDataSourceFactory;
9   public class Example03 {
10      public static DataSource ds=null;
11      static {
12          //新建一个配置文件对象
13          Properties prop=new Properties();
14          try {
15              //通过类加载器找到文件路径,读配置文件
16              InputStream in=new Example03().getClass().getClassLoader()
17                      .getResourceAsStream("dbcpconfig.properties");
18              //把文件以输入流的形式加载到配置对象中
19              prop.load(in);
20              //创建数据源对象
21              ds=BasicDataSourceFactory.createDataSource(prop);
22          } catch (Exception e) {
23              throw new ExceptionInInitializerError(e);
24          }
25      }
26      public static void main(String[] args) throws SQLException {
27              //获取数据库连接对象
28              Connection conn=ds.getConnection();
29              //获取数据库连接信息
30              DatabaseMetaData metaData=conn.getMetaData();
```

```
31                  //打印数据库连接信息
32              System.out.println(metaData.getURL()
33              +",UserName="+metaData.getUserName()
34                  +","+metaData.getDriverName());
35      }
36  }
```

程序的运行结果如图 2-3 所示。

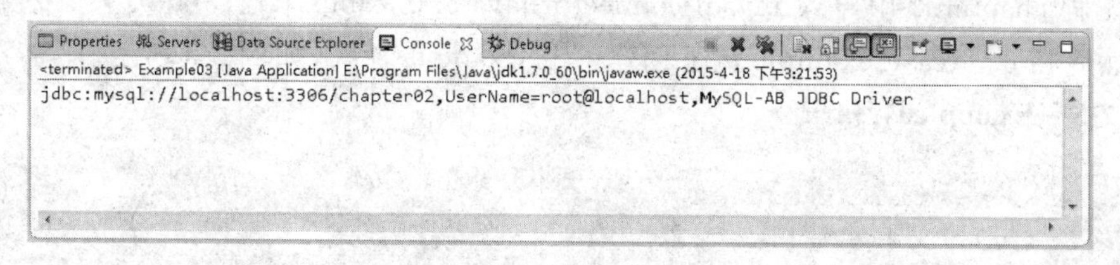

图 2-3　运行结果

从图 2-3 中可以看出，BasicDataSourceFactory 工厂类成功读取到配置文件并创建数据源对象，然后获取数据库连接对象。

2.2.4　C3P0 数据源

C3P0 是目前最流行的开源数据库连接池之一，它实现了 DataSource 数据源接口，支持 JDBC2 和 JDBC3 的标准规范，易于扩展并且性能优越，著名的开源框架 Hibernate 和 Spring 使用的都是该数据源。在使用 C3P0 数据源开发时，需要了解 C3P0 中 DataSource 接口的实现类 ComboPooledDataSource，它是 C3P0 的核心类，提供了数据源对象的相关方法，具体如表 2-2 所示。

表 2-2　ComboPooledDataSource 类的常用方法

方法名称	功能描述
void setDriverClass()	设置连接数据库的驱动名称
void setJdbcUrl()	设置连接数据库的路径
void setUser()	设置数据库的登录账号
void setPassword()	设置数据库的登录密码
void setMaxPoolSize()	设置数据库连接池最大的连接数目
void setMinPoolSize()	设置数据库连接池最小的连接数目
void setInitialPoolSize()	设置数据库连接池初始化的连接数目
Connection getConnection()	从数据库连接池中获取一个连接

通过表 2-1 和表 2-2 的比较，发现 C3P0 和 DBCP 数据源所提供的方法大部分功能相同，都包含设置数据库连接信息的方法和数据库连接池初始化的方法，以及 DataSource 接口中的 getConnection()方法。

当使用 C3P0 数据源时，首先要创建数据源对象，创建数据源对象可以使用 ComboPooledDataSource 类，该类有两个构造方法，分别是 ComboPooledDataSource()和

ComboPooledDataSource(String configName)。接下来，通过两个案例分别讲解上述构造方法是如何创建数据源对象的，具体如下。

1. 通过 ComboPooledDataSource 类直接创建数据源对象

使用 ComboPooledDataSource 类直接创建一个数据源对象，手动给数据源对象设置属性值，然后获取数据库连接对象，具体步骤如下。

在工程 chapter02 中导入 mysql-connector-java-5.0.8-bin.jar、c3p0-0.9.1.2.jar 两个 jar 包，然后在 cn.itcast.example 包下创建一个 Example04 类，如例 2-5 所示。

例 2-5 Example04.java

```
1   package cn.itcast.example;
2   import java.sql.SQLException;
3   import javax.sql.DataSource;
4   import com.mchange.v2.c3p0.ComboPooledDataSource;
5   public class Example04 {
6       public static DataSource ds=null;
7       //初始化 C3P0 数据源
8       static {
9           ComboPooledDataSource cpds=new ComboPooledDataSource();
10          //设置连接数据库需要的配置信息
11          try {
12              cpds.setDriverClass("com.mysql.jdbc.Driver");
13              cpds.setJdbcUrl("jdbc:mysql://localhost:3306/chapter02");
14              cpds.setUser("root");
15              cpds.setPassword("itcast");
16              //设置连接池的参数
17              cpds.setInitialPoolSize(5);
18              cpds.setMaxPoolSize(15);
19              ds=cpds;
20          } catch (Exception e) {
21              throw new ExceptionInInitializerError(e);
22          }
23      }
24      public static void main(String[] args) throws SQLException {
25          //获取数据库连接对象
26          System.out.println(ds.getConnection());
27      }
28  }
```

程序的运行结果如图 2-4 所示。

从图 2-4 中可以看出，C3P0 数据源对象成功获取到了数据库连接对象。

2. 通过读取配置文件创建数据源对象

通过 ComboPooledDataSource (String configName)构造方法读取 c3p0-config.xml 配置文件，创建数据源对象，然后获取数据库连接对象，具体步骤如下。

(1) 在 src 根目录下创建一个 c3p0-config.xml 文件，如例 2-6 所示。

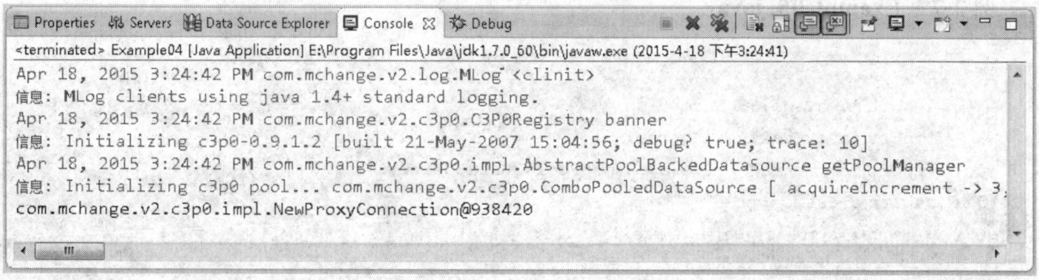

```
Properties  Servers  Data Source Explorer  Console  Debug
<terminated> Example04 [Java Application] E:\Program Files\Java\jdk1.7.0_60\bin\javaw.exe (2015-4-18 下午3:24:41)
Apr 18, 2015 3:24:42 PM com.mchange.v2.log.MLog <clinit>
信息: MLog clients using java 1.4+ standard logging.
Apr 18, 2015 3:24:42 PM com.mchange.v2.c3p0.C3P0Registry banner
信息: Initializing c3p0-0.9.1.2 [built 21-May-2007 15:04:56; debug? true; trace: 10]
Apr 18, 2015 3:24:42 PM com.mchange.v2.c3p0.impl.AbstractPoolBackedDataSource getPoolManager
信息: Initializing c3p0 pool... com.mchange.v2.c3p0.ComboPooledDataSource [ acquireIncrement -> 3,
com.mchange.v2.c3p0.impl.NewProxyConnection@938420
```

图 2-4　运行结果

例 2-6　c3p0-config. xml

```
<?xml version="1.0" encoding="UTF-8"?>
<c3p0-config>
<default-config>
    <property name="user">root</property>
    <property name="password">itcast</property>
    <property name="driverClass">com.mysql.jdbc.Driver</property>
    <property name="jdbcUrl">
        jdbc:mysql://localhost:3306/chapter02</property>
    <property name="checkoutTimeout">30000</property>
    <property name="initialPoolSize">10</property>
    <property name="maxIdleTime">30</property>
    <property name="maxPoolSize">100</property>
    <property name="minPoolSize">10</property>
    <property name="maxStatements">200</property>
</default-config>
<named-config name="itcast">
    <property name="initialPoolSize">5</property>
    <property name="maxPoolSize">15</property>
    <property name="driverClass">com.mysql.jdbc.Driver</property>
    <property name="jdbcUrl">
        jdbc:mysql://localhost:3306/chapter02</property>
    <property name="user">root</property>
    <property name="password">itcast</property>
</named-config>
</c3p0-config>
```

在例 2-6 中，c3p0-config. xml 配置了两套数据源，<default-config>…</default-config>中的信息是默认配置，在没有指定配置时默认使用该配置创建 c3p0 数据源对象；<named-config>…</ named-config>中的信息是自定义配置，一个配置文件中可以有零个或多个自定义配置，当用户需要使用自定义配置时，调用 ComboPooledDataSource (String configName)方法，传入<named-config>节点中 name 属性的值即可创建 C3P0 数据源对象。这种设置的好处是，当程序在后期更换数据源配置时，只需要修改构造方法中对应的 name 值即可。

(2) 在 cn. itcast. example 包下创建一个 Example05 类，如例 2-7 所示。

例 2-7 Example05. java

```
1   package cn.itcast.example;
2   import java.sql.SQLException;
3   import javax.sql.DataSource;
4   import com.mchange.v2.c3p0.ComboPooledDataSource;
5   public class Example05 {
6       public static DataSource ds=null;
7       //初始化 C3P0 数据源
8       static {
9           //使用 c3p0-config.xml 配置文件中的 named-config 节点中 name 属性的值
10          ComboPooledDataSource cpds=new ComboPooledDataSource("itcast");
11          ds=cpds;
12      }
13      public static void main(String[] args) throws SQLException {
14          System.out.println(ds.getConnection());
15      }
16  }
```

程序的运行结果如图 2-5 所示。

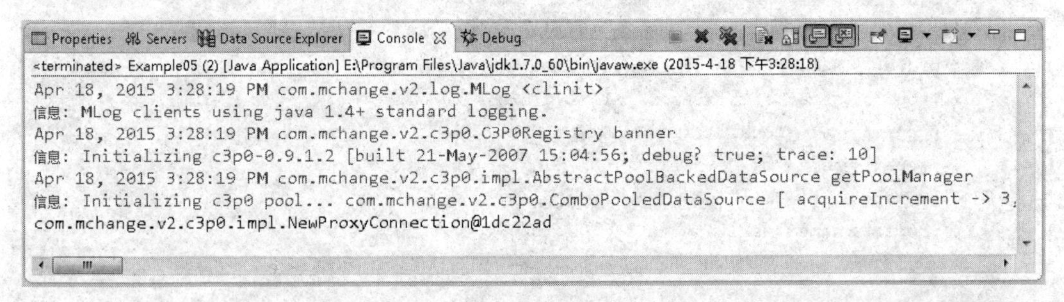

图 2-5 运行结果

从图 2-5 中可以看出,C3P0 数据源对象成功获取到了数据库连接对象。需要注意的是,在使用 ComboPooledDataSource(String configName)方法创建对象时必须遵循以下两点。

(1) 配置文件名称必须为 c3p0-config. xml,并且位于该项目的 src 根目录下。

(2) 当传入的 configName 值为空或者不存在时,则会使用默认的配置方式创建数据源。

通过 2. 2. 3 节和 2. 2. 4 节的学习,熟悉了两种常用数据源的配置方法,并从各自的 API 中可以看出,数据源的实现类会增加一些设置数据库连接池对象属性的方法,这也是不同数据源实现类的本质区别。

多学一招:自定义一个类实现数据库连接池

通过 DBCP 和 C3P0 的学习,相信读者对数据源已经有了一定的了解,为了让读者更好地掌握数据源的工作原理,下面通过自定义一个类模拟实现数据库连接池,具体步骤如下。

(1) 在 chapter02 工程中,创建 cn. itcast. utils 包,并新建一个 JDBCUtils 工具类,它的实现方式和第 1 章中提到的 JDBCUtils 工具类完全相同,这里就不再列出代码。接着创建 cn. itcast. mydatasource 包,并在该包下创建一个 JdbcPool 类,如例 2-8 所示。

例 2-8　JdbcPool. java

```
1  package cn.itcast.mydatasource;
2  import java.io.PrintWriter;
3  import java.sql.Connection;
4  import java.sql.SQLException;
5  import java.sql.SQLFeatureNotSupportedException;
6  import java.util.LinkedList;
7  import java.util.logging.Logger;
8  import javax.sql.DataSource;
9  import cn.itcast.utils.JDBCUtils;
10 //自定义数据库连接池类需要实现 DataSource 接口,重写 DataSource 的方法
11 public class JdbcPool implements DataSource {
12     //自定义连接池
13     private static LinkedList<Connection>pool=
14             new LinkedList<Connection>();
15     //初始化连接池
16     static {
17         try {
18             for (int i=0; i<10; i++) {
19                 pool.add(getNewCon());                //初始化在连接池中添加 10 个连接对象
20             }
21         } catch (Exception e) {
22             throw new ExceptionInInitializerError(e);     //抛出初始化错误对象
23         }
24     }
25     //封装获取连接方法
26     public static Connection getNewCon() throws SQLException{
27         //传统创建数据库连接对象的方法
28         return JDBCUtils.getConnection();
29     }
30     //从连接池中获取一个连接对象
31     @Override
32     public Connection getConnection() throws SQLException {
33         //返回删除的 LinkedList 集合中的第一个连接对象
34         Connection connection=pool.removeFirst();
35         //包装设计模式,包装 Connection 对象,重写 close()方法
36         MyConnection con=new MyConnection(connection, pool);
37         return con;
38     }
39     //获取数据库连接池
40     public static LinkedList<Connection>getPool() {
41         return pool;
42     }
43     …
44     …//省略 DataSource 的其他重写方法
45     …
46 }
```

在例2-8中，定义了一个连接池pool用于保存Connection对象（连接池本质是一个集合），由于频繁的增删操作特性，所以选用LinkedList比较好。在类第一次加载的时候，自动创建10个连接对象存放在LinkedList中。当调用getConnection()方法时，会在LinkedList集合中获取一个对象并返回。这里除了使用LinkedList的removeFirst()方法每次获取第一个被删除对象以外，还可以使用JDK1.6新特性中LinkedList推出的pop()方法，比removeFirst()更加高效。

(2) 在例2-8中第36行，MyConnection是自定义类，它实现了Connection接口，采用了包装设计模式，重写了Connection对象的close()方法，让数据库连接对象调用close()方式时，不是释放资源、关闭连接，而是把对象返回到连接池中。下面实现MyConnection类，在cn.itcast.mydatasource包下创建MyConnection类，如例2-9所示。

例2-9 MyConnection.java

```
1   package cn.itcast.mydatasource;
2   import java.sql.*;
3   import java.util.Map;
4   import java.util.Properties;
5   import java.util.LinkedList;
6   import java.util.concurrent.Executor;
7   //自定义一个Connection对象,其他方法都调用原本Connection的方法,重写close方法
8   public class MyConnection implements Connection{
9           private Connection con;
10          private LinkedList<Connection>pool;
11          //MyConnection的构造函数的参数包括连接对象和连接池对象
12          public MyConnection (Connection con,LinkedList<Connection>pool){
13              this.con=con;
14              this.pool=pool;
15          }
16          //不能立即关闭连接,而是把连接重新放回连接池中
17          @Override
18          public void close() throws SQLException {
19              this.pool.addFirst(this.con);
20          }
21      …
22      …//省略Connection的其他重写方法
23      …
24  }
```

经过MyConnection包装后的Connection对象，调用close()方法释放资源时，就会执行close()方法，把连接对象返回到LinkedList集合中。

(3) 在cn.itcast.example包下创建JdbcPoolTest类，用来测试自定义数据源是否创建成功，如例2-10所示。

例2-10 JdbcPoolTest.java

```
1   package cn.itcast.example;
2   import java.sql.Connection;
```

```
3    import java.sql.SQLException;
4    import java.util.LinkedList;
5    import javax.sql.DataSource;
6    import cn.itcast.mydatasource.JdbcPool;
7    public class JdbcPoolTest {
8        public static void main(String[] args) throws SQLException {
9            //获取数据源对象
10           DataSource ds=new JdbcPool();
11           //获取连接池对象
12           LinkedList<Connection>pool=JdbcPool.getPool();
13           //输出连接池中连接的个数
14           System.out.println("初始化时连接池中的连接对象个数是: "+pool.size());
15           //获取一个数据库连接对象
16           Connection conn=ds.getConnection();
17           //输出连接池中连接的个数
18           System.out.println("获取一个连接对象时,连接池中的连接对象个数是: "
19                   +pool.size());
20           //返还数据库连接对象
21           conn.close();
22           //输出连接池中连接的个数
23           System.out.println("返还数据库连接后,连接池中的连接对象个数是: "
24                   +pool.size());
25       }
26   }
```

程序运行结果如图 2-6 所示。

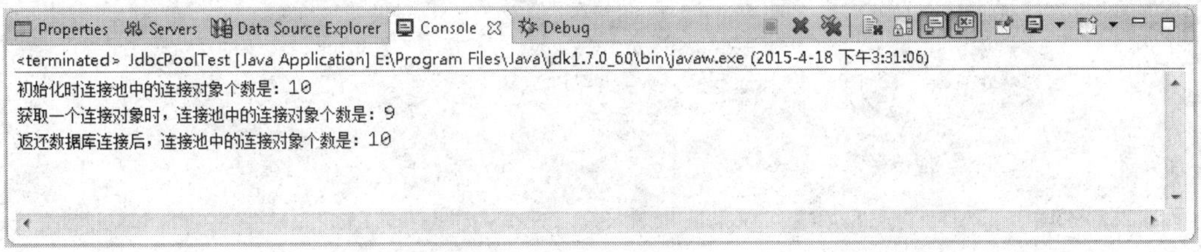

```
Properties  Servers  Data Source Explorer  Console  Debug
<terminated> JdbcPoolTest [Java Application] E:\Program Files\Java\jdk1.7.0_60\bin\javaw.exe (2015-4-18 下午3:31:06)
初始化时连接池中的连接对象个数是: 10
获取一个连接对象时, 连接池中的连接对象个数是: 9
返还数据库连接后, 连接池中的连接对象个数是: 10
```

图 2-6　运行结果

从图 2-6 中可以看出,当数据源初始化时,连接池中连接对象个数是 10;当从数据源中获取一个连接对象后,连接池中连接对象个数变成了 9;当 conn 对象执行 close()方法后,连接池中连接对象个数又变成了 10。由此可见,自定义类 JdbcPool 实现了数据库连接池,具备管理连接池中对象的功能。

小结

本章主要讲解 JDBC 处理事务和数据库连接池。在讲解数据库连接池时介绍了两种常用的数据源,DBCP 数据源和 C3P0 数据源。通过本章的学习,读者应该熟悉如何用 JDBC 处理事务以及通过数据源获取数据库连接的开发流程。

【思考题】

1. 请简述数据库连接池的工作机制。
2. 已知存在 src/c3p0-config.xml 配置文件，并且默认配置结点为 itcast。请写出 C3P0 获取数据源的代码。

第3章 DBUtils工具

学习目标

◆ 了解DBUtils工具中的API；

◆ 学会用DBUtils工具对数据库进行增删改查的操作；

◆ 学会用DBUtils工具处理事务。

为了更加简单地使用JDBC，Apache组织提供了一个工具类库commons-dbutils，它是操作数据库的一个组件，实现了对JDBC的简单封装，可以在不影响性能的情况下极大地简化JDBC的编码工作量。DBUtils工具可以通过以下地址下载：http://commons.apache.org/dbutils/index.html。截止到目前，DBUtils的最新版本为Apache Commons DbUtils 1.6，本章就以该版本为例针对DBUtils工具的使用进行详细的讲解。

3.1 API介绍

在学习DBUtils工具的使用之前，先来了解一下它的相关API。commons-dbutils的核心是两个类org.apache.commons.dbutils.DbUtils、org.apache.commons.dbutils.QueryRunner和一个接口org.apache.commons.dbutils.ResultSetHandler，了解这些核心类和接口对于DBUtils工具的学习非常重要。本节将针对DBUtils工具的相关API进行详细的讲解。

3.1.1 DBUtils类

DBUtils类主要为如关闭连接、装载JDBC驱动程序之类的常规工作提供方法，它提供的方法都是静态方法，具体如下。

1. close()方法

在DBUtils类中，提供了三个重载的close()方法，这些方法都是用来关闭数据连接，并且在关闭连接时，首先会检查参数是否为NULL，如果不是，该方法就会关闭Connection、Statement和ResultSet这三个对象。

2. closeQuietly(Connection conn,Statement stmt,ResultSet rs)方法

该方法用于关闭Connection、Statement和ResultSet对象。与close()方法相比，closeQuietly()方法不仅能在Connection、Statement和ResultSet对象为NULL的情况下避免关闭，还能隐藏一些在程序中抛出的SQL异常。

3. commitAndCloseQuietly(Connection conn)方法

commitAndCloseQuietly()方法用来提交连接，然后关闭连接，并且在关闭连接时不抛出 SQL 异常。

4. loadDriver(java.lang.String driverClassName)方法

loadDriver()方法用于装载并注册 JDBC 驱动程序，如果成功就返回 true。使用该方法时，不需要捕捉 ClassNotFoundException 异常。

3.1.2 QueryRunner 类

QueryRunner 类简化了执行 SQL 语句的代码，它与 ResultSetHandler 组合在一起就能完成大部分的数据库操作，大大减少编码量。

QueryRunner 类提供了两个构造方法，一个是默认的构造方法，一个是需要 javax.sql.DataSource 作为参数的构造方法。因此，在不用为一个方法提供一个数据库连接的情况下，提供给构造器的 DataSource 就可以用来获得连接。但是，在使用 JDBC 操作数据库时，需要使用 Connection 对象对事务进行管理，因此如果需要开启事务就需要使用不带参数的构造方法。针对不同的数据库操作，QueryRunner 类提供了不同的方法，具体如下。

1. query(Connection conn, String sql, ResultSetHandler rsh, Object[] params)方法

该方法用于执行查询操作，其中，参数 params 表示一个对象数组，该数组中每个元素的值都被用来作为查询语句的置换参数。需要注意的是，该方法会自动处理 PreparedStatement 和 ResultSet 的创建和关闭。

值得一提的是，QueryRunner 中还有一个方法是 query(Connection conn, String sql, Object[] params, ResultSetHandler rsh)。该方法与上述方法唯一不同的地方就是参数的位置。Java 1.5 增加了新特性：可变参数。可变参数适用于参数个数不确定，类型确定的情况，Java 把可变参数当作数组处理。但是，可变参数必须位于最后一项，所以此方法已过期。

2. query(String sql, ResultSetHandler rsh, Object[] params)方法

该方法用于执行查询操作，与第一个方法相比，它不需要将 Connection 对象传递给方法，它可以从提供给构造方法的数据源 DataSource 或使用的 setDataSource()方法中获得连接。

3. query(Connection conn, String sql, ResultSetHandler rsh)方法

该方法用于执行一个不需要置换参数的查询操作。

4. update(Connection conn, String sql, Object[] params)方法

该方法用来执行插入、更新或者删除操作，其中，参数 params 表示 SQL 语句中的置换参数。

5. update(Connection conn, String sql)方法

该方法用于执行插入、更新或者删除操作,它不需要置换参数。

3.1.3　ResultSetHandler 接口

ResultSetHandler 接口用于处理 ResultSet 结果集,它可以将结果集中的数据转为不同的形式。根据结果集中数据类型的不同,ResultSetHandler 提供了不同的实现类,具体如下。

(1) AbstractKeyedHandler：该类为抽象类,能够把结果集里面的数据转换为用 Map 存储。

(2) AbstractListHandler：该类为抽象类,能够把结果集里面的数据转换为用 List 存储。

(3) ArrayHandler：把结果集中的第一行数据转成对象数组。

(4) ArrayListHandler：把结果集中的每一行数据都转成一个对象数组,再将数组存放到 List 中。

(5) BaseResultSetHandler：把结果集转换成其他对象的扩展。

(6) BeanHandler：将结果集中的第一行数据封装到一个对应的 JavaBean 实例中。

(7) BeanListHandler：将结果集中的每一行数据都封装到一个对应的 JavaBean 实例中,存放到 List 里。

(8) BeanMapHandler：将结果集中的每一行数据都封装到一个对应的 JavaBean 实例中,然后再根据指定的 key 把每个 JavaBean 再存放到一个 Map 里。

(9) ColumnListHandler：将结果集中某一列的数据存放到 List 中。

(10) KeyedHandler：将结果集中的每一行数据都封装到一个 Map 里,然后再根据指定的 key 把每个 Map 再存放到一个 Map 里。

(11) MapHandler：将结果集中的第一行数据封装到一个 Map 里,key 是列名,value 就是对应的值。

(12) MapListHandler：将结果集中的每一行数据都封装到一个 Map 里,然后再存放到 List 中。

(13) ScalarHandler：将结果集中某一条记录的其中某一列的数据存储成 Object 对象。

另外,在 ResultSetHandler 接口中,提供了一个单独的方法 handle (java.sql.ResultSet rs),如果上述实现类没有提供想要的功能,可以通过自定义一个实现 ResultSetHandler 接口的类,然后通过重写 handle()方法,实现结果集的处理。

3.2　ResultSetHandler 实现类

3.1.3 节介绍了 ResultSetHandler 接口中实现类的作用。本节将通过实例针对其中 10 个常用实现类的使用进行详细讲解。

3.2.1 ArrayHandler 和 ArrayListHandler

前面的学习中了解了 ArrayHandler 和 ArrayListHandler 类可以将把结果集中的第一行数据转成对象数组。下面通过代码实现来学习如何使用 ArrayHandler 和 ArrayListHandler 以及两者的区别。具体步骤如下。

(1)首先创建 chapter03 数据库,然后在数据库中创建一个表 users,具体语句如下。

```
CREATE DATABASE chapter03;
USE chapter03;
CREATE TABLE user(
    id INT(3) PRIMARY KEY AUTO_INCREMENT,
    name VARCHAR(20) NOT NULL,
    password VARCHAR(20) NOT NULL
);
```

向 users 表中插入三条数据,具体语句如下。

```
INSERT INTO user(name,password) VALUES('zhangsan','123456');
INSERT INTO user(name,password) VALUES ('lisi','123456');
INSERT INTO user(name,password) VALUES ('wangwu','123456');
```

为了查看数据是否添加成功,使用 SELECT 语句查询 users 表,执行结果如下所示。

```
mysql>SELECT * FROM user;
+----+----------+----------+
| id | name     | password |
+----+----------+----------+
| 1  | zhangsan | 123456   |
| 2  | lisi     | 123456   |
| 3  | wangwu   | 123456   |
+----+----------+----------+
3 rows in set (0.01 sec)
```

(2) 在 Eclipse 中创建一个名为 chapter03 的 Java 工程。

首先将第 2 章中例 2-6 的 c3p0-config. xml 文件复制到 src 目录下,第 1 章中例 1-6 的 JDBCUtils. java 复制到 cn. itcast. jdbc. utils 包下。注意,一定要将 c3p0-config. xml 中的数据库名称改为 chapter03,同时读者还应该将 MySQL 数据库驱动 jar 包、C3P0 相关 jar 包以及 DBUtils 工具的 jar 包添加到工程的 classpath 路径下。

为了演示使用 ResultSetHandler 提供的不同的实现类,首先在 cn. itcast. jdbc. example. dao 包下创建类 BaseDao,写一个通用的查询方法。具体实现方式如例 3-1 所示。

例 3-1 BaseDao. java

```
1    package cn.itcast.jdbc.example.dao;
2    import java.sql.Connection;
3    import java.sql.PreparedStatement;
4    import java.sql.ResultSet;
5    import java.sql.SQLException;
```

```
6    import org.apache.commons.dbutils.ResultSetHandler;
7    import cn.itcast.jdbc.utils.JDBCUtils;
8    public class BaseDao {
9        //优化查询
10       public static Object query(String sql, ResultSetHandler<? >rsh,
11               Object... params) throws SQLException {
12           Connection conn=null;
13           PreparedStatement pstmt=null;
14           ResultSet rs=null;
15           try {
16               //获得连接
17               conn=JDBCUtils.getConnection();
18               //预编译 sql
19               pstmt=conn.prepareStatement(sql);
20               //将参数设置进去
21               for (int i=0; params !=null && i<params.length; i++)
22               {
23                   pstmt.setObject(i+1, params[i]);
24               }
25               //发送 sql
26               rs=pstmt.executeQuery();
27               //让调用者去实现对结果集的处理
28               Object obj=rsh.handle(rs);
29               return obj;
30           } catch (Exception e) {
31               e.printStackTrace();
32           }finally {
33               //释放资源
34               JDBCUtils.release(rs, pstmt, conn);
35           }
36           return rs;
37       }
38   }
```

BaseDao 类创建完成后，在 cn.itcast.jdbc.example.dao 包下创建类 ResultSetTest1，编写一个方法 testArrayHandler()来演示 ArrayHandler 类的用法，具体实现方式如例 3-2 所示。

例 3-2　ResultSetTest1.java

```
1    package cn.itcast.jdbc.example.dao;
2    import java.sql.SQLException;
3    import org.apache.commons.dbutils.handlers.ArrayHandler;
4    public class ResultSetTest1 {
5        public static void testArrayHandler() throws SQLException {
6            BaseDao basedao=new BaseDao();
7            String sql="select * from user where id=?";
8            Object[] arr=
9            (Object[]) basedao.query(sql,new ArrayHandler(),new Object[]{1});
10           for(int i=0; i<arr.length; i++){
```

```
11              System.out.print(arr[i]+", ");
12          }
13      }
14      public static void main(String[] args) throws SQLException {
15          testArrayHandler();
16      }
17  }
```

运行 ResultSetTest1 类，执行结果如图 3-1 所示。

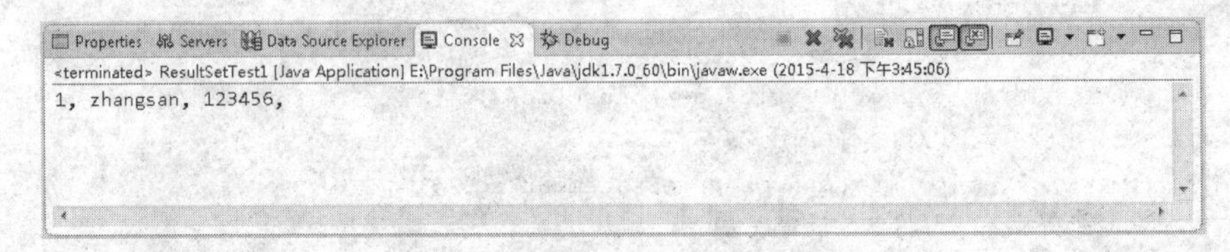

图 3-1 运行结果

在例 3-2 中，ArrayHandler 类将结果集中 id 为 1 的一行数据转化成对象数组，并将数组循环打印出来。由图 3-1 可以看出，成功打印出了 id 为 1 的数据。

下面创建类 ResultSetTest2，用 testArrayListHandler()方法来演示 ArrayListHandler 类的使用，具体如例 3-3 所示。

例 3-3 ResultSetTest2.java

```
1   package cn.itcast.jdbc.example.dao;
2   import java.sql.SQLException;
3   import java.util.List;
4   import org.apache.commons.dbutils.handlers.ArrayListHandler;
5   public class ResultSetTest2 {
6       public static void testArrayListHandler() throws SQLException {
7           BaseDao basedao=new BaseDao();
8           String sql="select * from user";
9           List list=(List) basedao.query(sql,new ArrayListHandler());
10          Object[] arr=(Object[]) list.get(0);
11          Object[] arr1=(Object[]) list.get(1);
12          Object[] arr2=(Object[]) list.get(2);
13          for(int i=0; i<arr.length; i++){
14              System.out.print(arr[i]+", "); }
15          for(int i=0; i<arr1.length; i++){
16              System.out.print(arr1[i]+", "); }
17          for(int i=0; i<arr2.length; i++){
18              System.out.print(arr2[i]+", ");
19          }
20      }
21      public static void main(String[] args) throws SQLException {
22          testArrayListHandler();
23      }
24  }
```

运行 ResultSetTest2 类，执行结果如图 3-2 所示。

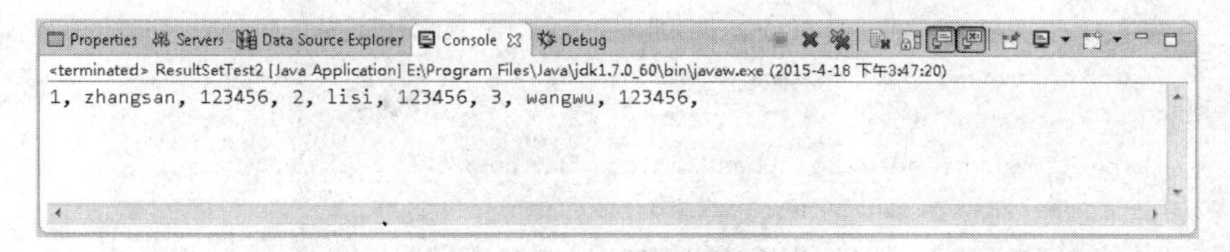

图 3-2 运行结果

由输出结果可以看出，ArrayListHandler 类可以将每一行的数据都转成一个对象数组，并存放到 List 集合中，将集合中的所有对象数组打印出来（即数据表中所有的数据）。

3.2.2 BeanHandler、BeanListHandler 和 BeanMapHandler

BeanHandler、BeanListHandler 和 BeanMapHandler 实现类是将结果集中的数据封装到对应的 JavaBean 实例中，这也是实际开发中最常用的结果集处理方法。在演示这三个类的使用之前，需要先创建一个 JavaBean 实例类 User，具体实现方式如例 3-4 所示。

例 3-4 User. java

```
1   package cn.itcast.jdbc.example.domain;
2   public class User {
3       private int id;
4       private String name;
5       private String password;
6       public int getId() {
7           return id;
8       }
9       public void setId(int id) {
10          this.id=id;
11      }
12      public String getName() {
13          return name;
14      }
15      public void setName(String name) {
16          this.name=name;
17      }
18      public String getPassword() {
19          return password;
20      }
21      public void setPassword(String password) {
22          this.password=password;
23      }
24  }
```

创建类 ResultSetTest3，在类 ResultSetTest3 中写一个方法 testBeanHandler()，具体代码如例 3-5 所示。

例 3-5 ResultSetTest3. java

```
1   package cn.itcast.jdbc.example.dao;
2   import java.sql.SQLException;
```

```
3     import org.apache.commons.dbutils.handlers.BeanHandler;
4     import cn.itcast.jdbc.example.domain.User;
5     public class ResultSetTest3 {
6         public static void testBeanHandler() throws SQLException {
7             BaseDao basedao=new BaseDao();
8             String sql="select * from user where id=?";
9             User user=
10             (User) basedao.query(sql,new BeanHandler(User.class),1);
11             System.out.print("id 为 1 的 User 对象的 name 值为: "+user.getName());
12        }
13        public static void main(String[] args) throws SQLException {
14            testBeanHandler ();
15        }
16    }
```

运行 ResultSetTest3 类，执行结果如图 3-3 所示。

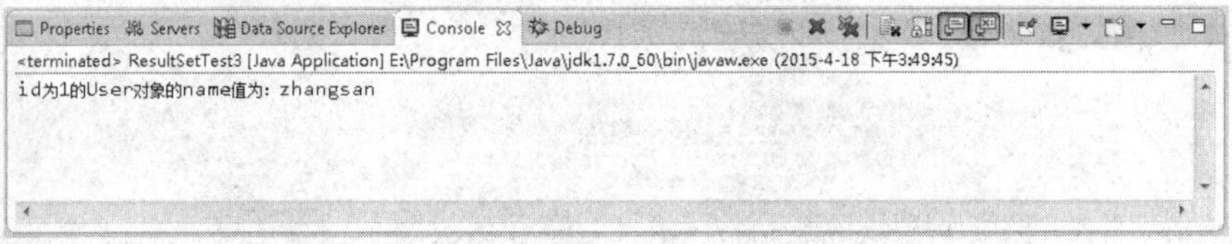

图 3-3 运行结果

由输出结果可以看出，BeanHandler 成功将 id 为 1 的数据存入到了实体对象 user 中。

接下来创建类 ResultSetTest4，写一个方法 testBeanListHandler（ ）来演示 BeanListHandler 类对结果集的处理结果，具体如例 3-6 所示。

例 3-6 ResultSetTest4.java

```
1     package cn.itcast.jdbc.example.dao;
2     import java.sql.SQLException;
3     import java.util.ArrayList;
4     import org.apache.commons.dbutils.handlers.BeanListHandler;
5     import cn.itcast.jdbc.example.domain.User;
6     public class ResultSetTest4 {
7         public static void testBeanListHandler() throws SQLException {
8             BaseDao basedao=new BaseDao();
9             String sql="select * from user ";
10            ArrayList<User> list= (ArrayList<User>) basedao.query(sql,
11                    new BeanListHandler(User.class));
12            for (int i=0; i<list.size(); i++) {
13                System.out.println("第"+ (i+1)+"条数据的 username 值为:"
14                        +list.get(i).getName());
15            }
16        }
17        public static void main(String[] args) throws SQLException {
18            testBeanListHandler ();
19        }
20    }
```

运行 ResultSetTest4 类，执行结果如图 3-4 所示。

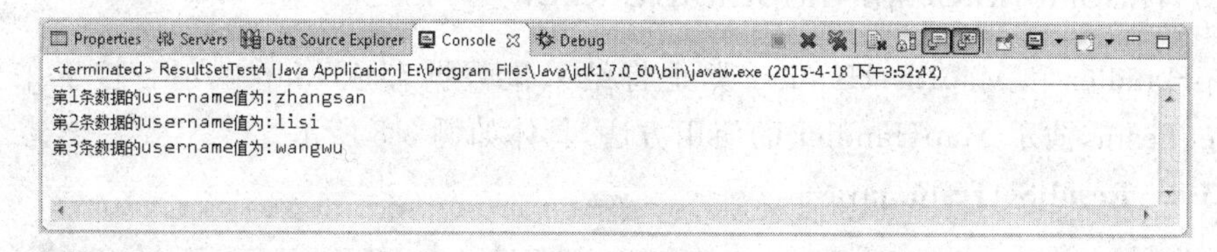

图 3-4 运行结果

由输出结果可以看出，testBeanListHandler()方法可以将每一行的数据都封装到 user 实例中，并存放到 list 中。接下来创建类 ResultSetTest5，写一个方法 testBeanMapHandler()来演示 BeanMapHandler 类对结果集的处理结果，具体如例 3-7 所示。

例 3-7 ResultSetTest5.java

```
1   package cn.itcast.jdbc.example.dao;
2   import java.sql.SQLException;
3   import java.util.Map;
4   import org.apache.commons.dbutils.handlers.BeanMapHandler;
5   import cn.itcast.jdbc.example.domain.User;
6   public class ResultSetTest5 {
7       public static void testBeanMapHandler() throws SQLException {
8           String sql="select id, name, password from user";
9           Map<Integer, User>map= (Map<Integer, User>) BaseDao.query(sql,
10                  new BeanMapHandler<Integer, User> (User.class, "id"));
11          //zhangsan 的 id 值为 1
12          User u=map.get(1);
13          String uName=u.getName();
14          String uPassword=u.getPassword();
15          System.out.print("id 为 1 的 User 对象的 name 值为: "+uName+",
16                                  password 值为: "+uPassword);
17      }
18      public static void main(String[] args) throws SQLException {
19          testBeanMapHandler();
20      }
21  }
```

运行 ResultSetTest5 类，执行结果如图 3-5 所示。

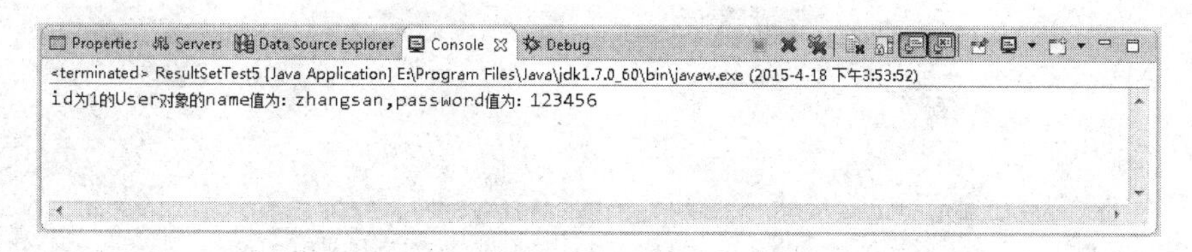

图 3-5 运行结果

由输出结果可以看出，testBeanMapHandler()方法成功地将每一行的数据都封装到 user 实例中，并存放到 Map 中。

3.2.3 MapHandler 和 MapListHandler

MapHandler 和 MapListHandler 类是将结果集数据存成 Map 映射。接下来创建类 ResultSetTest6,演示 MapHandler 的使用方法,具体如例 3-8 所示。

例 3-8 ResultSetTest6.java

```
1    package cn.itcast.jdbc.example.dao;
2    import java.sql.SQLException;
3    import java.util.Map;
4    import org.apache.commons.dbutils.handlers.MapHandler;
5    public class ResultSetTest6 {
6        public static void testMapHandler() throws SQLException {
7            BaseDao basedao=new BaseDao();
8            String sql="select * from user where id=?";
9            Map map= (Map) basedao.query(sql, new MapHandler(), 1);
10            System.out.println(map);
11       }
12       public static void main(String[] args) throws SQLException {
13           testMapHandler();
14       }
15   }
```

运行 ResultSetTest6 类,输出结果如图 3-6 所示。

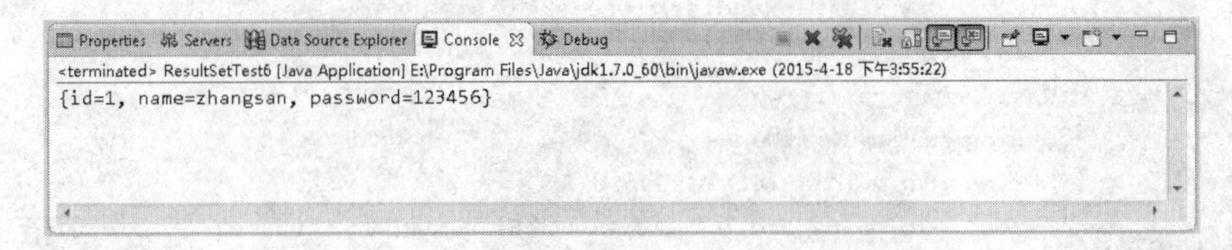

图 3-6 运行结果

由输出结果可以看出,MapHandler 成功地将结果集数据存成 Map 映射,Map 中的"键"为数据库的字段,而"值"为对应字段的数据。接下来在类 ResultSetTest6 中再写一个方法 testMapListHandler(),具体代码如例 3-9 所示。

例 3-9 ResultSetTest6.java

```
1    package cn.itcast.jdbc.example.dao;
2    import java.sql.SQLException;
3    import java.util.List;
4    import java.util.Map;
5    import org.apache.commons.dbutils.handlers.MapHandler;
6    import org.apache.commons.dbutils.handlers.MapListHandler;
7    public class ResultSetTest6 {
8        public static void testMapHandler() throws SQLException {
9            BaseDao basedao=new BaseDao();
10            String sql="select * from user where id=?";
11            Map map= (Map) basedao.query(sql, new MapHandler(), 1);
12            System.out.println(map);
```

```
13          }
14
15          public static void testMapListHandler() throws SQLException {
16                 BaseDao basedao=new BaseDao();
17                 String sql="select * from user ";
18                 List list=(List) basedao.query(sql,new MapListHandler());
19                     System.out.println(list);
20             }
21
22         public static void main(String[] args) throws SQLException {
23             //testMapHandler();
24             testMapListHandler();                    //调用新添加的方法
25         }
26     }
```

运行 ResultSetTest6 类，输出结果如图 3-7 所示。

```
Properties  Servers  Data Source Explorer  Console  Debug
<terminated> ResultSetTest6 [Java Application] E:\Program Files\Java\jdk1.7.0_60\bin\javaw.exe (2015-4-18 下午3:56:49)
[{id=1, name=zhangsan, password=123456}, {id=2, name=lisi, password=123456}, {id=3, name=wangwu, password=123456}]
```

图 3-7 运行结果

由输出结果可以看出，MapListHandler 类成功地将每一行结果集存成一个 Map，并将所有 Map 存成 list。

3.2.4 ColumnListHandler

当需要查询结果集中的一列数据时，可以使用 ColumnListHandler 类，接下来通过一个案例来演示如何使用 ColumnListHandler 类，如例 3-10 所示。

例 3-10 ResultSetTest7.java

```
1     package cn.itcast.jdbc.example.dao;
2     import java.sql.SQLException;
3     import java.util.ArrayList;
4     import java.util.List;
5     import org.apache.commons.dbutils.handlers.ColumnListHandler;
6     import cn.itcast.jdbc.example.domain.User;
7     public class ResultSetTest7 {
8         public static void testColumnListHandler() throws SQLException {
9             BaseDao basedao=new BaseDao();
10             String sql="select * from user ";
11             List list=(ArrayList<User>) basedao.query(sql,
12                     new ColumnListHandler("name"));
13                     System.out.println(list);
14         }
15         public static void main(String[] args) throws SQLException {
16             testColumnListHandler ();
```

```
17        }
18    }
```

运行 ResultSetTest7 类，输出结果如图 3-8 所示。

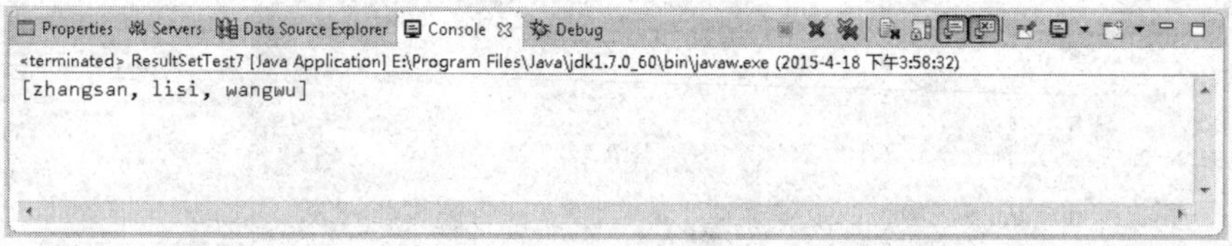

```
<terminated> ResultSetTest7 [Java Application] E:\Program Files\Java\jdk1.7.0_60\bin\javaw.exe (2015-4-18 下午3:58:32)
[zhangsan, lisi, wangwu]
```

图 3-8 运行结果

由输出结果可以看出，ColumnListHandler 将结果集中的 name 列存放到了 list 中。

3.2.5 ScalarHandler

在使用 DBUtils 工具操作数据库时，如果需要输出结果集中一行数据的指定字段值，可以使用 ScalarHandler 类，接下来通过一个案例演示 ScalarHandler 类的使用方法，如例 3-11 所示。

例 3-11 ResultSetTest8.java

```
1     package cn.itcast.jdbc.example.dao;
2     import java.sql.SQLException;
3     import org.apache.commons.dbutils.handlers.ScalarHandler;
4     public class ResultSetTest8 {
5         public static void testScalarHandler() throws SQLException {
6             BaseDao basedao=new BaseDao();
7             String sql="select * from user where id=?";
8         Object arr=(Object) basedao.query(sql,new ScalarHandler("name"),1);
9             System.out.println(arr);
10        }
11        public static void main(String[] args) throws SQLException {
12            testScalarHandler();
13        }
14    }
```

运行 ResultSetTest8 类，输出结果如图 3-9 所示。

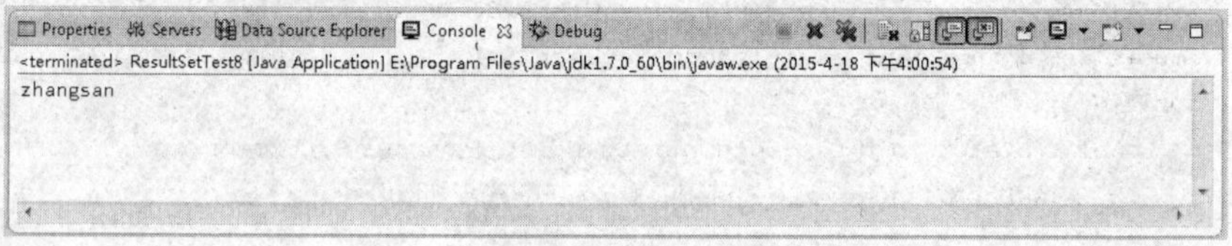

```
<terminated> ResultSetTest8 [Java Application] E:\Program Files\Java\jdk1.7.0_60\bin\javaw.exe (2015-4-18 下午4:00:54)
zhangsan
```

图 3-9 运行结果

由输出结果可以看出，ScalarHandler 类成功地将 id 为 1 的用户的 name 列存成一个对象 arr。

3.2.6 KeyedHandler

在使用 DBUtils 工具操作数据库时，keyedHandler 类用于将结果集中的每一行数据都封装到一个 Map 里，然后再根据指定的 key 把每个 Map 再存放到一个 Map 里，接下来通过一个案例演示 KeyedHandler 类的使用方法，如例 3-12 所示。

例 3-12 ResultSetTest9. java

```
1   package cn.itcast.jdbc.example.dao;
2   import java.sql.SQLException;
3   import java.util.Map;
4   import javax.sql.DataSource;
5   import org.apache.commons.dbutils.QueryRunner;
6   import org.apache.commons.dbutils.handlers.KeyedHandler;
7   import com.mchange.v2.c3p0.ComboPooledDataSource;
8
9   public class ResultSetTest9 {
10      public static DataSource ds=null;
11          //初始化 C3P0 数据源
12          static {
13          //使用 c3p0-config.xml 配置文件中的 named-config 结点中 name 属性的值
14                  ComboPooledDataSource cpds=new ComboPooledDataSource();
15              ds=cpds;
16      }
17      public static void testKeyedHandler() throws SQLException {
18          String sql="select id, name, password from user";
19          QueryRunner qr=new QueryRunner(ds);
20          Map<Object, Map<String, Object>>map=qr.query(
21                  sql, new KeyedHandler<Object>("id"));
22          Map uMap= (Map) map.get( new Integer(1));
23          String uName= (String) uMap.get("name") ;
24          String uPassword= (String) uMap.get("password");
25          System.out.println(uName+":"+uPassword);
26      }
27      public static void main(String[] args) throws SQLException {
28          testKeyedHandler();
29      }
30  }
```

运行 ResultSetTest9 类，输出结果如图 3-10 所示。

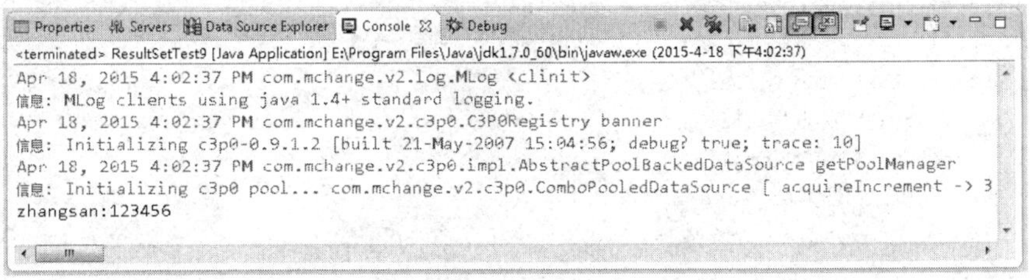

```
Properties  Servers  Data Source Explorer  Console  Debug
<terminated> ResultSetTest9 [Java Application] E:\Program Files\Java\jdk1.7.0_60\bin\javaw.exe (2015-4-18 下午4:02:37)
Apr 18, 2015 4:02:37 PM com.mchange.v2.log.MLog <clinit>
信息: MLog clients using java 1.4+ standard logging.
Apr 18, 2015 4:02:37 PM com.mchange.v2.c3p0.C3P0Registry banner
信息: Initializing c3p0-0.9.1.2 [built 21-May-2007 15:04:56; debug? true; trace: 10]
Apr 18, 2015 4:02:37 PM com.mchange.v2.c3p0.impl.AbstractPoolBackedDataSource getPoolManager
信息: Initializing c3p0 pool... com.mchange.v2.c3p0.ComboPooledDataSource [ acquireIncrement -> 3
zhangsan:123456
```

图 3-10 运行结果

在例3-12中，KeyedHandler类将结果集中的每一行数据都封装到一个Map里，然后再根据指定的key(id)把每个Map再存放到一个Map里。从运行结果可以看出，KeyedHandler类成功地输出结果集中一行数据的name和password字段的值。

3.3 DBUtils实现增删改查

通过前面的学习，读者已经了解了DBUtils框架的相关API。下面通过代码来实现使用DBUtils框架对数据库进行增删改查的基本操作。具体步骤如下。

(1) 在工程chapter03中的cn.itcast.jdbc.utils包下创建类C3p0Utils，该类用于创建数据源，如例3-13所示。

例3-13 C3p0Utils.java

```
1   package cn.itcast.jdbc.utils;
2   import javax.sql.DataSource;
3   import com.mchange.v2.c3p0.ComboPooledDataSource;
4   public class C3p0Utils {
5     private static DataSource ds;
6     static{
7         ds=new ComboPooledDataSource();
8     }
9     public static DataSource getDataSource() {
10        return ds;
11     }
12  }
```

(2) 创建类DBUtilsDao，该类实现了对users表增删改查的基本操作。用QueryRunner类中带参的方法，将数据源传给QueryRunner方法，让它为我们创建和关闭连接。具体代码如下。

例3-14 DBUtilsDao.java

```
1   package cn.itcast.jdbc.example.dao;
2   import java.sql.SQLException;
3   import java.util.List;
4   import org.apache.commons.dbutils.QueryRunner;
5   import org.apache.commons.dbutils.handlers.BeanHandler;
6   import org.apache.commons.dbutils.handlers.BeanListHandler;
7   import cn.itcast.jdbc.example.domain.User;
8   import cn.itcast.jdbc.utils.C3p0Utils;
9   public class DBUtilsDao {
10      //查询所有,返回List集合
11      public List findAll() throws SQLException{
12          //创建QueryRunner对象
13          QueryRunner runner=new QueryRunner(C3p0Utils.getDataSource());
14          //写SQL语句
15          String sql="select * from user";
16          //调用方法
```

```
17            List list=
18            (List)runner.query(sql, new BeanListHandler(User.class));
19                return list;
20        }
21        //查询单个,返回对象
22        public User find(int id) throws SQLException{
23            //创建 QueryRunner 对象
24            QueryRunner runner=new QueryRunner(C3p0Utils.getDataSource());
25            //写 SQL 语句
26            String sql="select * from user where id=?";
27            //调用方法
28                User user=
29                (User)runner.query(sql, new BeanHandler(User.class),
30                    new Object[]{id});
31                return user;
32        }
33        //添加用户的操作
34        public Boolean insert(User user) throws SQLException{
35            //创建 QueryRunner 对象
36            QueryRunner runner=new QueryRunner(C3p0Utils.getDataSource());
37                //写 SQL 语句
38                String sql="insert into user (name,password) values (?,?)";
39                //调用方法
40                int num=runner.update(sql, new Object[]{
41                        user.getName(),
42                        user.getPassword()
43                });
44                if (num>0)
45                    return true;
46                return false;
47        }
48        //修改用户的操作
49        public Boolean update(User user) throws SQLException{
50            //创建 QueryRunner 对象
51            QueryRunner runner=new QueryRunner(C3p0Utils.getDataSource());
52            //写 SQL 语句
53            String sql="update user set name=?,password=? where id=?";
54            //调用方法
55            int num=runner.update(sql, new Object[]{
56                        user.getName(),
57                        user.getPassword(),
58                        user.getId()
59            });
60            if (num>0)
61                return true;
62            return false;
63        }
64        //删除用户的操作
65        public Boolean delete(int id) throws SQLException{
66            //创建 QueryRunner 对象
```

```
67            QueryRunner runner=new QueryRunner(C3p0Utils.getDataSource());
68            //写 SQL 语句
69            String sql="delete from user where id=?";
70            //调用方法
71            int num=runner.update(sql, id);
72            if (num>0)
73                return true;
74            return false;
75        }
76    }
```

这样，就实现了用DBUtils框架对数据库的基本操作。需要注意的是，在查询方法中，用到了BeanHandler和BeanListHandler实现类来处理结果集，查询一条数据用的是能够处理一行数据的BeanHandler类，查询所有数据时用的是能处理所有行数据的BeanListHandler类，切勿使用错误，否则会造成程序报错。

(3) 分别对类DBUtilsDao中的增删改查操作进行测试，具体实现如下。

首先创建类DBUtilsDaoTest1对增加功能测试，具体代码如例3-15所示。

例3-15　DBUtilsDaoTest1.java

```
1   package cn.itcast.jdbc.example.dao;
2   import java.sql.SQLException;
3   import cn.itcast.jdbc.example.domain.User;
4   public class DBUtilsDaoTest1 {
5
6       private static DBUtilsDao dao=new DBUtilsDao();
7
8       public static void testInsert() throws SQLException{
9           User user=new User();
10          user.setName("zhaoliu");
11          user.setPassword("666666");
12          boolean b=dao.insert(user);
13          System.out.println(b);
14      }
15      public static void main(String[] args) throws SQLException {
16          testInsert();
17      }
18  }
```

运行结果如图3-11所示。

```
Properties  Servers  Data Source Explorer  Console  Debug
<terminated> DBUtilsDaoTest1 [Java Application] E:\Program Files\Java\jdk1.7.0_60\bin\javaw.exe (2015-4-18 下午4:08:47)
Apr 18, 2015 4:08:47 PM com.mchange.v2.log.MLog <clinit>
信息: MLog clients using java 1.4+ standard logging.
Apr 18, 2015 4:08:48 PM com.mchange.v2.c3p0.C3P0Registry banner
信息: Initializing c3p0-0.9.1.2 [built 21-May-2007 15:04:56; debug? true; trace: 10]
Apr 18, 2015 4:08:48 PM com.mchange.v2.c3p0.impl.AbstractPoolBackedDataSource getPoolManager
信息: Initializing c3p0 pool... com.mchange.v2.c3p0.ComboPooledDataSource [ acquireIncrement -> 3
true
```

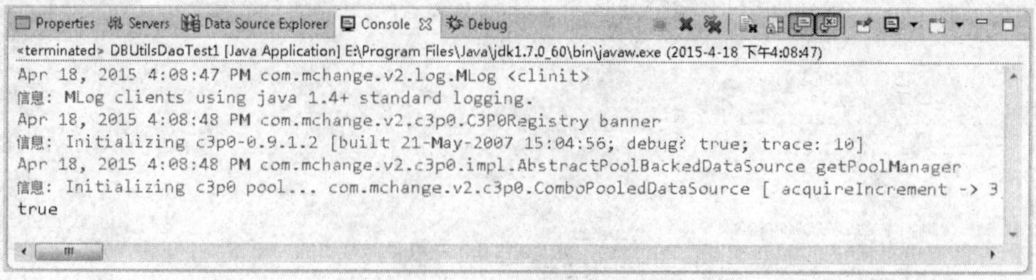

图3-11　运行结果

在数据库中查询数据是否添加成功，查询结果如下。

```
mysql>SELECT * FROM user;
+----+----------+----------+
| id | name     | password |
+----+----------+----------+
| 1  | zhangsan | 123456   |
| 2  | lisi     | 123456   |
| 3  | wangwu   | 123456   |
| 4  | zhaoliu  | 666666   |
+----+----------+----------+
4 rows in set (0.03 sec)
```

由查询结果可以看到，添加方法执行成功。接下来，创建类 DBUtilsDaoTest2 测试修改功能，具体如例 3-16 所示。

例 3-16　DBUtilsDaoTest2. java

```
1    package cn.itcast.jdbc.example.dao;
2    import java.sql.SQLException;
3    import cn.itcast.jdbc.example.domain.User;
4    public class DBUtilsDaoTest2 {
5        private static DBUtilsDao dao=new DBUtilsDao();
6        public static void testupdate() throws SQLException{
7            User user=new User();
8            user.setName("zhaoliu");
9            user.setPassword("666777");
10           user.setId(4);
11           boolean b=dao.update(user);
12           System.out.println(b);
13       }
14       public static void main(String[] args) throws SQLException {
15           testupdate();
16       }
17   }
```

运行结果如图 3-12 所示。

```
Properties  Servers  Data Source Explorer  Console  Debug
<terminated> DBUtilsDaoTest3 [Java Application] E:\Program Files\Java\jdk1.7.0_60\bin\javaw.exe (2015-4-18 下午4:14:53)
Apr 18, 2015 4:14:54 PM com.mchange.v2.log.MLog <clinit>
信息: MLog clients using java 1.4+ standard logging.
Apr 18, 2015 4:14:54 PM com.mchange.v2.c3p0.C3P0Registry banner
信息: Initializing c3p0-0.9.1.2 [built 21-May-2007 15:04:56; debug? true; trace: 10]
Apr 18, 2015 4:14:54 PM com.mchange.v2.c3p0.impl.AbstractPoolBackedDataSource getPoolManager
信息: Initializing c3p0 pool... com.mchange.v2.c3p0.ComboPooledDataSource [ acquireIncrement -> 3
true
```

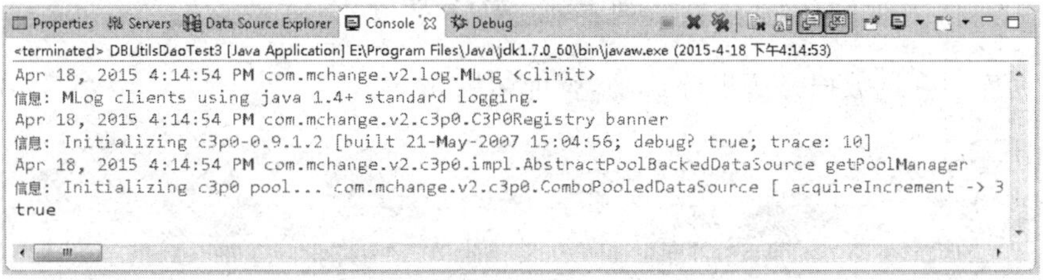

图 3-12　运行结果

在数据库中查询数据是否修改成功，查询结果如下。

```
mysql>SELECT * FROM user;
+----+----------+----------+
| id | name     | password |
+----+----------+----------+
| 1  | zhangsan | 123456   |
| 2  | lisi     | 123456   |
| 3  | wangwu   | 123456   |
| 4  | zhaoliu  | 666777   |
+----+----------+----------+
4 rows in set (0.00 sec)
```

由查询结果可以看到,修改方法执行成功。

下面创建类DBUtilsDaoTest3测试删除功能,具体如例3-17所示。

例3-17 DBUtilsDaoTest3.java

```
1    package cn.itcast.jdbc.example.dao;
2    import java.sql.SQLException;
3    public class DBUtilsDaoTest3 {
4        private static DBUtilsDao dao=new DBUtilsDao();
5         public static void testdelete() throws SQLException{
6            boolean b=dao.delete(4);
7            System.out.println(b);
8        }
9        public static void main(String[] args) throws SQLException {
10            testdelete();
11        }
12   }
```

运行结果如图3-13所示。

```
Properties  Servers  Data Source Explorer  Console  Debug
<terminated> DBUtilsDaoTest3 [Java Application] E:\Program Files\Java\jdk1.7.0_60\bin\javaw.exe (2015-4-18 下午4:14:53)
Apr 18, 2015 4:14:54 PM com.mchange.v2.log.MLog <clinit>
信息: MLog clients using java 1.4+ standard logging.
Apr 18, 2015 4:14:54 PM com.mchange.v2.c3p0.C3P0Registry banner
信息: Initializing c3p0-0.9.1.2 [built 21-May-2007 15:04:56; debug? true; trace: 10]
Apr 18, 2015 4:14:54 PM com.mchange.v2.c3p0.impl.AbstractPoolBackedDataSource getPoolManager
信息: Initializing c3p0 pool... com.mchange.v2.c3p0.ComboPooledDataSource [ acquireIncrement -> 3
true
```

图3-13 运行结果

在数据库中查询数据是否删除成功,查询结果如下。

```
mysql>SELECT * FROM user;
+----+----------+----------+
| id | name     | password |
+----+----------+----------+
| 1  | zhangsan | 123456   |
| 2  | lisi     | 123456   |
| 3  | wangwu   | 123456   |
+----+----------+----------+
3 rows in set (0.00 sec)
```

由查询结果可以看到，删除方法执行成功。接下来，创建类 DBUtilsDaoTest4 测试查询一条数据功能，具体代码如例 3-18 所示。

例 3-18　DBUtilsDaoTest4. java

```
1    package cn.itcast.jdbc.example.dao;
2    import java.sql.SQLException;
3    import cn.itcast.jdbc.example.domain.User;
4
5    public class DBUtilsDaoTest4 {
6        private static DBUtilsDao dao=new DBUtilsDao();
7        public static void testfind() throws SQLException{
8            User user=dao.find(2);
9        System.out.println(user.getId()+","+user.getName()+","
10                                                  +user.getPassword());
11       }
12       public static void main(String[] args) throws SQLException {
13           testfind();
14       }
15   }
```

运行结果如图 3-14 所示。

```
Properties  Servers  Data Source Explorer  Console  Debug
<terminated> DBUtilsDaoTest4 [Java Application] E:\Program Files\Java\jdk1.7.0_60\bin\javaw.exe (2015-4-18 下午4:16:06)
Apr 18, 2015 4:16:06 PM com.mchange.v2.log.MLog <clinit>
信息: MLog clients using java 1.4+ standard logging.
Apr 18, 2015 4:16:07 PM com.mchange.v2.c3p0.C3P0Registry banner
信息: Initializing c3p0-0.9.1.2 [built 21-May-2007 15:04:56; debug? true; trace: 10]
Apr 18, 2015 4:16:07 PM com.mchange.v2.c3p0.impl.AbstractPoolBackedDataSource getPoolManager
信息: Initializing c3p0 pool... com.mchange.v2.c3p0.ComboPooledDataSource [ acquireIncrement -> 3
2,lisi,123456
```

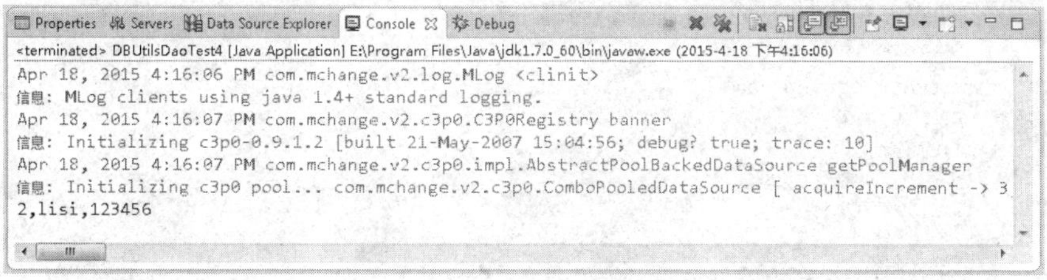

图 3-14　运行结果

由输出结果可以看出，查询方法也成功执行了。至此，已经完成了用 DBUtils 框架实现对数据库的基本操作。从代码上可以看出，DBUtils 框架在减少代码量的同时还增加了代码的规整性和易读性。

3.4　DBUtils 处理事务

3.3 节中用 DBUtils 完成了对数据库增删改查的操作，其中使用了 QueryRunner 类中有参数的构造方法，参数即数据源，这时，框架会自动创建数据库连接，并释放连接。但这是处理一般操作的时候，当要进行事务处理时，连接的创建和释放就要由程序员自己实现了。本节将结合案例针对用 DBUtils 框架处理事务进行详细的讲解。

为了讲解 DBUtils 如何处理事务，接下来模拟银行之间的转账业务，具体步骤如下。

(1) 建立所需的数据表 account 作为账目记录表，并添加数据，具体语句如下。

```
USE chapter03;
CREATE TABLE account(
    id int primary key auto_increment,
```

```
    name varchar(40),
    money float
);
INSERT INTO account(name,money) VALUES('a',1000);
INSERT INTO account(name,money) VALUES('b',1000);
```

上述 SQL 语句执行成功后，使用 SELECT 语句查询 account 表中的数据，SQL 语句的执行结果如下。

```
mysql>select * from account;
+----+------+-------+
| id | name | money |
+----+------+-------+
| 1  | a    | 1000  |
| 2  | b    | 1000  |
+----+------+-------+
2 rows in set (0.03 sec)
```

(2) 创建实体类 Account，具体代码如下。

```
1    package cn.itcast.jdbc.example.domain;
2    public class Account {
3        private int id;
4        private String name;
5        private float money;
6        public int getId() {
7            return id;
8        }
9        public void setId(int id) {
10           this.id=id;
11       }
12       public String getName() {
13           return name;
14       }
15       public void setName(String name) {
16           this.name=name;
17       }
18       public float getMoney() {
19           return money;
20       }
21       public void setMoney(float money) {
22           this.money=money;
23       }
24   }
```

(3) 创建类 JDBCUtils，该类封装了创建连接、开启事务、关闭事务等方法。需要注意的是，请求中的一个事务涉及多个数据库操作，如果这些操作中的 Connection 是从连接池获得的，两个 DAO 操作就用到了两个 Connection，这样是没有办法完成一个事务的。因此，需要借助 ThreadLocal 类。

ThreadLocal 类的作用是在一个线程里记录变量。可以生成一个连接放在这个线程中,只要是这个线程中的任何对象都可以共享这个连接,当线程结束后就删除这个连接。这样就保证了一个事务,一个连接。具体实现如例 3-19 所示。

例 3-19 JDBCUtils. java

```
1   package cn.itcast.jdbc.utils;
2   import java.sql.Connection;
3   import java.sql.SQLException;
4   import javax.sql.DataSource;
5   import com.mchange.v2.c3p0.ComboPooledDataSource;
6   public class JDBCUtils {
7       //创建一个 ThreadLocal 对象,以当前线程作为 key
8       private static ThreadLocal<Connection>threadLocal=
9               new ThreadLocal<Connection>();
10      //从 c3p0-config.xml 配置文件中读取默认的数据库配置,生成 c3p0 数据源
11      private static DataSource ds=new ComboPooledDataSource();
12      //返回数据源对象
13      public static DataSource getDataSource() {
14          return ds;
15      }
16      //获取 c3p0 数据库连接池中的连接对象
17      public static Connection getConnection() throws SQLException {
18          Connection conn=threadLocal.get();
19          if (conn==null) {
20              conn=ds.getConnection();
21              threadLocal.set(conn);
22          }
23          return conn;
24      }
25      //开启事务
26      public static void startTransaction() {
27          try {
28              //获得连接
29              Connection conn=getConnection();
30              //开启事务
31              conn.setAutoCommit(false);
32          } catch (SQLException e) {
33              e.printStackTrace();
34          }
35      }
36      //提交事务
37      public static void commit() {
38          try {
39              //获得连接
40              Connection conn=threadLocal.get();
41              //提交事务
42              if (conn !=null)
43                  conn.commit();
44          } catch (SQLException e) {
```

```
45              e.printStackTrace();
46          }
47      }
48      //回滚事务
49      public static void rollback() {
50          try {
51              //获得连接
52              Connection conn=threadLocal.get();
53              //回滚事务
54              if (conn !=null)
55                  conn.rollback();
56          } catch (SQLException e) {
57              e.printStackTrace();
58          }
59      }
60      //关闭数据库连接,释放资源
61      public static void close() {
62          //获得连接
63          Connection conn=threadLocal.get();
64          //关闭事务
65          if (conn !=null) {
66              try {
67                  conn.close();
68              } catch (SQLException e) {
69                  e.printStackTrace();
70              } finally {
71                  //从集合中移除当前绑定的连接
72                  threadLocal.remove();
73                  conn=null;
74              }
75          }
76      }
77  }
```

在例 3-19 中可以注意到,在关闭连接时为什么不能直接将 conn 对象置空,而是先要从集合中移除当前绑定的连接？首先,获得连接是从 threadLocal 集合中拿出元素的地址复制给 conn 对象,那么集合中还有指向该连接的变量记住这个对象的地址。ThreadLocal 集合为静态集合,所以只要虚拟机不关闭,静态变量就永远不释放。这样就会造成内存泄漏。所以要先从集合中移除当前绑定的连接,再将 conn 对象置空,变为垃圾对象。

(4) 创建类 AccountDao,该类封装了转账所需的数据库操作,包括查询用户,转入,转出操作,具体实现代码如例 3-20 所示。

例 3-20 AccountDao. java

```
1   package cn.itcast.jdbc.example.dao;
2   import java.sql.Connection;
3   import java.sql.SQLException;
4   import org.apache.commons.dbutils.QueryRunner;
5   import org.apache.commons.dbutils.handlers.BeanHandler;
```

```
6     import cn.itcast.jdbc.example.domain.Account;
7     import cn.itcast.jdbc.utils.C3p0Utils;
8     import cn.itcast.jdbc.utils.JDBCUtils;
9     public class AccountDao {
10        public Account find(String name) throws SQLException {
11            QueryRunner runner=new QueryRunner();
12            Connection conn=JDBCUtils.getConnection();
13            String sql="select * from account where name=?";
14            Account account=(Account) runner.query(conn, sql, new BeanHandler(
15                    Account.class), new Object[] { name });
16            return account;
17        }
18        public void update(Account account) throws SQLException {
19            QueryRunner runner=new QueryRunner(C3p0Utils.getDataSource());
20            Connection conn=JDBCUtils.getConnection();
21            String sql="update account set money=? where name=?";
22            runner.update(conn, sql,
23                    new Object[] { account.getMoney(), account.getName() });
24        }
25    }
```

(5) 创建类 Business，该类包括转账过程的逻辑方法，导入了封装事务操作的 JDBCUtils 类和封装数据库操作的 AccountDao 类，完成转账操作。具体代码如下。

```
1     package cn.itcast.example;
2     import java.sql.SQLException;
3     import cn.itcast.jdbc.example.dao.AccountDao;
4     import cn.itcast.jdbc.example.domain.Account;
5     import cn.itcast.jdbc.utils.JDBCUtils;
6     public class Business {
7         public static void transfer(String sourceAccountName,
8                 String toAccountName, float money) {
9             try {
10                //开启事务
11                JDBCUtils.startTransaction();
12                //根据用户名查询数据并存入实体类对象中
13                AccountDao dao=new AccountDao();
14                Account accountfrom=dao.find(sourceAccountName);
15                Account accountto=dao.find(toAccountName);
16                //完成转账操作
17                if(money<accountfrom.getMoney()){
18                    accountfrom.setMoney(accountfrom.getMoney()-money);
19                }else{
20                    System.out.println("转出账户余额不足");
21                }
22                accountto.setMoney(accountto.getMoney()+money);
23                dao.update(accountfrom);
24                dao.update(accountto);
25                //提交事务
26                JDBCUtils.commit();
```

```
27                System.out.println("提交成功");
28            } catch (SQLException e) {
29                System.out.println("提交失败");
30                JDBCUtils.rollback();
31                e.printStackTrace();
32            } finally {
33                //关闭事务
34                JDBCUtils.close();
35            }
36        }
37        public static void main(String[] args) throws SQLException {
38            //调用方法,实现 a 向 b 转账 200 元操作
39            transfer("a", "b", 200);
40        }
41    }
```

运行 Business 类，执行结果如图 3-15 所示。

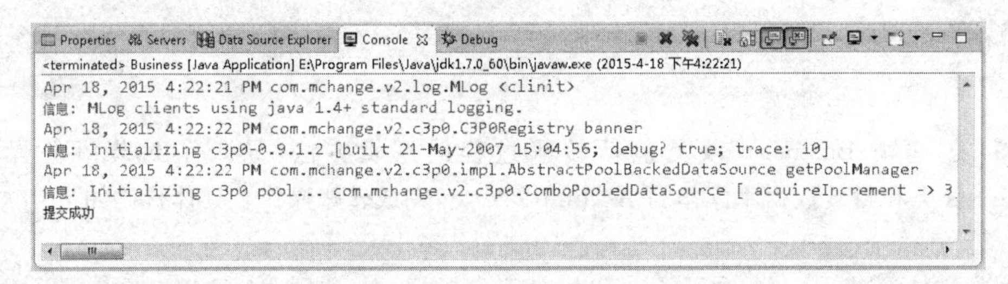

图 3-15　运行结果

查询数据库 account 表，查询结果如下。

```
mysql>select * from account;
+----+------+-------+
| id | name | money |
+----+------+-------+
| 1  | a    | 800   |
| 2  | b    | 1200  |
+----+------+-------
2 rows in set (0.00 sec)
```

根据查询结果可以看出，转账功能已经成功实现了。也就是说，已经成功演示了 DBUtils 工具处理事务的整个过程。

小结

本章主要讲解了如何使用 DBUtils 工具，首先讲解了 DBUtils 工具的核心类库、ResultSetHandler 接口的实现类，然后讲解了用 DBUtils 实现对数据的基本操作和用 DBUtils 框架处理事务。通过本章的学习，读者应该重点掌握使用 DBUtils 工具进行开发的流程，以及 ResultSetHandler 接口的实现类的使用。

【思考题】

BeanHandler、BeanListHandler 和 BeanMapHandler 实现类是将结果集中的数据封装到对应的 JavaBean 实例中，请用代码来展示这三个类的具体使用。

第 4 章 过滤器

学习目标

- ◆ 了解什么是 Filter；
- ◆ 能够用 Filter 实现用户自动登录的案例；
- ◆ 了解什么是装饰设计模式，学会用 Filter 实现统一全站编码和页面静态化技术。

在 Web 开发过程中，为了实现某些特殊的功能，经常需要对请求和响应消息进行处理。例如，记录用户访问信息，统计页面访问次数，验证用户身份等。Filter 作为 Servlet 2.3 中新增的技术，可以实现用户在访问某个目标资源之前，对访问的请求和响应进行相关处理。接下来，本章将针对 Filter 进行详细的讲解。

4.1 Filter 入门

4.1.1 什么是 Filter

Filter 被称作过滤器或者拦截器，其基本功能就是对 Servlet 容器调用 Servlet 的过程进行拦截，从而在 Servlet 进行响应处理前后实现一些特殊功能。这就好比现实中的污水净化设备，它可以看作一个过滤器，专门用于过滤污水杂质。图 4-1 描述了 Filter 在 Web 应用中的拦截过程，具体如下。

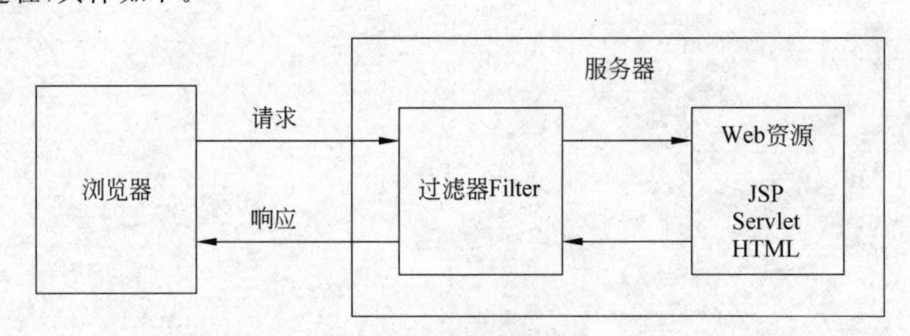

图 4-1 Filter 拦截过程

在图 4-1 中，当浏览器访问服务器中的目标资源时，会被 Filter 拦截，在 Filter 中进行预处理操作，然后再将请求转发给目标资源。当服务器接收到这个请求后会对其进行响应，在服务器处理响应的过程中，也需要先将响应结果发送给拦截器，在拦截器中对响应结果进行处理后，才会发送给客户端。

其实，Filter 过滤器就是一个实现了 javax. servlet. Filter 接口的类，在 javax. servlet. Filter 接口中定义了三个方法，具体如表 4-1 所示。

表 4-1 Filter 接口中的方法

方法声明	功能描述
init(FilterConfig filterConfig)	init()方法用来初始化过滤器，开发人员可以在 init()方法中完成与构造方法类似的初始化功能，如果初始化代码中要使用到 FilterConfig 对象，那么，这些初始化代码就只能在 Filter 的 init()方法中编写，而不能在构造方法中编写
doFilter(ServletRequest request,ServletResponse response,FilterChain chain)	doFilter()方法有多个参数，其中，参数 request 和 response 为 Web 服务器或 Filter 链中的上一个 Filter 传递过来的请求和响应对象；参数 chain 代表当前 Filter 链的对象，在当前 Filter 对象中的 doFilter()方法内部需要调用 FilterChain 对象的 doFilter()方法，才能把请求交付给 Filter 链中的下一个 Filter 或者目标程序去处理
destroy()	destroy()方法在 Web 服务器卸载 Filter 对象之前被调用，该方法用于释放被 Filter 对象打开的资源，例如关闭数据库和 IO 流

表 4-1 中的这三个方法都是 Filter 的生命周期方法，其中，init()方法在 Web 应用程序加载的时候调用，destroy()方法在 Web 应用程序卸载的时候调用，这两个方法都只会被调用一次，而 doFilter()方法只要有客户端请求时就会被调用，并且 Filter 所有的工作集中在 doFilter()方法中。

4.1.2 实现第一个 Filter 程序

为了帮助读者快速了解 Filter 的开发过程，接下来，分步骤实现第一个 Filter 程序，具体如下。

(1) 在 Eclipse 中创建一个名为 chapter04 的 Web 工程，然后在该工程的 Java Resources/src 目录下创建 cn.itcast.chapter04.filter 包，并在该包下创建一个 MyServlet.java 程序，如例 4-1 所示。

例 4-1 MyServlet.java

```
1    package cn.itcast.chapter04.filter;
2    import java.io.*;
3    import javax.servlet.*;
4    import javax.servlet.http.*;
5    public class MyServlet extends HttpServlet {
6        public void doGet(HttpServletRequest request,
7            HttpServletResponse response)
8                throws ServletException, IOException {
9            response.getWriter().write("Hello MyServlet ");
10       }
11       public void doPost(HttpServletRequest request, HttpServletResponse
12           response) throws ServletException, IOException {
13           doGet(request, response);
14       }
15   }
```

(2) 在 web.xml 文件中对 Servlet 进行如下配置。

```
<servlet>
    <servlet-name>MyServlet</servlet-name>
    <servlet-class>cn.itcast.chapter04.filter.MyServlet</servlet-class>
</servlet>
<servlet-mapping>
    <servlet-name>MyServlet</servlet-name>
    <url-pattern>/MyServlet</url-pattern>
</servlet-mapping>
```

部署 chapter04 工程到 Tomcat 服务器，启动 Tomcat 服务器，在浏览器的地址栏中输入 URL 地址“http://localhost:8080/chapter04/MyServlet”，此时，可以看到浏览器成功访问到 MyServlet 程序，具体如图 4-2 所示。

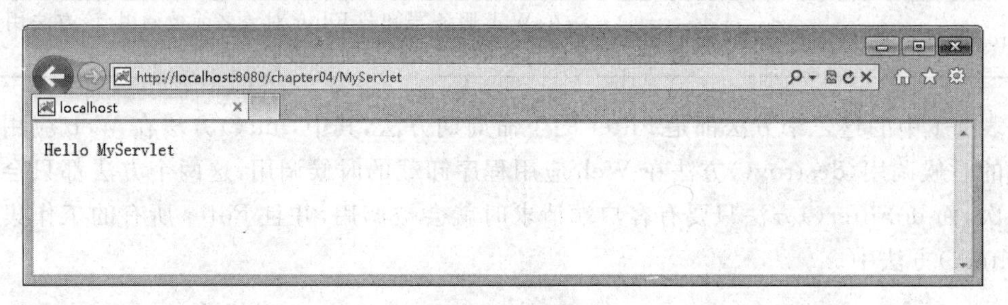

图 4-2　运行结果

(3) 拦截 MyServlet 程序。在 cn.itcast.chapter04.filter 包中创建过滤器 MyFilter，该类用于拦截 MyServlet 程序，MyFilter 的实现代码如例 4-2 所示。

例 4-2　MyFilter.java

```
1    package cn.itcast.chapter04.filter;
2    import java.io.*;
3    import javax.servlet.Filter;
4    import javax.servlet.*;
5    public class MyFilter implements Filter {
6        public void destroy() {
7            //过滤器对象在销毁时自动调用,释放资源
8        }
9        public void doFilter(ServletRequest request, ServletResponse response,
10               FilterChain chain) throws IOException, ServletException {
11           //用于拦截用户的请求,如果和当前过滤器的拦截路径匹配,该方法会被调用
12           PrintWriter out=response.getWriter();
13           out.write("Hello MyFilter");
14       }
15       public void init(FilterConfig fConfig) throws ServletException {
16           //过滤器对象在初始化时调用,可以配置一些初始化参数
17       }
18   }
```

过滤器程序与 Servlet 程序类似，同样需要在 web.xml 文件中进行配置，从而设置它所能拦截的资源，具体代码如下。

```
<filter>
    <filter-name>MyFilter</filter-name>
    <filter-class>cn.itcast.chapter04.filter.MyFilter</filter-class>
</filter>
<filter-mapping>
    <filter-name>MyFilter</filter-name>
    <url-pattern>/MyServlet</url-pattern>
</filter-mapping>
```

在上述代码中，包含多个元素，这些元素分别具有不同的作用，具体如下。

(1) <filter>根元素用于注册一个 Filter。

(2) <filter-name>子元素用于设置 Filter 名称。

(3) <filter-class>子元素用于设置 Filter 类的完整名称。

(4) <filter-mapping>根元素用于设置一个过滤器所拦截的资源。

(5) <filter-name>子元素必须与<filter>中的<filter-name>子元素相同。

(6) <url-pattern>子元素用于匹配用户请求的 URL，例如“/MyServlet”，这个 URL 还可以使用通配符“ * ”来表示，例如，“ * . do”适用于所有以“. do”结尾的 Servlet 路径。

重新启动 Tomcat 服务器，在浏览器的地址栏中输入 URL 地址“http://localhost:8080/chapter04/MyServlet”，访问 MyServlet，此时，浏览器窗口显示的结果如图 4-3 所示。

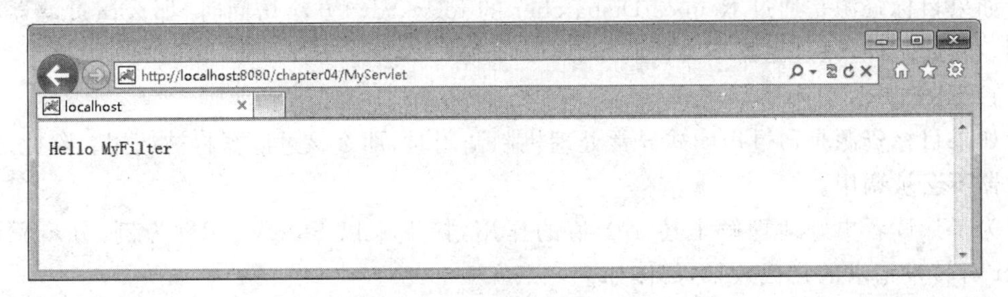

图 4-3　MyServlet. java

从图 4-3 可以看出，在使用浏览器访问 MyServlet 时，浏览器窗口中只显示了 MyFilter 的输出信息，并没有显示 MyServlet 的输出信息，说明 MyFilter 成功拦截了 MyServlet 程序。

4.1.3　Filter 映射

通过 4.1.2 节的学习，了解到 Filter 拦截的资源需要在 web. xml 文件中进行配置，即 Filter 映射。Filter 的映射方式可分为两种，具体如下。

1. 使用通配符“ * ”拦截用户的所有请求

Filter 的<filter-mapping>元素可以配置过滤器所有拦截的资源，如果想让过滤器拦截所有的请求访问，那么需要使用通配符“ * ”来实现，具体示例如下。

```
<filter>
    <filter-name>Filter1</filter-name>
    <filter-class>cn.itcast.chapter04.filter.MyFilter</filter-class>
```

```
</filter>
<filter-mapping>
    <filter-name>Filter1</filter-name>
    <url-pattern>/*</url-pattern>
</filter-mapping>
```

2. 拦截不同方式的访问请求

在 web. xml 文件中，一个<filter-mapping>元素用于配置一个 Filter 所负责拦截的资源。<filter-mapping>元素中有一个特殊的子元素<dispatcher>，该元素用于指定过滤器所拦截的资源被 Servlet 容器调用的方式，<dispatcher>元素的值共有 4 个，具体如下。

1) REQUEST

当用户直接访问页面时，Web 容器将会调用过滤器。如果目标资源是通过 RequestDispatcher 的 include()或 forward()方法访问时，那么该过滤器将不会被调用。

2) INCLUDE

如果目标资源是通过 RequestDispatcher 的 include()方法访问时，那么该过滤器将被调用。除此之外，该过滤器不会被调用。

3) FORWARD

如果目标资源是通过 RequestDispatcher 的 forward()方法访问时，那么该过滤器将被调用。除此之外，该过滤器不会被调用。

4) ERROR

如果目标资源是通过声明式异常处理机制调用时，那么该过滤器将被调用。除此之外，过滤器不会被调用。

为了让读者更好地理解上述 4 个值的作用，接下来以 FORWARD 为例，分步骤演示 Filter 对转发请求的拦截效果，具体如下。

(1) 在 chapter04 工程的 cn. itcast. chapter04. filter 包中，创建一个 ServletTest. java 程序，该程序用于将请求转发给 first. jsp 页面，如例 4-3 所示。

例 4-3 ServletTest. java

```
1    package cn.itcast.chapter04.filter;
2    import java.io.*;
3    import javax.servlet.*;
4    import javax.servlet.http.*;
5    public class ServletTest extends HttpServlet {
6        public void doGet(HttpServletRequest request, HttpServletResponse
7                response) throws ServletException, IOException {
8            request.getRequestDispatcher("/first.jsp")
9                    .forward(request, response);
10       }
11       public void doPost(HttpServletRequest request, HttpServletResponse
12                   response) throws ServletException, IOException {
13           doGet(request, response);
14       }
15   }
```

(2) 在 chapter04 工程的 WebContent 目录中创建一个 first. jsp 页面,该页面用于输出内容,如例 4-4 所示。

例 4-4 first. jsp

```
1    <%@page language="java" contentType="text/html; charset=utf-8"
2    pageEncoding="utf-8"%>
3    <html>
4    <head></head>
5    <body>
6        first.jsp
7    </body>
8    </html>
```

(3) 在 chapter04 工程的 cn. itcast. chapter04. filter 包中,创建一个 FilterTest. java 程序,专门用于拦截 first. jsp 页面,如例 4-5 所示。

例 4-5 FilterTest. java

```
1     package cn.itcast.chapter04.filter;
2     import java.io.*;
3     import javax.servlet.*;
4     public class FilterTest implements Filter {
5         public void destroy() {
6             //过滤器对象在销毁时自动调用,释放资源
7         }
8         public void doFilter(ServletRequest request, ServletResponse response,
9                 FilterChain chain) throws IOException, ServletException {
10            //用于拦截用户的请求,如果和当前过滤器的拦截路径匹配,该方法会被调用
11            PrintWriter out=response.getWriter();
12            out.write("Hello FilterTest");
13        }
14        public void init(FilterConfig fConfig) throws ServletException {
15            //过滤器对象在初始化时调用,可以配置一些初始化参数
16        }
17    }
```

(4) 在 web. xml 文件中,配置 Filter 过滤器,拦截 first. jsp 页面,具体代码如下。

```
<filter>
    <filter-name>FilterTest</filter-name>
    <filter-class>cn.itcast.chapter04.filter.FilterTest</filter-class>
</filter>
<filter-mapping>
    <filter-name>FilterTest</filter-name>
    <url-pattern>/first.jsp</url-pattern>
</filter-mapping>
```

(5) 启动 Tomcat 服务器,在浏览器地址栏中输入 URL 地址"http://localhost:8080/chapter04/ServletTest"访问 ServletTest,浏览器显示的结果如图 4-4 所示。

从图 4-4 中可以看出,浏览器可以正常访问 JSP 页面,说明 FilterTest 没有拦截到

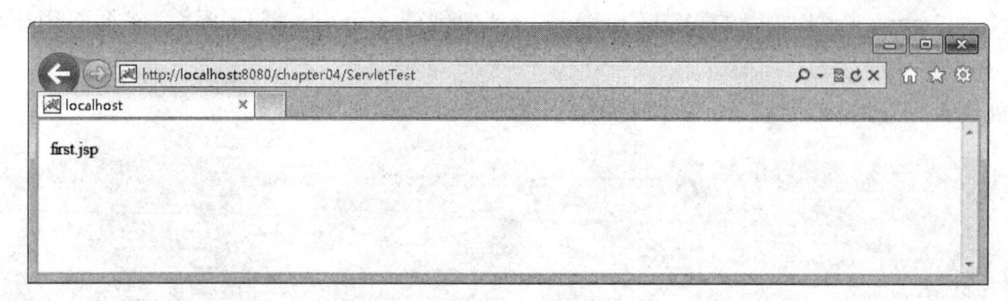

图 4-4 运行结果

ServletTest 转发的 first.jsp 页面。

(6) 为了拦截 ServletTest 通过 forward()方法转发的 first.jsp 页面，需要在 web.xml 文件中增加一个<dispatcher>元素，将该元素的值设置为 FORWARD，修改后的 FilterTest 的映射如下所示。

```
<filter>
    <filter-name>FilterTest</filter-name>
    <filter-class>cn.itcast.chapter04.filter.FilterTest</filter-class>
</filter>
<filter-mapping>
    <filter-name>FilterTest</filter-name>
    <url-pattern>/first.jsp</url-pattern>
    <dispatcher>FORWARD</dispatcher>
</filter-mapping>
```

(7) 启动 Tomcat 服务器，在浏览器的地址栏中输入 URL 地址"http://localhost:8080/chapter04/ServletTest"访问 ServletTest，浏览器显示的结果如图 4-5 所示。

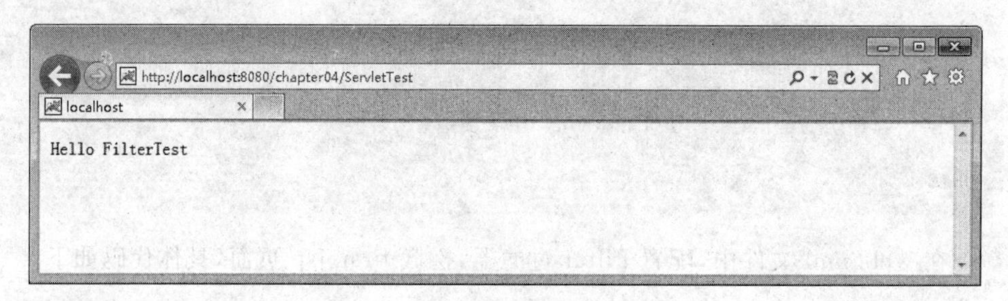

图 4-5 运行结果

从图 4-5 中可以看出，浏览器窗口显示的是 FilterTest 中的内容，而 first.jsp 页面的输出内容没有显示。由此可见，ServletTest 中通过 forward()方法转发的 first.jsp 页面被成功拦截了。

4.1.4 Filter 链

在一个 Web 应用程序中可以注册多个 Filter 程序，每个 Filter 程序都可以针对某一个 URL 进行拦截。如果多个 Filter 程序都对同一个 URL 进行拦截，那么这些 Filter 就会组成一个 Filter 链(也叫过滤器链)。Filter 链用 FilterChain 对象来表示，FilterChain 对象中有一个 doFilter()方法，该方法的作用就是让 Filter 链上的当前过滤器放行，请求进入下一个 Filter，接下来通过一个图例来描述 Filter 链的拦截过程，如图 4-6 所示。

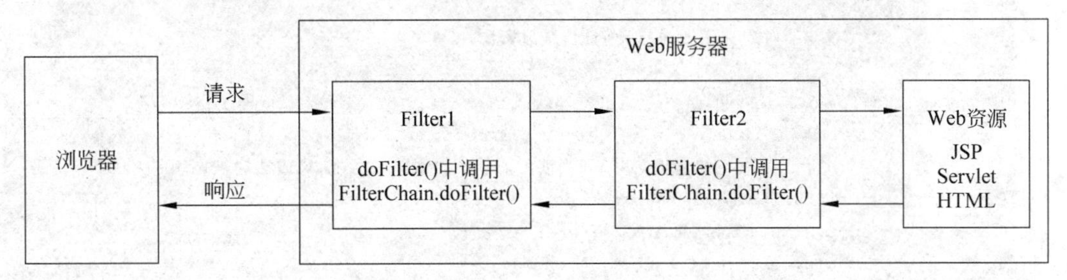

图 4-6　Filter 链

在图 4-6 中，当浏览器访问 Web 服务器中的资源时需要经过两个过滤器 Filter1 和 Filter2，首先 Filter1 会对这个请求进行拦截，在 Filter1 过滤器中处理好请求后，通过调用 Filter1 的 doFilter()方法将请求传递给 Filter2，Filter2 将用户请求处理后同样调用 doFilter()方法，最终将请求发送给目标资源。当 Web 服务器对这个请求做出响应时，也会被过滤器拦截，这个拦截顺序与之前相反，最终将响应结果发送给客户端。

为了让读者更好地学习 Filter 链，接下来，通过一个案例，分步骤演示如何使用 Filter 链拦截 MyServlet 的同一个请求，具体如下。

(1) 在 chapter04 工程的 cn.itcast.chapter04.filter 包中新建 MyFilter01 和 MyFilter02，如例 4-6 和例 4-7 所示。

例 4-6　MyFilter01.java

```
1    package cn.itcast.chapter04.filter;
2    import java.io.*;
3    import javax.servlet.*;
4    public class MyFilter01 implements Filter {
5        public void destroy() {
6            //过滤器对象在销毁时自动调用,释放资源
7        }
8        public void doFilter(ServletRequest request, ServletResponse response,
9                FilterChain chain) throws IOException, ServletException {
10           //用于拦截用户的请求,如果和当前过滤器的拦截路径匹配,该方法会被调用
11           PrintWriter out=response.getWriter();
12           out.write("Hello MyFilter01<br/>");
13           chain.doFilter(request, response);
14       }
15       public void init(FilterConfig fConfig) throws ServletException {
16           //过滤器对象在初始化时调用,可以配置一些初始化参数
17       }
18   }
```

例 4-7　MyFilter02.java

```
1    package cn.itcast.chapter04.filter;
2    import java.io.*;
3    import javax.servlet.Filter;
```

```
4    import javax.servlet.*;
5    public class MyFilter02 implements Filter {
6        public void destroy() {
7            //过滤器对象在销毁时自动调用,释放资源
8        }
9        public void doFilter(ServletRequest request, ServletResponse response,
10               FilterChain chain) throws IOException, ServletException {
11           //用于拦截用户的请求,如果和当前过滤器的拦截路径匹配,该方法会被调用
12           PrintWriter out=response.getWriter();
13           out.write("MyFilter02 Before<br />");
14           chain.doFilter(request, response);
15           out.write("<br />MyFilter02 After<br />");
16       }
17       public void init(FilterConfig fConfig) throws ServletException {
18           //过滤器对象在初始化时调用,可以配置一些初始化参数
19       }
20   }
```

(2) 在 web.xml 文件中将 MyFilter01 和 MyFilter02 注册在 MyServlet 前面,具体如下所示。

```
<filter>
    <filter-name>MyFilter01</filter-name>
    <filter-class>cn.itcast.chapter04.filter.MyFilter01</filter-class>
</filter>
<filter-mapping>
    <filter-name>MyFilter01</filter-name>
    <url-pattern>/MyServlet</url-pattern>
</filter-mapping>
<filter>
    <filter-name>MyFilter02</filter-name>
    <filter-class>cn.itcast.chapter04.filter.MyFilter02</filter-class>
</filter>
<filter-mapping>
    <filter-name>MyFilter02</filter-name>
    <url-pattern>/MyServlet</url-pattern>
</filter-mapping>
<servlet>
    <servlet-name>MyServlet</servlet-name>
    <servlet-class>cn.itcast.chapter04.filter.MyServlet</servlet-class>
</servlet>
<servlet-mapping>
    <servlet-name>MyServlet</servlet-name>
    <url-pattern>/MyServlet</url-pattern>
</servlet-mapping>
```

(3) 重新启动 Tomcat 服务器,在浏览器地址栏中输入"http://localhost:8080/chapter04/MyServlet",此时,浏览器窗口中的显示结果如图 4-7 所示。

从图 4-7 中可以看出,MyServlet 首先被 MyFilter01 拦截了,打印出 MyFilter01 中的内容,然后被 MyFilter02 拦截,直到 MyServlet 被 MyFilter02 放行后,浏览器才显示出

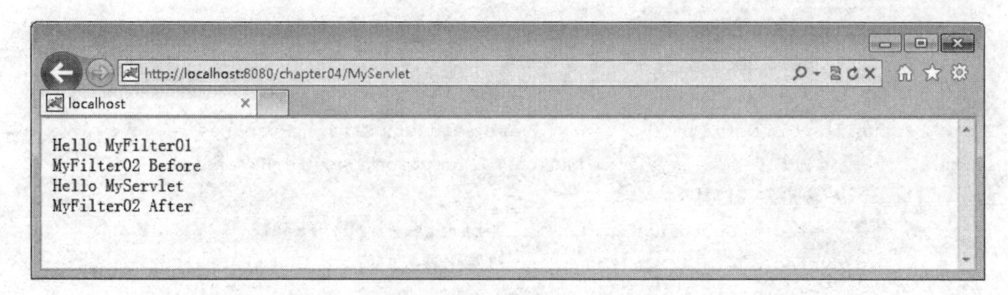

图 4-7　运行结果

MySerlvet 中的输出内容。

需要注意的是，Filter 链中各个 Filter 的拦截顺序与它们在 web. xml 文件中<filter-mapping>元素的映射顺序一致，由于 MyFilter01 的<filter-mapping>元素位于 MyFilter02 的<filter-mapping>元素前面，因此用户的访问请求首先会被 MyFilter01 拦截，然后再被 MyFilter02 拦截。

4.1.5 FilterConfig 接口

为了获取 Filter 程序在 web. xml 文件中的配置信息，Servlet API 提供了一个 FilterConfig 接口，该接口封装了 Filter 程序在 web. xml 中的所有注册信息，并且提供了一系列获取这些配置信息的方法，具体如表 4-2 所示。

表 4-2　FilterConfig 接口中的方法

方法声明	功能描述
String getFilterName()	getFilterName()方法用于返回在 web. xml 文件中为 Filter 所设置的名称，也就是返回<filter-name>元素的设置值
ServletContext getServletContext()	getServletContext()方法用于返回 FilterConfig 对象中所包装的 ServletContext 对象的引用
String getInitParameter(String name)	getInitParameter(String name)方法用于返回在 web. xml 文件中为 Filter 所设置的某个名称的初始化参数值，如果指定名称的初始化参数不存在，则返回 null
Enumeration getInitParameterNames()	getInitParameterNames()方法用于返回一个 Enumeration 集合对象，该集合对象中包含在 web. xml 文件中为当前 Filter 设置的所有初始化参数的名称

表 4-2 列举了 FilterConfig 接口中的一系列方法，为了让读者更好地掌握这些方法，接下来，以 getInitParameter(String name)方法为例，通过一个案例来演示 FilterConfig 接口的作用，具体如例 4-8 所示。

例 4-8　MyFilter03. java

```
1    package cn.itcast.chapter04.filter;
2    import java.io.*;
3    import javax.servlet.*;
4    public class MyFilter03 implements Filter {
5        private String characterEncoding;
```

```
6        FilterConfig fc;
7        public void destroy() {
8        }
9        public void doFilter(ServletRequest request, ServletResponse response,
10               FilterChain chain) throws IOException, ServletException {
11           //输出参数信息
12           characterEncoding=fc.getInitParameter("encoding");
13           System.out.println("encoding初始化参数的值为："+characterEncoding);
14           chain.doFilter(request, response);
15       }
16       public void init(FilterConfig fConfig) throws ServletException {
17           //获取 FilterConfig 对象
18           this.fc=fConfig;
19       }
20   }
```

接下来在 web.xml 文件中部署过滤器。由于 Filter 链中各个 Filter 的拦截顺序与它们在 web.xml 文件中<filter-mapping>元素的映射顺序一致，因此，为了防止其他 Filter 影响 MyFilter03 的拦截效果，将 MyFilter03 注册在 web.xml 文件最前端，具体注册代码如下。

```
<filter>
    <filter-name>MyFilter03</filter-name>
    <filter-class>cn.itcast.chapter04.filter.MyFilter03</filter-class>
    <init-param>
        <param-name>encoding</param-name>
        <param-value>GBK</param-value>
    </init-param>
</filter>
<filter-mapping>
    <filter-name>MyFilter03</filter-name>
    <url-pattern>/MyServlet</url-pattern>
</filter-mapping>
```

重新启动 Tomcat 服务器，在浏览器地址栏中输入“http://localhost:8080/chapter04/MyServlet”访问 MyServlet，控制台窗口中显示的结果如图 4-8 所示。

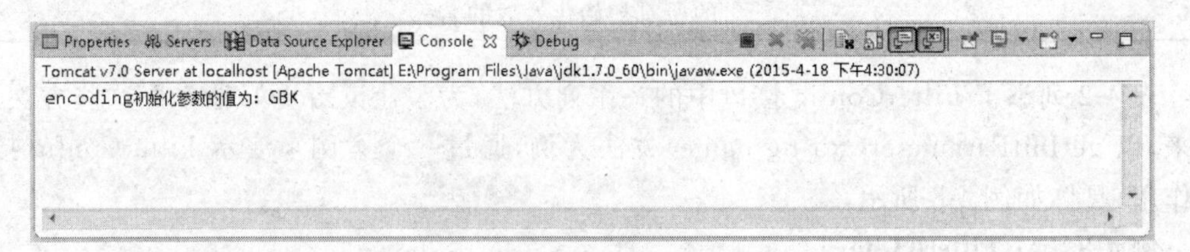

图 4-8 控制台窗口

从图 4-8 中可以看出，使用 Filter 获取到了配置文件中的初始化参数。当 Tomcat 服务器启动时，会加载所有的 Web 应用，当加载到 chapter04 这个 Web 应用时，FirstFilter 就会被初始化调用 init()方法，从而可以得到 FilterConfig 对象，然后在 doFilter()方法中通过调用 FilterConfig 对象的 getInitParameter()方法便可以获取在 web.xml 文件中配置的参数信息。

4.2 应用案例——Filter 实现用户自动登录

通过前面的学习，了解到 Cookie 可以实现用户自动登录的功能。当用户第一次访问服务器时，服务器会发送一个包含用户信息的 Cookie。之后，当客户端再次访问服务器时，都会向服务器回送 Cookie，这样，服务器就可以从 Cookie 中获取用户信息，从而实现用户的自动登录功能，具体如图 4-9 所示。

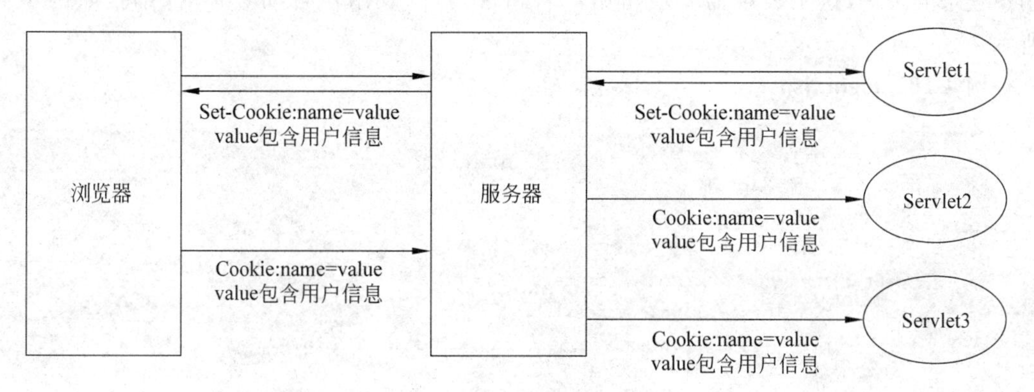

图 4-9 Cookie 实现用户登录

从图 4-9 中可以看出，使用 Cookie 实现用户自动登录后，当客户端访问服务器的 Servlet 时，所有的 Servlet 都需要对用户的 Cookie 信息进行校验，这样势必会导致在 Servlet 程序中书写大量重复的代码。

为了解决上面的问题，可以在 Filter 程序中实现 Cookie 的校验。由于 Filter 可以对服务器的所有请求进行拦截，因此，一旦请求通过 Filter 程序，就相当于用户信息校验通过，Serlvet 程序根据获取到的用户信息，就可以实现自动登录了。接下来，通过一个案例来演示如何使用 Filter 实现用户的自动登录功能，具体步骤如下。

（1）编写 User.java 程序。

在 chapter04 工程中创建 cn.itcast.chapter04.entity 包，在该包中编写 User.java 程序，该程序用于封装用户的信息，如例 4-9 所示。

例 4-9 User.java

```
1    package cn.itcast.chapter04.entity;
2    public class User {
3        private String username;
4        private String password;
5        public String getUsername() {
6            return username;
7        }
8        public void setUsername(String username) {
9            this.username=username;
10       }
```

```
11      public String getPassword() {
12          return password;
13      }
14      public void setPassword(String password) {
15          this.password=password;
16      }
17  }
```

(2) 编写 login.jsp 页面。

在 chapter04 工程的 WebContent 根目录中,编写 login.jsp 页面,该页面用于创建一个用户登录的表单,这个表单需要填写用户名和密码,以及用户自动登录的时间,如例 4-10 所示。

例 4-10 login.jsp

```
1   <%@page language="java" contentType="text/html; charset=utf-8"2
2   pageEncoding="utf-8" import="java.util.*" %>
3   <html>
4   <head></head>
5   <center><h3>用户登录</h3></center>
6   <body style="text-align: center;">
7   <form action="${pageContext.request.contextPath }/LoginServlet"
8       method="post">
9   <table border="1" width="600px" cellpadding="0"
10      cellspacing="0" align="center">
11      <tr>
12          <td height="30" align="center">用户名:</td>
13          <td><input type="text" name="username"/>${errerMsg }</td>
14      </tr>
15      <tr>
16          <td height="30" align="center">密   码:</td>
17          <td>  <input type="password" name="password"/></td>
18      </tr>
19      <tr>
20          <td height="35" align="center">自动登录时间</td>
21          <td><input type="radio" name="autologin"
22                                      value="${60*60*24*31 }"/>一个月
23              <input type="radio" name="autologin"
24                                      value="${60*60*24*31*3 }"/>三个月
25              <input type="radio" name="autologin"
26                                      value="${60*60*24*31*6 }"/>半年
27              <input type="radio" name="autologin"
28                                      value="${60*60*24*31*12 }"/>一年
29          </td>
30      </tr>
31      <tr>
32          <td height="30" colspan="2" align="center">
33              <input type="submit" value="登录"/>    
34              <input type="reset" value="重置"/>
35          </td>
```

```
36        </tr>
37    </table>
38    </form>
39    </body>
40    <html>
```

(3) 编写 index.jsp 页面。

在 chapter04 工程的 WebContent 根目录中编写 index.jsp 页面，该页面用于显示用户的登录信息，如果没有用户登录，在 index.jsp 页面中就显示一个用户登录的超链接，如果用户已经登录，在 index.jsp 页面中显示登录的用户名，以及一个注销的超链接，如例 4-11 所示。

例 4-11 index.jsp

```
1    <%@page language="java" contentType="text/html; charset=utf-8"
2    pageEncoding="utf-8" import="java.util.*"
3    %>
4    <%@taglib prefix="c" uri="http://java.sun.com/jsp/jstl/core"%>
5    <html>
6    <head>
7    <title>显示登录的用户信息</title>
8    </head>
9    <body>
10       <br>
11       <center>
12           <h3>欢迎光临</h3>
13       </center>
14       <br>
15       <br>
16       <c:choose>
17           <c:when test="${sessionScope.user==null }">
18               <a href="${pageContext.request.contextPath }/login.jsp">
19                   用户登录</a>
20           </c:when>
21           <c:otherwise>
22       欢迎你,${sessionScope.user.username }!
23       <a href="${pageContext.request.contextPath }/LogoutServlet">注销</a>
24           </c:otherwise>
25       </c:choose>
26       <hr>
27    </body>
28    </html>
```

(4) 编写 LoginServlet.java 程序。

在 chapter04 工程的 cn.itcast.chapter04.servlet 包中，编写 LoginServlet.java 程序，该程序用于处理用户的登录请求，如果输入的用户名和密码正确，则发送一个用户自动登录的 Cookie，并跳转到首页，否则会提示输入的用户名或密码错误，并跳转至登录页面 login.jsp 让用户重新登录，如例 4-12 所示。

例 4-12 LoginServlet. java

```
1    package cn.itcast.chapter04.servlet;
2    import java.io.IOException;
3    import javax.servlet.*;
4    import javax.servlet.http.*;
5    import cn.itcast.chapter04.entity.User;
6    public class LoginServlet extends HttpServlet {
7        public void doGet(HttpServletRequest request, HttpServletResponse
8                    response)throws ServletException, IOException {
9            //获得用户名和密码
10           String username=request.getParameter("username");
11           String password=request.getParameter("password");
12           //检查用户名和密码
13           if ("itcast".equals(username) && "123456".equals(password)) {
14               //登录成功
15               //将用户状态 user 对象存入 session 域
16               User user=new User();
17               user.setUsername(username);
18               user.setPassword(password);
19               request.getSession().setAttribute("user", user);
20               //发送自动登录的 cookie
21               String autoLogin=request.getParameter("autologin");
22               if (autoLogin !=null) {
23                   //注意 cookie 中的密码要加密
24                   Cookie cookie=new Cookie("autologin", username+"-"
25                           +password);
26                   cookie.setMaxAge(Integer.parseInt(autoLogin));
27                   cookie.setPath(request.getContextPath());
28                   response.addCookie(cookie);
29               }
30               //跳转至首页
31                   response.sendRedirect(request.getContextPath()+
32                       "/index.jsp");
33           } else {
34               request.setAttribute("errerMsg", "用户名或密码错");
35               request.getRequestDispatcher("/login.jsp").forward(request,
36                       response);
37           }
38       }
39       public void doPost(HttpServletRequest request,
40       HttpServletResponse response)throws ServletException, IOException {
41           doGet(request, response);
42       }
43   }
```

(5) 编写 LogoutServlet. java 程序。

在 chapter04 工程的 cn. itcast. chapter04. servlet 包中编写 LogoutServlet. java 程序，该程序用于注销用户登录的信息，在这个程序中首先会将 Session 会话中保存的 User 对象删除，然后将自动登录的 Cookie 删除，最后跳转到 index. jsp，如例 4-13 所示。

例 4-13 LogoutServlet.java

```
1   package cn.itcast.chapter04.servlet;
2   import java.io.IOException;
3   import javax.servlet.*;
4   import javax.servlet.http.*;
5   public class LogoutServlet extends HttpServlet {
6       public void doGet(HttpServletRequest request,
7        HttpServletResponse response)throws ServletException, IOException {
8           //用户注销
9           request.getSession().removeAttribute("user");
10          //从客户端删除自动登录的 cookie
11          Cookie cookie=new Cookie("autologin", "msg");
12          cookie.setPath(request.getContextPath());
13          cookie.setMaxAge(0);
14          response.addCookie(cookie);
15          response.sendRedirect(request.getContextPath()+"/index.jsp");
16      }
17      public void doPost(HttpServletRequest request, HttpServletResponse
18              response)throws ServletException, IOException {
19          doGet(request, response);
20      }
21  }
```

(6) 编写 AutoLoginFilter.java 过滤器程序。

在 chapter04 工程的 cn.itcast.chapter04.filter 包中编写 AutoLoginFilter.java 程序，该程序用于拦截用户登录的访问请求，判断请求中是否包含用户自动登录的 Cookie，如果包含则获取 Cookie 中的用户名和密码，并验证用户名和密码是否正确，如果正确，则将用户的登录信息封装到 User 对象存入 Session 域中，完成用户自动登录，如例 4-14 所示。

例 4-14 AutoLoginFilter.java

```
1   package cn.itcast.chapter04.filter;
2   import java.io.IOException;
3   import javax.servlet.*;
4   import javax.servlet.http.*;
5   import cn.itcast.chapter04.entity.User;
6   public class AutoLoginFilter implements Filter {
7       public void init(FilterConfig filterConfig) throws ServletException {
8       }
9       public void doFilter(ServletRequest req, ServletResponse response,
10              FilterChain chain) throws IOException, ServletException {
11          HttpServletRequest request=(HttpServletRequest) req;
12          //获得一个名为 autologin 的 cookie
13          Cookie[] cookies=request.getCookies();
14          String autologin=null;
15          for (int i=0; cookies !=null && i<cookies.length; i++) {
16              if ("autologin".equals(cookies[i].getName())) {
17                  //找到了指定的 cookie
18                  autologin=cookies[i].getValue();
```

```
19                  break;
20              }
21          }
22          if (autologin !=null) {
23              //做自动登录
24              String[] parts=autologin.split("-");
25              String username=parts[0];
26              String password=parts[1];
27              //检查用户名和密码
28              if ("itcast".equals(username)&& ("123456").equals(password)) {
29                  //登录成功,将用户状态 user 对象存入 session 域
30                  User user=new User();
31                  user.setUsername(username);
32                  user.setPassword(password);
33                  request.getSession().setAttribute("user", user);
34              }
35          }
36          //放行
37          chain.doFilter(request, response);
38      }
39      public void destroy() {
40      }
41  }
```

在 web.xml 文件中，配置 AutoLoginFilter 过滤器，由于要拦截用户访问资源的所有请求，因此将<filter-mapping>元素拦截的路径设置为“/ *”，具体代码如下。

```
<filter>
    <filter-name>AutoLoginFilter</filter-name>
    <filter-class>
        cn.itcast.chapter04.filter.AutoLoginFilter
</filter-class>
</filter>
<filter-mapping>
    <filter-name>AutoLoginFilter</filter-name>
    <url-pattern>/*</url-pattern>
</filter-mapping>
```

(7) 访问 login.jsp 页面。

重新启动 Web 服务，打开 IE 浏览器，在地址栏中输入“http://localhost:8080/chapter04/login.jsp”，此时，浏览器窗口中会显示一个用户登录的表单，在这个表单中输入用户名“itcast”、密码“123456”，并选择用户自动登录的时间，如图 4-10 所示。

(8) 实现用户登录。

单击图 4-10 中的“登录”按钮，便可完成用户自动登录，此时，在浏览器窗口中会显示登录的用户名，如图 4-11 所示。

从图 4-11 可以看出，用户已经登录成功了，此时再开启一个 IE 浏览器，在地址栏中直接输入“http://localhost:8080/chapter04/index.jsp”仍可以看到用户的登录信息，因此可以说明完成了用户自动登录的功能。

图 4-10　运行结果

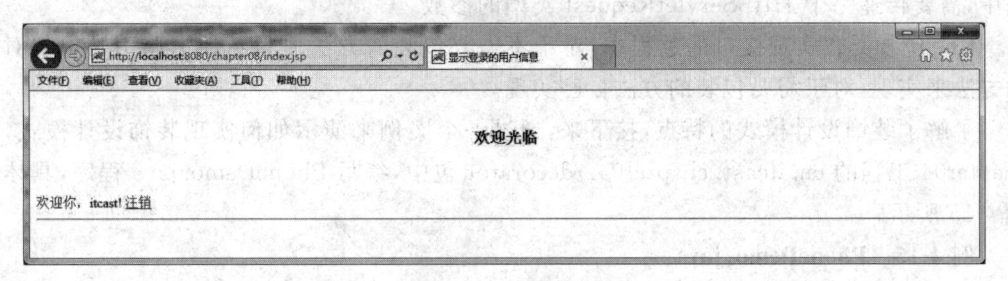

图 4-11　运行结果

(9) 注销用户。

单击图 4-11 中的“注销”超链接，就可以注销当前的用户，然后显示 index.jsp 页面，如图 4-12 所示。

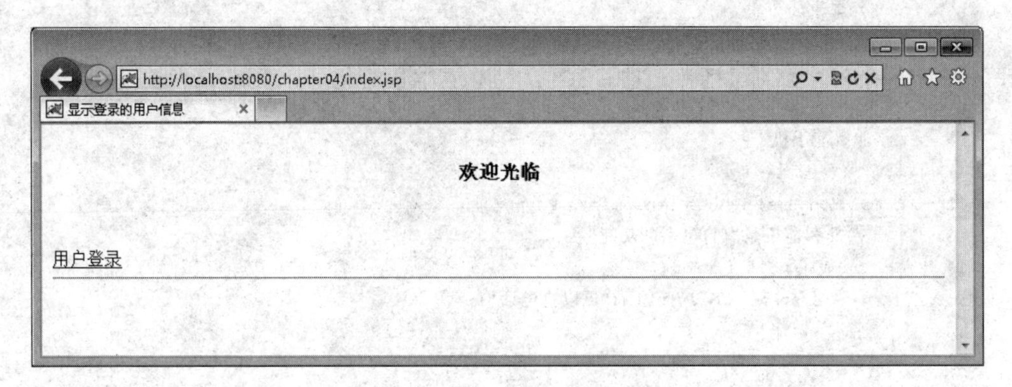

图 4-12　运行结果

4.3　Filter 高级应用

通过前面的学习，了解到 Filter 过滤器可以获取到代表用户请求和响应的 request、response 对象。可是如果想对 request 和 response 对象中的任何信息进行修改，则需要通过包装类来实现。在 Servlet API 中，提供了 HttpServletRequestWrapper 和 HttpServletResponseWrapper

两个类，它们分别是 request 和 response 对象的包装类。接下来，本节将围绕 Filter 程序中包装类的使用进行详细的讲解。

4.3.1 装饰设计模式

HttpServletRequestWrapper 和 HttpServletResponseWrapper 作为 request 和 response 对象的包装类，都采用了装饰设计模式。所谓装饰设计模式，指的是通过包装类的方式，动态增强某个类的功能。为了帮助读者更好地理解装饰设计模式，接下来，先来简单介绍一下装饰设计模式的特点，具体如下。

(1) 包装类要和被包装对象实现同样的接口。

(2) 包装类持有一个被包装对象，例如，在 HttpServletRequestWrapper 定义的构造方法中，需要传递一个 HttpServletRequest 类型的参数。

(3) 包装类在实现接口的过程中，对于不需要包装的方法原封不动地调用被包装对象的方法来实现，对于需要包装的方法自己实现。

了解了装饰设计模式的特点，接下来，通过一个案例来演示如何实现装饰设计模式，在 chapter04 工程的 cn.itcast.chapter04.decorator 包中，编写 PhoneDemo.java 程序，具体如例 4-15 所示。

例 4-15 PhoneDemo.java

```
1    package cn.itcast.chapter04.decorator;
2    /**
3     * 手机
4     */
5    interface Phone{
6        //手机的功能
7        void action();
8    }
9    /**
10    * 非智能手机
11    */
12   class Non_SmartPhone implements Phone{
13       //非智能机具有打电话的功能
14       public void action() {
15           System.out.println("可以打电话");
16       }
17   }
18   /**
19    * 智能手机
20    */
21   class SmartPhone implements Phone{
22       private Phone nonSmartPhone;
23       public SmartPhone(Phone nonSmartPhone){
24           this.nonSmartPhone=nonSmartPhone;
25       }
26       //智能机拥有打电话和玩愤怒的小鸟的功能
27       public void action() {
```

```
28              nonSmartPhone.action();
29              System.out.println("可以玩愤怒的小鸟");//在非智能机基础上,功能增强
30          }
31      }
32      public class PhoneDemo {
33          public static void main(String[] args) {
34              Phone nPhone=new Non_SmartPhone();
35              System.out.println("--------------手机装饰前--------------");
36              nPhone.action();
37              Phone smartPhone=new SmartPhone(nPhone);
38              System.out.println("--------------手机装饰后--------------");
39              smartPhone.action();
40          }
41      }
```

在例 4-15 中，Non_SmartPhone 类表示非智能手机，它是属于被包装类，SmartPhone 类表示智能手机，它是 Non_SmartPhone 类的包装类，Non_SmartPhone 类和 SmartPhone 类实现了相同的接口 Phone。第 22 行代码用于在 SmartPhone 类中持有被包装类 Non_SmartPhone 的对象，第 29 行代码用于在被包装类的基础上，实现功能的增强。

程序的运行结果如图 4-13 所示。

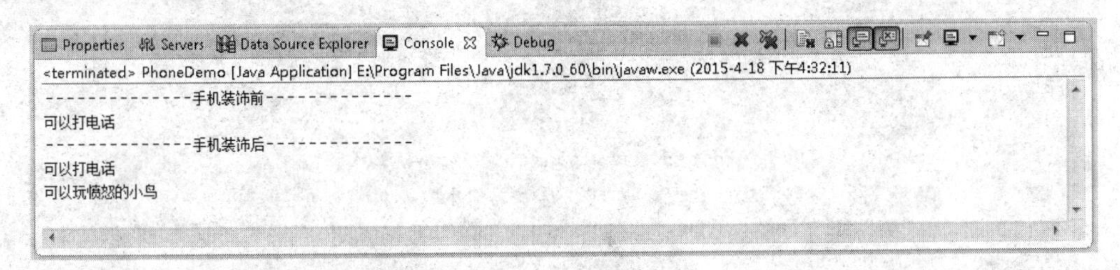

图 4-13　运行结果

从图 4-13 中可以看出，SmartPhone 对 Non_SmartPhone 类进行包装后，SmartPhone 类型的对象不仅具有了“打电话”功能，还具有了“玩游戏”的功能。

4.3.2　Filter 实现统一全站编码

在 Web 开发中，经常会遇到中文乱码问题，按照前面所学的知识，解决乱码的通常做法都是在 Servlet 程序中设置编码方式，但是，如果多个 Servlet 程序都需要设置编码方式，势必会书写大量重复的代码。

为了解决上面的问题，可以在 Filter 中对获取到的请求和响应消息进行编码，从而统一全站的编码方式。接下来，分步骤讲解如何使用 Filter 实现统一全站的编码，具体如下。

1. 编写 form.jsp 页面

在 chapter04 工程的 WebContent 根目录中，编写一个 form.jsp 页面，用于提交用户登录的表单信息，如例 4-16 所示。

例 4-16 form.jsp

```
1   <%@page language="java" contentType="text/html; charset=utf-8"
2   pageEncoding="utf-8" import="java.util.*"
3   %>
4   <html>
5   <head></head>
6   <center>
7       <h3>用户登录</h3>
8   </center>
9   <body style="text-align: center;">
10      <a href="<%=request.getContextPath()%>/CharacterServlet? name=
11                  传智播客 &password=123456">点击超链接登录</a>
12      <form action="<%=request.getContextPath()%>/CharacterServlet"
13          method="post">
14          <table border="1" width="600px" cellpadding="0" cellspacing="0"
15              align="center">
16              <tr>
17                  <td height="30" align="center">用户名:</td>
18                  <td> <input type="text" name="name"/></td>
19              </tr>
20              <tr>
21                  <td height="30" align="center">密   码:</td>
22                  <td> <input type="password" name="password"/></td>
23              </tr>
24              <tr>
25                  <td height="30" colspan="2" align="center">
26                  <input type="submit"value="登录"/>    
27                   <input type="reset"value="重置"/></td>
28              </tr>
29          </table>
30      </form>
31  </body>
32  <html>
```

2. 编写 CharacterServlet.java 程序

在 chapter04 工程的 cn.itcast.chapter04.servlet 包中，编写一个 CharacterServlet.java 程序，该程序用于获取用户输入的请求参数，并将参数输出到控制台，如例 4-17 所示。

例 4-17 CharacterServlet.java

```
1   package cn.itcast.chapter04.servlet;
2   import java.io.IOException;
3   import javax.servlet.*;
4   import javax.servlet.http.*;
5   public class CharacterServlet extends HttpServlet {
6       public void doGet(HttpServletRequest request, HttpServletResponse
7               response)throws ServletException, IOException {
8           System.out.println(request.getParameter("name"));
```

```
9              System.out.println(request.getParameter("password"));
10         }
11         public void doPost(HttpServletRequest request, HttpServletResponse
12                 response)throws ServletException, IOException {
13             doGet(request, response);
14         }
15     }
```

3. 编写 CharacterFilter.java 过滤器

CharacterFilter 类用于拦截用户的请求访问,实现统一全站编码的功能。但是,由于请求方式 post 和 get 解决乱码方式的不同,post 方式的请求参数存放在消息体中,可以通过 setCharacterEncoding()方法进行设置,而 get 方式的请求参数存放在消息头中,必须通过获取 URI 参数才能进行设置。如果每次单独对 get 请求方式进行处理,势必会很麻烦,为此,可以通过 HttpServletRequestWrapper 类对 HttpServletRequest 进行包装,通过重写 getParameter()的方式来设置 get 方式提交参数的编码,CharacterFilter 类的实现代码如例 4-18 所示。

例 4-18 CharacterFilter.java

```
1    package cn.itcast.chapter04.filter;
2    import java.io.*;
3    import javax.servlet.*;
4    import javax.servlet.http.*;
5    public class CharacterFilter implements Filter {
6        public void init(FilterConfig filterConfig) throws ServletException {
7        }
8        public void doFilter(ServletRequest req, ServletResponse resp,
9                FilterChain chain) throws IOException, ServletException {
10           HttpServletRequest request= (HttpServletRequest) req;
11           HttpServletResponse response= (HttpServletResponse) resp;
12           //拦截所有的请求,解决全站中文乱码
13           //指定 request 和 response 的编码
14           request.setCharacterEncoding("utf-8");//只对消息体有效
15           response.setContentType("text/html;charset=utf-8");
16           //在放行时,应该给目标资源一个 request 对象,让目标资源调用
17           //getParameter 时调到我们写的 getParameter
18           //对 request 进行包装
19           CharacterRequest characterRequest=new CharacterRequest(request);
20           chain.doFilter(characterRequest, response);
21       }
22       public void destroy() {
23       }
24   }
25   //针对 request 对象进行包装
26   //继承 默认包装类 HttpServletRequestWrapper
27   class CharacterRequest extends HttpServletRequestWrapper {
28       public CharacterRequest(HttpServletRequest request) {
```

```
29              super(request);
30          }
31          //子类继承父类一定会覆写一些方法,此处用于重写 getParamter()方法
32          public String getParameter(String name) {
33              //调用 被包装对象的 getParameter()方法 获得请求参数
34              String value=super.getParameter(name);
35              if (value==null)
36                  return null;
37              //判断请求方式
38              String method=super.getMethod();
39              if ("get".equalsIgnoreCase(method)) {
40                  try {
41                      value=new String(value.getBytes("iso-8859-1"), "utf-8");
42                  } catch (UnsupportedEncodingException e) {
43                      throw new RuntimeException(e);
44                  }
45              }
46              //解决乱码后返回结果
47              return value;
48          }
49      }
```

在 web.xml 文件中,配置 CharacterFilter 过滤器,由于要拦截用户访问资源的所有请求,因此将<filter-mapping>元素拦截的路径设置为"/ *",具体代码如下。

```
<filter>
    <filter-name>CharacterFilter</filter-name>
    <filter-class>
        cn.itcast.chapter04.filter.CharacterFilter
    </filter-class>
</filter>
<filter-mapping>
    <filter-name>CharacterFilter</filter-name>
    <url-pattern>/*</url-pattern>
</filter-mapping>
```

4. 访问 form.jsp 页面

重新启动 Web 服务器,打开 IE 浏览器,在地址栏中输入"http://localhost:8080/chapter04/form.jsp",此时,浏览器窗口中会显示一个用户登录的表单,在这个表单中输入用户名"传智播客"、密码"123456",如图 4-14 所示。

单击图 4-14 界面中的"登录"按钮来提交表单,此时,控制台窗口显示的结果如图 4-15 所示。

从图 4-15 可以看出,在 form.jsp 表单中输入的用户名和密码都正确地显示在控制台窗口,而且中文的用户名也没有出现乱码问题。需要注意的是,form.jsp 表单的提交方式是 post,因此可以说明使用 post 提交表单可以解决中文乱码问题,表单的提交方式还有一种是 get,接下来就验证 get 方式提交表单的乱码问题能否解决。

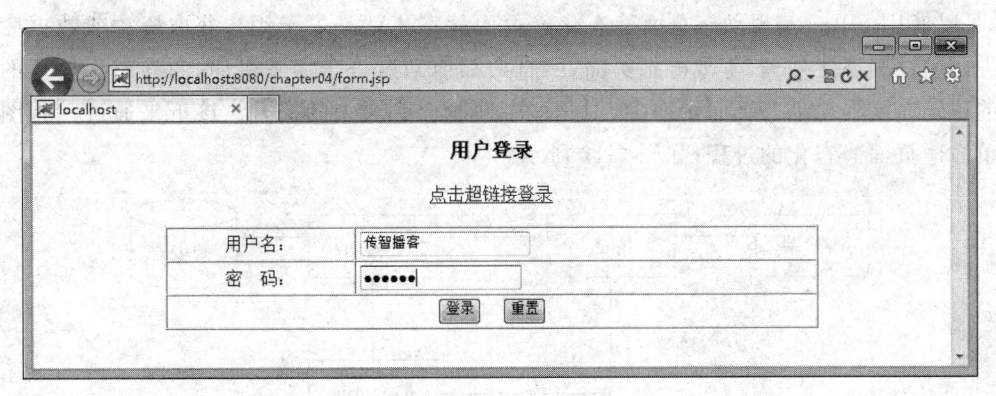

图 4-14 运行结果

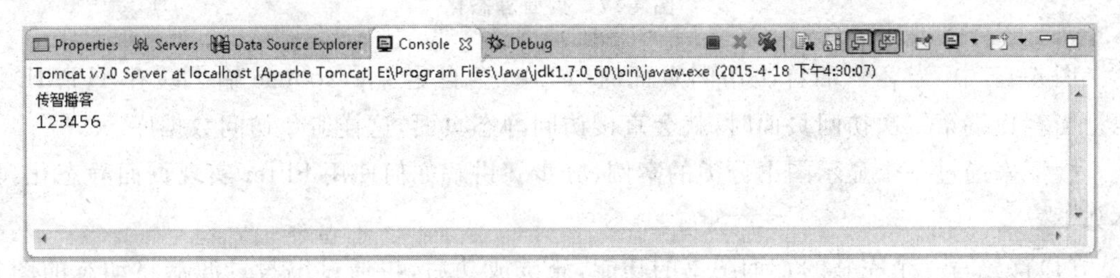

图 4-15 控制台窗口

5. 使用超链接访问 form.jsp 页面

单击图 4-14 界面中的"点击超链接登录"提交表单，这种提交方式相当于 get 方式提交表单，此时，控制台窗口显示的结果如图 4-16 所示。

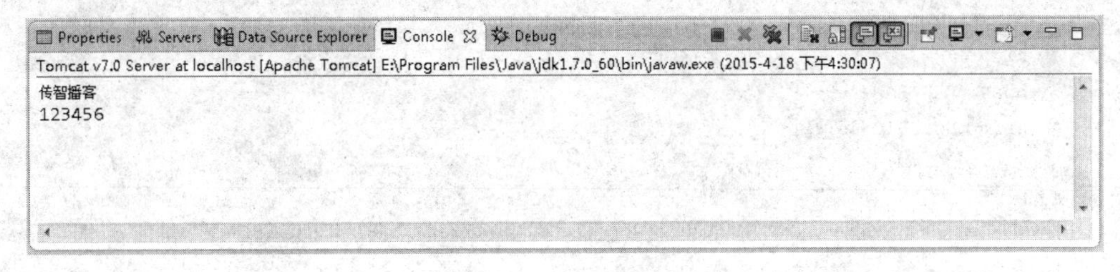

图 4-16 控制台窗口

从图 4-16 可以看出，get 方式提交表单与 post 方式提交表单的效果是一样的，同样不会出现乱码问题。因此，可以说明使用 Filter 过滤器可以方便地完成统一全站编码的功能。

需要注意的是，针对 response 对象，Servlet API 也提供了对应的包装类 HttpServletResponseWrapper，它的用法与 HttpServletRequestWrapper 类似，在此不再举例介绍了。

4.3.3 Filter 实现页面静态化

在实际开发中，有时为了提高程序性能、减轻数据库访问压力以及对搜索引擎进行优化，可以使用 Filter 实现动态页面静态化。页面静态化就是先于用户获取资源或数据库数据进而通过静态化处理，生成静态页面，所有人都访问这一个静态页面，而静态化处理的页面的访问速度要比动态页面快得多，因此程序性能会有大大的提升。接下来通过一张图来简单描述页面静态化的过程，如图 4-17 所示。

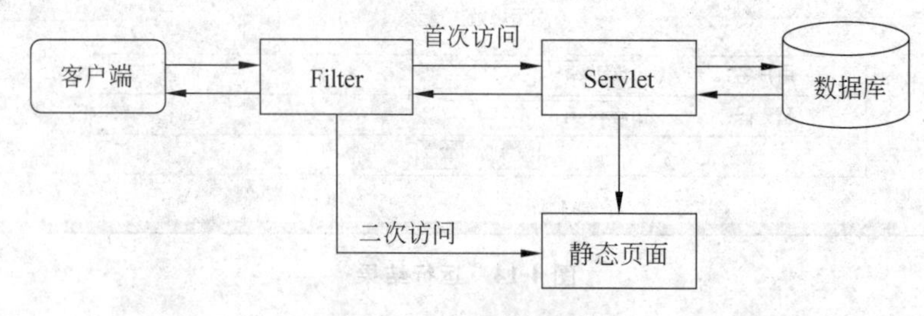

图 4-17 页面静态化

图 4-17 中，当客户端首次访问页面时，Filter 会自定义 response 输出缓存 HTML 源码。当客户端第二次访问页面时，就会直接访问静态页面，这样避免访问数据库。

接下来通过一个显示图书分类的案例，分步骤讲解如何使用 Filter 实现页面静态化，具体如下。

（1）首先写一个完整的查询图书的功能，测试成功后，再通过编写过滤器将动态的图书信息页面静态化。在 MySQL 中创建一个数据库 chapter04，在该数据库中创建数据表 t_book 并插入数据，其中，bname 为图书名称、price 为图书价格、category 为图书分类，具体 SQL 语句如下。

```
CREATE DATABASE chapter04;
USE chapter04;
CREATE TABLE t_book(
    bid CHAR(32) PRIMARY KEY,
    bname VARCHAR(100),
    price NUMERIC(10,2),
    category INT
);

INSERT INTO t_book VALUES('b1', 'JavaSE_1', 10, 1);
INSERT INTO t_book VALUES('b2', 'JavaSE_2', 15, 1);
INSERT INTO t_book VALUES('b3', 'JavaSE_3', 20, 1);
INSERT INTO t_book VALUES('b4', 'JavaSE_4', 25, 1);

INSERT INTO t_book VALUES('b5', 'JavaEE_1', 30, 2);
INSERT INTO t_book VALUES('b6', 'JavaEE_2', 35, 2);
INSERT INTO t_book VALUES('b7', 'JavaEE_3', 40, 2);

INSERT INTO t_book VALUES('b8', 'Java_framework_1', 45, 3);
INSERT INTO t_book VALUES('b9', 'Java_framework_2', 50, 3);
```

查询 t_book 表中的数据，查询结果如下。

```
mysql>SELECT * FROM t_book;
+-----+------------------+-------+----------+
| bid | bname            | price | category |
+-----+------------------+-------+----------+
| b1  | JavaSE_1         | 10.00 |        1 |
| b2  | JavaSE_2         | 15.00 |        1 |
| b3  | JavaSE_3         | 20.00 |        1 |
| b4  | JavaSE_4         | 25.00 |        1 |
| b5  | JavaEE_1         | 30.00 |        2 |
| b6  | JavaEE_2         | 35.00 |        2 |
| b7  | JavaEE_3         | 40.00 |        2 |
| b8  | Java_framework_1 | 45.00 |        3 |
| b9  | Java_framework_2 | 50.00 |        3 |
+-----+------------------+-------+----------+
9 rows in set (0.04 sec)
```

(2)将所需的连接数据库包导入到 chapter04 项目中的 lib 文件夹下,创建包 cn. itcast. domain 并在包中编写一个 Book 类,具体代码如例 4-19 所示。

例 4-19 Book. java

```
1    package cn.itcast.domain;
2    public class Book {
3        private String bid;
4        private String bname;
5        private double price;
6        private int category;
7        public String getBid() {
8            return bid;
9        }
10       public void setBid(String bid) {
11           this.bid=bid;
12       }
13       public String getBname() {
14           return bname;
15       }
16       public void setBname(String bname) {
17           this.bname=bname;
18       }
19       public double getPrice() {
20           return price;
21       }
22       public void setPrice(double price) {
23           this.price=price;
24       }
25       public int getCategory() {
26           return category;
27       }
28       public void setCategory(int category) {
29           this.category=category;
30       }
```

```
31        @Override
32        public String toString() {
33            return "Book [bid="+bid+", bname="+bname+", price="+price
34                    +", category="+category+"]";
35        }
36    }
```

(3) 创建包 cn. itcast. dao 并在包中编写 BookDao 类，在本案例中会涉及两个查询方法，一个是查询所有图书，一个是按分类查询图书，具体代码如例 4-20 所示。

例 4-20　BookDao. java

```
1     package cn.itcast.dao;
2     import java.sql.SQLException;
3     import java.util.List;
4     import org.apache.commons.dbutils.QueryRunner;
5     import org.apache.commons.dbutils.handlers.BeanListHandler;
6     import cn.itcast.domain.Book;
7     import cn.itcast.jdbc.utils.JDBCUtils;//这个 JDBCUtils 与 chapter03 中的一样
8     public class BookDao {
9         private QueryRunner qr=new QueryRunner(JDBCUtils.getDataSource());
10        //查询所有
11        public List<Book>findAll() {
12            try {
13                String sql="select * from t_book";
14                return qr.query(sql, new BeanListHandler<Book>(Book.class));
15            } catch (SQLException e) {
16                throw new RuntimeException(e);
17            }
18        }
19        //按分类查询
20        public List<Book>findByCategory(int category) {
21            try {
22                String sql="select * from t_book where category=?";
23                return qr.query(sql, new BeanListHandler<Book>
24                                        (Book.class), category);
25            } catch (SQLException e) {
26                throw new RuntimeException(e);
27            }
28        }
29    }
```

(4) 在包 cn. itcast. chapter04. servlet 下创建一个 BookServlet。该 Servlet 要获取 category 参数，如果这个参数存在，说明是按分类查询，如果不存在，表示查询所有。然后将查询出的数据存成 List 并保存到 request 中转发到页面，具体代码如例 4-21 所示。

例 4-21　BookServlet. java

```
1     package cn.itcast.chapter04.servlet;
2     import java.io.IOException;
3     import java.util.List;
```

```
4    import javax.servlet.ServletException;
5    import javax.servlet.http.HttpServlet;
6    import javax.servlet.http.HttpServletRequest;
7    import javax.servlet.http.HttpServletResponse;
8    import cn.itcast.dao.BookDao;
9    import cn.itcast.domain.Book;
10   public class BookServlet extends HttpServlet {
11       public void doGet(HttpServletRequest request, HttpServletResponse
12                   response) throws ServletException, IOException {
13           String param=request.getParameter("category");
14           BookDao dao=new BookDao();
15           List<Book>bookList=null;
16           //如果 category 参数不存在,表示查询所有
17           if(param==null||param.trim().isEmpty()) {
18               bookList=dao.findAll();
19           } else {
20               int category=Integer.parseInt(param); //把参数转换成 int 类型
21               //按分类查询图书
22               bookList=dao.findByCategory(category);
23           }
24           //把图书保存到 request 中
25           request.setAttribute("bookList", bookList);
26           request.getRequestDispatcher("/show.jsp").forward(request,
27                       response);
28       }
29   }
```

(5) 在 WebContent 根目录中,编写 index_book.jsp 页面,用于显示图书分类,具体如例 4-22 所示。

例 4-22　index_book.jsp

```
1    <%@page language="java" import="java.util.*" pageEncoding="UTF-8"%>
2    <%
3    String path=request.getContextPath();
4    String basePath=request.getScheme()+"://"+request.getServerName()+
5    ":"+request.getServerPort()+path+"/";
6    %>
7    <!DOCTYPE HTML PUBLIC "-//W3C//DTD HTML 4.01 Transitional//EN">
8    <html>
9     <head>
10       <base href="<%=basePath%>">
11       <title>My JSP 'index_book.jsp' starting page</title>
12       <meta http-equiv="pragma" content="no-cache">
13       <meta http-equiv="cache-control" content="no-cache">
14       <meta http-equiv="expires" content="0">
15       <meta http-equiv="keywords" content="keyword1,keyword2,keyword3">
16       <meta http-equiv="description" content="This is my page">
17    </head>
```

```
18    <body>
19        <a href="<%=request.getContextPath()%>/BookServlet">全部图书</a><br/>
20        <a href="<%=request.getContextPath()%>/BookServlet? category=1">
21            JavaSE 分类</a><br/>
22        <a href="<%=request.getContextPath()%>/BookServlet? category=2">
23            JavaEE 分类</a><br/>
24        <a href="<%=request.getContextPath()%>/BookServlet? category=3">
25            Java 框架分类</a><br/>
26    </body>
27    </html>
```

（6）在 WebContent 根目录中，编写一个 show.jsp 页面，用于显示每类图书信息，具体代码如例 4-23 所示。

例 4-23　show.jsp

```
1     <%@page import="cn.itcast.domain.Book"%>
2     <%@page language="java" import="java.util.*" pageEncoding="UTF-8"%>
3     <!DOCTYPE HTML PUBLIC "-//W3C//DTD HTML 4.01 Transitional//EN">
4     <html>
5     <head>
6     <title>My JSP 'show.jsp' starting page</title>
7     <meta http-equiv="pragma" content="no-cache">
8     <meta http-equiv="cache-control" content="no-cache">
9     <meta http-equiv="expires" content="0">
10    <meta http-equiv="keywords" content="keyword1,keyword2,keyword3">
11    <meta http-equiv="description" content="This is my page">
12    <meta http-equiv="content-type" content="text/html; charset=UTF-8">
13    <!--
14        <link rel="stylesheet" type="text/css" href="styles.css">
15        -->
16    </head>
17    <body>
18        <table border="1" align="center" width="50%">
19            <tr>
20                <th>图书名称</th>
21                <th>图书单价</th>
22                <th>图书分类</th>
23            </tr>
24            <%
25                List<Book> list= (List) request.getAttribute("bookList");
26                for (Book b : list) {
27            %>
28            <tr>
29                <td><%=b.getBname()%></td>
30                <td><%=b.getPrice()%></td>
31                <td>
32                    <%    if (b.getCategory()==1) {%>
33                        <p style="color: red;">JavaSE 分类</p>
34                    <%} else if (b.getCategory()==2) {%>
35                        <p style="color: blue;">JavaEE 分类</p>
```

```
36                  <%} else {%>
37                      <p style="color: green;">Java 框架分类</p>
38                  <%}%>
39              </td>
40          </tr>
41          <%}%>
42      </table>
43  </body>
44  </html>
```

页面完成后，先验证查看图书分类的功能是否完成，重新启动 Web 服务器，打开 IE 浏览器，在地址栏中输入“http://localhost:8080/chapter04/index_book.jsp”，查询结果如图 4-18 所示。

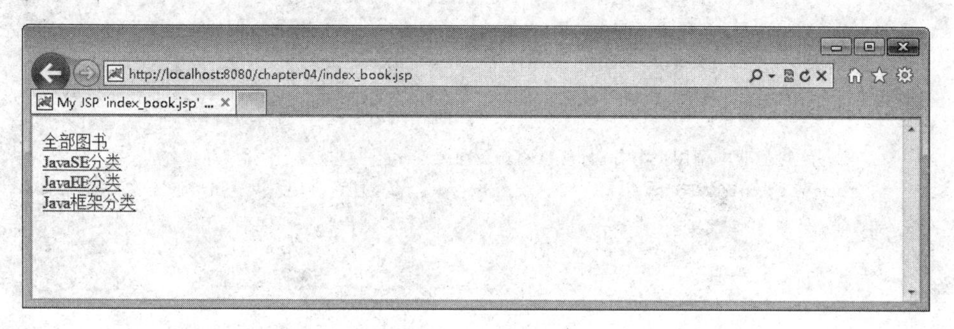

图 4-18　查询结果

单击“JavaSE 分类”链接，查询结果如图 4-19 所示。

http://localhost:8080/chapter04/BookServlet?category=1

My JSP 'show.jsp' startin...

图书名称	图书单价	图书分类
JavaSE_1	10.0	JavaSE分类
JavaSE_2	15.0	JavaSE分类
JavaSE_3	20.0	JavaSE分类
JavaSE_4	25.0	JavaSE分类

图 4-19　查询结果

从图 4-19 中的 URL 地址可以看出，本次查询是通过 BookServlet 查询数据库所得结果。接下来，将编写过滤器来实现页面静态化。

(7) 在包 cn.itcast.chapter04.filter 下编写 StaticResponse 类，该类为自定义的 Response，重写了 Writer()方法，使其向指定的文件输出。具体代码如例 4-24 所示。

例 4-24　StaticResponse.java

```
1   package cn.itcast.chapter04.filter;
2   import java.io.FileNotFoundException;
3   import java.io.IOException;
4   import java.io.PrintWriter;
```

```
5    import java.io.UnsupportedEncodingException;
6    import javax.servlet.http.HttpServletResponse;
7    import javax.servlet.http.HttpServletResponseWrapper;
8    public class StaticResponse extends HttpServletResponseWrapper {
9        private HttpServletResponse response;
10       private PrintWriter pw;
11       //其中 staticPath 为静态页面的路径
12       public StaticResponse(HttpServletResponse response, String staticPath)
13               throws FileNotFoundException, UnsupportedEncodingException {
14           super(response);
15           this.response=response;
16           //pw 与指定文件绑定在一起,当使用 pw 输出时,就是向指定的文件输出
17           pw=new PrintWriter(staticPath, "utf-8");
18       }
19       //当 show.jsp 输出页面中的内容时,使用的就是 getWriter()获取的流对象。
20       public PrintWriter getWriter() throws IOException {
21           return pw;
22       }
23       //在过滤器中调用关闭方法,可以刷新缓冲区。
24       public void close() {
25           pw.close();
26       }
27   }
```

(8) 在 cn.itcast.chapter04.filter 包下编写过滤器 StaticFilter 类,该类实现了判断是否存在静态页面,如果存在静态页面,则重定向到静态页面,如果静态页面不存在,那么生成静态页面,其具体代码如例 4-25 所示。

例 4-25 StaticFilter.java

```
1    package cn.itcast.chapter04.filter;
2    import java.io.IOException;
3    import java.util.HashMap;
4    import java.util.Map;
5    import javax.servlet.Filter;
6    import javax.servlet.FilterChain;
7    import javax.servlet.FilterConfig;
8    import javax.servlet.ServletContext;
9    import javax.servlet.ServletException;
10   import javax.servlet.ServletRequest;
11   import javax.servlet.ServletResponse;
12   import javax.servlet.http.HttpServletRequest;
13   import javax.servlet.http.HttpServletResponse;
14   public class StaticFilter implements Filter {
15       private FilterConfig config;
16       public void destroy() {
17       }
18       public void doFilter(ServletRequest request, ServletResponse response,
19               FilterChain chain) throws IOException, ServletException {
20           //把 request 和 response 都强转成 http 的
```

```
21         HttpServletRequest req=(HttpServletRequest) request;
22         HttpServletResponse res=(HttpServletResponse) response;
23         //1.获取 Map
24         //获取 ServletContext
25         ServletContext sc=config.getServletContext();
26         Map<String, String>staticMap=(Map<String, String>) sc
27                 .getAttribute("static_map");
28         if (staticMap==null) {
29             staticMap=new HashMap<String, String>();
30             sc.setAttribute("static_map", staticMap);
31         }
32         //2.通过访问路径获取对应的静态页面
33         //生成 key: book_前缀,后缀为 category 的值
34         String category=request.getParameter("category");
35         //可能有:book_null、book_1、book_2、book_3
36         String key="book_"+category;
37         //查看这个路径对应的静态页面是否存在
38         if (staticMap.containsKey(key)) {                     //如果静态页面已经存在
39             String staticPath=staticMap.get(key);            //获取静态页面路径
40             //重定向到静态页面
41         res.sendRedirect(req.getContextPath()+"/html/"+staticPath);
42             return;
43         }
44         //如果静态页面不存在
45         //3.生成静态页面
46         //创建静态页面的路径
47         String staticPath=key+".html";
48         //获取真实路径
49         String realPath=sc.getRealPath("/html/"+staticPath);
50         //创建自定义 Response
51         StaticResponse sr=new StaticResponse(res, realPath);
52         //放行
53         chain.doFilter(request, sr);
54         //保存静态页面到 map 中
55         staticMap.put(key, staticPath);
56         try{
57             Thread.sleep(3000);
58         }catch(InterruptedException e) {
59             e.printStackTrace();
60         }
61         //4.重定向到静态页面
62         res.sendRedirect(req.getContextPath()+"/html/"+staticPath);
63     }
64     public void init(FilterConfig fConfig) throws ServletException {
65         this.config=fConfig;
66     }
67 }
```

编写完 Filter 后,要在 web.xml 中配置 StaticFilter,配置如下。

```
<filter>
    <filter-name>StaticFilter</filter-name>
    <filter-class>cn.itcast.chapter04.filter.StaticFilter</filter-class>
</filter>
<filter-mapping>
    <filter-name>StaticFilter</filter-name>
    <servlet-name>BookServlet</servlet-name>
</filter-mapping>
```

需要注意的是，在运行程序前，要在 WebContent 根目录下创建 html 文件夹，以便存放生成的静态页面。重新启动 Web 服务器，打开 IE 浏览器，在地址栏中输"http://localhost:8080/chapter04/index_book.jsp"，查询结果如图 4-20 所示。

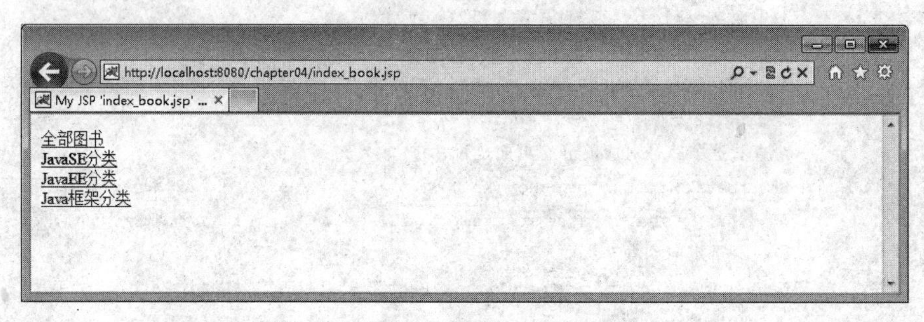

图 4-20　查询结果

这时查看 JavaSE 分类，查询结果如图 4-21 所示。

http://localhost:8080/chapter04/html/book_1.html

My JSP 'show.jsp' startin...

图书名称	图书单价	图书分类
JavaSE_1	10.0	JavaSE分类
JavaSE_2	15.0	JavaSE分类
JavaSE_3	20.0	JavaSE分类
JavaSE_4	25.0	JavaSE分类

图 4-21　查询结果

在图 4-21 中，可以看到浏览器的 URL 路径变为访问静态页面了，说明完成了动态页面静态化的功能。需要注意的是，页面静态化虽然可以提高程序的性能，但是却脱离了查询数据库，当数据库发生变化时，用户无法获得最新的数据。这时可以在对数据库进行操作时添加一个标记，告诉程序什么时候需要查询数据库，此功能在这里就不详细讲解了，有兴趣的读者可以自行研究。

小结

本章主要讲解了过滤器的开发与应用，首先讲解了什么是 Filter，然后讲解了如何开发一个 Filter 程序以及开发 Filter 程序时需要注意的细节，最后讲解了 Filter 在实际开发中的具体应用。通过本章的学习，读者能够掌握 Filter 的概念以及创建和部署的过程，并且能够掌握 Filter 的具体应用。

【思考题】

请思考什么是装饰者设计模式？并使用具体的例子来展示普通类在使用装饰者设计模式后的变化。

第 5 章

Servlet事件监听器

学习目标

◆ 熟悉监听器的相关 API;

◆ 掌握监听域对象中的属性变更;

◆ 掌握感知被 HttpSession 绑定的事件监听器。

在学习 GUI 的过程中,我们接触过事件监听器这个概念,同样,在 Servlet 技术中也有事件监听器。Servlet 事件监听器可以监听 ServletContext、HttpSession 和 ServletRequest 等域对象的创建和销毁过程,以及监听这些域对象属性的修改。本章将针对 Servlet 事件监听器进行详细的讲解。

5.1 Servlet 事件监听器概述

在程序开发中,经常需要对某些事件进行监听,如监听鼠标单击事件、监听按键事件等,此时就需要使用事件监听器,事件监听器用于对程序中发生的事件进行监听,在监听的过程中会涉及几个重要组成部分,具体如下。

(1) 事件(Event):用户的一个操作,如单击一个按钮、调用一个方法、创建一个对象等。

(2) 事件源:产生事件的对象。

(3) 事件监听器(Listener):负责监听发生在事件源上的事件。

(4) 事件处理器:监听器的成员方法,当事件发生的时候会触发对应的处理器(成员方法)。

当用户进行一个操作触发事件源上的事件时,就会被事件监听器监听到,当监听器监听到事件发生时,相应的事件处理器就会对发生的事件进行处理。

事件监听器在进行工作时,可分为几个步骤,具体如下。

(1) 将监听器绑定到事件源,也就是注册监听器。

(2) 事件发生时会触发监听器的成员方法,即事件处理器,传递事件对象。

(3) 事件处理器通过事件对象获得事件源,并对事件源进行处理。

在开发 Web 应用程序时,也经常会使用事件监听器,这个事件监听器被称为 Servlet 事件监听器,Servlet 事件监听器就是一个实现特定接口的 Java 程序,专门用于监听 Web 应用程序中 ServletContext、HttpSession 和 ServletRequest 等域对象的创建和销毁过程,监听这些域对象属性的修改以及感知绑定到 HttpSession 域中某个对象的状态。根据监听事件的不同可以将其分为三类,具体如下。

(1) 用于监听域对象创建和销毁的事件监听器(ServletContextListener 接口、HttpSessionListener 接口、ServletRequestListener 接口)。

(2) 用于监听域对象属性增加和删除的事件监听器(ServletContextAttributeListener 接口、HttpSessionAttributeListener 接口、ServletRequestAttributeListener 接口)。

(3) 用于监听绑定到 HttpSession 域中某个对象状态的事件监听器(HttpSessionBindingListener 接口、HttpSessionActivationListener 接口)。

在 Servlet 规范中,这三类事件监听器都定义了相应的接口,在编写事件监听器程序时只需实现对应的接口就可以。Web 服务器会根据监听器所实现的接口,把它注册到被监听的对象上,当触发了某个对象的监听事件时,Web 容器将会调用 Servlet 监听器与之相关的方法对事件进行处理。

5.2 监听域对象的生命周期

在 Web 应用程序的运行期间,Web 容器会创建和销毁三个比较重要的对象 ServletContext、HttpSession 和 ServletRequest,这些对象被称为域对象,为了监听这些域对象的生命周期,Servlet API 中专门提供三个接口 ServletContextListener、HttpSessionListener、ServletRequestListener,它们分别用于监听 ServletContext 对象的生命周期、监听 HttpSession 对象的生命周期、监听 ServletRequest 对象的生命周期,接下来将针对这三个接口进行讲解。

5.2.1 ServletContextListener 接口

ServletContext 对象是 Web 应用程序中一个非常重要的对象,为了监听该对象的创建与销毁过程,Servlet API 中提供了一个 ServletContextListener 接口,当在 Web 应用程序中注册一个或多个实现了 ServletContextListener 接口的事件监听器时,Web 容器在创建或销毁每个 ServletContext 对象时就会产生一个与其对应的事件对象,然后依次调用每个 ServletContext 事件监听器中的处理方法,并将 ServletContext 事件对象传递给这些方法,来完成事件的处理工作。

ServletContextListener 接口中共定义了两个事件处理方法,具体如下。

1. contextInitialized()方法

contextInitialized()方法的完整语法定义如下。

```
public void contextInitialized(servletContextEvent sce)
```

当 ServletContext 对象被创建时,Web 容器会调用 contextInitialized()方法。contextInitialized()方法接收一个 ServletContextEvent 类型的参数,contextInitialized()方法内部可以通过这个参数来获取创建的 ServletContext 对象。

2. contextDestroyed()方法

contextDestroyed()方法的完整语法定义如下。

```
public void contextDestroyed(servletContextEvent sce)
```

当 ServletContext 对象即将被销毁时,Web 容器会调用 contextDestroyed()方法,并将 servletContextEvent 对象传递给这个方法。

5.2.2 HttpSessionListener 接口

HttpSession 用于完成会话操作,为了监听 HttpSession 对象的创建和销毁过程,Servlet API 中提供了一个 HttpSessionListener 接口,当 Web 应用程序中注册了一个或多个实现了 HttpSessionListener 接口的事件监听器时,Web 容器在创建或销毁每个 HttpSession 对象时就会产生一个 HttpSessionEvent 事件对象,然后依次调用每个 HttpSession 事件监听器中的相应方法,并将 HttpSessionEvent 事件对象传递给这些方法。

HttpSessionListener 接口中共定义了两个事件处理方法,分别是 sessionCreated()和 sessionDestroy()方法,接下来针对这两个方法进行讲解。

1. sessionCreated()方法

sessionCreated()方法的完整语法定义如下。

```
public void sessionCreated(HttpSessionEvent se)
```

每当一个 HttpSession 对象被创建时,Web 容器都会调用 sessionCreated()方法。sessionCreated()方法接收一个 HttpSessionEvent 类型的参数,sessionCreated()方法内部都可以通过这个参数来获取当前被创建的 HttpSession 对象。

2. sessionDestroyed()方法

sessionDestroyed()方法的完整语法定义如下。

```
public void sessionDestroyed(HttpSessionEvent se)
```

每当一个 HttpSession 对象即将被销毁时,Web 容器都会调用 sessionDestroyed()方法,并将 HttpSessionEvent 事件对象传递给这个方法。

5.2.3 ServletRequestListener 接口

ServletRequest 对象用于获取客户端发送的请求数据,为了监听 ServletRequest 对象的创建和销毁过程,Servlet API 提供了 ServletRequestListener 接口,当 Web 应用程序中注册了一个或多个实现了 ServletRequestListener 接口的事件监听器时,Web 容器在创建或销毁每个 ServletRequest 对象时都会产生一个 ServletRequestEvent 事件对象,然后依次调用每个 ServletRequest 事件监听器中的相应处理方法。

ServletRequestListener 接口中定义了两个事件处理方法,分别是 requestInitialized()方法和 requestDestroyed()方法,接下来针对这两个方法进行讲解。

1. requestInitialized()方法

requestInitialized()方法的完整语法定义如下。

```
public void requestInitialized(ServletRequestEvent sre)
```

每当一个 ServletRequest 对象创建时，Web 容器都会调用 requestInitialized()方法。requestInitialized()方法接收一个 ServletRequestEvent 类型的参数，requestInitialized()方法内部可以通过这个参数来获取当前创建的 ServletRequest 对象。

2. requestDestroyed()方法

requestDestroyed()方法的完整语法定义如下。

```
public void requestDestroyed(ServletRequestEvent sre)
```

每当一个 ServletRequest 对象销毁时，Web 容器都会调用 requestDestroyed()方法，并将 ServletRequestEvent 对象传递给这个方法。

5.2.4 阶段案例——监听域对象的生命周期

通过前面的讲解可知，要想对 Servlet 域对象的生命周期进行监听，首先需要实现域对应的 ServletContextListener、HttpSessionListener 和 ServletRequestListener 接口，这些接口中的方法和执行过程非常类似。可以为每一个监听器编写一个单独的类，也可以用一个类来实现这三个接口，从而让这个类具有三个事件监听器的功能，接下来分步骤演示如何监听三个域对象的生命周期。

(1) 创建一个 chapter05 工程，在这个工程中创建一个 cn.itcast.chapter05.listener 包，在该包中编写一个 MyListener 类，这个类实现了 ServletContextListener、HttpSessionListener 和 ServletRequestListener 三个监听器接口，并实现了这些接口中的所有方法，如例 5-1 所示。

例 5-1　MyListener.java

```
1    package cn.itcast.chapter05.listener;
2    import javax.servlet.*;
3    import javax.servlet.http.*;
4    public class MyListener implements ServletContextListener,
5    HttpSessionListener, ServletRequestListener {
6        public void contextInitialized(ServletContextEvent arg0) {
7            System.out.println("ServletContext 对象被创建了");
8        }
9        public void contextDestroyed(ServletContextEvent arg0) {
10           System.out.println("ServletContext 对象被销毁了");
11       }
12       public void requestInitialized(ServletRequestEvent arg0) {
13           System.out.println("ServletRequest 对象被创建了");
14       }
15       public void requestDestroyed(ServletRequestEvent arg0) {
16           System.out.println("ServletRequest 对象被销毁了");
17       }
18       public void sessionCreated(HttpSessionEvent arg0) {
19           System.out.println("HttpSession 对象被创建了");
```

```
20        }
21        public void sessionDestroyed(HttpSessionEvent arg0) {
22            System.out.println("HttpSession对象被销毁了");
23        }
24    }
```

(2) 在 chapter05 工程下的 web.xml 文件中，部署 MyListener 事件监听器，具体代码如下。

```
<listener>
    <listener-class>
        cn.itcast.chapter05.listener.MyListener
    </listener-class>
</listener>
```

需要注意的是，对于 Servlet 2.3 规范，web.xml 文件中的<listener>元素必须位于所有的<servlet>元素之前以及所有<filter-mapping>元素之后，否则 Web 容器在启动时将会提示错误信息，对于 Servlet 2.4 及以后的规范，这些同级元素之间的顺序可以任意。

一个完整的 Servlet 事件监听器包括 Listener 类和<listener>配置。一个 web.xml 中可以配置多个监听器。同一种类型的监听器也可以配置多个，触发的时候服务器会顺序执行各个监听器的相应方法。

(3) 部署 chapter05 工程，重新启动 Web 服务器，此时，控制台窗口显示的结果如图 5-1 所示。

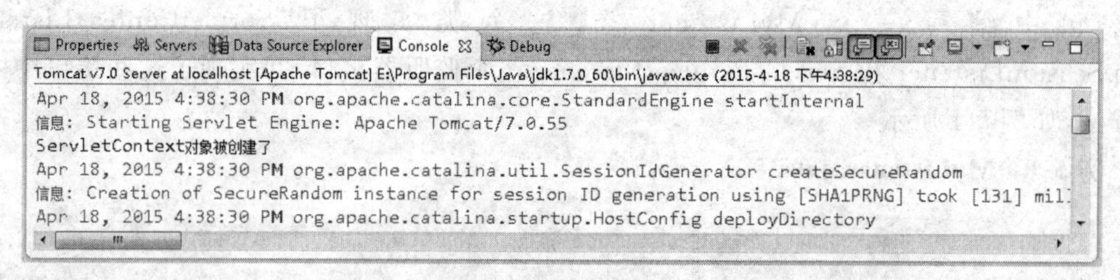

图 5-1 控制台窗口

从如图 5-1 所示的控制台窗口可以看出，ServletContext 对象被创建了，这是由于 Web 服务器在启动时会自动加载 chapter05 这个 Web 应用，并创建其对应的 ServletContext 对象，而在 chapter05 应用的 web.xml 文件中配置了用于监听的 ServletContext 对象被创建和销毁事件的监听器 MyListener，所以 Web 服务器创建 ServletContext 对象后就将调用 MyListener 监听器中的 contextInitialized()方法，从而输出“ServletContext 对象被创建了”这行信息。

(4) 为了观察 ServletContext 对象的销毁信息，可以将已经启动的 Web 服务器关闭，此时，控制台窗口显示的结果如图 5-2 所示。

从图 5-2 可以看出，Web 服务器在关闭之前 ServleContext 对象就被销毁了，并调用了 MyListener 监听器中的 contextDestroyed()方法。

(5) 为了查看 HttpSessionListener 和 ServletRequestListener 监听器的运行效果，在 chapter05 工程的 WebContent 目录中编写一个简单的 myjsp.jsp 页面，如例 5-2 所示。

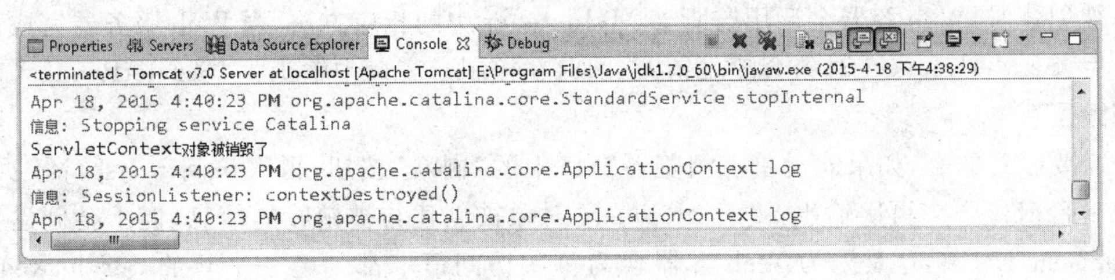

图 5-2　控制台窗口

例 5-2　myjsp.jsp

```
1    <%@page language="java" contentType="text/html; charset=utf-8"
2        pageEncoding="utf-8"%>
3    <html>
4    <head>
5    <title>this is MyJsp.jsp page</title>
6    </head>
7    <body>
8    这是一个测试监听器的页面
9    </body>
10    </html>
```

(6) 为了尽快地查看到 HttpSession 对象销毁的过程，可以在 chapter05 应用的 web.xml 文件中设置 session 的超时时间为 2min，具体代码如下。

```
<session-config>
    <session-timeout>2</session-timeout>
</session-config>
```

在上述配置中，<session-timeout>标签指定的超时必须为一个整数，如果这个整数是为 0 或负整数，则 session 永远不会超时，如果这个数是正整数，则工程中的 session 将在指定分钟后超时。

(7) 重新启动 Web 服务器，打开 IE 浏览器，在地址栏中输入"http://localhost:8080/chapter05/myjsp.jsp"，访问 myjsp.jsp 页面，此时，控制台窗口中显示的结果如图 5-3 所示。

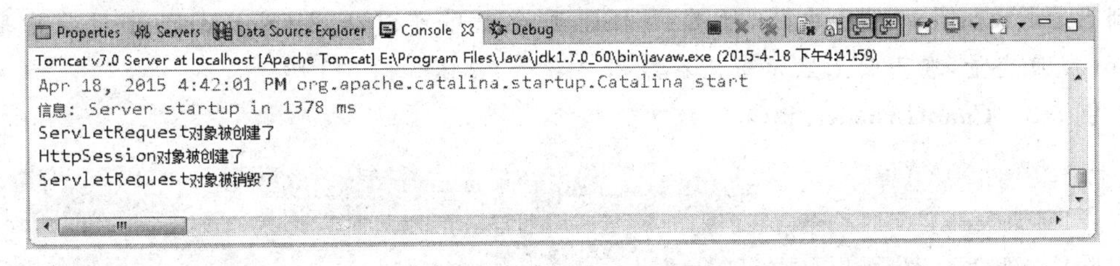

图 5-3　控制台窗口

从图 5-3 可以看出，当浏览器第一次访问 myjsp.jsp 页面时，Web 容器除了为这次请求创建 ServletRequest 对象外，还创建了与这个浏览器对应的 HttpSession 对象，当这两个对象在被创建时,Web容器会调用监听器MyListener中的相应方法,当Web服务器完成这次请求后,ServletRequest对象会随之销毁,因此在控制台窗口中输出了"ServletRequest对象被销毁了"。

需要注意的是,如果此时单击浏览器窗口中的"刷新"按钮,再次访问myjsp.jsp页面,在控制台窗口中会再次输出ServletRequest对象被创建与被销毁的信息,但不会创建新的HttpSession对象,这是因为Web容器会为每次访问请求都创建一个新的ServletRequest对象,而对于同一个浏览器在会话期间的后续访问是不会再创建新的HttpSession对象的。

(8) 关闭访问myjsp.jsp页面的浏览器窗口或保持浏览器窗口不刷新,与之对应的HttpSession对象将在2min之后被销毁,此时,控制台窗口显示的结果如图5-4所示。

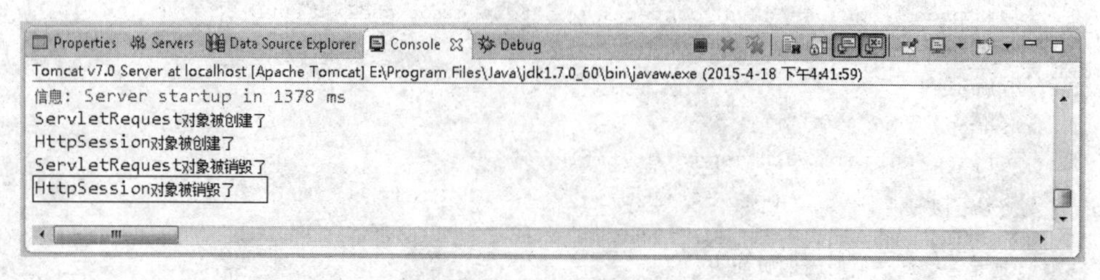

图5-4 控制台窗口

从图5-4可以看出,HttpSession对象被销毁了,Web服务器调用了监听器对象的sessionDestroyed()方法。

动手体验:统计当前在线人数

许多网站都具有统计在线人数的功能。通常情况下,一个用户在进入网站时就会创建一个HttpSession对象,当用户离开网站时HttpSession对象就会被销毁,HttpSessionListener监听器便可以监听Web应用中的HttpSession对象的创建和销毁过程,因此,可以使用实现了HttpSessionListener接口的监听器来统计网站的在线人数。接下来分步骤讲解如何使用监听器来统计网站在线人数。

(1) 在chapter05的cn.itcast.chapter05.listener包中,创建一个实现HttpSessionListener接口的监听器类CountListener,CountListener类用于实现统计网站在线人数的功能,在这个类中需要定义一个用于统计在线人数的成员变量count。当每次监听到HttpSession对象被创建时,count成员变量加1,当每次监听到HttpSession对象销毁时,count成员变量减1。在每次修改count成员变量后,还应该将count成员变量的值保存到ServletContext对象中,以便其他JSP页面程序可以从ServletContext对象中取出count成员变量,在页面上显示当前在线用户数量,具体如例5-3所示。

例5-3 CountListener.java

```
1    package cn.itcast.chapter05.listener;
2    import javax.servlet.*;
3    import javax.servlet.http.*;
4    public class CountListener implements HttpSessionListener {
5        private int count=0;              //用于统计在线人数
6        public void sessionCreated(HttpSessionEvent hse) {
7            count++;                      //session对象创建时count变量加1
```

```
8            ServletContext context=
9                    hse.getSession().getServletContext();
10           context.setAttribute("count", new Integer(count));
11       }
12       public void sessionDestroyed(HttpSessionEvent hse) {
13           count--;//session 对象销毁时 count 变量减 1
14           ServletContext context=
15                   hse.getSession().getServletContext();
16           context.setAttribute("count", new Integer(count));
17       }
18   }
```

(2) 在 chapter05 工程下的 web. xml 文件中，配置 CountListener 事件监听器，具体代码如下。

```
<listener>
    <listener-class>
        cn.itcast.chapter05.listener.CountListener
    </listener-class>
</listener>
```

需要注意的是，这个 HttpSession 对象不活动时的最长存活时间仍然是 2min。

(3) 在 chapter05 工程的 WebContext 目录中，编写登录页面 index. jsp，index. jsp 页面用于保存在 ServletContext 对象中的 count 变量值，即相当于显示当前在线人数，如例 5-4 所示。

例 5-4　index. jsp

```
1    <%@page language="java" contentType="text/html; charset=utf-8"
2    pageEncoding="utf-8"%>
3    <html>
4    <head>
5    <title>Insert title here</title>
6    </head>
7    <body>
8        <h3>
9            当前在线人数为：
10           <%=application.getAttribute("count")%>
11       </h3>
12       <a href="<%=response.encodeUrl("logout.jsp")%>">退出登录</a>
13   </body>
14   </html>
```

(4) 在 chapter05 工程的 WebContext 目录中，编写注销页面 logout. jsp，logout. jsp 页面用于使当前 Session 对象失效，即完成用户注销功能，如例 5-5 所示。

例 5-5　logout. jsp

```
1    <%@page language="java" contentType="text/html; charset=utf-8"
2     pageEncoding="utf-8"%>
```

```
3     <html>
4     <head>
5     <title>Insert title here</title>
6     </head>
7     <body>
8         <%session.invalidate();%>
9         <h3>您已退出本系统</h3>
10    </body>
11    </html>
```

(5) 重新启动 Web 服务器，打开 IE 浏览器，在地址栏中输入“http://localhost:8080/chapter05/index.jsp”，访问 index.jsp 页面。然后在浏览器的工具栏中选择“文件”→“新建会话”命令，再开启两个浏览器窗口同时访问 index.jsp 页面，这样做的目的是防止同一个浏览器共享同一个 Session 会话，此时，浏览器窗口中显示的结果如图 5-5 所示。

图 5-5 login.jsp

(6) 单击图 5-5 中任意一个浏览器窗口中的“退出登录”超链接，都会访问 logout.jsp 页面，logout.jsp 页面中的 session.invalidate()语句便会使当前的 Session 失效，从而触发 HttpSession 对象的销毁事件并调用监听器 CountListener 中的 sessionDestroyed()方法，使统计用户数量的 count 变量减 1，接着刷新其余的浏览器窗口，此时，浏览器窗口中显示的结果如图 5-6 所示。

从图 5-6 可以看出，其余两个浏览器窗口中显示的在线人数都为 2，如果直接关闭如图 5-5 所示的某个浏览器窗口或保持浏览器窗口不刷新，与之对应的 HttpSession 对象只能在

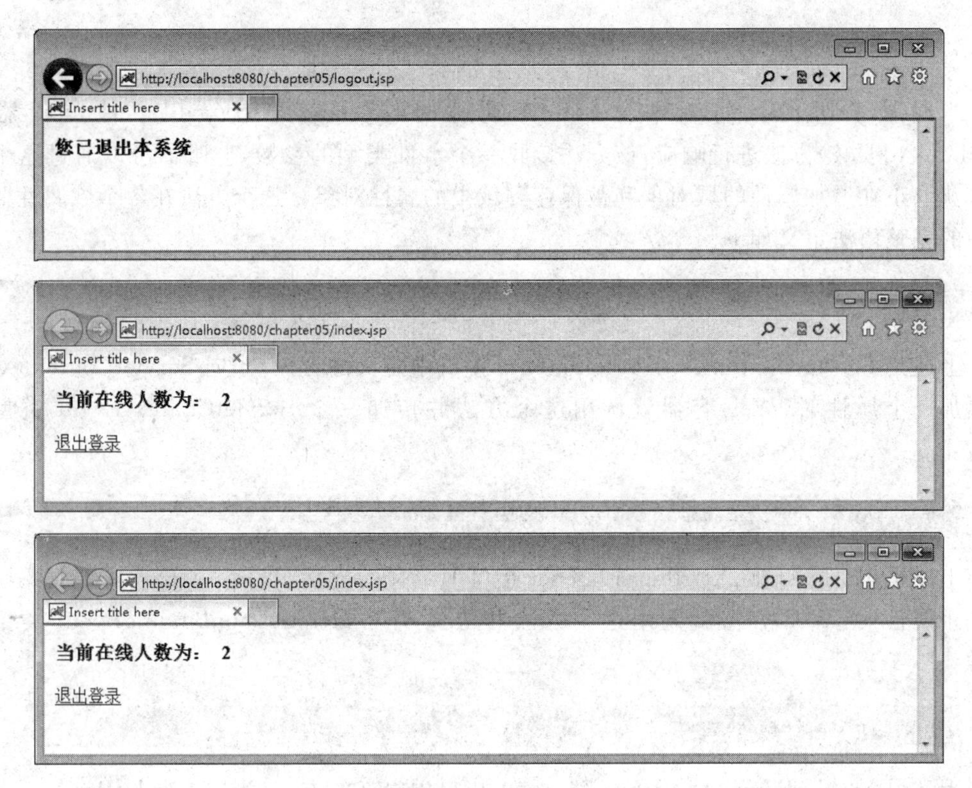

图 5-6　logout.jsp

两分钟之后被销毁，即统计的在线人数的 count 变量会在两分钟后才会减 1。因此，可以说明网站统计的在线人数并不是真正意义上的并发访问人数，而是指某一个时间段内的访问人数。

5.3　监听域对象中的属性变更

ServletContext、HttpSession 和 ServletRequest 这三个对象，都可以创建、删除和修改它们各自的属性，为了监听这三个对象的属性变更，Servlet API 专门提供了一些接口，ServletContextAttributeListener、HttpSessionAttributeListener 和 ServletRequestAttributeListener 接口，分别用于监听 ServletContext 对象中的属性变更，监听 HttpSession 对象中的属性变更，监听 ServletRequest 对象中的属性变更，接下来将针对这三个接口进行讲解。

5.3.1　监听对象属性变更的接口

在程序开发中，不仅需要对域对象进行监听，有时还需要对某个域对象属性的变更进行监听，为了完成这样的功能，Servlet API 专门提供了 ServletContextAttributeListener、HttpSessionAttributeListener 和 ServletRequestAttributeListener 接口，这三个接口都定义了相同名称的方法，分别用于处理被监听对象属性的增加、删除和替换，接下来针对这三个接口中的方法进行讲解。

1. attributeAdded()方法

当向被监听的域对象中增加一个属性时，Web 容器就调用事件监听器的 attributeAdded()方法进行响应，该方法接收一个事件类型的参数，监听器可以通过这个参数来获取正在增加属性的域对象和被保存到域中的属性对象。这个方法在各个域属性监听器中的完整语法定义如下。

```
public void attributeAdded(ServletContextAttributeEvent scab)
```

上述是 ServletContextAttributeListener 接口中定义的方法，当向 ServletContext 对象中增加一个属性时，Web 容器就调用这个方法并传递一个 ServletContextEvent 类型的参数。

```
public void attributeAdded(HttpSessionBindindEvent se)
```

上述是 HttpSessionAttributeListener 接口中定义的方法，当向 HttpSession 对象中增加一个属性时，Web 容器就调用这个方法并传递一个 HttpSessionBindindEvent 类型的参数。

```
public void attributeAdded(ServletRequestAttributeEvent srae)
```

上述是 ServletRequestAttributeListener 接口中定义的方法，当向 ServletRequest 对象中增加一个属性时，Web 容器就调用这个方法并传递一个 ServletRequestAttributeEvent 类型的参数。

2. attributeRemoved()方法

当删除被监听对象中的一个属性时，Web 容器调用事件监听器的 attributeRemoved()方法进行响应。这个方法在各个域属性监听器中的完整语法定义如下。

```
public void attributeRemoved(ServletContextAttributeEvent scab)
public void attributeRemoved(HttpSessionBindindEvent se)
public void attributeRemoved(ServletRequestAttributeEvent srae)
```

这些方法接收的参数类型与上面讲解的 attributeAdded()方法一样，监听器可以通过这个参数来获取正在删除属性的域对象。

3. attributeReplaced()方法

当被监听器的域对象中的某个属性被替换时，Web 容器会调用事件监听器的 attributeReplaced ()方法进行响应。这个方法在各个域属性监听器中的完整语法定义如下。

```
public void attributeReplaced(ServletContextAttributeEvent scab)
public void attributeReplaced(HttpSessionBindindEvent se)
public void attributeReplaced(ServletRequestAttributeEvent srae)
```

这些方法接收的参数类型与上面讲解的 attributeAdded()方法一样，监听器可以通过这个参数来获取正在替换属性的域对象。

5.3.2　阶段案例——监听域对象的属性变更

通过前面的讲解，读者已经对 ServletContextAttributeListener、HttpSessionAttributeListener 和 ServletRequestAttributeListener 这三个监听器接口有了一定的了解，接下来分步骤讲解这三个监听器接口在实际开发中的应用。

（1）在 chapter05 工程的 WebContext 根目录中，编写一个 testattribute.jsp 页面，以观察各个域对象属性事件监听器的作用，具体代码如例 5-6 所示。

例 5-6　testattribute.jsp

```
1    <%@page language="java" contentType="text/html; charset=utf-8"
2     pageEncoding="utf-8"%>
3    <html>
4    <head>
5    <title>Insert title here</title>
6    </head>
7    <body>
8        <h3>这是一个测试对象属性信息监听器的页面</h3>
9        <%
10               getServletContext().setAttribute("username", "itcast");
11           getServletContext().setAttribute("username", "itheima");
12           getServletContext().removeAttribute("username");
13           session.setAttribute("username", "itcast");
14           session.setAttribute("username", "itheima");
15           session.removeAttribute("username");
16           request.setAttribute("username", "itcast");
17           request.setAttribute("username", "itheima");
18           request.removeAttribute("username");
19       %>
20    </body>
21    </html>
```

（2）在 chapter05 工程的 cn.itcast.chapter05.listener 包中，编写一个 MyAttributeListener 类，该类实现了 ServletContextAttributeListener、HttpSessionAttributeListener 和 ServletRequest-AttributeListener 接口，并实现该接口中的所有方法，如例 5-7 所示。

例 5-7　MyAttributeListener.java

```
1    package cn.itcast.chapter05.listener;
2    import javax.servlet.*;
3    import javax.servlet.http.*;
4    public class MyAttributeListener implements
5    ServletContextAttributeListener,HttpSessionAttributeListener,
6    ServletRequestAttributeListener {
7        public void attributeAdded(ServletContextAttributeEvent sae) {
```

```
8           String name=sae.getName();
9           System.out.println("ServletContext 添加属性: "+name+"="
10                  +sae.getServletContext().getAttribute(name));
11      }
12      public void attributeRemoved(ServletContextAttributeEvent sae)
13          {
14          String name=sae.getName();
15          System.out.println("ServletContext 移除属性: "+name);
16      }
17      public void attributeReplaced(ServletContextAttributeEvent sae)
18          {
19          String name=sae.getName();
20          System.out.println("ServletContext 替换属性: "+name+"="
21                  +sae.getServletContext().getAttribute(name));
22      }
23      public void attributeAdded(HttpSessionBindingEvent hbe) {
24          String name=hbe.getName();
25          System.out.println("HttpSession 添加属性: "+name+"="
26                  +hbe.getSession().getAttribute(name));
27      }
28      public void attributeRemoved(HttpSessionBindingEvent hbe) {
29          String name=hbe.getName();
30          System.out.println("HttpSession 移除属性: "+name);
31      }
32      public void attributeReplaced(HttpSessionBindingEvent hbe) {
33          String name=hbe.getName();
34          System.out.println("HttpSession 替换属性: "+name+"="
35                  +hbe.getSession().getAttribute(name));
36      }
37      public void attributeAdded(ServletRequestAttributeEvent sra) {
38          String name=sra.getName();
39          System.out.println("ServletRequest 添加属性: "+name+"="
40                  +sra.getServletRequest().getAttribute(name));
41      }
42      public void attributeRemoved(ServletRequestAttributeEvent sra)
43          {
44          String name=sra.getName();
45          System.out.println("ServletRequest 移除属性: "+name);
46      }
47      public void attributeReplaced(ServletRequestAttributeEvent sra)
48          {
49          String name=sra.getName();
50          System.out.println("ServletRequest 替换属性: "+name+"="
51                  +sra.getServletRequest().getAttribute(name));
52      }
53  }
```

(3) 在 chapter05 工程下的 web.xml 文件中，部署 MyAttributeListener 事件监听器，具体代码如下。

```
<listener>
    <listener-class>
        cn.itcast.chapter05.listener.MyAttributeListener
    </listener-class>
</listener>
```

（4）启动 Web 服务器，打开 IE 浏览器，在地址栏中输入"http://localhost:8080/chapter05/testattribute.jsp"，访问 testattribute.jsp 页面，此时，控制台窗口中显示的结果如图 5-7 所示。

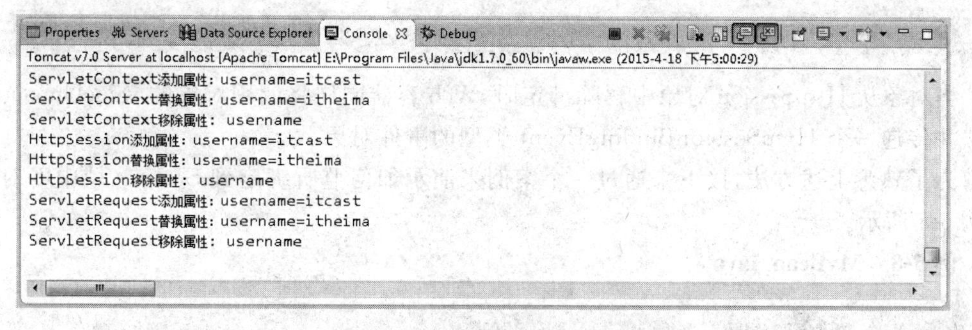

图 5-7　控制台窗口

从图 5-7 可以看出，在 ServletContext、HttpSession 和 ServletRequest 域对象中分别增加了一个属性 username=itcast，然后将 username 的属性值替换了，最后删除 username 属性。

5.4　感知被 HttpSession 绑定的事件监听器

程序开发中经常使用 Session 域来存储对象，每个对象在该域中都有多种状态，如绑定（保存）到 Session 域中，从 Session 域中解除绑定，随 Session 对象持久化到一个存储设备中（钝化），随 Session 对象从一个存储设备中恢复（活化）。为了观察 Session 域中对象的状态，Servlet API 还提供了两个特殊的监听器接口 HttpSessionBindingListener 和 HttpSessionActivationListener，这两个接口专门用于监听 JavaBean 对象在 Session 域中的状态，接下来将针对这两个接口进行详细的讲解。

5.4.1　HttpSessionBindingListener 接口

在使用 JavaBean 对象时经常会判断该对象是否绑定到 Session 域中，为此，Servlet API 中专门提供了 HttpSessionBindingListener 接口，该接口用于监听 JavaBean 对象绑定到 HttpSession 对象和从 HttpSession 对象解绑的事件。HttpSessionBindingListener 接口中共定义了两个事件处理方法，分别是 valueBound()方法和 valueUnbound()方法，接下来针对这两个方法进行讲解。

1. valueBound()方法

valueBound()方法的完整语法定义如下。

```
public void valueBound(HttpSessionBindingEvent event)
```

当对象被绑定到 HttpSession 对象中，Web 容器将调用对象的 valueBound()方法并传递一个 HttpSessionBindingEvent 类型的事件对象，程序可以通过这个事件对象来获得将要绑定到的 HttpSession 对象。

2. valueUnbound()方法

valueUnbound()方法的完整语法定义如下。

```
public void valueUnbound(HttpSessionBindingEvent event)
```

当对象从 HttpSession 对象中解除绑定时，Web 容器同样将调用对象的 valueUnbound()方法并传递一个 HttpSessionBindingEvent 类型的事件对象。

为了熟悉上述方法，接下来通过一个案例来演示如何监听绑定到 Session 域中的对象，如例 5-8 所示。

例 5-8 MyBean. java

```
1   package cn.itcast.chapter05.listener;
2   import javax.servlet.http.*;
3   public class MyBean implements HttpSessionBindingListener {
4       //该方法被调用时，打印出对象将要被绑定的信息
5       public void valueBound(HttpSessionBindingEvent hbe) {
6           System.out.println("MyBean 对象被添加到了 Session 域..."+
7                   this);
8       }
9       //该方法被调用时，打印出对象将要被解绑的信息
10      public void valueUnbound(HttpSessionBindingEvent hbe) {
11          System.out.println("MyBean 对象从 Session 中移除了..."+this);
12      }
13  }
```

在 chapter05 工程的 WebContent 根目录中，编写一个 testbinding. jsp 页面，在这个页面中将 MyBean 对象保存到 Session 对象中，然后从 Session 对象中删除这个 MyBean 对象，以查看 MyBean 对象感知自己的 Session 绑定事件，如例 5-9 所示。

例 5-9 testbinding. jsp

```
1   <%@page language="java" contentType="text/html;
2   charset=utf-8" pageEncoding="utf-8"
3   import="cn.itcast.chapter05.listener.MyBean"%>
4   <html>
5   <head>
6   <title>Insert title here</title>
7   </head>
8   <body>
9       <%
10          session.setAttribute("myBean", new MyBean());
11      %>
```

```
12    </body>
13    </html>
```

启动 Web 服务器打开 IE 浏览器在地址栏中输入"http://localhost:8080/chapter05/testbinding.jsp"，访问 testbinding.jsp 页面，此时，控制台窗口中显示的结果如图 5-8 所示。

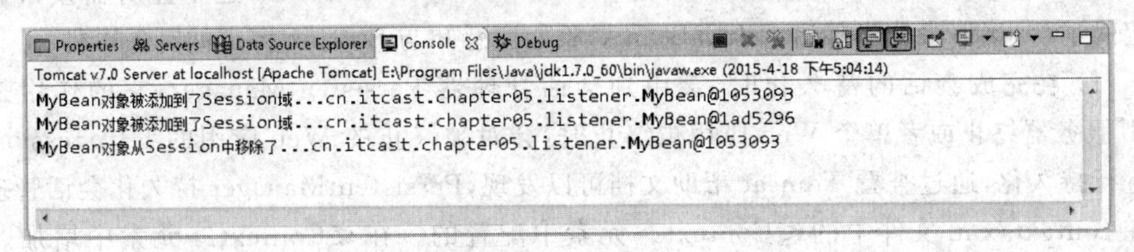

图 5-8　控制台窗口

从图 5-8 可以看出，当第一次访问 testbinding.jsp 页面时，MyBean 对象会被添加到 Session 域中，刷新浏览器，此时会显示另一个对象添加到了 Session 域中，第一个被添加的对象会从 Session 域中被移除，也就是说第二个添加的对象覆盖了第一个添加的对象。

5.4.2　HttpSessionActivationListener 接口

当一个会话开始时，Servlet 容器会为会话创建一个 HttpSession 对象。Servlet 容器在某些特殊情况下会把这些 HttpSession 对象从内存中转移至硬盘，这个过程称为持久化(钝化)。在持久化会话时，Servlet 容器不仅会持久化 HttpSession 对象，还会对它所有可以序列化的属性进行持久化，从而确保存放在会话范围内的共享数据不会丢失。所谓可以序列化的属性就是指该属性所在的类实现了 Serializable 接口。当会话从持久化的状态变为运行状态的过程被称为活化(或称为加载)，一般情况下，当服务器重新启动或者单个 Web 应用启动时，处于会话中的客户端向 Web 应用发出 Http 请求时，相应的会话会被激活。

为了监听 HttpSession 中对象活化和钝化的过程，Servlet API 专门提供了 HttpSessionActivationListener 接口，该接口定义了两个事件处理方法，分别是 sessionWillPassivate()方法和 sessionDidActivate()方法，接下来针对这两个方法进行讲解。

1. sessionWillPassivate()方法

sessionWillPassivate()方法的完整语法定义如下。

```
public void sessionWillPassivate(HttpSessionEvent se)
```

当绑定到 HttpSession 对象中的对象将要随 HttpSession 对象被钝化之前，Web 容器将调用这个方法并传递一个 HttpSessionEvent 类型的事件对象，程序通过这个事件对象可以获得当前被钝化的 HttpSession 对象。

2. sessionDidActivate()方法

sessionDidActivate()方法的完整语法定义如下。

```
public void sessionDidActivate(HttpSessionEvent se)
```

当绑定到 HttpSession 对象中的对象将要随 HttpSession 对象被活化之后，Web 容器将调用这个方法并传递一个 HttpSessionEvent 类型的事件对象。

通过前面的讲解，初学者已经对 HttpSessionActivationListener 这个监听器接口有了一定的了解，接下来分步骤讲解 JavaBean 对象如何感知与 Session 绑定的有关事件。

(1) 在完成会话的持久化时，会用到会话管理器 PersistentManager，它的作用是当 Web 服务器终止或者单个 Web 应用被终止时，会对被终止的 Web 应用的 HttpSession 对象进行持久化，通过查看 Tomcat 帮助文档可以发现，PersistentManager 持久化会话管理器是在 context. xml 文件中的<Context>元素中配置的。在<Context>元素中增加一个<Manager>子元素便可以完成 Session 对象的持久化管理。

打开<Tomcat 安装目录>\conf\context. xml 文件，在<Context>元素中增加如下信息。

```
<Manager lassName="org.apache.catalina.session.PersistentManager"
    maxIdleSwap="1">
    <Store className="org.apache.catalina.session.FileStore"
        directory="itcast"/>
</Manager>
```

上述代码中，有几个重要的部分，具体如下。

① <Manager>元素专门用于配置会话管理器，它的 className 属性用于指定负责创建、销毁和持久化 Session 对象的类。

② maxIdleSwap 属性用于指定 Session 被钝化前的空闲时间间隔(单位为 s)，本程序中将时间设置为 1s，如果超过这个时间，管理 Session 对象的类将把 Session 对象持久化到存储设备中。

③ <Store>元素用于负责完成具体的持久化任务的类。

④ directory 属性指定保存持久化文件的目录，如果采用相对目录，它是相对于 Web 应用的工作目录而言的，也就是<Tomcat 安装目录>/work/Catalina/localhost/chapter05/itcast。

(2) 在 chapter05 工程的 cn. itcast. chapter05. listener 包中，编写一个 MyBean2. java 类，该类实现了 HttpSessionActivationListener 接口，并实现这个接口中的所有方法，具体如例 5-10 所示。

例 5-10　MyBean2. java

```
1   package cn.itcast.chapter05.listener;
2   import javax.servlet.http.HttpSessionActivationListener;
3   import javax.servlet.http.HttpSessionEvent;
4   public class MyBean2 implements HttpSessionActivationListener{
5       private String name;
6       private int age;
7       public String getName() {
8           return name;
```

```
9          }
10         public void setName(String name) {
11             this.name=name;
12         }
13         public int getAge() {
14             return age;
15         }
16         public void setAge(int age) {
17             this.age=age;
18         }
19         public void sessionDidActivate(HttpSessionEvent arg0) {
20             System.out.println("MyBean2 的对象活化了...");
21         }
22         public void sessionWillPassivate(HttpSessionEvent arg0) {
23             System.out.println("MyBean2 的对象钝化了...");
24         }
25     }
```

(3) 在 chapter05 工程的 WebContent 根目录中，编写一个 write.jsp 页面，在这个页面中将 MyBean2 对象保存到 Session 对象中，以查看 MyBean2 对象感知自己的 Session 绑定事件，如例 5-11 所示。

例 5-11　write.jsp

```
1     <%@page language="java" contentType="text/html; charset=utf-8"
2     pageEncoding="utf-8" import="cn.itcast.chapter05.listener.*"%>
3     <html>
4     <head>
5     <title>Insert title here</title>
6     </head>
7     <body>
8         <h1>向 Session 域中存入数据</h1>
9         <%
10            MyBean2 myBean=new MyBean2();
11            myBean.setName("Tom");
12            myBean.setAge(20);
13            session.setAttribute("myBean", myBean);
14         %>
15     </body>
16     </html>
```

(4) 在 chapter05 工程的 WebContent 根目录中，编写一个 read.jsp 页面，在这个页面中读取 Session 域中的对象，如例 5-12 所示。

例 5-12　read.jsp

```
1     <%@page language="java" contentType="text/html;
2     charset=utf-8" pageEncoding="utf-8"
3     import="cn.itcast.chapter05.listener.*"%>
4     <html>
5     <head>
```

```
6    <title>Insert title here</title>
7    </head>
8    <body>
9        <h1>从 Session 域中读取数据</h1>
10       姓名：${sessionScope.myBean.name }
11       年龄：${sessionScope.myBean.age }
12   </body>
13   </html>
```

(5) 启动 Web 服务器，打开 IE 浏览器在地址栏中输入“http://localhost:8080/chapter05/write.jsp”，访问 write.jsp 页面，此时，控制台窗口中显示的结果如图 5-9 所示。

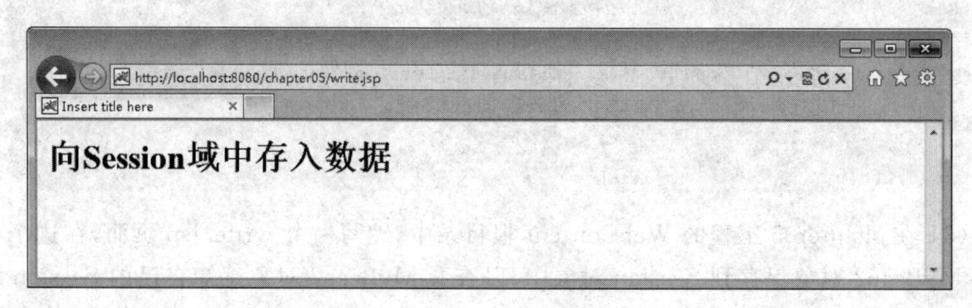

图 5-9 write.jsp

从图 5-9 可以看出，已经将 Session 域中存入了 JavaBean 对象，接下来在浏览器中访问 read.jsp 页面，如图 5-10 所示。

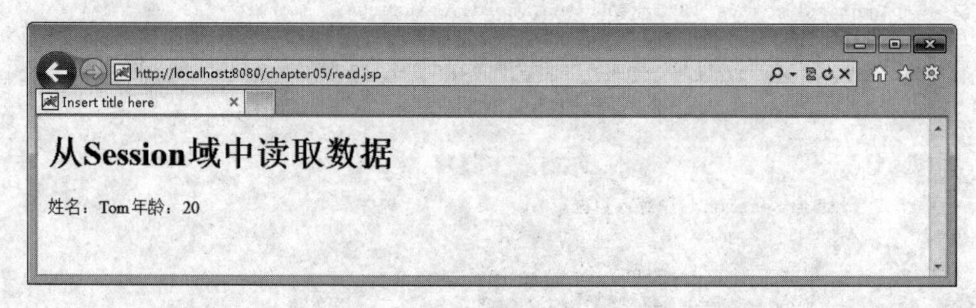

图 5-10 read.jsp

从图 5-10 可以看出，在 read.jsp 页面中已经获取了 Session 域中存入的 JavaBean 对象，稍后会发现控制台窗口显示 MyBean2 对象钝化了，如图 5-11 所示。

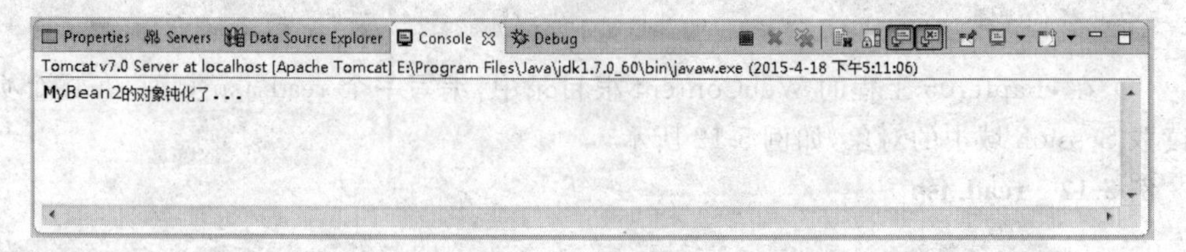

图 5-11 控制台窗口

从图 5-11 可以看出，MyBean2 对象钝化了，该对象会被保存在硬盘上，如果此时想使用 MyBean2 对象，再次访问 read.jsp 页面时，如图 5-12 所示。

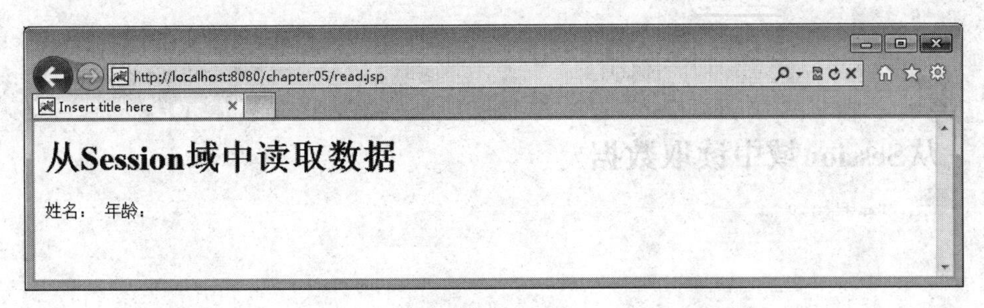

图 5-12 read.jsp

从图5-12可以看出，使用浏览器再次访问read.jsp页面时，并没有显示MyBean2对象的姓名和年龄，这是因为MyBean2类没有实现Serializable接口，那么当Servlet容器持久化一个HttpSession对象时，不会持久化存放在其中的MyBean2对象，当HttpSession对象被重新加载到内存中后，它的MyBean2对象信息会丢失，因此无法获取到用户的信息。

接下来对例5-10进行修改，让其实现Serializable接口，如例5-13所示。

例 5-13 MyBean2.java

```
1    package cn.itcast.chapter05.listener;
2    import javax.servlet.http.HttpSessionActivationListener;
3    import javax.servlet.http.HttpSessionEvent;
4    import java.io.Serializable;
5    public class MyBean2 implements HttpSessionActivationListener,
6    Serializable{
7        private String name;
8        private int age;
9        public String getName() {
10           return name;
11       }
12       public void setName(String name) {
13           this.name=name;
14       }
15       public int getAge() {
16           return age;
17       }
18       public void setAge(int age) {
19           this.age=age;
20       }
21       public void sessionDidActivate(HttpSessionEvent arg0) {
22           System.out.println("MyBean2的对象活化了...");
23       }
24       public void sessionWillPassivate(HttpSessionEvent arg0) {
25           System.out.println("MyBean2的对象钝化了...");
26       }
27   }
```

例5-13的代码修改好了以后，接着在浏览器中依次访问write.jsp将MyBean2对象存入Session域中，然后再访问read.jsp页面获取存入对象的信息，如图5-13所示。

从图5-13可以看出，从Session域中已经获取到了MyBean2对象的信息，稍后就会在

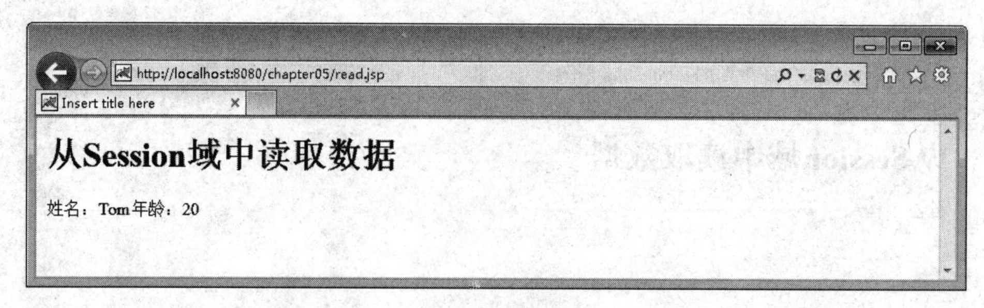

图 5-13 read.jsp

控制台显示 MyBean2 对象钝化了，如图 5-14 所示。

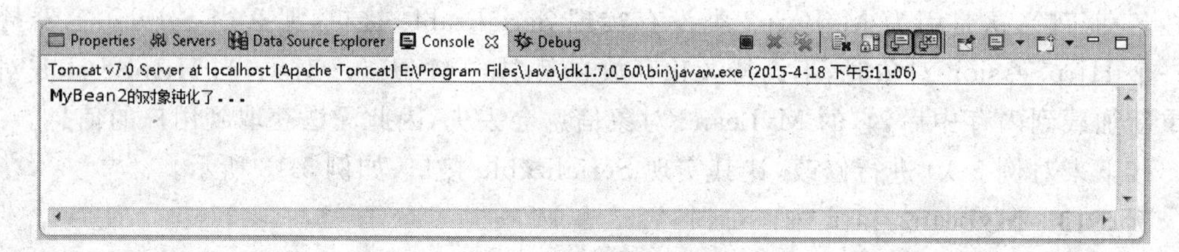

图 5-14 控制台窗口

为了证实 MyBean2 对象确实钝化了，并存储在硬盘中，接下来再次访问 read.jsp 页面，如图 5-15 所示。

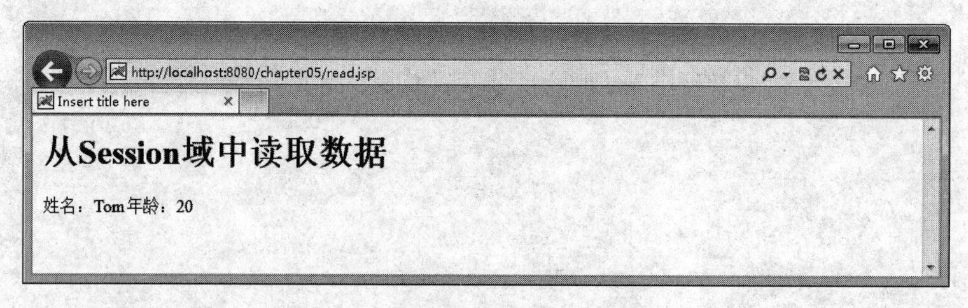

图 5-15 read.jsp

从图 5-15 所示，当 MyBean2 对象钝化后，还可以从 Session 域中获取该对象，说明 MyBean2 对象从硬盘中被读取到内存中，此时，控制台窗口会显示 MyBean2 对象活化了，如图 5-16 所示。

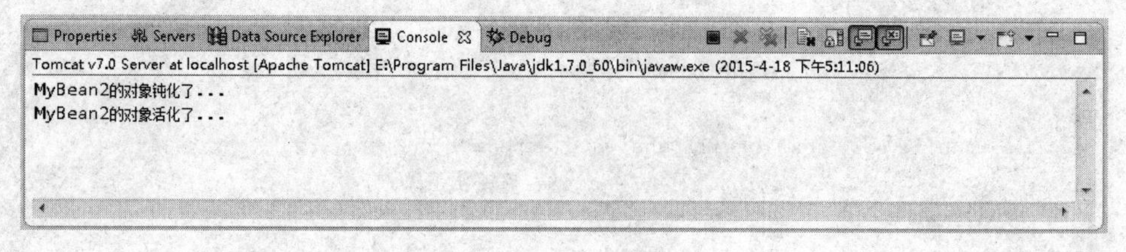

图 5-16 控制台窗口

需要注意的是，要想监听 JavaBean 对象在 Session 域中的状态时，JavaBean 对象一定要实现 Serializable 接口，只有实现该接口后，JavaBean 对象才会被持久化到硬盘上，才能演示对象钝化和活化的状态。

动手体验：统计登录用户人数

在 5.2.4 节动手体验中讲解的 CountListener 监听器，实际上统计的是 Web 应用当前的所有会话的数目，它无法统计所有在线用户的具体名单。本节讲解的 HttpSessionBindingListener 不仅可以统计在线用户的数量，还可以统计在线用户的名单，接下来分步骤讲解如何使用 HttpSessionBindingListener 统计在线用户的名单。

(1) 在 chapter05 工程中创建 cn.itcast.chapter05.entity 包，在该包中编写一个 User 类，用于封装一个用户信息，该类实现了 HttpSessionBindingListener 接口，并实现该接口中的 valueBound()方法和 valueUnbound()方法，如例 5-14 所示。

例 5-14　User.java

```
1    package cn.itcast.chapter05.entity;
2    import javax.servlet.http.*;
3    public class User implements HttpSessionBindingListener {
4        private String username;
5        private String password;
6        private String id;
7        public String getUsername() {
8            return username;
9        }
10       public void setUsername(String username) {
11           this.username=username;
12       }
13       public String getPassword() {
14           return password;
15       }
16       public void setPassword(String password) {
17           this.password=password;
18       }
19       public String getId() {
20           return id;
21       }
22       public void setId(String id) {
23           this.id=id;
24       }
25       public void valueBound(HttpSessionBindingEvent event) {
26           //将 user 存入列表
27           OnlineUser.getInstance().addUser(this);
28       }
29       public void valueUnbound(HttpSessionBindingEvent event) {
30           OnlineUser.getInstance().removeUser(this);
31       }
32   }
```

(2) 在 chapter05 工程的 cn.itcast.chapter05.entity 包中，编写一个 OnlineUser 类，OnlineUser 类是一个单例模式的类，这是因为 OnlineUser 类的对象是用于存储和获取在线用户的列表，而这个列表对于所有的页面来说都应该是同一个，所以将 OnlineUser 类设计成单例模式，这样所有的类访问的就是同一个OnlineUser对象，OnlineUser类的代码如例5-15所示。

例5-15 OnlineUser.java

```
1    package cn.itcast.chapter05.entity;
2    import java.util.*;
3    public class OnlineUser {
4        private OnlineUser() {}
5        private static OnlineUser instance=new OnlineUser();
6        public static OnlineUser getInstance() {
7            return instance;
8        }
9        private Map userMap=new HashMap<>();
10       //将用户添加至列表
11       public void addUser(User user) {
12           userMap.put(user.getId(), user.getUsername());
13       }
14       //将用户移除列表
15       public void removeUser(User user) {
16           userMap.remove(user.getId());
17       }
18       //返回用户列表
19       public Map getOnlineUsers() {
20           return userMap;
21       }
22   }
```

(3) 在chapter05工程的WebContent根目录中，编写一个login.jsp页面，该页面输入用户的登录名和密码，完成用户登录功能，如例5-16所示。

例5-16 login.jsp

```
1    <%@page language="java" contentType="text/html;
2    charset=utf-8" pageEncoding="utf-8"%>
3    <html>
4    <head>
5    <title>Insert title here</title>
6    </head>
7    <body>
8        <center>
9            <h3>用户登录</h3>
10       </center>
11       <form
12       action="${pageContext.request.contextPath }/LoginServlet"
13           method="post">
14           <table border="1" width="550px" cellpadding="0"
15           cellspacing="0" align="center">
16               <tr>
17                   <td height="35" align="center">用户名:</td>
18                   <td>   
```

```
19                        <input type="text" name="username"/>
20                    </td>
21                </tr>
22                <tr>
23                    <td height="35" align="center">密   码:</td>
24                    <td>   
25                        <input type="password" name="password"/>
26                    </td>
27                </tr>
28                <tr>
29                    <td height="35" colspan="2" align="center">
30                        <input type="submit" value="登录"/>
31                            
32                        <input type="reset" value="重置"/>
33                    </td>
34                </tr>
35            </table>
36        </form>
37    </body>
38    </html>
```

(4) 在 chapter05 工程中创建 cn.itcast.chapter05.servlet 包，在该包中编写一个 LoginServlet 类，用于处理用户登录请求。如果用户登录成功就将该用户的信息封装到 User 中存入 Session 对象，如例 5-17 所示。

例 5-17　LoginServlet.java

```
1     package cn.itcast.chapter05.servlet;
2     import java.io.*;
3     import java.util.*;
4     import javax.servlet.*;
5     import javax.servlet.http.*;
6     import cn.itcast.chapter05.entity.*;
7     public class LoginServlet extends HttpServlet {
8         public void doGet(HttpServletRequest request,
9                 HttpServletResponse response) throws ServletException,
10                IOException {
11            request.setCharacterEncoding("utf-8");
12            String username=request.getParameter("username");
13            String password=request.getParameter("password");
14            if (username !=null && !username.trim().equals("")) {
15                //登录成功
16                User user=new User();
17                user.setId(UUID.randomUUID().toString());
18                user.setUsername(username);
19                user.setPassword(password);
20                request.getSession().setAttribute("user", user);
21                Map users=OnlineUser.getInstance().getOnlineUsers();
22                request.setAttribute("users", users);
23                request.getRequestDispatcher("/showuser.jsp").
```

```
24                 forward(request, response);
25             } else {
26                 request.setAttribute("errorMsg", "用户名或密码错");
27                 request.getRequestDispatcher("/login.jsp").
28                 forward(request,response);
29             }
30         }
31         public void doPost(HttpServletRequest request,
32                 HttpServletResponse response) throws ServletException,
33                 IOException {
34             doGet(request, response);
35         }
36     }
```

(5) 在 chapter05 工程的 WebContent 根目录中，编写一个 showuser.jsp 页面，该页面用于显示所有用户的登录信息以及当前登录的用户，如例 5-18 所示。

例 5-18　showuser.jsp

```
1     <%@page language="java" contentType="text/html; charset=utf-8"
2         pageEncoding="utf-8"%>
3     <%@taglib prefix="c" uri="http://java.sun.com/jsp/jstl/core"%>
4     <html>
5     <head>
6     <title>Insert title here</title>
7     </head>
8     <body>
9         <c:choose>
10            <c:when test="${sessionScope.user==null }">
11        <a href="${pageContext.request.contextPath}/login.jsp">
12                登录
13        </a>
14        <br>
15            </c:when>
16            <c:otherwise>
17                欢迎你,${sessionScope.user.username }!
18        <a href="${pageContext.request.contextPath}/LogoutServlet">
19                退出
20        </a>
21            </c:otherwise>
22        </c:choose>
23        <hr>
24        在线用户列表
25        <br>
26        <c:forEach var="user" items="${requestScope.users }">
27                ${user.value }
28        </c:forEach>
29    </body>
30    </html>
```

(6) 在 chapter05 工程的 cn.itcast.chapter05.servlet 包中，编写一个 LogoutServlet

类，用于注销用户登录信息，用户被注销后会跳转到 showuser.jsp 页面，重新显示当前在线用户列表，如例 5-19 所示。

例 5-19　LogoutServlet.java

```
1    package cn.itcast.chapter05.servlet;
2    import java.io.*;
3    import java.util.*;
4    import javax.servlet.*;
5    import javax.servlet.http.*;
6    import cn.itcast.chapter05.entity.*;
7    public class LogoutServlet extends HttpServlet {
8        public void doGet(HttpServletRequest request,
9                HttpServletResponse response)
10               throws ServletException, IOException {
11           request.getSession().removeAttribute("user");
12           Map users=OnlineUser.getInstance().getOnlineUsers();
13           request.setAttribute("users", users);
14           request.getRequestDispatcher("/showuser.jsp").
15           forward(request, response);
16       }
17       public void doPost(HttpServletRequest request,
18        HttpServletResponse response)
19       throws ServletException, IOException {
20           doGet(request, response);
21       }
22   }
```

(7) 重新启动 Web 服务器，打开 IE 浏览器，在地址栏中输入“http://localhost:8080/chapter05/login.jsp”，访问 login.jsp 页面，在该页面中输入用户名“itcast”、密码“123”，如图 5-17 所示。

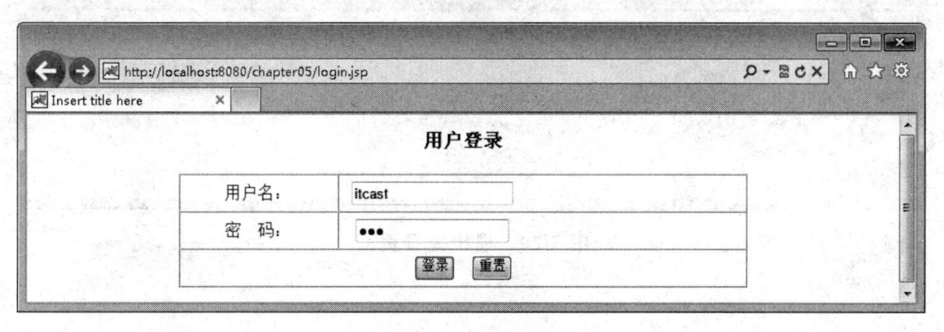

图 5-17　登录页面

(8) 单击图 5-17 中的“登录”按钮，此时，浏览器窗口中会显示在线的用户以及当前登录的用户，如图 5-18 所示。

(9) 在 IE 浏览器中的工具栏中，选择“文件”菜单中的“新建会话”命令，以新建会话的方式开启一个浏览器窗口，在该窗口中再次输入“http://localhost:8080/chapter05/login.jsp”，访问 login.jsp 页面，在该页面中输入用户名“itheima”、密码“123”，然后单击“登录”按钮，此时，浏览器窗口中显示的结果如图 5-19 所示。

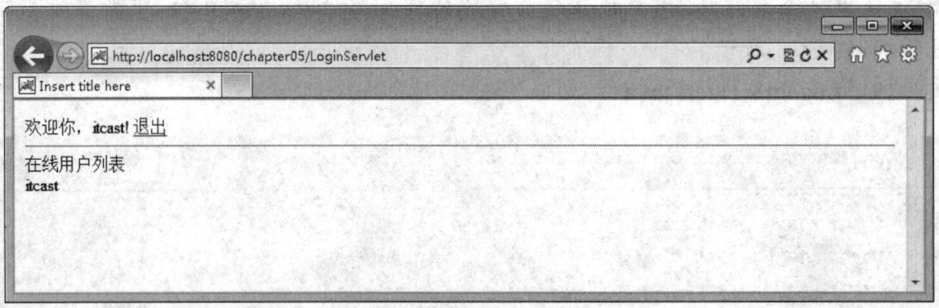

图 5-18 登录成功页面

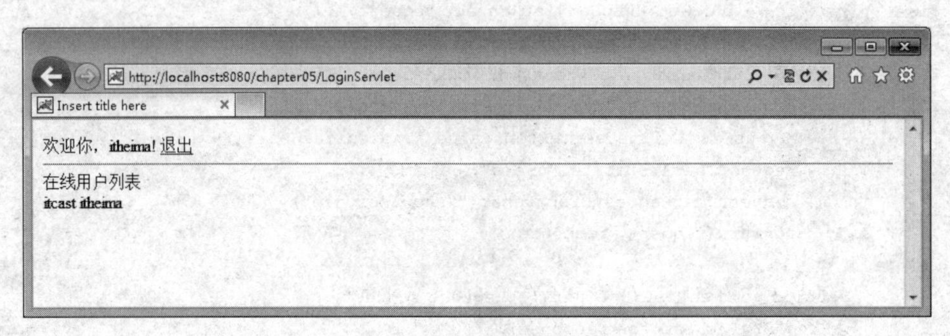

图 5-19 登录成功页面

从图 5-19 可以看出，现在有两个用户在线，分别是 itcast 和 itheima，如果想注销当前正在登录的用户，可以单击“退出”超链接，此时，只会显示在线用户列表，不会显示当前登录用户，如图 5-20 所示。

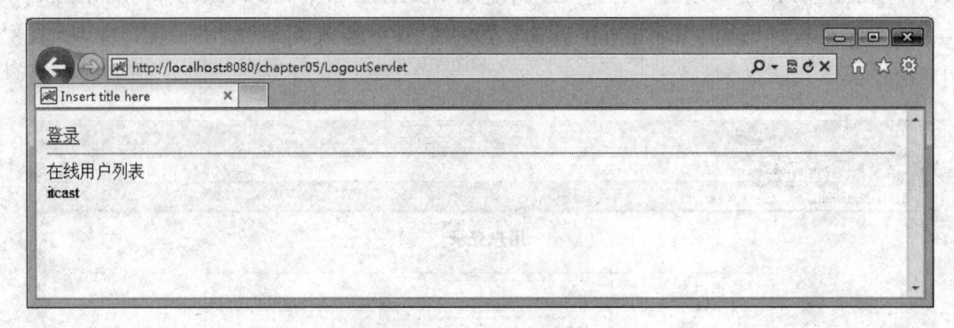

图 5-20 退出登录页面

小结

本章主要讲解了 Servlet 事件监听器的应用与开发，首先对 Servlet 事件监听器进行了概述，然后讲解了常用 Servlet 事件监听器的相关 API，最后讲解了监听域对象的属性变更的监听器和感知 Session 绑定的事件监听器，并通过两个具体的例子演示了 HttpSessionListener 和 HttpSessionBindingListener 接口在实际开发中的应用。通过本章的学习读者可以掌握 Servlet 事件监听器的原理以及在开发中的具体应用。

【思考题】

请用代码展示如何对 ServletContext、HttpSession 和 ServletRequest 这三个域对象属性的变更进行监听。

第 6 章 文件上传与下载

学习目标

- 掌握如何使用 Commons-FileUpload 组件实现文件的上传；
- 能够实现文件上传的案例；
- 掌握文件下载的原理和下载方式；
- 掌握如何解决下载文件名的中文乱码问题。

在很多的 Web 应用中，都为用户提供了文件上传和下载的功能，例如，图片的上传与下载、邮件附件的上传与下载等。接下来，本章将围绕文件的上传和下载功能进行详细的讲解。

6.1 如何实现文件上传

在 Web 应用中，由于大多数文件的上传都是通过表单的形式提交给服务器的，因此，要想在程序中实现文件上传的功能，首先要创建一个用于提交上传文件的表单页面。需要注意的是，为了使 Servlet 程序可以获取到上传文件的数据，需要将表单页面的 method 属性设置为 post 方式，enctype 属性设置为 multipart/form-data 类型，添加文件的 input 标签类型设置为 file 类型。示例如下：

```
<%--指定表单数据的 enctype 属性以及提交方式--%>
<form enctype="multipart/form-data" method="post">
<%--指定标记的类型和普通表单域的名称--%>
用户名:<input type="text" name="name"/><br/>
<%--指定标记的类型和文件域的名称--%>
选择上传文件:<input type="file" name="myfile"/><br/>
```

当浏览器通过表单提交上传文件时，由于文件数据都附带在 HTTP 请求消息体中，并且采用 MIME 类型（多用途互联网邮件扩展类型）进行描述，因此，浏览器发送给服务器的 HTTP 消息比较特殊，具体示例如下。

```
multipart/form-data; boundary=----------------------------7dfa7a30650
-----------------------------7dfa7a30650
Content-Disposition: form-data; name="name"

itcast
-----------------------------7dfa7a30650
Content-Disposition: form-data; name="myfile"; filename="uploadfile.txt"
Content-Type: text/plain
```

```
www.itcast.cn
-----------------------------7dfa7a30650--
```

从上面的表单请求正文可以看出，请求正文分为多个部分，解析这部分内容比较麻烦。为此，Apache 组织提供了一个开源组件 Commons－FileUpload，该组件可以方便地将 multipart/form-data 类型请求中的各种表单域解析出来，并实现一个或多个文件的上传，同时也可以限制上传文件的大小等内容，并且性能优异，使用极其简单。需要注意的是，在使用 FileUpload 组件时，需要导入 commons－fileupload 和 commons－io 两个 jar 包。

为了让读者更好地理解 FileUpload 组件如何实现文件的上传功能，接下来，打开 FileUpload 组件的帮助文档，查看其实现方式，具体如图 6-1 所示。

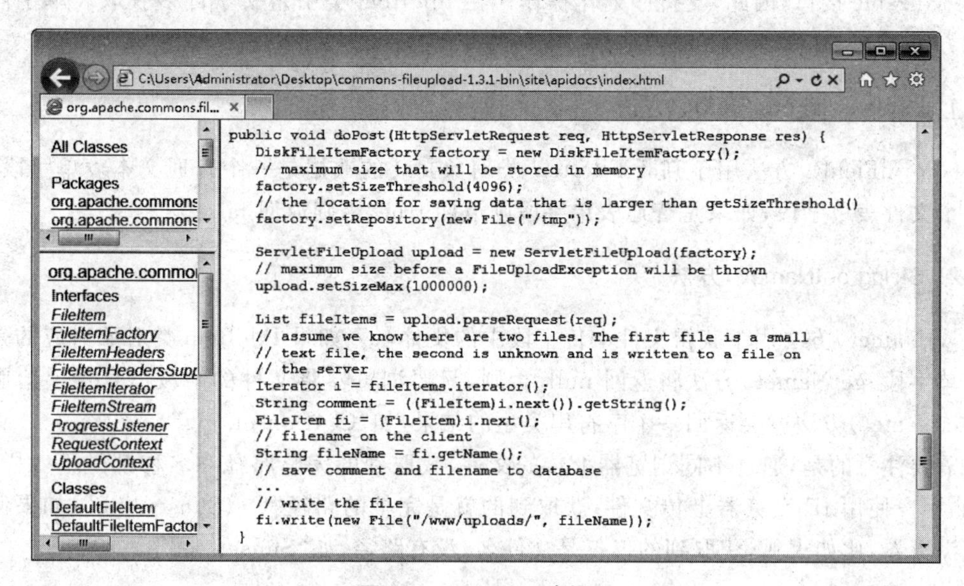

图 6-1　fileUpload 类源码

从图 6-1 中可以看出，FileUpload 组件也是通过 Servlet 来实现文件上传功能的。其工作流程如图 6-2 所示。

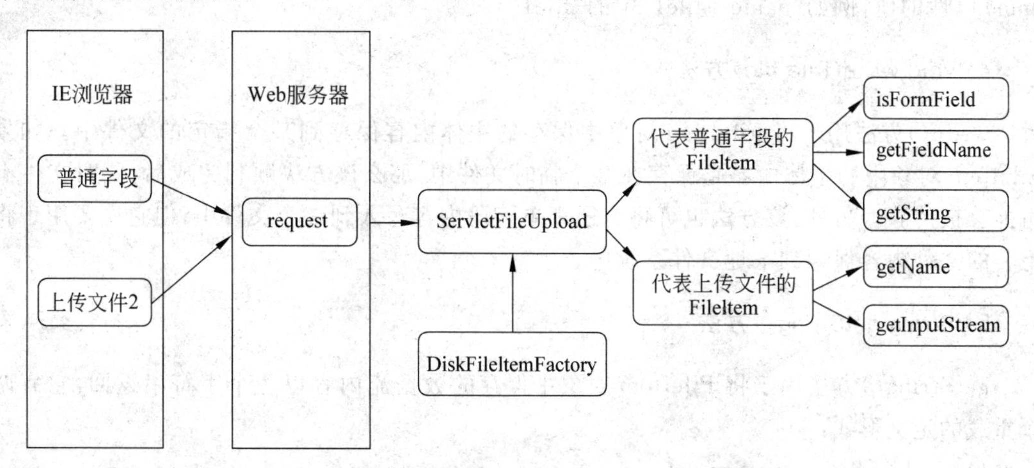

图 6-2　FileUpload 组件实现文件上传的工作流程

从图 6-2 中可以看出，实现文件的上传会涉及几个陌生类，这些类都是 Apache 组件上传文件的核心类。关于这些核心类的相关知识，将在下面进行详细讲解。

6.2 文件上传的相关 API

6.2.1 FileItem 接口

FileItem 接口用于封装单个表单字段元素的数据，一个表单字段元素对应一个 FileItem 对象。为了便于讲解，在此将 FileItem 的实现类称为 FileItem 类，FileItem 类实现了 Serializable 接口，因此，支持序列化操作。在 FileItem 类中定义了许多获取表单字段元素的方法，具体如下。

1. boolean isFormField()方法

isFormField()方法用于判断 FileItem 类对象封装的数据是一个普通文本表单字段，还是一个文件表单字段，如果是普通表单字段则返回 true，否则返回 false。

2. String getName()方法

getName()方法用于获得文件上传字段中的文件名。如果 FileItem 类对象对应的是普通表单字段，getName()方法将返回 null，否则，只要浏览器将文件的字段信息传递给服务器，getName()方法就会返回一个字符串类型的结果，如“C:\Sunset.jpg”。

需要注意的是，通过不同浏览器上传的文件，获取到的完整路径和名称都是不一样的。例如，用户使用 IE 浏览器上传文件，获取到的就是完整的路径“C:\Sunset.jpg”，如果使用其他浏览器，比如火狐，获取到的仅仅是文件名，没有路径，如“Sunset.jpg”。

3. String getFieldName()方法

getFieldName()方法用于获得表单字段元素描述头的 name 属性值，也是表单标签 name 属性的值，例如“name=file1”中的“file1”。

4. void write(File file)方法

write()方法用于将 FileItem 对象中保存的主体内容保存到某个指定的文件中。如果 FileItem 对象中的主体内容是保存在某个临时文件中，那么该方法顺利完成后，临时文件有可能会被清除。另外，该方法也可将普通表单字段内容写入到一个文件中，但它主要用于将上传的文件内容保存到本地文件系统中。

5. String getString()方法

getString()方法用于将 FileItem 对象中保存的数据流内容以一个字符串返回，它有两个重载的定义形式：

(1) public String getString()

(2) public String getString(java.lang.String encoding)

在上面重载的两个方法中，前者使用默认的字符集编码将主体内容转换成字符串，后者使用参数指定的字符集编码将主体内容转换成字符串。需要注意的是，如果在读取普通表单字段元素内容时出现中文乱码现象，请调用第二个 getString()方法，并为之传递正确的字符集编码名称。

6. String getContentType()方法

getContentType()方法用于获得上传文件的类型，即表单字段元素描述头属性“Content-Type”的值，如“image/jpeg”。如果 FileItem 类对象对应的是普通表单字段，该方法将返回 null。

7. boolean isInMemory()方法

isInMemory()方法用来判断 FileItem 对象封装的数据内容是存储在内存中，还是存储在临时文件中，如果存储在内存中则返回 true，否则返回 false。

8. void delete()方法

delete()方法用来清空 FileItem 类对象中存放的主体内容，如果主体内容被保存在临时文件中，delete()方法将删除该临时文件。需要注意的是，尽管 FileItem 对象被垃圾收集器收集时会自动清除临时文件，但应该及时调用 delete()方法清除临时文件，从而释放系统存储资源，以防系统出现异常，导致临时文件被永久地保存在硬盘中。

9. InputStream getInputStream()方法

getInputStream()方法以流的形式返回上传文件的数据内容。

10. long getSize()方法

getSize()方法返回该上传文件的大小(以字节为单位)。

6.2.2 DiskFileItemFactory 类

DiskFileItemFactory 类用于将请求消息实体中的每一个文件封装成单独的 FileItem 对象。如果上传的文件比较小，将直接保存在内存中，如果上传的文件比较大，则会以临时文件的形式，保存在磁盘的临时文件夹中。默认情况下，文件保存在内存还是硬盘临时文件夹的临界值是 10 240，即 10KB。接下来，首先了解一下 DiskFileItemFactory 类的两个构造方法，如表 6-1 所示。

表 6-1　DiskFileItemFactory 类的构造方法

方法声明	功能描述
DiskFileItemFactory()	采用默认临界值和系统临时文件夹构造文件项工厂对象
DiskFileItemFactory(int sizeThreshold, File repository)	采用参数指定临界值和系统临时文件夹构造文件项工厂对象

表 6-1 列举了 DiskFileItemFactory 类的两个构造方法，其中，第二个构造方法需要传

递两个参数,参数 sizeThreshold 代表文件保存在内存还是磁盘临时文件夹的临界值,参数 repository 表示临时文件的存储路径。

接下来,针对 DiskFileItemFactory 类的常用方法进行详细讲解,具体如下所示。

1. FileItem createItem(String fieldName, String contentType, boolean isFormField, String fileName)方法

该方法用于将请求消息实体创建成 FileItem 类型的实例对象。需要注意的是,该方法是 FileUpload 组件在解析请求时内部自动调用,无须管理。

2. setSizeThreshold(int sizeThreshold)和 getSizeThreshold()方法

setSizeThreshold(int sizeThreshold)方法用于设置是否将上传文件以临时文件的形式保存在磁盘的临界值。当 Apache 文件上传组件解析上传的数据时,需要将解析后的数据临时保存,以便后续对数据进一步处理。由于 Java 虚拟机可使用的内存空间是有限的,因此,需要根据上传文件的大小决定文件的保存位置。例如,一个 800MB 的文件,是无法在内存中临时保存的,这时,Apache 文件上传组件可以采用临时文件的方式来保存这些数据。但是,如果上传的文件很小,只有 600KB,显然将其保存在内存中是比较好的选择。另外,对应的 getSizeThreshold()方法用来获取此临界值。

3. setRepository(File repository)和 getRepository()方法

如果上传文件的大小大于 setSizeThreshold()方法设置的临界值,这时,可以采用 setRepository()方法,将上传的文件以临时文件的形式保存在指定的目录下。在默认情况下,采用的是系统默认的临时文件路径,可以通过以下方式获取。

```
System.getProperty("java.io.tmpdir")
```

另外,对应的 getRepository()方法用于获取临时文件。

6.2.3 ServletFileUpload 类

ServletFileUpload 类是 Apache 组件处理文件上传的核心高级类,通过使用 parseRequest(HttpServletRequest) 方法可以将 HTML 中每个表单提交的数据封装成一个 FileItem 对象,然后以 List 列表的形式返回。接下来,首先看一下 ServletFileUpload 类的构造方法,如表 6-2 所示。

表 6-2 ServletFileUpload 类的构造方法

方法声明	功能描述
ServletFileUpload()	构造一个未初始化的 ServletFileUpload 实例对象
ServletFileUpload(FileItemFactory fileItemFactory)	根据参数指定的 FileItemFactory 对象创建一个 ServletFileUpload 对象

表 6-2 列举了 ServletFileUpload 类的两个构造方法。由于在文件上传过程中,FileItemFactory 类必须设置,因此,在使用第一个构造方法创建 ServletFileUpload 对象时,首先需要在解析请求之前调用 setFileItemFactory()方法设置 fileItemFactory 属性。

了解了ServletFileUpload对象的创建，接下来，学习一下ServletFileUpload类的方法，具体如下。

1. setSizeMax(long sizeMax)和getSizeMax()方法

setSizeMax()方法继承自FileUploadBase类，用于设置请求消息实体内容（即所有上传数据）的最大尺寸限制，以防止客户端恶意上传超大文件来浪费服务器端的存储空间。其中，参数sizeMax以字节为单位。

另外，对应的getSizeMax()方法用于读取请求消息实体内容所允许的最大值。

2. setFileSizeMax(long fileSizeMax)方法

setFileSizeMax()方法继承自FileUploadBase类，用于设置单个上传文件的最大尺寸限制，以防止客户端恶意上传超大文件来浪费服务器端的存储空间。其中，参数fileSizeMax是以字节为单位。

另外，对应的getFileSizeMax()方法用于获取单个上传文件所允许的最大值。

3. parseRequest(javax.servlet.http.HttpServletRequest req)

parseRequest()方法是ServletFileUpload类的重要方法，它是对HTTP请求消息体内容进行解析的入口。它解析出FORM表单中的每个字段的数据，并将它们分别包装成独立的FileItem对象，然后将这些FileItem对象加入进一个List类型的集合对象中返回。

4. getItemIterator(HttpServletRequest request)

getItemIterator()方法和parseRequest()方法基本相同。但是getItemIterator()方法返回的是一个迭代器，该迭代器中保存的不是FileItem对象，而是FileItemStream对象，如果希望进一步提高性能，可以采用getItemIterator()方法，直接获得每一个文件项的数据输入流，做底层处理；如果性能不是问题，希望代码简单，则采用parseRequest()方法即可。

5. isMultipartContent(HttpServletRequest req)

isMultipartContent()方法用于判断请求消息中的内容是否是multipart/form-data类型，如果是，则返回true，否则返回false。需要注意的是，isMultipartContent()方法是一个静态方法，不用创建ServletFileUpload类的实例对象即可被调用。

6. getFileItemFactory()和setFileItemFactory(FileItemFactory factory)

这两个方法继承自FileUpload类，分别用于读取和设置fileItemFactory属性。

7. setHeaderEncoding(String encoding)方法和getHeaderEncoding()方法

这两个方法继承自FileUploadBase类，用于设置和读取字符编码。需要注意的是，如果没有使用setHeaderEncoding()设置字符编码，则getHeaderEncoding()方法返回null，上传组件会采用HttpServletRequest设置的字符编码。但是，如果HttpServletRequest的字符编码也为null，这时，上传组件将采用系统默认的字符编码。获取系统默认字符编码的方式如下所示。

```
System.getProperty("file.encoding"));
```

6.3 应用案例——文件上传

通过前面的学习，了解了实现文件上传的相关知识，接下来，本节将通过一个具体的案例，分步骤演示文件上传的实现过程，具体如下。

(1) 在 Eclipse 中创建动态 Web 工程 chapter06，并新建一个包 cn. itcast. chapter06. example01。

(2) 在 chapter06 工程的 WebContent/WEB-INF/lib 目录下导入 Apache 组件的 jar 包，分别是 commons-fileupload 和 commons-io。

(3) 在 chapter06 工程的 WebContent 目录下创建 html 页面，该页面用于提供文件上传的 form 表单，需要注意的是，form 表单的 enctype 属性要设置为"multipart/form－data"，action 属性设置为"UploadServlet"。form. html 的代码如例 6-1 所示。

例 6-1 form. html

```
1   <html>
2   <head>
3   <title>文件上传</title>
4   </head>
5   <body>
6       <form action="UploadServlet" method="post"
7        enctype="multipart/form-data">
8           <table width="600px">
9               <tr>
10                  <td>上传者</td>
11                  <td><input type="text" name="name"/></td>
12              </tr>
13              <tr>
14                  <td>上传文件</td>
15                  <td><input type="file" name="myfile"></td>
16              </tr>
17              <tr>
18                  <td colspan="2"><input type="submit" value="上传"/></td>
19              </tr>
20          </table>
21      </form>
22  </body>
23  </html>
```

(4) 编写 UploadServlet 类，该类主要用于获取表单及其上传文件的信息，UploadServlet 具体实现代码如例 6-2 所示。

例 6-2 UploadServlet. java

```
1   package cn.itcast.chapter06.example01;
2   import java.io.*;
```

```
3    import java.util.*;
4    import javax.servlet.*;
5    import javax.servlet.http.*;
6    import org.apache.commons.fileupload.*;
7    import org.apache.commons.fileupload.disk.DiskFileItemFactory;
8    import org.apache.commons.fileupload.servlet.ServletFileUpload;
9    public class UploadServlet extends HttpServlet {
10       public void doGet(HttpServletRequest request, HttpServletResponse
11               response) throws ServletException, IOException {
12           response.setContentType("text/html;charset=utf-8");
13           try {
14               //创建工厂
15               DiskFileItemFactory factory=new DiskFileItemFactory();
16               File f=new File("e:\Target");
17               if(!f.exists()){
18                   f.mkdirs();
19               }
20               //设置文件的缓存路径
21               factory.setRepository(f);
22               //创建 fileupload 组件
23               ServletFileUpload fileupload=new ServletFileUpload(factory);
24               fileupload.setHeaderEncoding("gbk");
25               //解析 request
26               List<FileItem>fileitems=fileupload.parseRequest(request);
27               PrintWriter writer=response.getWriter();
28               //遍历集合
29               for (FileItem fileitem : fileitems) {
30                   //判断是否为普通字段
31                   if (fileitem.isFormField()) {
32                       //获得字段名和字段值
33                       String name=fileitem.getFieldName();
34                       String value=fileitem.getString("gbk");
35                       writer.print("上传者: "+value+"<br>");
36                   } else {
37                       //上传的文件路径
38                       String filename=fileitem.getName();
39                       writer.print("文件来源: "+filename+"<br>");
40                       //截取出文件名
41                       filename=filename
42                               .substring(filename.lastIndexOf("\")+1);
43                       writer.print("成功上传的文件: "+filename+"<br>");
44                       //文件名需要唯一
45                       filename=UUID.randomUUID().toString()+"_"+
46                                   filename;
47                       //在服务器创建同名文件
48                       String webPath="/upload/";
49                       String filepath=
50                           getServletContext().getRealPath(webPath+filename);
51                       //创建文件
52                       File file=new File(filepath);
53                       file.getParentFile().mkdirs();
```

```
54                          file.createNewFile();
55                          //获得上传文件流
56                          InputStream in=fileitem.getInputStream();
57                          //获得写入文件流
58                          OutputStream out=new FileOutputStream(file);
59                          //流的对拷
60                          byte[] buffer=new byte[1024];
61                          int len;
62                          while ((len=in.read(buffer))>0)
63                              out.write(buffer, 0, len);
64                          //关流
65                          in.close();
66                          out.close();
67                          //删除临时文件
68                          fileitem.delete();
69                      }
70                  }
71              } catch (Exception e) {
72                  throw new RuntimeException(e);
73              }
74          }
75          public void doPost(HttpServletRequest request, HttpServletResponse
76                  response) throws ServletException, IOException {
77              doGet(request, response);
78          }
79      }
```

(5) 重启 Tomcat 服务器，通过浏览器访问地址 http://localhost:8080/chapter06/form.html，浏览器显示的结果如图 6-3 所示。

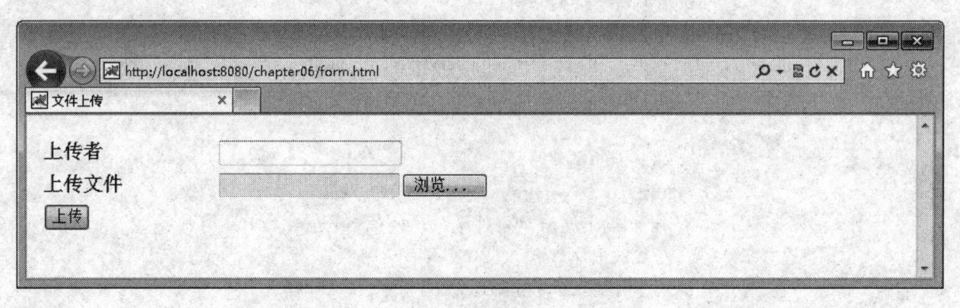

图 6-3 浏览器界面

(6) 在如图 6-3 所示的 form 表单中，填写上传者信息，并且选择上传文件，如图 6-4 所示。

(7) 单击“上传”按钮，进行文件上传，文件成功上传后，浏览器的界面如图 6-5 所示。

至此，将文件上传到服务器的功能实现了。这时，进入“＜Tomcat 安装目录＞\webapps\chapter06\upload”目录，可以看到刚才上传的文件，如图 6-6 所示。

需要注意的是，为了防止文件名重复，在上传文件的名称前面添加了前缀(文件名采用的是“UUID＋文件名”的方式，中间用“_”连接)。

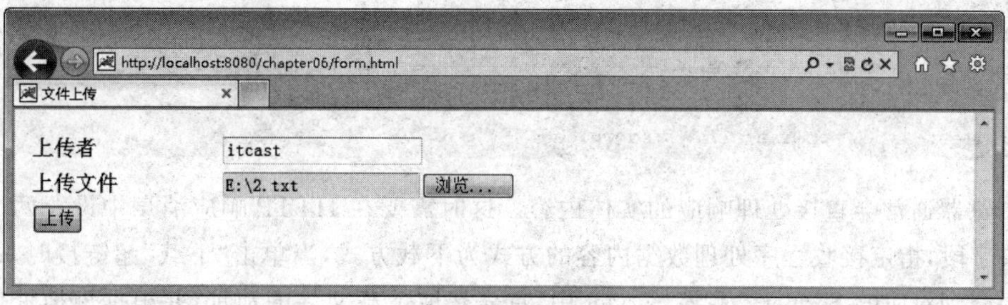

http://localhost:8080/chapter06/form.html
文件上传
上传者
itcast
上传文件
E:\2.txt
浏览...
上传

图 6-4　运行结果

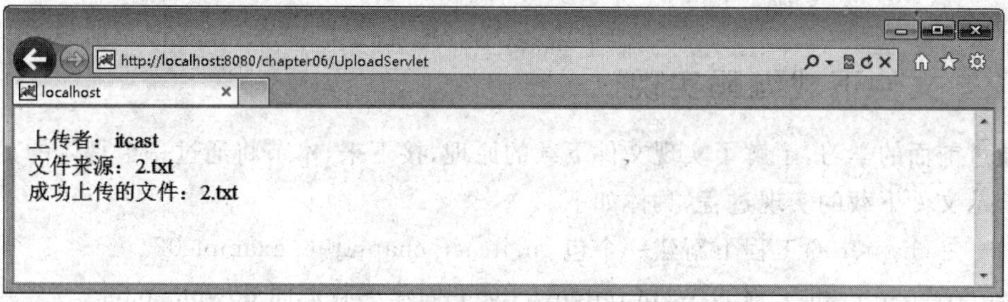

http://localhost:8080/chapter06/UploadServlet
localhost
上传者：itcast
文件来源：2.txt
成功上传的文件：2.txt

图 6-5　运行结果

« webapps ▸ chapter06 ▸ upload
搜索 upload
文件(F) 编辑(E) 查看(V) 工具(T) 帮助(H)
组织 ▾ 包含到库中 ▾ 共享 ▾ 新建文件夹
音乐
计算机
本地磁盘 (C:)
本地磁盘 (D:)
本地磁盘 (E:)
本地磁盘 (F:)
名称 修改日期 类型 大小
474f2d5e-d5d0-4da8-8a86-f6fb0d565ed5_2.txt 2015/4/18 17:45 TXT 文件 1 KB
1 个对象

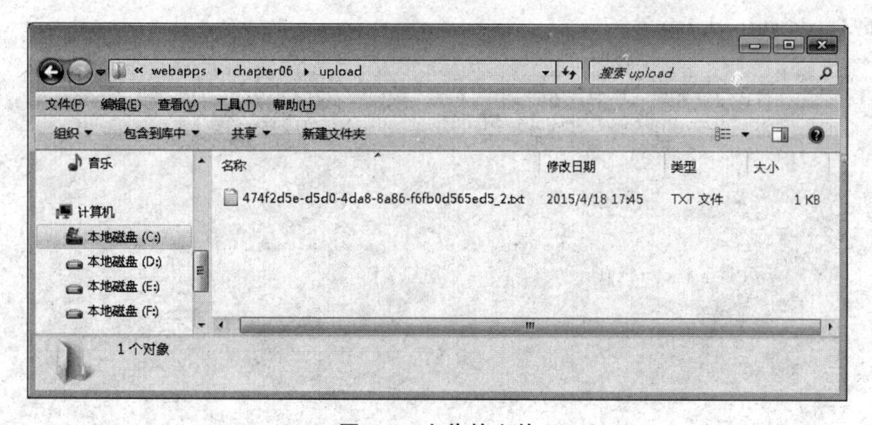

图 6-6　上传的文件

6.4　文件下载

6.4.1　文件下载原理

对于文件下载，读者并不陌生，例如，在某网站下载图片、下载影片等。现在很多网站都提供了下载各类资源的功能，因此在学习 Web 开发过程中，有必要学习文件下载的实现方式。

由于实现文件下载功能比较简单，通常情况下，不使用第三方组件实现，而是直接使用 Servlet 类和输入/输出流实现即可。

可是，与访问服务器文件不同的是，要实现文件的下载，不仅需要指定文件的路径，还需要在 HTTP 中设置两个响应消息头，具体如下。

```
//设定接收程序处理数据的方式
Content-Disposition: attachment; filename=
//设定实体内容的 MIME 类型
Content-Type: application/x-msdownload
```

浏览器通常会直接处理响应的实体内容。这时需要在 HTTP 响应消息中设置两个响应消息头字段，指定接收程序处理数据内容的方式为下载方式，当单击“下载”超链接时，系统将请求提交到对应的 Servlet。在该 Servlet 中，首先获取下载文件的地址，并根据该地址创建文件字节输入流，再通过该流读取下载文件内容，最后将读取的内容通过输出流写到目标文件中。

6.4.2 文件下载编码实现

通过前面的学习，了解了实现文件下载的原理，接下来，本节将通过一个具体的案例，分步骤演示文件下载的实现过程，具体如下。

(1) 在 chapter06 工程下新建一个包 cn.itcast.chapter06.example02。

(2) 在 chapter06 工程的 WebContent 目录下创建下载页面 download.jsp。

download.jsp 的代码如例 6-3 所示。

例 6-3 download.jsp

```
1   <%@page language="java" import="java.util.*" pageEncoding="UTF-8"%>
2   <!DOCTYPE html PUBLIC "-//W3C//DTD HTML 4.01 Transitional//EN"
3   "http://www.w3.org/TR/html4/loose.dtd">
4   <html>
5   <head>
6   <meta http-equiv="Content-Type" content="text/html; charset=UTF-8">
7   <title>文件下载</title>
8   </head>
9   <body>
10      <a
11      href="${pagContext.request.contextPath}/chapter06/DownloadServlet"}>
12      文件下载
13      </a>
14      <br/>
15   </body>
16   </html>
```

(3) 编写 DownloadServlet 类，该类主要用于设置所要下载的文件以及文件在浏览器中的打开方式，DownloadServlet 具体实现代码如例 6-4 所示。

例 6-4 DownloadServlet.java

```
1   package cn.itcast.chapter06.example02;
2   import java.io.*;
3   import javax.servlet.*;
4   import javax.servlet.http.*;
5   public class DownloadServlet extends HttpServlet {
6       public void doGet(HttpServletRequest request, HttpServletResponse
```

```
7              response) throws ServletException, IOException {
8              response.setContentType("text/html;charset=utf-8");
9              //通知浏览器以下载的方式打开
10             response.addHeader("Content-Type", "application/octet-stream");
11             response.addHeader("Content-Disposition",
12                     "attachment;filename=1.jpg");
13             //通过文件流读取文件
14             InputStream in=getServletContext().getResourceAsStream(
15                 "/download/1.jpg");
16             //获取 response 对象的输出流
17             OutputStream out=response.getOutputStream();
18             byte[] buffer=new byte[1024];
19             int len;
20             while ((len=in.read(buffer)) !=-1) {
21                 out.write(buffer, 0, len);
22             }
23         }
24         public void doPost(HttpServletRequest request, HttpServletResponse
25             response) throws ServletException, IOException {
26             doGet(request, response);
27         }
28     }
```

重启 Tomcat 服务器，通过浏览器访问地址 http://localhost:8080/chapter06/DownloadServlet，浏览器的显示界面如图 6-7 所示。

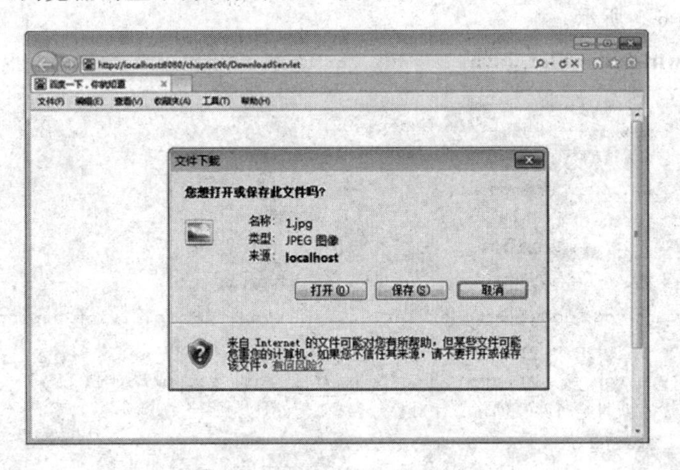

图 6-7　DownloadServlet. java

从图 6-7 中可以看出，浏览器窗口弹出一个“文件下载”对话框，单击该对话框中的“保存”按钮即可完成文件的下载。需要注意的是，如果浏览器中安装了某些特殊插件，可能不会弹出“文件下载”对话框，而是直接开始下载文件。

在操作服务器中的资源时，资源文件名的中文乱码问题一直是需要解决的问题。这里，如果将文件的名称“1. jpg”重命名为“风景. jpg”，通过浏览器再次下载文件，此时浏览器的显示结果如图 6-8 所示。

从图 6-8 可以看出，当文件名为中文时，文件下载会出现乱码。由于文件名是通过

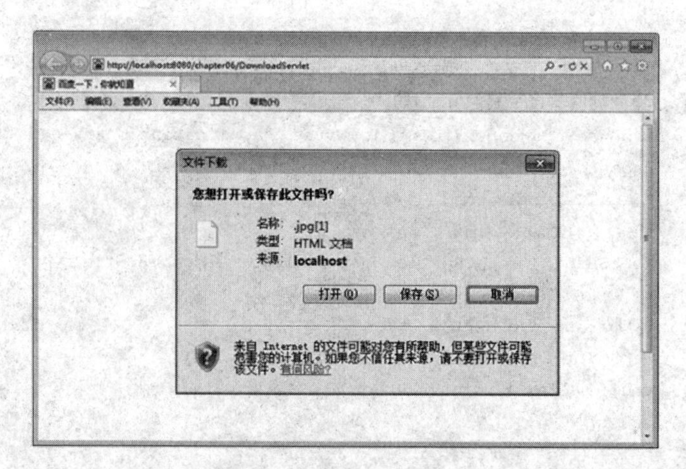

图 6-8 运行结果

content-disposition 头字段发送给浏览器的，因此，之前处理消息体乱码的 setContentType()方法是无法解决的。

为了解决上述出现的乱码问题，ServletAPI 中提供了一个 URLEncoder 类，该类定义的 encode(String s, String enc)方法，可以将 URL 中的字符串以指定的编码形式输出，通常这种编码方式称为 URL 编码。HTTP 消息头的数据只有经过 URL 编码成世界通用的符号后，才不会在传输过程中出现乱码问题。

接下来使用 URLEncoder 类的 encode(String s, String enc)方法对例 6-3 进行改写，改写后的代码如例 6-5 所示。

例 6-5 DownloadServlet.java

```
1    package cn.itcast.chapter06.example02;
2    import java.io.*;
3    import java.net.URLEncoder;
4    import javax.servlet.*;
5    import javax.servlet.http.*;
6    public class DownloadServlet extends HttpServlet {
7        public void doGet(HttpServletRequest request, HttpServletResponse
8                response) throws ServletException, IOException {
9            response.setContentType("text/html;charset=utf-8");
10           //获得绝对路径创建文件对象
11           String path=getServletContext()
12                   .getRealPath("/download/风景.jpg");
13           File file=new File(path);
14           //通知浏览器以下载的方式打开文件
15           response.addHeader("Content-Type", "application/octet-stream");
16           response.addHeader("Content-Disposition","attachment;filename="
17           +URLEncoder.encode(file.getName(),"utf-8"));
18           //通过文件对象获取文件相关的输入流
19           InputStream in=new FileInputStream(file);
20           //获取 response 对象的输出流
21           OutputStream out=response.getOutputStream();
22           byte [] buffer=new byte[1024];
```

```
23          int len;
24          while((len=in.read(buffer))!=-1){
25              out.write(buffer,0,len);
26          }
27      }
28      public void doPost(HttpServletRequest req, HttpServletResponse resp)
29              throws ServletException, IOException {
30          doGet(req, resp);
31      }
32  }
```

重启 Tomcat 服务器，再次访问 DownloadServlet，浏览器显示的界面如图 6-9 所示。

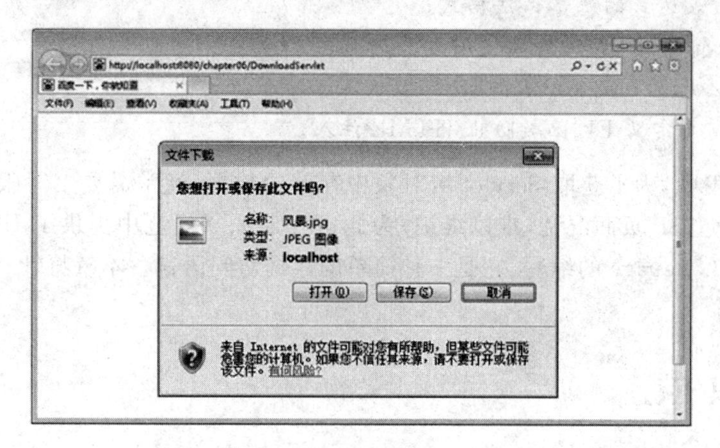

图 6-9　DownloadServlet. java

从图 6-9 可以看出，文件名并没有出现乱码问题，因此，说明使用 encode(String s, String enc)方法可以成功地解决文件下载过程中的乱码问题。

小结

本章主要介绍了文件上传和下载功能的实现。在实现文件上传时，需要用到 Commons－fileupload 组件，该组件提供了文件上传的相关接口和类。在实现文件下载时，通过设置 HTTP 响应消息头和 IO 流的方式实现文件的下载。由于文件上传和下载在实际开发中经常会用到，因此，要求读者对其实现的原理要深入掌握。

【思考题】

编写一个实现文件上传功能的程序(限制上传文件的大小和类型)。

第 7 章 EL 表达式

学习目标

◆ 掌握 EL 表达式的基本语法格式；

◆ 掌握 11 个 EL 隐式对象的使用方式；

◆ 了解什么是 HTML 注入；

◆ 熟悉如何自定义 EL 函数防止 HTML 注入。

在 JSP 开发中，为了获取 Servlet 域对象中存储的数据，经常需要书写很多 Java 代码，这样的做法会使 JSP 页面混乱，难以维护，为此，在 JSP2.0 规范中提供了 EL 表达式。EL 是 Expression Language 的缩写，它是一种简单的数据访问语言。本章将针对 EL 表达式进行详细的讲解。

7.1 初识 EL

由于 EL 可以简化 JSP 页面的书写，因此，在 JSP 的学习中，掌握 EL 是相当重要的。要使用 EL 表达式，首先要学习它的语法。EL 表达式的语法非常简单，都是以"${"符号开始，以"}"符号结束的，具体格式如下。

```
${表达式}
```

需要注意的是，"${表达式}"中的表达式必须符合 EL 语法要求。关于 EL 语法的相关知识，将在下面进行详细讲解。

为了证明 EL 表达式可以简化 JSP 页面，接下来通过一个案例来对比使用 Java 代码与 EL 表达式获取信息。首先在 Eclipse 中创建一个 Web 应用 chapter07，然后在工程中创建一个 cn.itcast.chapter07.servlet 包，编写一个用于存储用户名和密码的 Servlet，具体如例 7-1 所示。

例 7-1 MyServlet.java

```
1    package cn.itcast.chapter07.servlet;
2    import java.io.*;
3    import javax.servlet.*;
4    import javax.servlet.http.*;
5    public class MyServlet extends HttpServlet {
6        public void doGet(HttpServletRequest request, HttpServletResponse
7                response) throws ServletException, IOException {
8            request.setAttribute("username", "itcast");
```

```
9           request.setAttribute("password", "123");
10          request.getRequestDispatcher("myjsp.jsp").forward(request,
11                  response);
12      }
13      public void doPost(HttpServletRequest request, HttpServletResponse
14                  response) throws ServletException, IOException {
15          doGet(request, response);
16      }
17  }
```

接着，在Web工程的WebContent目录下编写一个JSP文件，该文件用来获取MyServlet所存储的信息，具体如例7-2所示。

例7-2　myjsp.jsp

```
1   <%@page language="java" contentType="text/html; charset=utf-8"
2       pageEncoding="utf-8"%>
3   <html>
4   <head></head>
5   <body>
6       用户名:<%=request.getAttribute("username")%><br>
7       密 码:<%=request.getAttribute("password")%><br>
8   </body>
9   </html>
```

从例7-2可以看出，如果不使用EL表达式，在JSP页面获取Servlet中存储的数据时，需要书写大量的Java代码。接下来，将例7-2进行修改，在myjsp.jsp文件中，通过EL表达式来获取MyServlet中的代码，修改后的myjsp.jsp文件如例7-3所示。

例7-3　myjsp.jsp

```
1   <%@page language="java" contentType="text/html; charset=utf-8"
2       pageEncoding="utf-8"%>
3   <html>
4   <head></head>
5   <body>
6       用户名: ${username}<br>
7       密 码: ${password}<br>
8   </body>
9   </html>
```

部署Web工程chapter07，启动Tomcat服务器，在浏览器的地址栏中输入URL地址"http://localhost:8080/chapter07/MyServlet"访问MyServlet页面，浏览器显示的结果如图7-1所示。

从图7-1中可以看出，EL表达式同样可以成功获取Servlet中存储的数据。同时，通过例7-2和例7-3的比较，发现EL表达式明显简化了JSP页面的书写，从而使程序简洁易维护。另外，当域对象里面的值不存在时，使用EL表达式方式获取域对象里面的值时返回空字符串；而以Java方式获取，返回的值是null时，会报空指针异常，所以在实际开发中推荐使用EL表达式。

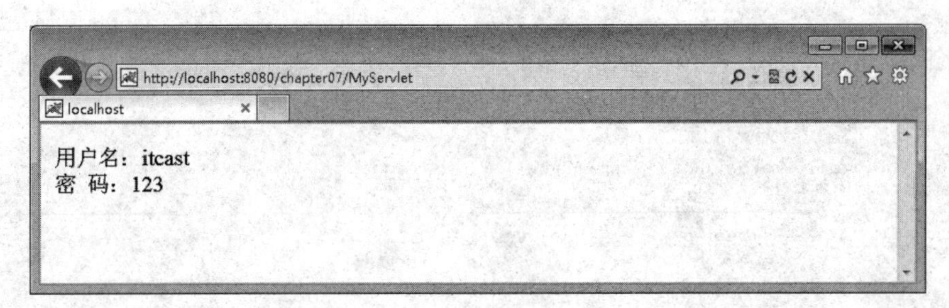

图 7-1 MyServlet.java

7.2 EL 语法

每一种语言都有一套自己的语法规范，EL 表达式语言也不例外，要学会使用 EL 表达式，首先应该熟悉它的语法。接下来本节将针对 EL 中的标识符、保留字、变量、常量和运算符等进行详细的讲解。

7.2.1 EL 中的标识符

在 EL 表达式中，经常需要使用一些符号来标记一些名称，如变量名、自定义函数名等，这些符号被称为标识符。EL 表达式中的标识符可以由任意顺序的大小写字母、数字和下划线组成，为了避免出现非法的标识符，在定义标识符时还需要遵循以下规范：

(1) 不能以数字开头；

(2) 不能是 EL 中的保留字，如 and、or、gt；

(3) 不能是 EL 隐式对象，如 pageContext；

(4) 不能包含单引号(')、双引号(")、减号(—)和正斜线等特殊字符。

下面的这些标识符都是合法的。

```
username
username123
user_name
_userName
```

注意，下面的这些标识符都是不合法的。

```
123username
or
user"name
pageContext
```

7.2.2 EL 中的保留字

保留字就是编程语言里事先定义好并赋予了特殊含义的单词，和其他语言一样，EL 表达式中也定义了许多保留字，如 false、not 等，接下来就列举 EL 中所有的保留字，具体如下。

```
and    eq    gt    true    instanceof
or     ne    le    false   empty
not    lt    ge    null    div          mod
```

需要注意的是,EL表达式中的这些保留字不能被作为标识符,以免在程序编译时发生错误。

7.2.3 EL中的变量

EL表达式中的变量就是一个基本的存储单元,EL表达式可以将变量映射到一个对象上,具体示例如下所示。

```
${product}
```

在上述示例中,product就是一个变量。EL表达式中的变量不用事先定义就可以直接使用,例如,表达式${product}就可以访问变量product的值。

7.2.4 EL中的常量

EL表达式中的常量又称字面量,它是不能改变的数据。在EL表达式中包含多种常量,接下来分别对这些常量进行介绍。

1. 布尔常量

布尔常量用于区分一个事物的正反两面,它的值只有两个,分别是true和false。

2. 整型常量

整型常量与Java中的十进制的整型常量相同,它的取值范围是Java语言中定义的常量Long.MIN_VALUE到Long.MAX_VALUE之间,即$(-2)^{63} \sim 2^{63}-1$之间的整数。

3. 浮点数常量

浮点数常量用整数部分加小数部分表示,也可以用指数形式表示,例如,1.2E4和1.2都是合法的浮点数常量。它的取值范围是Java语言中定义的常量Double.MIN_VALUE到Double.MAX_VALUE之间,即4.9E-324～1.8E308之间的整数。

4. 字符串常量

字符串常量是用单引号或双引号引起来的一连串字符。由于字符串常量需要用单引号或双引号引起来,所以字符串本身包含的单引号或双引号需要用反斜杠(\)进行转义,即用“\'”表示字面意义上的单引号,用“\"”表示字面意义上的双引号。如果字符串本身包含反斜杠(\),也要进行转义,即用“\\”表示字面意义上的一个反斜杠。

需要注意的是,只有字符串常量用单引号引起来时,字符串本身包含的单引号才需要进行转义,而双引号不必进行转义;只有字符串常量用双引号引起来时,字符串本身包含的双引号才需要进行转义,而单引号不必转义,例如,"ab'4c\"d5\\e"表示的字符串是

ab'4c"d5\e。

5. Null 常量

Null 常量用于表示变量引用的对象为空，它只有一个值，用 null 表示。

7.2.5 EL 中的运算符

EL 表达式支持简单的运算，例如，加(＋)、减(－)、乘(＊)、除(/)等。为此，在 EL 中提供了多种运算符，根据运算方式的不同，EL 中的运算符包括以下几种。

1. 点运算符(.)

EL 表达式中的点运算符，用于访问 JSP 页面中某些对象的属性，如 JavaBean 对象、List 对象、Array 对象等，其语法格式如下。

```
${customer.name}
```

在上述语法格式中，表达式 ${customer. name} 中点运算符的作用就是访问 customer 对象中的 name 属性。

2. 方括号运算符([])

EL 表达式中的方括号运算符与点运算符的功能相同，都用于访问 JSP 页面中某些对象的属性，当获取的属性名中包含一些特殊符号，如"－"或"?"等并非字母或数字的符号，就只能使用方括号运算符来访问该属性，其语法格式如下。

```
${user["My-Name"]}
```

需要注意的是，在访问对象的属性时，通常情况都会使用点运算符作为简单的写法，但实际上，方括号运算符比点运算符应用更加广泛。接下来就对比一下这两种运算符在实际开发中的应用，具体如下。

(1) 点运算符和方括号运算符在某种情况下可以互换，如 ${student. name} 等价于 ${student["name"]}。

(2) 方括号运算符和点运算符可以相互结合使用，例如，表达式 ${users[0]. userName}可以访问集合或数组中的第一个元素的 userName 属性。

(3) 方括号运算符还可以访问 List 集合或数组中指定索引的某个元素，如表达式 ${users[0]}用于访问集合或数组中第一个元素。在这种情况下，只能使用方括号运算符，而不能使用点运算符。

3. 算术运算符

EL 表达式中的算术运算符用于对整数和浮点数的值进行算术运算。使用这些算术运算符可以非常方便地在 JSP 页面进行算术运算，并且可以简化页面的代码量。接下来通过表 7-1 来列举 EL 表达式中所有的算术运算符。

表 7-1　算术运算符

算术运算符	说　明	算术表达式	结　果
+	加	${10+2}	12
-	减	${10-2}	8
*	乘	${10*2}	20
/(或 div)	除	${10/4}或${10 div 2}	2.5
%(或 mod)	取模(取余)	${10%4}或${10 mod 2}	2

表 7-1 中，列举了 EL 表达式中所有的算术运算符，这些运算符相对来说比较简单。在使用这些运算符时需要注意两个问题，“-”运算符既可以作为减号，也可以作为负号，“/”或“div”运算符在进行除法运算时，商为小数。

4. 比较运算符

EL 表达式中的比较运算符用于比较两个操作数的大小，操作数可以是各种常量、EL 变量或 EL 表达式，所有的运算符执行的结果都是布尔类型。接下来通过表 7-2 来列举 EL 表达式中所有的比较运算术符。

表 7-2　比较运算符

比较运算符	说　明	算术表达式	结　果
==(或 eq)	等于	${10==2}或${10 eq 2}	false
!=(或 ne)	不等于	${10!=2}或${10 ne 2}	true
<(或 lt)	小于	${10<2}或${10 lt 2}	false
>(或 gt)	大于	${10>2}或${10 gt 2}	true
<=(或 le)	小于等于	${10<=2}或${10 le 2}	false
>=(或 ge)	大于等于	${10>=2}或${10 ge 2}	true

表 7-2 中，列举了 EL 表达式中所有的比较运算符，在使用这些运算符时需要注意两个问题，具体如下。

(1) 比较运算符中的“==”是两个等号，千万不可只写一个等号。

(2) 为了避免与 JSP 页面的标签产生冲突，对于后 4 种比较运算符，EL 表达式中通常使用括号内的表示方式，例如，使用“lt”代替“<”运算符，如果运算符后面是数字，在运算符和数字之间至少要有一个空格，例如${1lt 2}，但后面如果有其他符号时则可以不加空格，例如${1lt(1+1)}。

5. 逻辑运算符

EL 表达式中的逻辑运算符用于对结果为布尔类型的表达式进行运算，运算的结果仍为布尔类型。接下来通过表 7-3 来列举 EL 表达式中所有的逻辑运算符。

表 7-3 逻辑运算符

逻辑运算符	说明	算术表达式	结果
&&(and)	逻辑与	${true&&false}或${true and false}	false
||(or)	逻辑或	${false\|\|true}或${false or true}	true
!(not)	逻辑非	${! true}或${not true}	false

表 7-3 中,列出了 EL 表达式中的 3 种逻辑运算符,需要注意的是,在使用 && 运算符时,如果有一个表达式结果为 false,则结果必为 false,在使用||运算符时,如果有一个表达式的结果为 true,则结果必为 true。

6. empty 运算符

EL 表达式中的 empty 运算符用于判断某个对象是否为 null 或"",结果为布尔类型,其基本的语法格式如下所示。

```
${empty var}
```

需要注意的是,empty 运算符可以判定变量(或表达式)是否为 null 或""。例如,下列情况 empty 运算符的返回值为 true。

(1) var 变量不存在,即没有定义,例如表达式 ${empty name},如果不存在 name 变量,就返回 true。

(2) var 变量的值为 null,例如表达式 ${empty customer. name},如果 customer. name 的值为 null,就返回 true。

(3) var 变量引用集合(Set、Map 和 List)类型对象,并且在集合对象中不包含任何元素。

7. 条件运算符

EL 表达式中条件运算符用于执行某种条件判断,它类似于 Java 语言中的 if－else 语句,其语法格式如下。

```
${A? B:C}
```

在上述语法格式中,表达式 A 的计算结果为布尔类型,如果表达式 A 的计算结果为 true,就执行表达式 B 并返回 B 的值;如果表达式 A 的计算结果为 false,就执行表达式 C 并返回 C 的值,例如表达式 ${(1==2)? 3:4}的结果就为 4。

8. "()"运算符

EL 表达式中的圆括号用于改变其他运算符的优先级,例如表达式 ${a*b+c},正常情况下会先计算 a*b 的积,然后再将计算的结果与 c 相加,如果在这个表达式中加一个圆括号运算符,将表达式修改为 ${a*(b+c)},这样则先计算 b 与 c 的和,再将计算的结果与 a 相乘。

需要注意的是,EL 表达式中的运算符都有不同的运算优先级,当 EL 表达式中包含多种运算符时，它们必须按照各自优先级的大小来进行运算。接下来，通过表 7-4 来描述这些运算符的优先级。

表 7-4　运算符的优先级

<table>
<tr><th>优先级</th><th>运　算　符</th><th>优先级</th><th>运　算　符</th></tr>
<tr><td>1</td><td>[].</td><td>6</td><td>< > <= >= lt gt le ge</td></tr>
<tr><td>2</td><td>()</td><td>7</td><td>== ! = eq ne</td></tr>
<tr><td>3</td><td>-(-) not ! empty</td><td>8</td><td>&& and</td></tr>
<tr><td>4</td><td>* / div % mod</td><td>9</td><td>|| or</td></tr>
<tr><td>5</td><td>+(+) -(-)</td><td>10</td><td>?:</td></tr>
</table>

表 7-4 列举了不同运算符各自的优先级大小。对于初学者来说，这些运算符的优先级不必刻意地去记忆。为了防止产生歧义，建议读者尽量使用"()"运算符来实现想要的运算顺序。

注意：在应用 EL 表达式取值时，没有数组的下标越界，没有空指针异常，没有字符串的拼接。

7.3　EL 隐式对象

在学习 JSP 技术时，提到过隐式对象的应用。在 EL 技术中，同样提供了隐式对象。EL 中的隐式对象共有 11 个，具体如表 7-5 所示。

表 7-5　EL 中的隐式对象

隐含对象名称	描　述
pageContext	对应于 JSP 页面中的 pageContext 对象
pageScope	代表 page 域中用于保存属性的 Map 对象
requestScope	代表 request 域中用于保存属性的 Map 对象
sessionScope	代表 session 域中用于保存属性的 Map 对象
applicationScope	代表 application 域中用于保存属性的 Map 对象
param	表示一个保存了所有请求参数的 Map 对象
paramValues	表示一个保存了所有请求参数的 Map 对象，它对于某个请求参数，返回的是一个 string 类型数组
header	表示一个保存了所有 http 请求头字段的 Map 对象
headerValues	表示一个保存了所有 http 请求头字段的 Map 对象，返回 string 类型数组
cookie	用来取得使用者的 cookie 值，cookie 的类型是 Map
initParam	表示一个保存了所有 Web 应用初始化参数的 Map 对象

在表 7-5 列举的隐式对象中，pageContext 可以获取其他 10 个隐式对象，pageScope、requestScope、sessionScope、applicationScope 是用于获取指定域的隐式对象，param 和

paramValues是用于获取请求参数的隐式对象，header和headerValues是用于获取HTTP请求消息头的隐式对象，cookie是用于获取Cookie信息的隐式对象，initParam是用于获取Web应用初始化信息的隐式对象。本节将针对这11个隐式对象进行详细的讲解。

7.3.1 pageContext对象

为了获取JSP页面的隐式对象，可以使用EL表达式中的pageContext隐式对象。pageContext隐式对象的示例代码如下

```
$ {pageContext.response.characterEncoding}
```

在上述示例中，pageContext对象用于获取response对象中的characterEncoding属性。接下来，通过一个案例来演示pageContext隐式对象的具体用法，如例7-4所示。

例7-4 pageContext.jsp

```
1    <%@page language="java" contentType="text/html; charset=utf-8"
2        pageEncoding="utf-8"%>
3    <html>
4    <head></head>
5    <body>
6        请求URI为：${pageContext.request.requestURI}<br>
7        Content-Type响应头：${pageContext.response.contentType}<br>
8        服务器信息为：${pageContext.servletContext.serverInfo}<br>
9        Servlet注册名为：${pageContext.servletConfig.servletName}<br>
10   </body>
11   </html>
```

启动Tomcat服务器，在地址栏中输入“http://localhost:8080/chapter07/pageContext.jsp”访问pageContext.jsp页面，此时，浏览器窗口中显示的结果如图7-2所示。

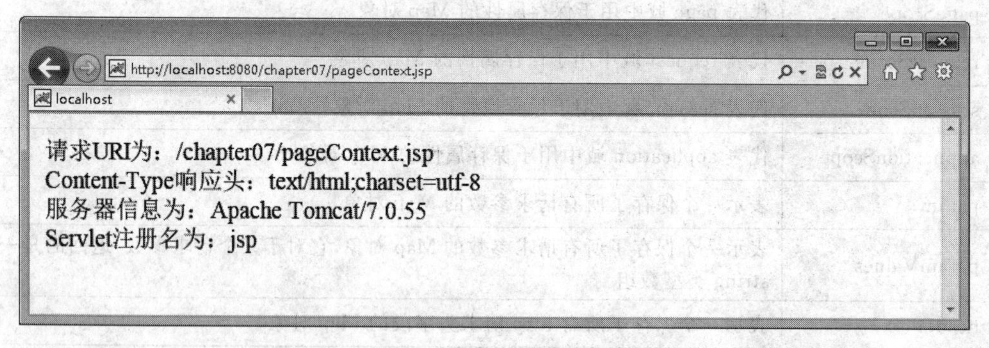

图7-2 pageContext.jsp

从图7-2可以看出，使用EL表达式中的pageContext对象成功地获取到了request、response、servletContext和servletConfig对象中的属性。需要注意的是，不要将EL表达式中的隐式对象与JSP中的隐式对象混淆，只有pageContext对象是它们所共有的，其他隐式对象则毫不相关。

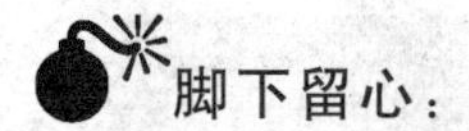

脚下留心：

如果某个对象存储的属性名与 EL 隐式对象的名称相同，那么，通过 EL 表达式获取对象的属性是无法实现的。接下来通过一个案例来验证这种情况，首先在 chapter07 工程中的 WebContent 根目录中编写一个 implicit. jsp 文件，在该文件的 session 域对象中存储一个名为 pageContext 的属性，如例 7-5 所示。

例 7-5　implicit. jsp

```
1   <%@page language="java" contentType="text/html; charset=utf-8"
2       pageEncoding="utf-8"%>
3   <html>
4   <head></head>
5   <body>
6       <%session.setAttribute("pageContext", "itcast");    %>
7       输出表达式{pageContext}的值:<br>
8       ${pageContext}
9   </body>
10  </html>
```

打开 IE 浏览器，在地址栏中输入“http://localhost:8080/chapter07/implicit. jsp”访问 implicit. jsp 页面，此时，浏览器窗口中显示的结果如图 7-3 所示。

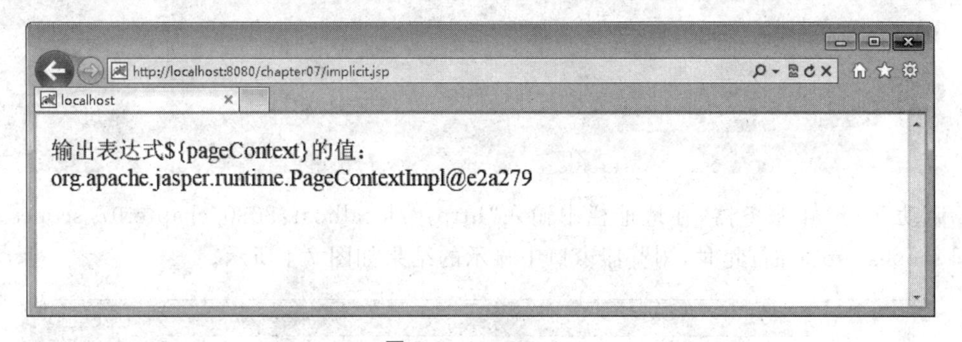

图 7-3　implicit. jsp

从图 7-3 可以看出，浏览器窗口中输出表达式 ${pageContext} 的值并不是 itcast，而是一个对象，这个对象就是 EL 中的 pageContext 隐式对象。因此，可以说明如果域对象中定义的属性名称与 EL 隐式对象相同时，使用 EL 表达式不能获取域对象中的属性，只能获取到一个隐式对象。

7.3.2　Web 域相关对象

在 Web 开发中，PageContext、HttpServletRequest、HttpSession 和 ServletContext 这 4 个对象之所以可以存储数据，是因为它们内部都定义了一个 Map 集合，这些 Map 集合是有一定作用范围的，例如，HttpRequest 对象存储的数据只在当前请求中可以获取到。习惯性地，我们把这些 Map 集合称为域，这些 Map 集合所在的对象称为域对象。在 EL 表达式中，为了获取指定域中的数据，提供了 pageScope、requestScope、sessionScope 和 applicationScope 4 个隐式对象，示例代码如下。

```
${pageScope.userName}
${requestScope.userName}
${sessionScope.userName}
${applicationScope.userName}
```

需要注意的是，EL 表达式只能在这 4 个作用域中获取数据。为了让读者更好地学习这 4 个隐式对象，接下来通过一个案例来演示这 4 个隐式对象如何访 JSP 域对象中的属性，如例 7-6 所示。

例 7-6　scopes.jsp

```
1    <%@page language="java" contentType="text/html; charset=utf-8"
2        pageEncoding="utf-8"%>
3    <html>
4    <head></head>
5    <body>
6        <%pageContext.setAttribute("userName", "itcast"); %>
7        <%request.setAttribute("bookName", "Java Web"); %>
8        <%session.setAttribute("userName", "itheima"); %>
9        <%application.setAttribute("bookName", "Java 基础"); %>
10       表达式\${pageScope.userName}的值为：${pageScope.userName}<br>
11       表达式\${requestScope.bookName}的值为：${requestScope.bookName}<br>
12       表达式\${sessionScope.userName}的值为：${sessionScope.userName}<br>
13       表达式\${applicationScope.bookName}的值为：${applicationScope.bookName}
14       <br>
15       表达式\${userName}的值为：${userName}
16    </body>
17    </html>
```

启动 Tomcat 服务器，在地址栏中输入"http://localhost:8080/chapter07/scopes.jsp"访问 scopes.jsp 页面，此时，浏览器窗口中显示的结果如图 7-4 所示。

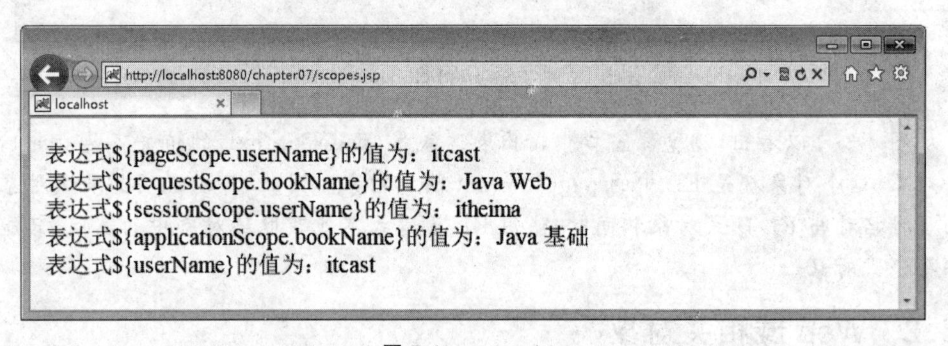

图 7-4　scopes.jsp

从图 7-4 可以看出，使用 pageScope、requestScope、sessionScope 和 applicationScope 这 4 个隐式对象成功地获取到了相应 JSP 域对象中的属性值。需要注意的是，使用 EL 表达式获取某个域对象中的属性时，也可以不使用这些隐式对象来指定查找域，而是直接引用域中的属性名称即可，例如，表达式 ${userName}就是在 page、request、session、application 这 4 个作用域内按顺序依次查找 userName 属性。

7.3.3 param 和 paramValues 对象

在JSP页面中,经常需要获取客户端传递的请求参数,为此,EL表达式提供了param和paramValues两个隐式对象,这两个隐式对象专门用于获取客户端访问JSP页面时传递的请求参数。接下来针对这两个对象进行讲解,具体如下。

1. param 对象

param对象用于获取请求参数的某个值,它是Map类型,与request.getParameter()方法相同,在使用EL获取参数时,如果参数不存在,返回的是空字符串,而不是null。param对象的语法格式比较简单,具体示例如下。

```
${param.num}
```

2. paramValues 对象

如果一个请求参数有多个值,可以使用paramValues对象来获取请求参数的所有值,该对象用于返回请求参数所有值组成的数组,如果要获取某个请求参数的第一个值,可以使用如下代码。

```
${paramValues.nums[0]}
```

为了让读者更好地学习这两个隐式对象,接下来通过一个案例演示param和paramValues隐式对象如何获取请求参数的值,如例7-7所示。

例7-7 param.jsp

```
1   <%@page language="java" contentType="text/html; charset=utf-8"
2       pageEncoding="utf-8"%>
3   <html>
4   <head></head>
5   <body>
6   <body style="text-align: center;">
7       <form action="${pageContext.request.contextPath}/param.jsp">
8           num1:<input type="text" name="num1"><br>
9           num2:<input type="text" name="num"><br>
10          num3:<input type="text" name="num"><br>
11          <input type="submit" value="提交"/>  
12          <input type="submit" value="重置"/><p><hr>
13          num1: ${param.num1}<br>
14          num2: ${paramValues.num[0]}<br>
15          num3: ${paramValues.num[1]}<br>
16      </form>
17   </body>
18   </html>
```

打开IE浏览器,在地址栏中输入"http://localhost:8080/chapter07/param.jsp"访问param.jsp页面,此时,浏览器窗口中会显示一个表单,在这个表单中输入三个数字,分别为

10、20、30，然后单击“提交”按钮，浏览器窗口中显示的结果如图 7-5 所示。

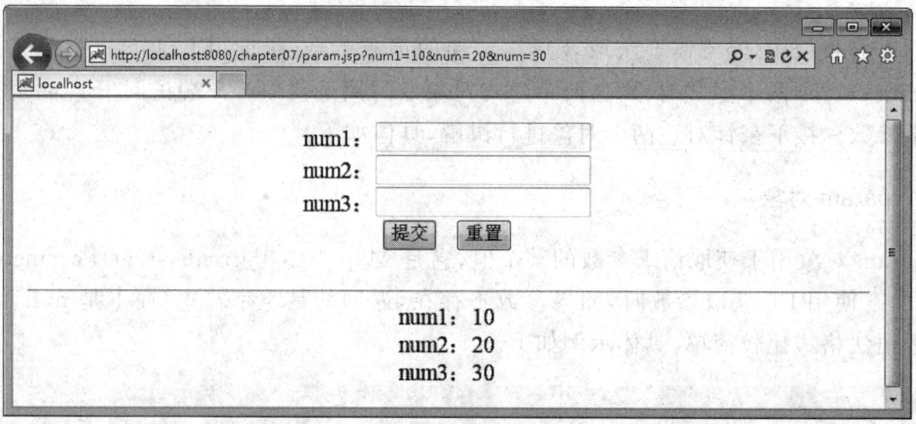

图 7-5 param.jsp

从图 7-5 可以看出，输入的三个数字全部都在浏览器中显示了，这是因为在例 7-7 中使用 param 对象获取了请求参数 num1 的值为 10，使用 paramValues 对象获取了同一个请求参数 num 的两个值，分别为 20 和 30。需要注意的是，如果一个请求参数有多个值，那么在使用 param 获取请求参数时，则返回请求参数的第一个值。

7.3.4 header 和 headerValues 对象

当客户端访问 Web 服务器中的 JSP 页面时，会通过请求消息头传递一些信息，例如请求消息头中的“User-Agent”字段可以告诉服务器浏览器的类型。为了获取请求消息头中的信息，EL 表达式提供了两个隐式对象 header 和 headerValues，接下来，针对这两个对象进行详细讲解，具体如下。

1. header 对象

header 对象用于获取请求头字段的某个值，具体示例如下。

```
${header["user- agent"]}
```

2. headerValues 对象

如果一个请求头字段有多个值，可以使用 headerValues 对象，该对象用于返回请求头字符的所有值组成的数组，如果要获取某个请求头字段的第一个值，可以使用如下代码。

```
${headerValues["Accept- Language"][0]}
```

为了让读者更好地学习这两个隐式对象，接下来通过一个案例来演示 header 和 headerValues 隐式对象如何获取请求参数的值，如例 7-8 所示。

例 7-8 header.jsp

```
1    <%@page language="java" contentType="text/html; charset=utf-8"
2        pageEncoding="utf-8" import="java.util.*"%>
```

```
3    <html>
4    <head></head>
5    <body>
6        header.host:${header.host}
7        headerValues["Accept-Language"]:${headerValues["Accept-Language"][0]}
8        headerValues["Accept-Language"]:${headerValues["Accept-Language"][1]}
9    </body>
10   </html>
```

由于请求消息头中 Accept-Language 头字段的格式为 zh-cn,zh;q=0.8,en-us;q=0.5,en;q=0.3,因此,使用 headerValues 对象只能获取到一个值 zh-cn,假设将 Accept-Language 头字段赋予多个值,具体代码如下。

```
GET/chapter07/header.jsp HTTP/1.1
Host: localhost:8080
Accept-Language: zh-cn
Accept-Language: en-us
```

此时,使用 headerValues 对象便可以获取 Accept-Language 头字段的多个值,获取到的结果如下。

```
header.host:localhost:8080
headerValues["Accept-Language"]:zh-cn
headerValues["Accept-Language"]:en-us
```

需要注意的是,如果一个请求头字段有多个值,那么在使用 header 获取请求参数时,则返回请求头字段的第一个值。

7.3.5 Cookie 对象

在 JSP 开发中,经常需要获取客户端的 Cookie 信息,为此,在 EL 表达式中,提供了 Cookie 隐式对象,该对象是一个代表所有 Cookie 信息的 Map 集合,Map 集合中元素的键为各个 Cookie 的名称,值则为对应的 Cookie 对象,具体示例如下。

```
获取 cookie 对象的信息: ${cookie.userName}
获取 cookie 对象的名称: ${cookie.userName.name}
获取 cookie 对象的值: ${cookie.userName.value}
```

为了让读者更好地学习 Cookie 隐式对象,接下来通过一个案例演示如何获取一个 Cookie 对象中的信息,如例 7-9 所示。

例 7-9 cookie.jsp

```
1    <%@page language="java" contentType="text/html; charset=utf-8"
2        pageEncoding="utf-8"%>
3    <html>
4    <head></head>
5    <body>
6        <%response.addCookie(new Cookie("userName", "itcast")); %>
```

```
7        Cookie 对象的信息:<br>
8        ${cookie.userName }<br>
9        Cookie 对象的名称和值:<br>
10        ${cookie.userName.name }=${cookie.userName.value }
11    </body>
12    </html>
```

打开 IE 浏览器，在地址栏中输入“http://localhost:8080/chapter07/cookie.jsp”访问 cookie.jsp 页面，此时，由于是浏览器第一次访问 cookie.jsp 页面，还没有接收到名为 userName 的 Cookie 信息，因此，浏览器窗口中不会显示 Cookie 信息。接下来刷新浏览器，此时浏览器窗口中显示的结果如图 7-6 所示。

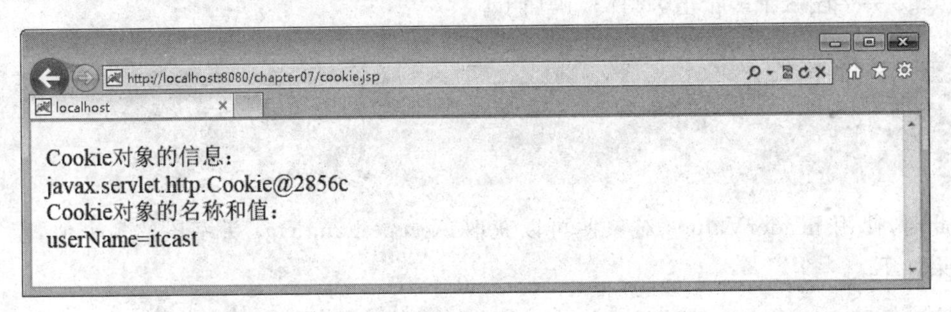

图 7-6 cookie.jsp

从图 7-6 可以看出，浏览器窗口中显示了获取到的 Cookie 的信息，这是因为当浏览器访问过 cookie.jsp 页面后，它接收到了名为 userName 的 Cookie 信息，当再次刷新访问 cookie.jsp 页面时，浏览器将向 Web 服务器回传名为 userName 的 Cookie 信息，使用表达式 ${cookie.userName.name }和 ${cookie.userName.value }便可以获取 Cookie 的名称和值。

7.3.6 initParam 对象

在开发一个 Web 应用程序时，通常会在 web.xml 文件中配置一些初始化参数，为了方便获取这些参数，EL 表达式提供了一个 initParam 隐式对象，该对象可以获取 Web 应用程序中全局初始化参数，具体示例如下所示。

```
${initParam.count}
```

为了让读者更好地学习 initParam 隐式对象，接下来就在 chapter07 工程中配置初始化参数，然后获取配置好的初始化参数。

(1) 打开 chapter07 工程的 web.xml 文件，在<web-app>元素下增加一个<context-param>子元素，具体代码如下。

```
<context-param>
    <param-name>webSite</param-name>
    <param-value>www.itcast.cn</param-value>
</context-param>
```

(2) 在 chapter07 工程的 WebContex 根目录下，创建一个 initparam.jsp 文件，在该文件中使用 initParam 对象获取 web.xml 文件中配置的初始化参数，如例 7-10 所示。

例 7-10　initparam.jsp

```
1  <%@page language="java" contentType="text/html; charset=utf-8"
2      pageEncoding="utf-8"%>
3  <html>
4  <head></head>
5  <body>
6      初始化参数 webSite 的值为:     <br>
7      ${initParam.webSite}
8  </body>
9  </html>
```

重新启动 Tomcat，打开 IE 浏览器，在地址栏中输入"http://localhost:8080/chapter07/initparam.jsp 访问 initparam.jsp"页面，此时，浏览器窗口中显示的结果如图 7-7 所示。

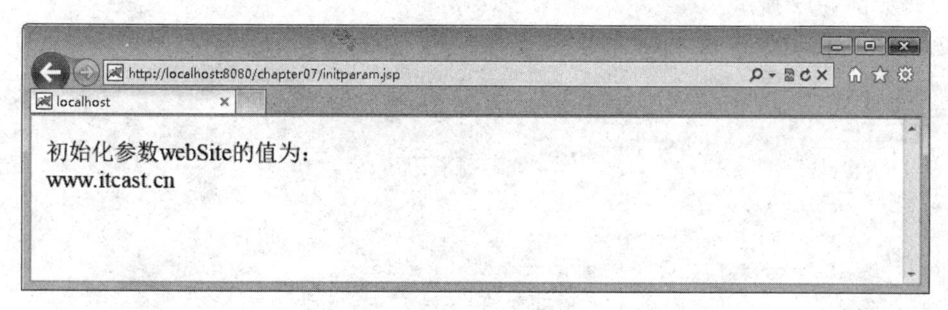

图 7-7　initparam.jsp

从图 7-7 可以看出，webSite 的值为 www.itcast.cn，这个值就是在 web.xml 文件中配置的初始化参数。在例 7-10 中使用 initParam 隐式对象便可以获取到当前应用的初始化参数。

7.4　自定义 EL 函数

EL 表达式简化了 JSP 页面的书写，使不懂 Java 编程的开发人员也可以编写功能强大的 JSP 页面。但 EL 本身的功能毕竟有限，例如，对于循环语句，EL 表达式是很难实现的。因此，EL 表达式允许用户自定义 EL 函数。接下来，本节将针对自定义 EL 函数进行详细的讲解。

7.4.1　HTML 注入

在 JSP 开发中，经常会提交一些包含"<"、">"等特殊 HTML 字符的数据，如果程序不对这些特殊字符进行转换，浏览器将把这些特殊字符当作 HTML 标签进行解释执行，这就是所谓的"HTML 注入"。接下来通过一个用户留言的案例来演示 HTML 注入，具体步骤如下。

(1) 在 Web 工程 chapter07 的 WebContent 根目录中，新建一个 displayMessage.jsp 文件，displayMessage.jsp 文件的具体实现代码如例 7-11 所示。

例 7-11 displayMessage.jsp

```
1   <%@page language="java" pageEncoding="UTF-8"%>
2   <html>
3   <body>
4       <form action="ResultServlet" method="post">
5           用户名:<input type="text" name="username"><br>
6           留 言:
7           <textarea rows="6" cols="50" name="message"></textarea>
8           <br><input type="submit" value="提交">
9       </form>
10  </body>
11  </html>
```

(2) 编写 ResultServlet，该 Servlet 用于获取用户名和留言内容，ResultServlet 的具体实现代码如例 7-12 所示。

例 7-12 ResultServlet.java

```
1   package cn.itcast.chapter07.servlet;
2   import java.io.IOException;
3   import javax.servlet.*;
4   import javax.servlet.http.*;
5   public class ResultServlet extends HttpServlet {
6       protected void doPost(HttpServletRequest request, HttpServletResponse
7                   response) throws ServletException, IOException {
8           request.setCharacterEncoding("UTF-8");
9           String name=request.getParameter("username");
10          String message=request.getParameter("message");
11          request.setAttribute("name", name);
12          request.setAttribute("message", message);
13          request.getRequestDispatcher("/result.jsp")
14                  .forward(request, response);
15      }
16      protected void doGet(HttpServletRequest request, HttpServletResponse
17                  response) throws ServletException, IOException {
18          this.doPost(request, response);
19      }
20  }
```

(3) 编写 result.jsp 文件，该文件用于显示用户名和留言内容，result.jsp 的具体实现代码如例 7-13 所示。

例 7-13 result.jsp

```
1   <%@page language="java" pageEncoding="UTF-8"%>
2   <html>
3   <head>
4   <title>Insert title here</title>
```

```
5      </head>
6      <body>
7          用户名:${name}<br/>
8          留言内容:${message}
9      </body>
10     </html>
```

(4) 启动 Tomcat 服务器,在浏览器中输入 URL 地址"http://localhost:8080/chapter07/displayMessage.jsp"访问 displayMessage.jsp 页面,并在对应的输入框中填写内容,具体如图 7-8 所示。

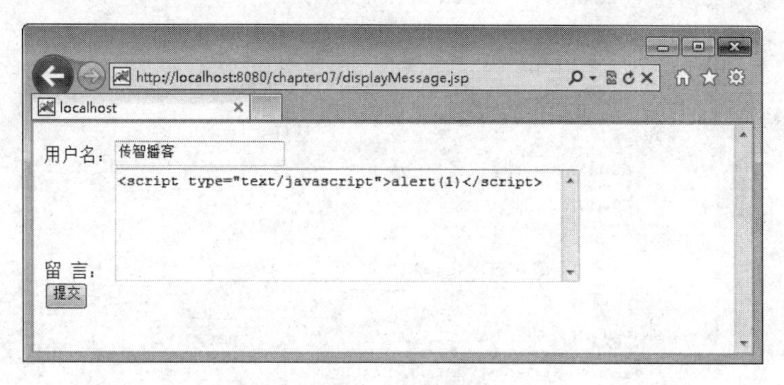

图 7-8　运行结果

单击图 7-8 中的"提交"按钮,浏览器显示的结果如图 7-9 所示。

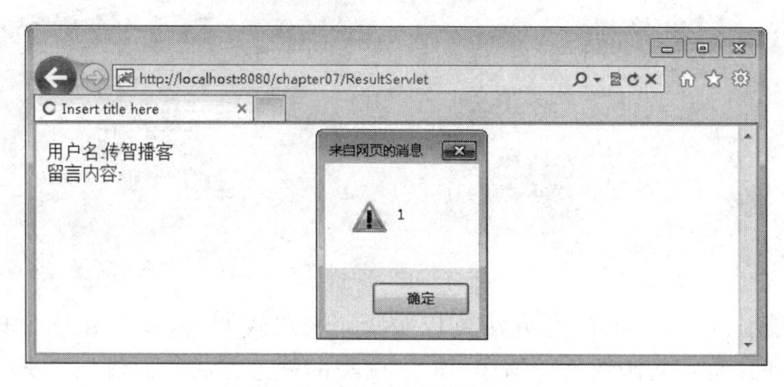

图 7-9　运行结果

从图 7-9 可以看出,浏览器弹出了一个网页的消息窗口,说明浏览器将 displayMessage.jsp 文件中的 JS 代码当作普通 HTML 进行解析了,实现了"HTML 注入"。

7.4.2　案例——自定义 EL 函数防止 HTML 注入

在 7.4.1 节中,讲解了 HTML 注入,如果在留言页面中出现这样的情况,将会给网站造成一定的影响,为了避免这种情况的发生,通常会使用自定义 EL 函数防止 HTML 注入。接下来分步骤实现这个案例,具体步骤如下。

(1) 开发自定义 EL 函数,首先需要编写一个执行自定义函数功能的 Java 类,编写的 Java 类必须定义为 public,并且作为函数的方法必须声明为 public static 类型。接下来编写一个 Java 类,用于实现 HTML 编码转换,如例 7-14 所示。

例 7-14 HTMLFilter.java

```
1   package cn.itcast.chapter07.util;
2   public class HTMLFilter {
3       public static String filter(String message) {
4           if (message==null){
5               return (null);
6           }
7           char content[]=new char[message.length()];
8           message.getChars(0, message.length(), content, 0);
9           StringBuffer result=new StringBuffer(content.length+50);
10          for (int i=0; i<content.length; i++) {
11              switch (content[i]) {
12              case '<':
13                  result.append("&lt;");
14                  break;
15              case '>':
16                  result.append("&gt;");
17                  break;
18              case '&':
19                  result.append("&amp;");
20                  break;
21              case '"':
22                  result.append("&quot;");
23                  break;
24              default:
25                  result.append(content[i]);
26              }
27          }
28          return (result.toString());
29      }
30  }
```

(2) 为了能让 Java 类的静态方法可以被 EL 表达式调用,需要在一个标签库描述符(tld)文件中对 EL 自定义函数进行描述,将 Java 类的静态方法映射成一个 EL 自定义函数。接下来编写一个描述自定义 EL 函数的 mytaglib.tld 文件,该文件可以放置到 WEB-INF 目录中或 WEB-INF 目录下的除了 classes 和 lib 目录之外的任意子目录中。mytaglib.tld 文件的具体实现代码如例 7-15 所示。

例 7-15 mytaglib.tld

```
1   <?xml version="1.0" encoding="UTF-8"?>
2   <taglib xmlns="http://java.sun.com/xml/ns/j2ee"
3       xmlns:xsi="http://www.w3.org/2001/XMLSchema-instance"
4       xsi:schemaLocation="http://java.sun.com/xml/ns/j2ee
5       http://java.sun.com/xml/ns/j2ee/web-jsptaglibrary_2_0.xsd"
6       version="2.0">
7       <tlib-version>1.0</tlib-version>
8       <short-name>function</short-name>
```

```
9       <uri>http://www.itcast.cn</uri>
10      <function>
11          <name>filter</name>
12          <function-class>
13                  cn.itcast.chapter07.util.HTMLFilter
14          </function-class>
15          <function-signature>
16              java.lang.String filter(java.lang.String)
17           </function-signature>
18      </function>
19  </taglib>
```

上面的示例就是一个简单的tld文件，接下来，针对tld文件中的一些元素进行详细讲解，具体如下。

① <taglib>元素是tld文件的根元素，用于声明该JSP文件使用了标签库，不需要对其进行修改，只需从目录<Tomcat安装目录>\webapps\examples\WEB-INF\jsp2\jsp2-example-taglib.tld中复制即可。

② <uri>元素用于指定该tld文件的URL，在JSP文件中需要通过这个URI来引入该标签库的描述文件，必须把<uri>元素的内容修改为自定的URI。

③ <function>元素用于描述一个自定义EL函数，其中，<name>子元素用于指定自定义EL函数的名称，<function-class>子元素用于指定完整的Java类名，<function-signature>子元素用于Java类静态方法的签名，方法签名必须指明方法的返回值类型及各个参数的类型，各个参数之间用逗号隔开。需要注意的是，一个tld文件中可以有多个<function>元素，每个<function>元素分别用于描述一个自定义的EL函数，同一个tld文件中的每个<function>元素的<name>子元素设置的EL函数名称不能相同。

(3) 编写完标签库文件后，要在JSP页面使用自定义函数，还必须在JSP页面通过taglib指令来引入tld文件，具体示例如下。

```
<%@taglib prefix="itcast" uri="http://www.itcast.cn" %>
```

在上述示例中，其中，uri属性用于指定所引入tld文件的URI，即tld文件中定义的<uri>元素的内容；prefix属性用于为引入的tld文件定义一个“代号”。当在JSP文件中调用tld文件中的EL函数时，需要将这个“代号”作为自定义EL函数的前缀。

在JSP文件中引入tld文件后，就可以通过EL表达式调用tld文件中的自定义EL函数，例如，要想调用上面的tld文件中的filter自定义函数，则可以通过如下所示的语句：

```
${itcast:filter(message)
```

接下来对result.jsp文件进行修改，在该文件中使用编写好的EL函数，修改后的result.jsp文件如例7-16所示。

例7-16 result.jsp

```
1   <%@page language="java" pageEncoding="UTF-8"%>
2   <%@taglib prefix="itcast" uri="http://www.itcast.cn" %>
3   <html>
```

```
4     <head>
5     <title>Insert title here</title>
6     </head>
7     <body>
8           用户名:${name}<br/>
9           留言内容:${itcast:filter(message)}
10    </body>
11    </html>
```

(4) 启动 Tomcat 服务器，在浏览器中输入地址“http://localhost:8080/chapter07/displayMessage.jsp”访问 displayMessage.jsp 页面，重新填写用户名“传智播客”，留言“＜script type＝"text/javascript"＞alert(1)＜/script＞”，当单击“提交”按钮后，浏览器显示的结果如图 7-10 所示。

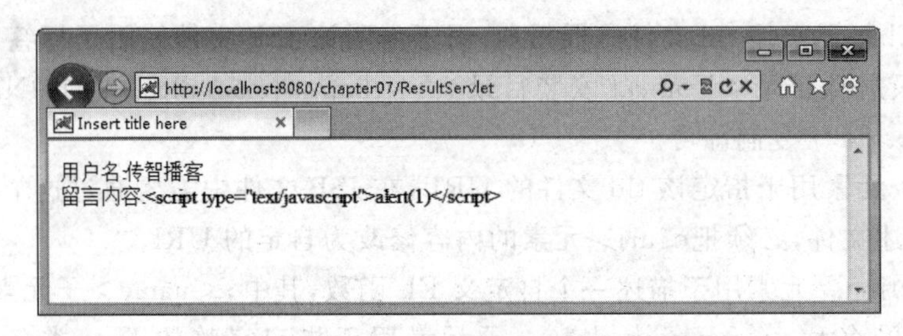

图 7-10 运行结果

从图 7-10 中可以看出，浏览器显示出了原始的 HTML 内容，由此可见，自定义 EL 函数有效防止了 HTML 注入。

小结

本章主要讲解了 EL 表达式，包括 EL 表达式的基本语法、EL 表达式的 11 个隐式对象以及如何使用自定义 EL 函数防止 HTML 注入。通过本章的学习，读者可以通过使用 EL 表达式简化 JSP 开发中引用对象，从而规范页面代码，增加程序的可读性及可维护性。

【思考题】

自定义并使用 EL 函数实现将文本框中的内容反向输出的功能。

第 8 章 JSP标准标签库

学习目标

- ◆ 熟练掌握JSTL中的Core标签库；
- ◆ 熟练掌握JSTL中的Functions标签库。

在JSP中可以通过Java代码来获取信息，但是过多的Java代码会使JSP页面非常复杂。为此，Sun公司制定了一套标准标签库JSTL，本章将针对JSTL中的标签进行详细的讲解。

8.1 JSTL入门

8.1.1 什么是JSTL

从JSP1.1规范开始，JSP就支持使用自定义标签，使用自定义标签大大降低了JSP页面的复杂度，同时增强了代码的重用性。为此，许多Web应用厂商都定制了自身应用的标签库，然而同一功能的标签由不同的Web应用厂商制定可能是不同的，这就导致市面上出现了很多功能相同的标签，令网页制作者无从选择，为了解决这个问题，Sun公司制定了一套标准标签库(Java Server Pages Standard Tag Library)，简称JSTL。

JSTL虽然被称为标准标签库，而实际上这个标签库是由5个不同功能的标签库共同组成的。在JSTL1.1规范中，为这5个标签库分别指定了不同的URI以及建议使用的前缀，如表8-1所示。

表8-1 JSTL包含的标签库

标签库	标签库的URI	前缀
Core	http://java.sun.com/jsp/jstl/core	c
I18N	http://java.sun.com/jsp/jstl/fmt	fmt
SQL	http://java.sun.com/jsp/jstl/sql	sql
XML	http://java.sun.com/jsp/jstl/xml	x
Functions	http://java.sun.com/jsp/jstl/functions	fn

表8-1中，列举了JSTL中包含的所有标签库，以及JSTL中各个标签库的URI和建议使用的前缀，接下来将分别对这些标签库进行讲解。

(1) Core是一个核心标签库，它包含实现Web应用中通用操作的标签。例如，用于输出文本内容的<c:out>标签、用于条件判断的<c:if>标签、用于迭代循环的<c:forEach>标签。

(2) I18N是一个国际化/格式化标签库，它包含实现Web应用程序的国际化标签和格式化标签。例如，设置JSP页面的本地信息、设置JSP页面的时区、使日期按照本地格式显示等。

(3) SQL是一个数据库标签库，它包含用于访问数据库和对数据库中的数据进行操作的标签。例如，从数据库中获得数据库连接、从数据库表中检索数据等。由于在软件分层开发模型中，JSP页面仅作为表示层，一般不会在JSP页面中直接操作数据库，因此，JSTL中提供的这套标签库不经常使用。

(4) XML是一个操作XML文档的标签库，它包含对XML文档中的数据进行操作的标签。例如，解析XML文件、输出XML文档中的内容，以及迭代处理XML文档中的元素。XML广泛应用于Web开发，使用XML标签库处理XML文档更加简单方便。

(5) Functions是一个函数标签库，它提供了一套自定义EL函数，包含JSP网页制作者经常要用到的字符串操作。例如，提取字符串中的子字符串、获取字符串的长度等。

8.1.2 安装和测试JSTL

通过8.1.1节的学习，了解了JSTL的基本知识，要想在JSP页面中使用JSTL，首先需要安装JSTL。接下来，分步骤演示JSTL的安装和测试，具体如下。

1. 下载JSTL包

从Apache网站下载JSTL的jar包。进入http://archive.apache.org/dist/jakarta/taglibs/standard/网址下载JSTL的安装包jakarta-taglibs-standard-1.1.2.zip，然后将下载好的JSTL安装包进行解压，此时，在lib目录下可以看到两个jar文件，分别为jstl.jar、standard.jar。其中，jstl.jar文件包含JSTL规范中定义的接口和相关类，standard.jar文件包含用于实现JSTL的.class文件以及JSTL中5个标签库描述符文件(TLD)。

2. 安装JSTL

在Eclipse中创建一个名称为chapter08的Web工程，接下来将jstl.jar、standard.jar这两个文件复制到<chapter08>\WEB-INF\lib目录下，如图8-1所示。

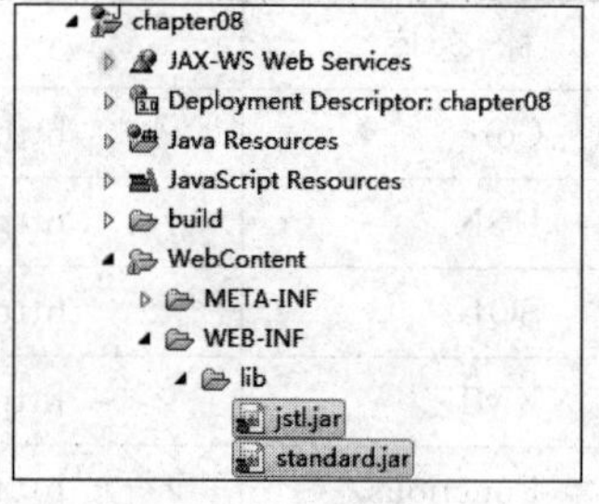

图8-1 导入jstl.jar和standard.jar文件

从图8-1可以看出，jstl.jar和standard.jar这两个文件已经被导入到chapter08工程的lib文件夹中，这个过程就相当于在chapter08工程中安装JSTL，安装完JSTL后，就可以在JSP文件中使用JSTL标签库。

3. 测试JSTL

JSTL安装完成后，就需要测试JSTL安装是否成功。由于在测试的时候使用的是<c:out>标签，因此，需要使用taglib指令导入Core标签库，具体代码如下。

```
<%@taglib uri="http://java.sun.com/jsp/jstl/core" prefix="c"%>
```

在上述代码中，taglib 指令的 uri 属性用于指定引入标签库描述符文件的 URI，prefix 属性用于指定引入标签库描述符文件的前缀，在 JSP 文件中使用这个标签库中的某个标签时，都需要使用这个前缀。

接下来编写一个简单的 JSP 文件 test.jsp，使用 taglib 指令引入 Core 标签库，在该文件中使用<c:out>标签，如例 8-1 所示。

例 8-1　test.jsp

```
1  <%@page language="java" contentType="text/html; charset=utf-8"
2      pageEncoding="utf-8"%>
3  <%@taglib uri="http://java.sun.com/jsp/jstl/core" prefix="c"%>
4  <html>
5  <head></head>
6  <body>
7      <c:out value="Hello World!"></c:out>
8  </body>
9  </html>
```

打开 IE 浏览器，在地址栏中输入"http://localhost:8080/chapter08/test.jsp"访问 test.jsp 页面，此时，浏览器窗口中显示的结果如图 8-2 所示。

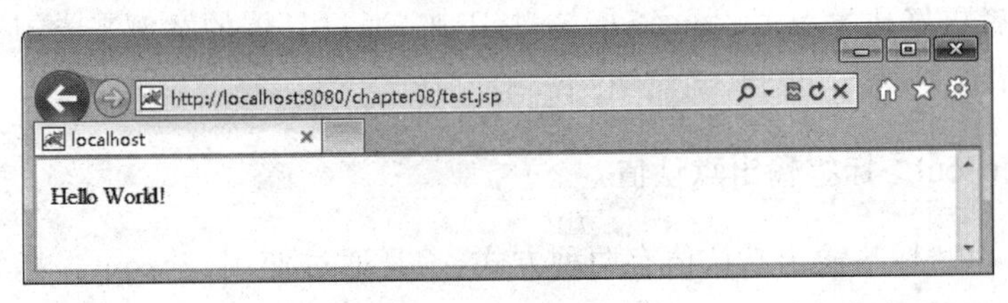

图 8-2　test.jsp

从图 8-2 可以看出，使用浏览器访问 test.jsp 页面时，输出了"Hello World!"，由此可见，JSTL 标签安装成功了。

8.2　JSTL 中的 Core 标签库

通过前面的讲解可以知道 JSTL 包含 5 个标签库，其中，Core 标签库是 JSTL 中的核心标签库，包含 Web 应用中通用操作的标签。本节将针对 JSTL 中的 Core 标签库进行详细的讲解。

8.2.1　<c:out>标签

在 JSP 页面中，最常见的操作就是向页面输出一段文本信息，为此，Core 标签库提供了一个<c:out>标签，该标签可以将一段文本内容或表达式的结果输出到客户端。如果<c:out>标签输出的文本内容中包含需要进行转义的特殊字符，例如 >、<、&、'、" 等，<c:out>标签会默认对它们进行 HTML 编码转换后再输出。<c:out>标签有两种语法格式，具体如下。

语法1：没有标签体的情况。

```
<c:out value="value" [default="defaultValue"]
[escapeXml="{true|false}"]/>
```

语法2：有标签体的情况，在标签体中指定输出的默认值。

```
<c:out value="value" [escapeXml="{true|false}"]>
    defaultValue
</c:out>
```

在上述语法格式中，可以看到<c:out>标签有多个属性，接下来针对这些属性进行讲解，具体如下。

(1) value属性用于指定输出的文本内容。

(2) default属性用于指定当value属性为null时所输出的默认值，该属性是可选的（方括号中的属性都是可选的）。

(3) escapeXml属性用于指定是否将>、<、&、'、" 等特殊字符进行HTML编码转换后再进行输出，默认值为true。需要注意的是，只有当value属性值为null时，<c:out>标签才会输出默认值，如果没有指定默认值，则默认输出空字符串。

为了使读者更好地学习<c:out>标签，接下来，通过具体的案例来学习<c:out>标签的使用，如下所示。

1. 使用<c:out>标签输出默认值

使用<c:out>标签输出默认值有两种方式，一是通过使用<c:out>标签的default属性输出默认值，二是通过使用<c:out>标签的标签体输出默认值。接下来通过一个案例来演示这两种使用方式，如例8-2所示。

例8-2　c_out1.jsp

```
1   <%@page language="java" contentType="text/html;
2   charset=utf-8" pageEncoding="utf-8"%>
3   <%@taglib uri="http://java.sun.com/jsp/jstl/core" prefix="c"%>
4   <html>
5   <head></head>
6   <body>
7       <%--第1个out标签 --%>
8       userName属性的值为:
9       <c:out value="${param.username}" default="unknown"/><br>
10      <%--第2个out标签 --%>
11      userName属性的值为:
12      <c:out value="${param.username}">
13       unknown
14      </c:out>
15  </body>
16  </html>
```

打开 IE 浏览器，在地址栏中输入“http://localhost:8080/chapter08/c_out1.jsp”访问 c_out1.jsp 页面，此时，浏览器窗口中显示的结果如图 8-3 所示。

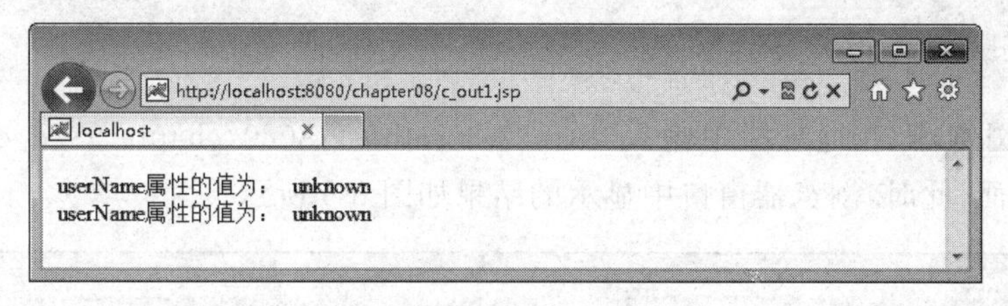

图 8-3　c_out1.jsp

从图 8-3 可以看出，浏览器窗口中输出了两个默认值均为 unknown，这是通过使用<c:out>标签的 default属性以及标签体的两种方式来设置的默认值，这两种方式实现的效果相同。由于在客户端访问 c_out1.jsp 页面时，并没有传递 username 参数，所以表达式 ${param.username}的值为 null，因此，<c:out>标签就会输出默认值。

如果不想让<c:out>标签输出默认值，可以在客户端访问 c_out1.jsp 页面时传递一个参数，在浏览器地址栏中输入“http://localhost:8080/chapter08/c_out1.jsp?username=itcast”，此时，浏览器窗口中显示的结果如图 8-4 所示。

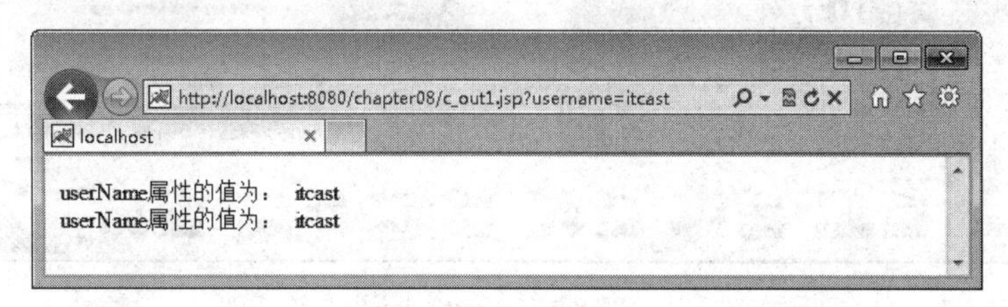

图 8-4　c_out1.jsp

从图 8-4 可以看出，浏览器窗口中输出了 userName 属性的值为 itcast，这是因为在客户端访问 out.jsp 页面时传递了一个 username 参数，该参数的值为 itcast，因此，表达式 ${param.username}就会获取到这个参数值，并将其输出到 JSP 页面中。

2. 使用<c:out>标签的 escapeXml 属性对特殊字符进行转义

<c:out>标签有一个重要的属性 escapeXml，该属性可以将特殊的字符进行 HTML 编码转换后再输出，接下来通过一个案例来演示如何使用 escapeXml 属性将特殊字符进行转换，如例 8-3 所示。

例 8-3　c_out2.jsp

```
1    <%@page language="java" contentType="text/html; charset=utf-8"
2    pageEncoding="utf-8"%>
3    <%@taglib uri="http://java.sun.com/jsp/jstl/core" prefix="c"%>
4    <html>
5    <head></head>
6    <body>
7        <c:out value="${param.username }" escapeXml="false">
8            <meta http-equiv="refresh"
```

```
9                  content="0;url=http://www.itcast.cn"/>
10          </c:out>
11      </body>
12      </html>
```

打开 IE 浏览器，在地址栏中输入“http://localhost:8080/chapter08/c_out2.jsp”访问 c_out2.jsp 页面，此时，浏览器窗口中显示的结果如图 8-5 所示。

图 8-5　c_out2.jsp

从图 8-15 可以看到，浏览器窗口中显示的是 www.itcast.cn 网站的信息，这是因为在＜c:out＞标签中将 escapeXml 的属性值设置为 false，因此，＜c:out＞标签不会对特殊字符进行 HTML 转换，＜meta＞标签便可以发挥作用，在访问 c_out2.jsp 页面时就会跳转到 www.itcast.cn 网站。

如果想对页面中输出的特殊字符进行转义，可以将 escapeXml 属性的值设置为 true，接下来将例 8-3 中＜c:out＞标签的 escapeXml 属性修改为 true，再次访问 c_out2.jsp 页面，此时，浏览器窗口中显示的结果如图 8-6 所示。

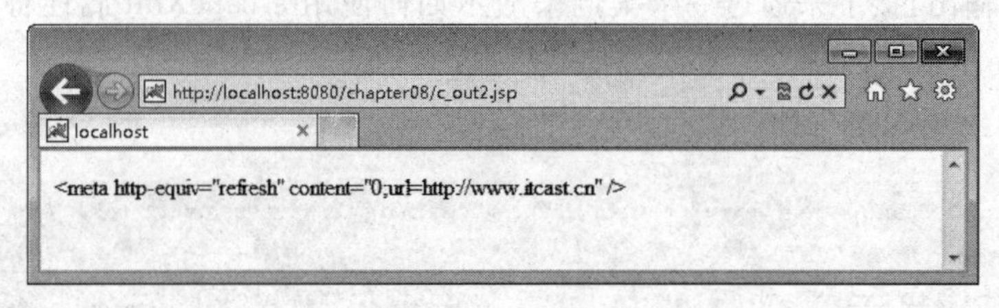

图 8-6　访问结果

从图 8-6 可以看出，将＜c:out＞标签中 escapeXml 属性的值设置为 true 后，在 JSP 页面中输入的＜meta＞标签便会进行 HTML 编码转换，最终以字符串的形式输出了。需要注意的是，如果在＜c:out＞标签中不设置 escapeXml 属性，则该属性的默认值为 true。

8.2.2　<c:set>标签

在程序开发时，通常需要设置一些属性信息，为了方便设置这些信息，Core 标签库提供了一个<c:set>标签，该标签用于设置域对象属性的值，或者设置对象中用于存储数据的 Map 对象、JavaBean 对象属性的值。<c:set>标签有 4 种语法格式，具体如下。

语法 1：使用 value 属性设置域对象某个属性的值。

```
<c:set value="value" var="varName"
[scope="{page|request|session|application}"]/>
```

语法 2：标签体设置指定域中某个属性的值。

```
<c:set var="varName" [scope="{page|request|session|application}]>
    body content
</c:set>
```

语法 3：使用 value 属性设置某个域对象属性的值。

```
<c:set var="varName" value="value" target="target"
property=" protertyName "/>
```

语法 4：使用标签体设置某个对象属性的值。

```
<c:set var="varName" target="target" property="protertyName">
    body content
</c:set>
```

在上述 4 种语法中，可以看到<c:set>标签有多个属性，接下来将针对这些属性进行讲解，具体如下。

（1）value 属性用于设置属性的值。

（2）var 属性用于指定要设置的域对象属性的名称。

（3）scope 属性用于指定属性所在的域对象。

（4）target 属性用于指定要设置属性的对象，这个对象必须是 JavaBean 对象或 Map 对象。

（5）property 属性用于指定要为当前对象设置的属性名称。

为了使初学者更好地学习<c:set>标签，接下来，通过几个具体的案例来学习<c:set>标签的使用，如下所示。

1. 使用<c:set>标签设置域对象中某个属性的值

使用<c:set>标签设置域对象中某个属性的值时，可以通过两种方式，一是通过<c:set>的 value 属性设置域对象中属性的值，二是通过<c:set>标签体设置域对象中属性的值，这两种方式可以实现相同的效果，如例 8-4 所示。

例 8-4　c_set1.jsp

```
1    <%@page language="java" contentType="text/html;
```

```
2     charset=utf-8" pageEncoding="utf-8"%>
3     <%@taglib uri="http://java.sun.com/jsp/jstl/core" prefix="c"%>
4     <html>
5     <head></head>
6     <body>
7         session 域中 userName 属性的值为:
8         <c:set var="userName" value="itcast" scope="session"/>
9         <c:out value="${userName}"/><hr>
10        session 域中 bookName 属性的值为:
11        <c:set var="bookName" scope="session">
12            Java Web
13        </c:set>
14        <c:out value="${bookName}"/>
15    </body>
16    </html>
```

打开 IE 浏览器,在地址栏中输入"http://localhost:8080/chapter08/c_set1.jsp"访问 c_set1.jsp 页面,此时,浏览器窗口中显示的结果如图 8-7 所示。

图 8-7 c_set1.jsp

从图 8-7 可以看到,浏览器中输出了 session 域中 userName 属性和 bookName 属性的值。这是由于在例 8-4 中分别通过<c:set>标签的 value 属性和标签主体在 session 中将 userName 的值设置为 itcast,bookName 的值设置为 Java Web,因此,在浏览器中便会输出 session 域中这两个属性的值。

2. 使用<c:set>标签设置 UserBean 对象和 Map 对象中某个属性的值

在使用<c:set>标签设置 UserBean 对象中某个属性的值之前,需要先创建一个 User.java 程序,用于封装一个 User 对象,如例 8-5 所示。

例 8-5 User.java

```
1     package cn.itcast.chapter08.entity;
2     public class User {
3         private String username;
4         private String password;
5         public String getUsername() {
6             return username;
7         }
8         public void setUsername(String username) {
9             this.username=username;
```

```
10        }
11        public String getPassword() {
12            return password;
13        }
14        public void setPassword(String password) {
15            this.password=password;
16        }
17    }
```

接下来在 chapter08 工程的 WebContent 根目录中，编写一个 c_set2.jsp 文件，在该文件中使用<c:set>标签设置 User 对象的 username 属性和 password 属性的值，以及设置 Map 集合某个属性的值，如例 8-6 所示。

例 8-6　c_set2.jsp

```
1     <%@page language="java" contentType="text/html; charset=utf-8"
2     pageEncoding="utf-8" import="java.util.*"%>
3     <%@taglib uri="http://java.sun.com/jsp/jstl/core" prefix="c"%>
4     <html>
5     <head></head>
6     <body>
7     <jsp:useBean id="user" class="cn.itcast.chapter08.entity.User"/>
8         <c:set value="itcast" target="${user}" property="username"/>
9         User 对象的 username 属性的值为:<c:out value="${user.username}"/><br>
10        <c:set value="123" target="${user}" property="password"/>
11        User 对象的 password 属性的值为:<c:out value="${user.password}"/><hr>
12        <%
13                HashMap map=new HashMap();
14                 request.setAttribute("preferences",map);
15        %>
16        <c:set target="${preferences }" property="color" value="green"/>
17        Map 对象中 color 关键字的值为:<c:out value="${preferences.color}"/>
18     </body>
19     </html>
```

打开 IE 浏览器，在地址栏中输入"http://localhost:8080/chapter08/c_set2.jsp"访问 c_set2.jsp 页面，此时，浏览器窗口中显示的结果如图 8-8 所示。

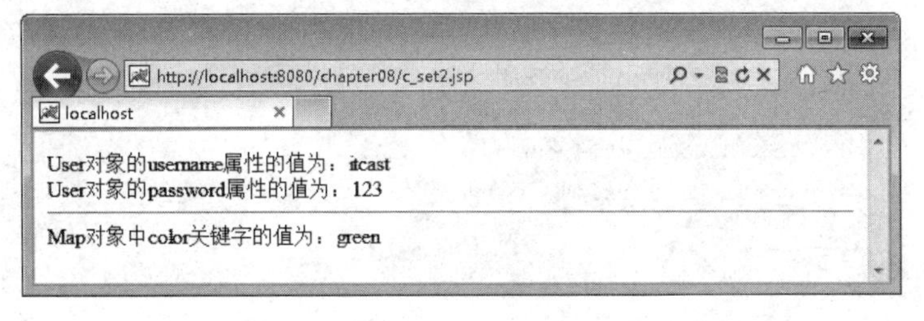

图 8-8　c_set2.jsp

从图 8-8 可以看出，浏览器中输出了 User 对象相关属性的值以及 Map 对象中 color 关键字的值。这是由于在例 8-6 中，将<c:set>标签的 target 属性指定为要设置的 User 对象,并使用 property 将 username 设置为属性,使用 value 将 username 属性的值设置为 itcast,同理,password 属性也是这样设置的,这样便完成了设置 User 对象属性的功能。而对于 Map 对象来说,首先需要定义一个 Map 集合,然后再通过 target 属性将 Map 集合指定为要设置属性的对象,并将 color 属性的值设置为 green,这样便完成了 Map 集合属性的设置。

8.2.3 <c:remove>标签

前面讲解过<c:set>标签可以在 JSP 页面中设置域对象中的属性,那么要在 JSP 页面中删除域对象中的属性,就需要使用 Core 标签库提供的<c:remove>标签,该标签专门用于删除各种域对象的属性,其语法格式如下。

```
<c:remove var="varName" [scope="{page|request|session|application}"]/>
```

在上述语法格式中,可以看到<c:remove>标签有两个属性,接下来将针对这两个属性进行讲解,具体如下。

(1) var 属性用于指定要删除的属性名称。

(2) scope 属性用于指定要删除属性所属的域对象,它们的值都不能接受动态值。实际上,<c:remove>标签与<c:set>标签将 value 属性的值设置为 null(<c:set value="null" var="varName"/>)的作用是相同的。

为了使读者更好地学习<c:remove>标签,接下来通过一个具体的案例演示如何使用<c:remove>标签,如例 8-7 所示。

例 8-7 c_remove.jsp

```
1   <%@page language="java" contentType="text/html; charset=utf-8"
2   pageEncoding="utf-8"%>
3   <%@taglib uri="http://java.sun.com/jsp/jstl/core" prefix="c"%>
4   <html>
5   <head></head>
6   <body>
7       <c:set value="传智播客" var="company" scope="request"/>
8       <c:set value="www.itcast.cn" var="url" scope="request"/>
9       Company:<c:out value="${company}"/><br>
10      URL:<c:out value="${url}"/><br><hr>
11      使用标签移除属性后:<br>
12      <c:remove var="company" scope="request"/>
13      <c:remove var="url" scope="request"/>
14      Company:<c:out value="${company}"/><br>
15      URL:<c:out value="${url}"/><br>
16  </body>
17  </html>
```

打开 IE 浏览器,在地址栏中输入"http://localhost:8080/chapter08/c_remove.jsp"访问 c_remove.js 页面,此时,浏览器窗口中显示的结果如图 8-9 所示。

从图 8-9 可以看出,在没使用<c:remove>标签移除 company 属性和 url 属性前,company 属性的值为传智播客,url 的值为 www.itcast.cn;在使用<c:remove>标签后,

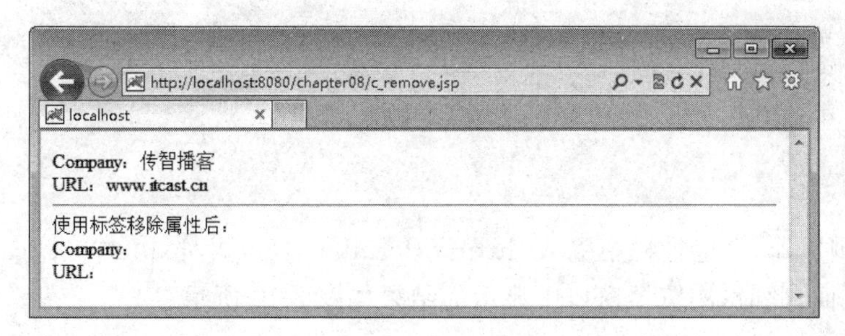

图 8-9　c_remove.jsp

company 的属性值和 url 的属性值都为空。因此，可以说明<c:remove>标签已经将域对象中的 company 属性和 url 属性删除了。

8.2.4　<c:catch>标签

在操作 JSP 页面时，偶尔也会出现一些异常，为了捕获这些异常，Core 标签库中提供了一个<c:catch>标签，该标签用于捕获嵌套在<c:catch>标签体中出现的异常，其语法格式如下。

```
<c:catch [var="varName"]>
    Nested actions
</c:catch>
```

在上述语法格式中，可以看到<c:catch>标签有一个 var 属性，该属性用于标识<c:catch>标签捕获的异常对象，其值是一个静态的字符串，不支持动态属性值。<c:catch>标签会将捕获的异常对象以指定的名称保存到 page 域对象中，如果不指定 var 属性，则<c:catch>标签仅捕获异常，不在 page 域中保存异常对象。

<c:catch>标签可以捕获任何标签抛出的异常，并且可以同时处理多个标签抛出的异常，这样，可以对 JSP 页面的异常进行统一处理，显示给用户一个更友好的界面。接下来通过一个具体的案例来演示<c:catch>标签如何捕获异常，如例 8-8 所示。

例 8-8　c_catch.jsp

```
1   <%@page language="java" contentType="text/html; charset=utf-8"
2   pageEncoding="utf-8"%>
3   <%@taglib uri="http://java.sun.com/jsp/jstl/core" prefix="c"%>
4   <html>
5   <head></head>
6   <body>
7       <c:catch var="myex">
8           <%
9               int i=10;
10              int j=0;
11              System.out.print(i+"/"+j+"="+i/ j);
12          %>
13      </c:catch>
14      异常:<c:out value="${myex}"/><br/>
```

```
15        异常 myex.getMessage:<c:out value="${myex.message}"/><br/>
16        异常 myex.getCause:<c:out value="${myex.cause}"/><br/>
17        异常 myex.getStackTrace:<c:out value="${myex.stackTrace}"/>
18    </body>
19    </html>
```

打开IE浏览器,在地址栏中输入"http://localhost:8080/chapter08/c_catch.jsp"访问c_catch.jsp页面,此时,浏览器窗口中显示的结果如图8-10所示。

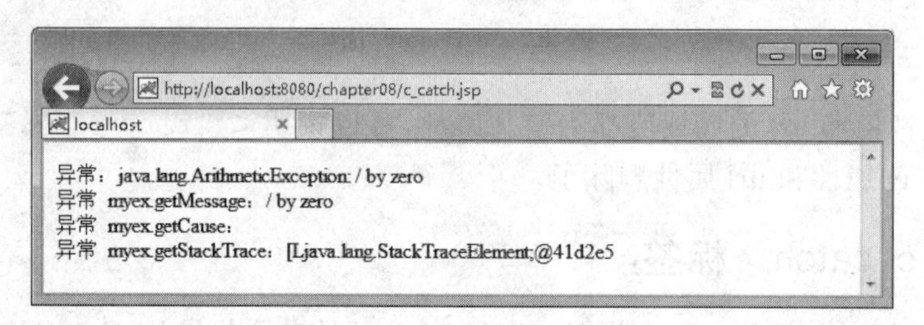

图8-10 c_catch.jsp

从图8-10可以看出,c_catch.jsp页面产生了一个算术异常,这个异常是由于被零除而引起的。由于在页面中使用了<c:catch>标签将这个异常捕获,并使用了<c:out>标签将捕获到的异常信息进行了输出,因此,在浏览器中便会看到产生异常的相关信息。

8.2.5 <c:if>标签

在程序开发中,经常需要使用if语句进行条件判断,如果要在JSP页面中进行条件判断,就需要使用Core标签库提供的<c:if>标签,该标签专门用于完成JSP页面中的条件判断,它有两种语法格式,具体如下。

语法1:没有标签体的情况。

```
<c:if test="testCondition" var="result"
[scope="{page|request|session|application}"]/>
```

语法2:有标签体的情况,在标签体中指定要输出的内容。

```
<c:if test="testCondition" var="result"
[scope="{page|request|session|application}"]>
    body content
</c:if>
```

在上述语法格式中,可以看到<c:if>标签有三个属性,接下来将针对这三个属性进行讲解,具体如下。

(1) test属性用于设置逻辑表达式。

(2) var属性用于指定逻辑表达式中变量的名字。

(3) scope属性用于指定var变量的作用范围,默认值为page。如果属性test的计算结果为true,那么标签体将被执行,否则标签体不会被执行。

通过前面的讲解,我们对<c:if>标签有了一个简单的认识,接下来通过一个具体的案例来演示如何在 JSP 页面中使用<c:if>标签，如例 8-9 所示。

例 8-9　c_if.jsp

```
1   <%@page language="java" contentType="text/html; charset=utf-8"
2   pageEncoding="utf-8" import="java.util.*"%>
3   <%@taglib uri="http://java.sun.com/jsp/jstl/core" prefix="c"%>
4   <html>
5   <head></head>
6   <body>
7       <c:set value="1" var="visitCount" property="visitCount"/>
8       <c:if test="${visitCount==1 }">
9           This is you first visit. Welcome to the site!
10      </c:if>
11  </body>
12  </html>
```

打开 IE 浏览器，在地址栏中输入“http://localhost:8080/chapter08/c_if.jsp”访问 c_if.jsp 页面，此时，浏览器窗口中显示的结果如图 8-11 所示。

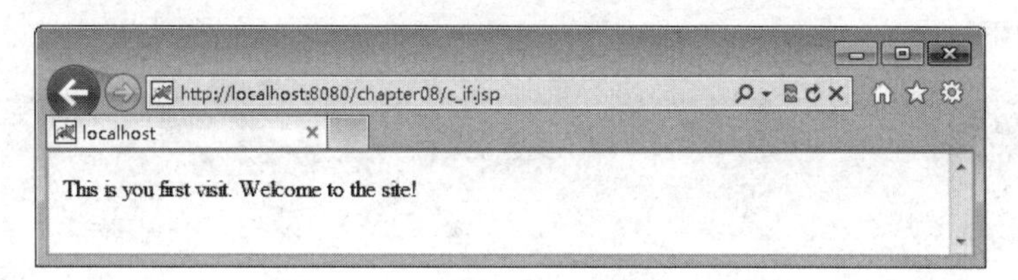

图 8-11　c_if.jsp

从图 8-11 可以看出，浏览器窗口中显示了<c:if>标签体中的内容。这是因为在例 8-9 中使用了<c:if>标签，当执行到<c:if>标签时会通过 test 属性来判断表达式 ${visitCount==1}是否为 true，如果为 true 就输出标签体中的内容，否则输出空字符串。由于使用了<c:set>标签将 visitCount 的值设置为 1，因此，表达式 ${visitCount==1}的结果为 true，便会输出<c:if>标签体中的内容。

8.2.6　<c:choose>标签

在程序开发中不仅需要使用 if 条件语句，还经常会使用 if-else 语句，为了在 JSP 页面中也可以完成同样的功能，Core 标签库提供了<c:choose>标签，该标签用于指定多个条件选择的组合边界，它必须与<c:when>、<c:otherwise>标签一起使用。接下来，针对<c:choose>、<c:when>和<c:otherwise>这三个标签进行详细的讲解，具体如下。

1. <c:choose>标签

<c:choose>标签没有属性，在它的标签体中只能嵌套一个或多个<c:when>标签和零个或一个<c:otherwise>标签，并且同一个<c:choose>标签中所有的<c:when>子标签必须出现在<c:otherwise>子标签之前，其语法格式如下。

```
<c:choose>
    Body content(<when>and<otherwise>subtags)
```

```
</c:choose>
```

2. <c:when>标签

<c:when>标签只有一个 test 属性，该属性的值为布尔类型。test 属性支持动态值，其值可以是一个条件表达式，如果条件表达式的值为 true，就执行这个<c:when>标签体的内容，其语法格式如下。

```
<c:when test="testCondition">
    Body content
</c:when>
```

3. <c:otherwise>标签

<c:otherwise>标签没有属性，它必须作为<c:choose>标签的最后分支出现，当所有的<c:when>标签的 test 条件都不成立时，才执行和输出<c:otherwise>标签体的内容，其语法格式如下。

```
<c:otherwise>
    conditional block
</c:otherwise>
```

为了使初学者更好地学习<c:choose>、<c:when>和<c:otherwise>这三个标签，接下来将通过一个具体的案例来演示这些标签的使用，如例 8-10 所示。

例 8-10　c_choose. jsp

```
1   <%@page language="java" contentType="text/html; charset=utf-8"
2   pageEncoding="utf-8" import="java.util.*"%>
3   <%@taglib uri="http://java.sun.com/jsp/jstl/core" prefix="c"%>
4   <html>
5   <head></head>
6   <body>
7       <c:choose>
8           <c:when test="${empty param.username}">
9               unKnown user.
10          </c:when>
11          <c:when test="${param.username=='itcast' }">
12              ${ param.username} is manager.
13          </c:when>
14          <c:otherwise>
15              ${ param.username} is employee.
16          </c:otherwise>
17      </c:choose>
18  </body>
19  </html>
```

打开 IE 浏览器，在地址栏中输入“http://localhost:8080/chapter08/c_choose. jsp”访

问 c_choose.jsp 页面，此时，浏览器窗口中显示的结果如图 8-12 所示。

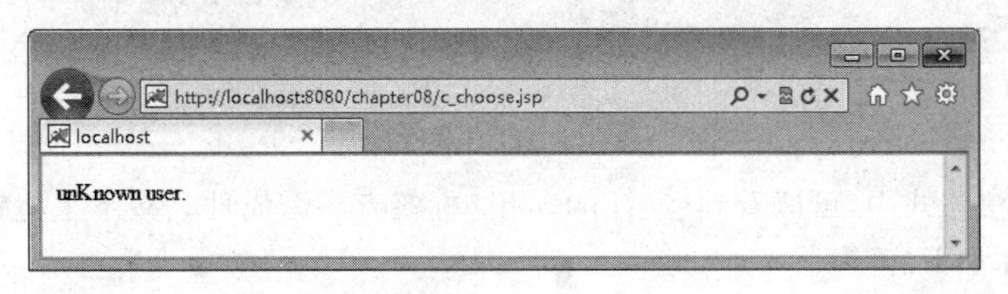

图 8-12 c_choose.jsp

从图 8-12 可以看出，当使用“http://localhost:8080/chapter08/c_choose.jsp”地址直接访问 c_choose.jsp 页面时，浏览器中显示的信息为 unknown user，这是因为在访问 c_choose.jsp页面时并没有在 URL 地址中传递参数，因此<c:when test="${empty param.username}">标签中 test 属性的值为 true，便会输出<c:when>标签体中的内容。如果在访问 c_choose.jsp 页面时传递一个参数 username=itcast，此时浏览器窗口中显示的结果如图 8-13 所示。

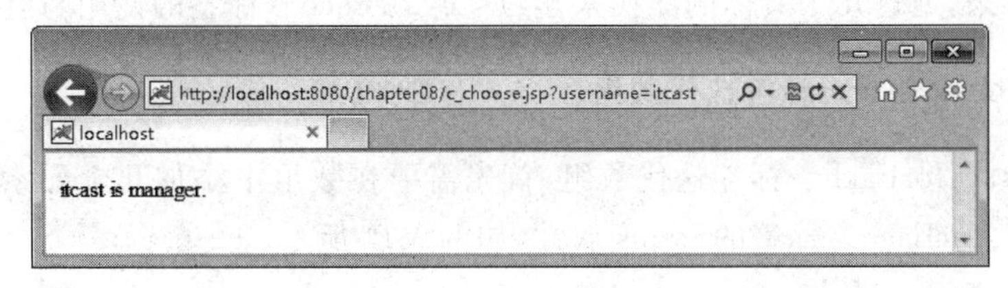

图 8-13 c_choose.jsp

从图 8-13 可以看出，浏览器中显示的信息为 itcast is manager，这是因为在访问 c_choose.jsp页面时传递了一个参数，当执行<c:when test="${empty param.username}">标签时，test 属性的值为 false，因此不会输出标签体中的内容，然后执行<c:when test="${param.username=='itcast'}">标签，当执行到该标签时，会判断 test 属性值是否为 true，由于在 URL 地址中传递了参数 username=itcast，因此 test 属性为 true，就会输出该标签体中的内容 itcast is manager，如果 test 属性为 false，那么会输出<c:otherwise>标签体中的内容。

8.2.7 <c:forEach>标签

在 JSP 页面中，经常需要对集合对象进行循环迭代操作，为此，Core 标签库提供了一个<c:forEach>标签，该标签专门用于迭代集合对象中的元素，如 Set、List、Map、数组等，并且能重复执行标签体中的内容，它有两种语法格式，具体如下。

语法 1：迭代包含多个对象的集合。

```
<c:forEach [var="varName"] items="collection" [varStatus="varStatusName"]
[begin="begin"] [end="end"] [step="step"]>
    body content
</c:forEach>
```

语法 2：迭代指定范围内的集合。

```
<c:forEach [var="varName"] [varStatus="varStatusName"] begin="begin"
end="end" [step="step"]>
    body content
</c:forEach>
```

在上述语法格式中，可以看到<c:forEach>标签有多个属性。接下来将针对这些属性进行讲解，具体如下。

(1) var 属性用于指将当前迭代到的元素保存到 page 域中的名称。

(2) items 属性用于指定将要迭代的集合对象。

(3) varStatus 用于指定当前迭代状态信息的对象保存到 page 域中的名称。

(4) begin 属性用于指定从集合中第几个元素开始进行迭代，begin 的索引值从 0 开始，如果没有指定 items 属性，就从 begin 指定的值开始迭代，直到迭代结束为止。

(5) step 属性用于指定迭代的步长，即迭代因子的增量。

<c:forEach>标签在程序开发中经常会被用到，因此熟练掌握<c:forEach>标签是很有必要的，接下来，通过几个具体的案例来学习<c:forEach>标签的使用，具体如下。

1. 使用<c:forEach>标签迭代数组

为了使用<c:forEach>标签迭代数组，首先需要在数组中添加几个元素，然后将这个数组赋值给<c:forEach>标签的 items 属性，如例 8-11 所示。

例 8-11　c_foreach1.jsp

```
1    <%@page language="java" contentType="text/html; charset=utf-8"
2    pageEncoding="utf-8" import="java.util.*"%>
3    <%@taglib uri="http://java.sun.com/jsp/jstl/core" prefix="c"%>
4    <html>
5    <head></head>
6    <body>
7        <%
8            String [] fruits={"apple","orange","grape","banana"};
9        %>
10       String 数组中的元素:<br>
11       <c:forEach var="name" items="<%=fruits%>">
12           ${name}<br>
13       </c:forEach>
14   </body>
15   </html>
```

打开 IE 浏览器，在地址栏中输入"http://localhost:8080/chapter08/c_foreach1.jsp"访问 c_ foreach1.jsp 页面，此时，浏览器窗口中显示的结果如图 8-14 所示。

从图 8-14 可以看出，在 String 数组中存入的元素 apple、orange、grape 和 banana 全部被打印出来了，因此可以说明使用<c:forEach>标签可以迭代数组中的元素。

2. 使用<c:forEach>标签迭代 Map 集合

在迭代 Map 类型的集合时，迭代出的每个元素的类型都为 Map. Entry，Map. Entry 代

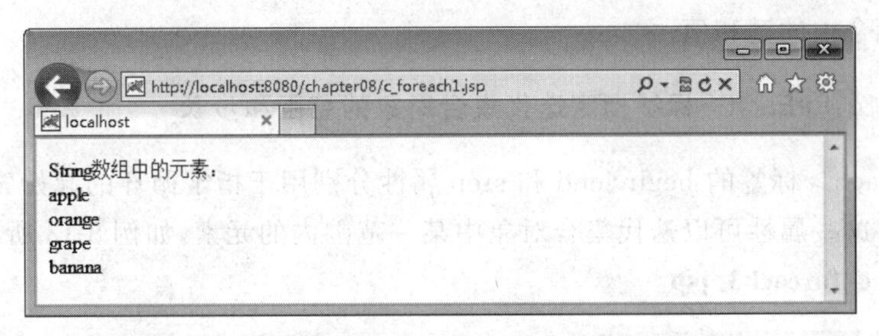

图 8-14 c_foreach1.jsp

表 Map 集合中的一个条目项，其中，getKey()方法可获得条目项的关键字，getValue()方法可获得条目项的值，接下来通过一个案例来演示如何迭代 Map 集合中的元素，如例 8-12 所示。

例 8-12 c_foreach2.jsp

```
1    <%@page language="java" contentType="text/html; charset=utf-8"
2    pageEncoding="utf-8" import="java.util.*"%>
3    <%@taglib uri="http://java.sun.com/jsp/jstl/core" prefix="c"%>
4    <html>
5    <head></head>
6    <body>
7        <%
8            Map userMap=new HashMap();
9            userMap.put("Tom", "123");
10           userMap.put("Make","123");
11           userMap.put("Lina","123");
12       %>
13       HashMap集合中的元素:<br>
14       <c:forEach var="entry" items="<%=userMap%>">
15           ${entry.key} ${entry.value}<br>
16       </c:forEach>
17    </body>
18    </html>
```

打开 IE 浏览器，在地址栏中输入"http://localhost:8080/chapter08/c_foreach2.jsp"访问 c_ foreach2.jsp 页面，此时，浏览器窗口中显示的结果如图 8-15 所示。

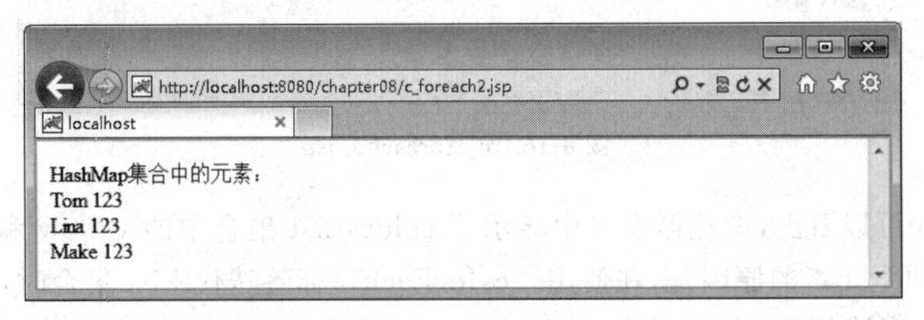

图 8-15 c_ foreach2.jsp

从图 8-15 可以看出，Map 集合中存入的用户名和密码全部被打印出来了。在使用<c:forEach>标签时，只需将 userMap 集合对象赋值给 items 属性，之后通过 entry 变量就可以获取到集合中的键和值。

3. 使用<c:forEach>标签指定迭代集合对象的范围和步长

<c:forEach>标签的 begin、end 和 step 属性分别用于指定循环的起始索引、结束索引和步长。使用这些属性可以迭代集合对象中某一范围内的元素，如例 8-13 所示。

例 8-13 c_foreach3.jsp

```
1   <%@page language="java" contentType="text/html; charset=utf-8"
2   pageEncoding="utf-8" import="java.util.*"%>
3   <%@taglib uri="http://java.sun.com/jsp/jstl/core" prefix="c"%>
4   <html>
5   <head></head>
6   <body>
7    colorsList 集合(指定迭代范围和步长)<br>
8       <%
9           List colorsList=new ArrayList();
10          colorsList.add("red");
11          colorsList.add("yellow");
12          colorsList.add("blue");
13          colorsList.add("green");
14          colorsList.add("black");
15      %>
16      <c:forEach var="color" items="<%=colorsList%>" begin="1"
17       end="3" step="2">
18          ${color} 
19      </c:forEach>
20  </body>
21  </html>
```

打开 IE 浏览器，在地址栏中输入"http://localhost:8080/chapter08/c_foreach3.jsp"访问 c_ foreach3.jsp 页面，此时，浏览器窗口中显示的结果如图 8-16 所示。

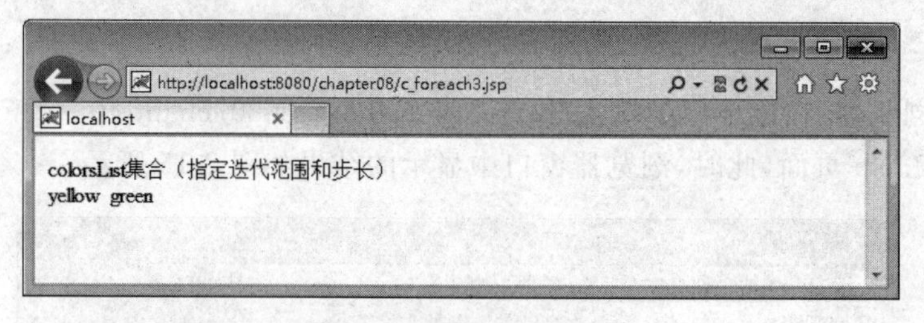

图 8-16 c_ foreach3.jsp

从图 8-16 可以看出，浏览器窗口中显示了 colorsList 集合中的 yellow 和 green 两个元素，只显示这两个元素的原因是，在使用<c:forEach>标签迭代 List 集合时，指定了迭代的起始索引为 1，当迭代集合时首先会输出 yellow 元素，由于在<c:forEach>标签中指定了步长为 2，并且指定了迭代的结束索引为 3，因此，还会输出集合中的 green 元素，其他的元素不会再输出。

4. 使用<c:forEach>标签获取迭代集合中元素的状态信息

<c:forEach>标签的varStatus属性用于设置一个javax.servlet.jsp.jstl.core.LoopTagStatus类型的变量，这个变量包含从集合中取出元素的状态信息。使用<c:forEach>标签的varStatus属性可以获取以下信息。

(1) count：表示元素在集合中的序号，从1开始计数。

(2) index：表示当前元素在集合中的索引，从0开始计数。

(3) first：表示当前是否为集合中的第一个元素。

(4) last：表示当前是否为集合中的最后一个元素。

通过上面的讲解，大家对<c:forEach>标签的varStatus属性有了基本的了解，接下来通过一个具体的案例来演示如何使用<c:forEach>标签的varStatus属性获取集合中元素的状态信息，如例8-14所示。

例8-14 c_foreach4.jsp

```
1   <%@page language="java" contentType="text/html; charset=utf-8"
2   pageEncoding="utf-8" import="java.util.*"%>
3   <%@taglib uri="http://java.sun.com/jsp/jstl/core" prefix="c"%>
4   <html>
5   <head></head>
6   <body style="text-align: center;">
7       <%
8           List userList=new ArrayList();
9           userList.add("Tom");
10          userList.add("Make");
11          userList.add("Lina");
12      %>
13      <table border="1">
14          <tr>
15              <td>序号</td>
16              <td>索引</td>
17              <td>是否为第一个元素</td>
18              <td>是否为最后一个元素</td>
19              <td>元素的值</td>
20          </tr>
21          <c:forEach var="name" items="<%=userList%>" varStatus="status">
22              <tr>
23                  <td>${status.count}</td>
24                  <td>${status.index}</td>
25                  <td>${status.first}</td>
26                  <td>${status.last}</td>
27                  <td>${name}</td>
28              </tr>
29          </c:forEach>
30      </table>
31  </body>
32  </html>
```

打开 IE 浏览器，在地址栏中输入“http://localhost:8080/chapter08/c_foreach4.jsp”访问 c_ foreach4.jsp 页面，此时，浏览器窗口中显示的结果如图 8-17 所示。

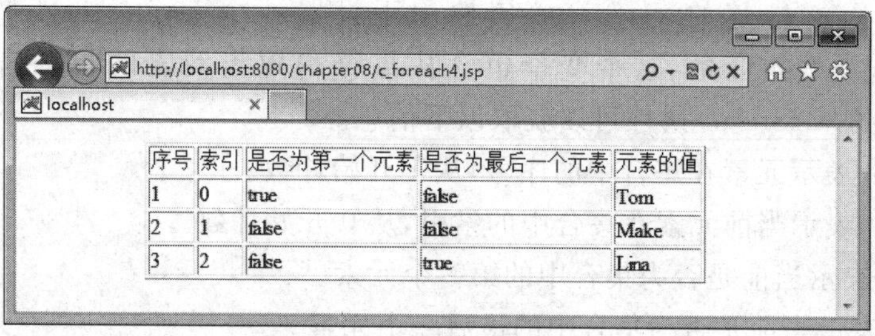

序号	索引	是否为第一个元素	是否为最后一个元素	元素的值
1	0	true	false	Tom
2	1	false	false	Make
3	2	false	true	Lina

图 8-17　c_ foreach4.jsp

从图 8-17 可以看出，使用＜c:forEach＞标签在迭代集合中的元素时，可以通过 varStatus 属性获取集合中元素的序号和索引，而且还可以判断集合中的元素是否为第一个元素以及最后一个元素。因此可以说明使用该属性可以很方便地获取集合中元素的状态信息。

8.2.8 ＜c:forTokens＞标签

＜c:forTokens＞标签与＜c:forEach＞标签类似，都可以完成迭代功能，只不过＜c:forTokens＞标签用于迭代字符串中用指定分隔符分隔的子字符，并且能重复执行标签体，其语法格式如下。

```
<c:forTokens items="StringOfTokens" delims="delimiters"
      [var="varName"] [varStatus="varStatusName"]
      [begin="begin"] [end="end"] [step="step"]>
   body content
</c:forTokens>
```

在上述语法格式中，可以看到＜c:forTokens＞标签有多个属性，接下来将针对这些属性进行讲解，具体如下。

(1) items 属性用于指定将要分隔的字符串。

(2) delims 属性用于指定具体的分隔符，可以是一个或多个。

(3) var 属性用于指定当前迭代的元素保存到 page 域中的属性名称。

(4) varStatus 用于指定当前迭代状态信息的对象保存到 page 域中的属性名称。

(5) begin 属性用于指定从集合中第几个元素开始进行迭代。

(6) step 属性用于指定迭代的步长，即迭代因子的增量。

为了使初学者更好地学习＜c:forTokens＞标签，接下来通过一个具体的案例来演示＜c:forTokens＞标签的使用，如例 8-15 所示。

例 8-15　c_fortokens.jsp

```
1    <%@page language="java" contentType="text/html; charset=utf-8"
2    pageEncoding="utf-8" import="java.util.*"%>
```

```
3      <%@taglib uri="http://java.sun.com/jsp/jstl/core" prefix="c"%>
4      <html>
5      <head></head>
6      <body>
7          使用"|"和","作为分隔符<br>
8          <c:forTokens var="token"
9              items="Spring,Summer|autumn,winter" delims="|,">
10             ${token}
11         </c:forTokens>
12         <hr>
13         使用"--"作为分隔符<br>
14         <c:forTokens var="token" items="Day--Week--Month--Year" delims="--">
15             ${token}
16         </c:forTokens>
17     </body>
18     </html>
```

打开 IE 浏览器，在地址栏中输入"http://localhost:8080/chapter08/c_fortokens.jsp"访问 c_fortokens.jsp 页面，此时，浏览器窗口中显示的结果如图 8-18 所示。

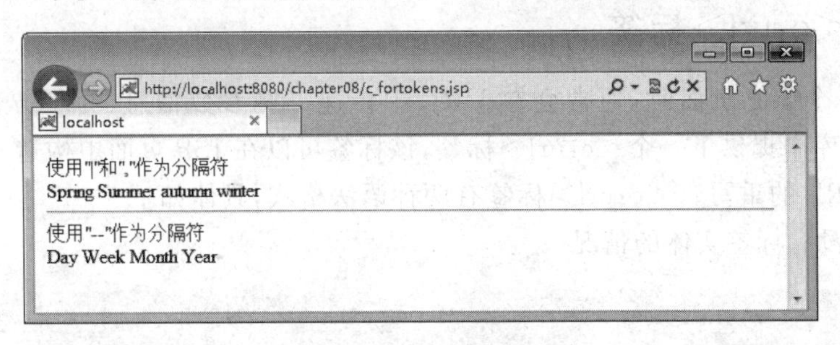

图 8-18　c_fortokens.jsp

从图 8-18 可以看出，使用<c:forTokens>标签按照分隔符"|"和","将字符串"Spring, Summer| autumn, winter"分割为 Spring、Summer、autumn、winter，字符串"Day--Week--Month--Year"按照分隔符"--"分割为 Day、Week、Month、Year，并输出到浏览器。

8.2.9　<c:param>标签

在开发一个 Web 应用程序时，通常会在 JSP 页面中完成 URL 的重写以及重定向等特殊功能，为了完成这些功能，在 Core 标签库中，也提供了相应功能的标签，这些标签包括<c:param>、<c:redirect>和<c:url>。其中，<c:param>标签用于获取 URL 地址中的附加参数，<c:url>标签用于按特定的规则重新构造 URL，<c:redirect>标签负责重定向。

<c:param>标签用于在 URL 地址中附加参数，它通常嵌套在<c:url>标签内使用。<c:param>标签有两种语法格式，具体如下。

语法 1：使用 value 属性指定参数的值。

```
<c:param name="name" value="value">
```

语法 2：在标签体中指定参数的值。

```
<c:param name="name">
    parameter value
</c:param>
```

在上述语法格式中，可以看到<c:param>中有两个属性，接下来将针对这两个属性进行讲解，具体如下。

(1) name 属性用于指定参数的名称。

(2) value 属性用于指定参数的值，当使用<c:param>标签为一个 URL 地址附加参数时，它会自动对参数值进行 URL 编码，例如，如果传递的参数值为“中国”，则将其转换为“%e4%b8%ad%e5%9b%bd”后再附加到 URL 地址后面，这也是使用<c:param>标签的最大好处。

由于<c:param>标签经常需要嵌套在<c:url>标签内使用，本节就不再通过具体的案例来演示<c:param>标签的应用，在讲解<c:url>标签时，再一起演示这两个标签如何应用。

8.2.10 <c:url>标签

在访问一个 JSP 页面时，通常会在 URL 中传递一些参数信息，为了方便完成这种功能，Core 标签库中提供了一个<c:url>标签，该标签可以在 JSP 页面中构造一个新的 URL 地址，实现 URL 的重写。<c:url>标签有两种语法格式，具体如下。

语法 1：没有标签实体的情况。

```
<c:url value="value" [context="context"] [var="varName"]
[scope="{page|request|session|application}"]>
```

语法 2：有标签实体的情况，在标签体中指定构造 URL 参数。

```
<c:url value="value" [context="context"] [var="varName"]
[scope="{page|request|session|application}"]>
    <c:param>标签
</c:url>
```

在上述语法格式中，可以看到<c:url>标签中有多个属性，接下来将针对这些属性进行讲解，具体如下。

(1) value 属性用于指定构造的 URL。

(2) context 属性用于指定导入同一个服务器下其他 Web 应用的名称。

(3) var 属性用于指定将构造的 URL 地址保存到域对象的属性名称。

(4) scope 属性用于指定将构造好的 URL 保存到域对象中。

为了使初学者更好地学习<c:url>标签，接下来通过一个具体的案例来演示如何使用<c:url>标签，如例 8-16 所示。

例 8-16 c_url.jsp

```
1    <%@page language="java" contentType="text/html; charset=utf-8"
```

```
2      pageEncoding="utf-8" import="java.util.*"%>
3      <%@taglib uri="http://java.sun.com/jsp/jstl/core" prefix="c"%>
4      <html>
5      <head></head>
6      <body>
7          使用绝对路径构造 URL:<br>
8          <c:url var="myURL"
9          value="http://localhost:8080/chapter08/register.jsp">
10             <c:param name="username" value="张三"/>
11             <c:param name="country" value="中国"/>
12         </c:url>
13         <a href="${myURL}">register.jsp</a><br>
14         使用相对路径构造 URL:<br>
15         <c:url var="myURL"
16          value="register.jsp? username=Tom&country=France"/>
17         <a href="${ myURL}">register.jsp</a>
18      </body>
19      </html>
```

打开 IE 浏览器，在地址栏中输入“http://localhost:8080/chapter08/c_url.jsp”访问 c_url.jsp 页面，此时，浏览器窗口中显示的结果如图 8-19 所示。

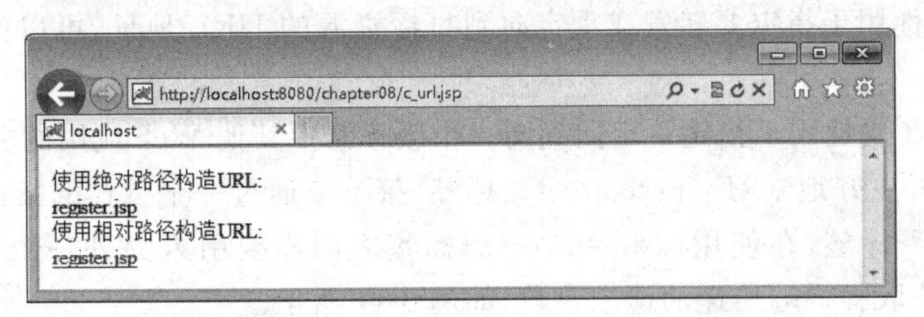

图 8-19　c_url.jsp

从图 8-19 可以看出，在浏览器窗口中已经显示了 c_url.jsp 页面的内容，此时查看该页面的源文件，可以看到如下信息。

```
<html>
<head></head>
<body>
    使用绝对路径构造 URL:<br>
    <a href="http://localhost:8080/chapter08/register.jsp?
        username=%e5%bc%a0%e4%b8%89&country=%e4%b8%ad%e5%9b%bd">
register.jsp
        </a><br>
    使用相对路径构造 URL:<br>
    <a href="register.jsp? username=Tom&country=France">register.jsp</a>
</body>
</html>
```

在上述源代码中，可以看到在 c_url.jsp 页面中构造的 URL 地址实际上会变成一个超链接，并且使用<param>标签构造的参数会进行 URL 编码，将参数“张三”转换为“%e5%bc%a0%e4%b8%89”，“中国”转换为“%e4%b8%ad%e5%9b%bd”，这样就构造了一个新的 URL 地址，完成了 URL 的重写功能。

8.2.11 <c:redirect>标签

在 Web 应用程序中，如果不想对客户端的请求进行处理，可以将其转发到其他资源进行处理，为了在 JSP 页面中完成这种功能，Core 标签库提供了一个<c:redirect>标签，该标签用于将请求重定向到其他的 Web 资源，就相当于在 Java 程序中执行了 response.sendRedirect()方法。<c:redirect>标签有两种语法格式，具体如下。

语法 1：没有标签体的情况。

```
<c:redirect url="value" [context="context"]>
```

语法 2：有标签体的情况，在标签体中指定重定向时的参数。

```
<c:redirect url="value" [context="context"]>
    <c:patam>subtags
</c:redirect>
```

在上述语法格式中，可以看到<c:redirect>有两个属性，接下来将针对这两个属性进行讲解，具体如下。

(1) url 属性用于指定要转发或重定向到目标资源的 URL 地址，可以使用相对路径和绝对路径。

(2) context 属性用于指定重定向到同一个服务器中其他 Web 应用的名称。

为了使读者更好地学习<c:redirect>标签，接下来通过一个具体的案例来演示如何使用<c:redirect>标签，在使用<c:redirect>标签之前需要引入另外一个 JSP 页面，这个 JSP 页面用于获取客户端传递的请求参数，如例 8-17 所示。

例 8-17 register.jsp

```
1   <%@page import="java.net.URLEncoder"%>
2   <%@page language="java" contentType="text/html; charset=utf-8"
3   pageEncoding="utf-8"%>
4   <html>
5   <head></head>
6   <body>
7       <%
8           String username=request.getParameter("username");
9           username=new String(username.getBytes("iso-8859-1"),"utf-8");
10            String country=request.getParameter("country");
11            country=new String(country.getBytes("iso-8859-1"),"utf-8");
12      %>
13      UserName=<%=username%>
14      Country=<%=country%>
15  </body>
16  </html>
```

接下来在 chapter08 工程的 WebContent 的根目录中，编写一个 c_redirect.jsp 文件，用于完成请求的转发，如例 8-18 所示。

例 8-18 c_redirect. jsp

```
1    <%@page language="java" contentType="text/html; charset=utf-8"
2    pageEncoding="utf-8"%>
3    <%@taglib uri="http://java.sun.com/jsp/jstl/core" prefix="c"%>
4    <html>
5    <head></head>
6    <body>
7        <c:url var="myURL" value="register.jsp">
8            <c:param name="username" value="张三"/>
9            <c:param name="country" value="中国"/>
10       </c:url>
11       <c:redirect url="${myURL }"/>
12   </body>
13   </html>
```

打开 IE 浏览器，在地址栏中输入“http://localhost:8080/chapter08/c_redirect. jsp”访问 c_redirect. jsp 页面，此时，浏览器窗口中显示的结果如图 8-20 所示。

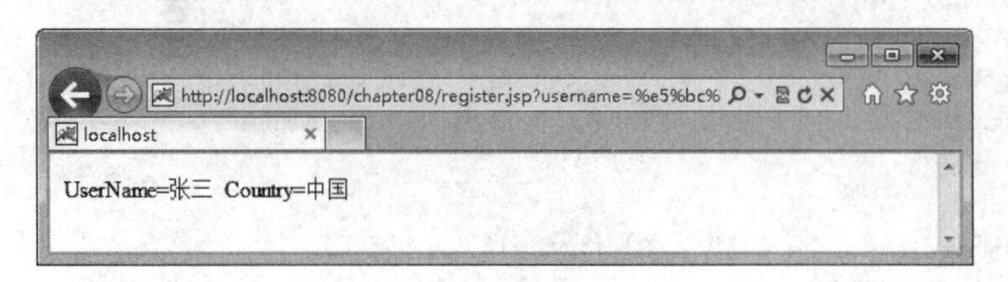

图 8-20 c_ redirect. jsp

从图 8-20 可以看出，在浏览器中访问 c_redirect. jsp 页面时就直接跳转到了 register. jsp 页面，并且向 register. jsp 页面传递了两个参数 username 和 country。这是由于在例 8-18 中使用<c:url>标签和<param>标签重新构造了一个 URL 地址并传递了两个参数，因此，当使用<c:redirect>标签进行转发时，便出现了图中所示的结果。

8.3 JSTL 中的 Functions 标签库

为了简化 JSP 页面中对字符串的操作，JSTL 的 Functions 标签库中提供了一套自定义 EL 函数，这套自定义 EL 函数包括 JSP 页面制作者经常要用到的字符串操作。本节将针对 Functions 标签库中的 EL 函数进行详细的讲解。

8.3.1 fn:toLowerCase 函数与 fn:toUpperCase 函数

在程序开发中，经常需要将指定的字符串进行大小写转换，为了方便在 JSP 页面中完成这种操作，Functions 标签库提供了两个函数，分别为 fn:toLowerCase 和 fn:toUpperCase，具体如下。

1. fn:toLowerCase 函数

fn:toLowerCase 函数用于将一个字符串中包含的所有字符转换为小写形式，其基本的语法格式如下所示。

```
fn:toLowerCase(String source)
```

2. fn:toUpperCase 函数

fn:toUpperCase 函数用于将一个字符串中包含的所有字符转换为大写形式,其基本的语法格式如下所示。

```
fn:toUpperCase(String source)
```

需要注意的是,上面两个函数的返回类型都为 String 类型。

为了使读者更好地学习这两个函数,接下来通过一个具体的案例来演示如何使用这两个函数,如例 8-19 所示。

例 8-19　fn_tolower.jsp

```
1   <%@page language="java" contentType="text/html; charset=utf-8"
2   pageEncoding="utf-8"%>
3   <%@taglib uri="http://java.sun.com/jsp/jstl/functions" prefix="fn"%>
4   <html>
5   <head></head>
6   <body>
7       fn:toLowerCase 函数将字符串 ITCAST 转换为小写<br>
8       ${fn:toLowerCase("ITCAST") }<br><hr>
9       fn:toUpperCase 函数将字符串 itcast 转换为大写<br>
10      ${fn:toUpperCase("itcust") }
11  </body>
12  </html>
```

打开 IE 浏览器,在地址栏中输入"http://localhost:8080/chapter08/fn_tolower.jsp"访问 fn_tolower.jsp 页面,此时,浏览器窗口中显示的结果如图 8-21 所示。

图 8-21　fn_tolower.jsp

从图 8-21 可以看出,使用 fn:toLowerCase 函数可以将大写的字符串 ITCAST 转换为小写形式,使用 fn:toUpperCase 函数可以将小写的字符串 itcast 转换为大写形式。需要注意的是,如果在函数 fn:toLowerCase("") 和 fn: toUpperCase ("")中指定 String 类型的参数为空,则转换后的字符串也为空。

8.3.2　fn:trim 函数

在 Functions 标签库中，提供了一个 fn:trim 函数，该函数用于删除一个字符串中开头和末尾的空格，其语法格式如下。

```
fn:trim(String source)
```

在上述语法格式中，可以看到 fn:trim 函数需要接收一个 String 类型的参数，并返回去掉空格后的字符串。为了使读者更好地学习 fn:trim 函数，接下来通过一个具体的案例来演示如何使用 fn:trim 函数，如例 8-20 所示。

例 8-20　fn_trim.jsp

```
1    <%@page language="java" contentType="text/html; charset=utf-8"
2        pageEncoding="utf-8"%>
3    <%@taglib uri="http://java.sun.com/jsp/jstl/functions" prefix="fn"%>
4    <html>
5    <head></head>
6    <body>
7        fn:trim 函数去掉字符串中的空格<br>
8    ${fn:trim(" www.it cast.cn ") }
9    </body>
10   </html>
```

打开 IE 浏览器，在地址栏中输入"http://localhost:8080/chapter08/fn_trim.jsp"访问 fn_trim.jsp 页面，此时，浏览器窗口中显示的结果如图 8-22 所示。

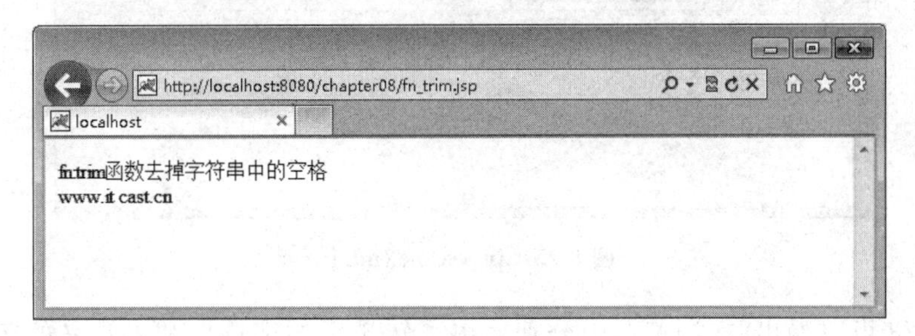

图 8-22　fn_trim.jsp

从图 8-22 可以看出，使用 fn:trim 函数成功地去掉了字符串" www.it cast.cn "开头和末尾处的空格。需要注意的是，该函数只能去掉一个字符串中开头和末尾的空格，并不能去掉字符串中间的空格。

8.3.3　fn:escapeXml 函数

在开发一个 JSP 页面时，为了防止用户在页面中输入特殊的字符而产生不良的影响，通常需要对特殊字符进行转义，为了解决这个问题，Functions 标签库提供了一个 fn:escapeXml 函数，该函数专门用于将字符串中的"<"、">"、"""、"&"等特殊字符进行转义，其语法格式如下。

```
fn:escapeXml(String source)
```

在上述语法格式中，可以看到fn:escapeXml函数需要接收一个String类型的参数，并返回转义后的字符串。实际上，fn:escapeXml函数与<c:out>标签中escapeXml属性为true时的转换效果是相同的。为了使读者更好地学习fn:escapeXml函数，接下来通过一个具体的案例演示fn:escapeXml函数的应用，如例8-21所示。

例8-21　fn_escapeXml.jsp

```
1    <%@page language="java" contentType="text/html; charset=utf-8"
2        pageEncoding="utf-8"%>
3    <%@taglib uri="http://java.sun.com/jsp/jstl/functions" prefix="fn"%>
4    <%@taglib uri="http://java.sun.com/jsp/jstl/core" prefix="c"%>
5    <html>
6    <head></head>
7    <body>
8        1: ${fn:escapeXml("<b>表示粗体字</b>")}<br>
9        2:<c:out value="<b>表示粗体字</b>" escapeXml="true"/><br>
10        3: ${"<b>表示粗体字</b>"}
11    </body>
12    </html>
```

打开IE浏览器，在地址栏中输入"http://localhost:8080/chapter08/fn_escapeXml.jsp"访问fn_escapeXml.jsp页面，此时，浏览器窗口中显示的结果如图8-23所示。

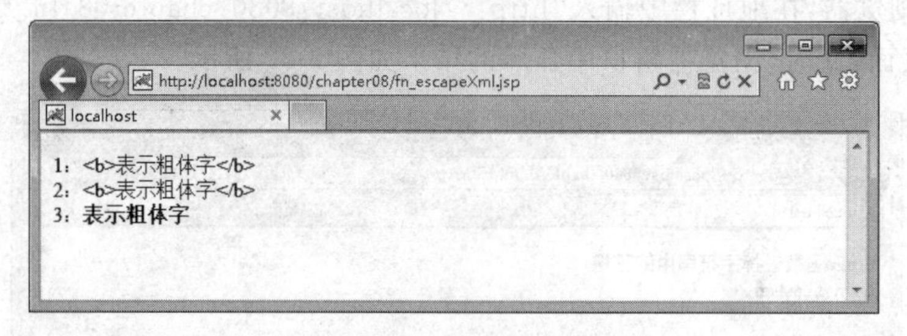

图8-23　fn_escapeXml.jsp

从图8-23可以看出，在浏览器中分别输出了转义后的字符串和未转义的字符串，这是因为在例8-21中，使用fn:escapeXml函数和<c:out>标签对"<b>表示粗体字</b>"字符串进行了转义，而直接使用表达式${"<b>表示粗体字</b>"}不能对特殊字符进行转义，在浏览器中便会直接输出粗体形式的"表示粗体字"字符串。

8.3.4 fn:length函数

在程序开发中，最常见的一个操作就是统计字符串中字符的个数，以及集合和数组中元素的个数，为了在JSP页面中完成这种功能，Functions标签库提供了一个fn:length函数，该函数用于返回字符串中字符的个数，或者集合和数组中元素的个数，其语法格式如下。

```
fn:length(source)
```

在上述语法格式中，可以看到fn:length函数需要接收一个参数，这个参数可以是任意类型的数组、Collection、Enumeration 或 Map 等类型的实例对象或字符串。如果 fn:length 函数接收的参数为空字符串、null 对象或者是元素个数为 0 的集合或数组对象，则函数返回值为 0。为了使读者更好地学习 fn:length 函数，接下来通过一个具体的案例演示 fn:length 函数的应用，如例 8-22 所示。

例 8-22　fn_length. jsp

```
1   <%@page language="java" contentType="text/html; charset=utf-8"
2   pageEncoding="utf-8" import="java.util.*"%>
3   <%@taglib uri="http://java.sun.com/jsp/jstl/functions" prefix="fn"%>
4   <%@taglib uri="http://java.sun.com/jsp/jstl/core" prefix="c"%>
5   <html>
6   <head></head>
7   <body>
8       <%
9           int[] array={ 1, 2, 3, 4 };
10          List list=new ArrayList();
11          list.add("one");
12          list.add("two");
13          list.add("three");
14      %>
15      <c:set value="<%=array%>" var="array"/>
16      <c:set value="<%=list%>" var="list"/>
17      fn:length 函数获取数组、集合中元素的个数以及字符串长度<br>
18      数组中元素的个数: ${fn:length(array)}<br>
19      集合中元素的个数: ${fn:length(list)}    <br>
20      字符串长度: ${fn:length("Tomcat")}<br>
21   </body>
22   </html>
```

打开 IE 浏览器，在地址栏中输入"http://localhost:8080/chapter08/fn_length. jsp"访问 fn_length. jsp 页面，此时，浏览器窗口中显示的结果如图 8-24 所示。

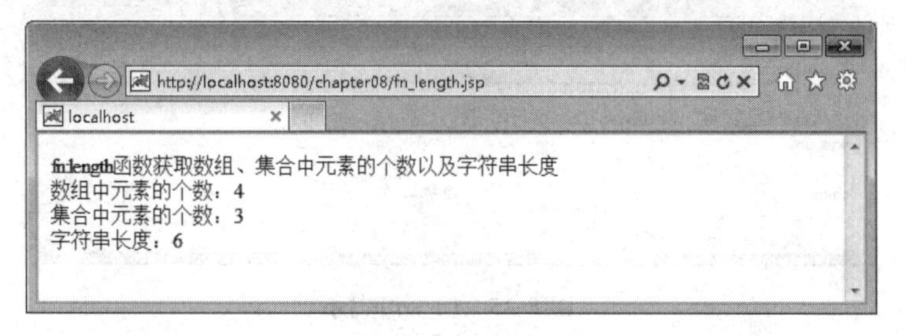

图 8-24　fn_length. jsp

从图 8-24 可以看出，使用 fn:length 函数成功地获取到了数组和集合中元素的个数，以及字符串的长度，并将结果显示在浏览器中。

8.3.5　fn:split 函数

在程序开发中，经常需要将一个字符串进行分割，为了在 JSP 页面中完成这种功能，Functions 标签库提供了一个 fn:split 函数，该函数可以按照指定的分隔符，将一个字符串分割成字符串数组，并将这个字符串数组返回，其语法格式如下。

```
fn:split(String source,String delimiter)→String[]
```

在上述语法格式中，可以看到 fn:split 函数需要接收两个 String 类型的参数。其中，source 参数用于表示要分割的源字符串，delimiter 参数表示用于拆分源字符串的分隔符。如果源字符串中不包含 delimiter 参数指定的分隔符，或者 delimiter 参数为 null，那么就返回源字符串。

为了使读者更好地学习 fn:split 函数，接下来通过一个具体的案例来演示 fn:split 函数的应用，如例 8-23 所示。

例 8-23 fn_split.jsp

```
1   <%@page language="java" contentType="text/html; charset=utf-8"
2   pageEncoding="utf-8"%>
3   <%@taglib uri="http://java.sun.com/jsp/jstl/functions" prefix="fn"%>
4   <%@taglib uri="http://java.sun.com/jsp/jstl/core" prefix="c"%>
5   <html>
6   <head></head>
7   <body>
8       使用 fn:split 函数将" welcome to china"字符串进行分割:<br>
9       <c:set value='${fn:split("welcome to china"," ")}' var="strs"/>
10      <c:forEach var="token" items="${strs}">
11          ${token}<br>
12      </c:forEach>
13  </body>
14  </html>
```

打开 IE 浏览器，在地址栏中输入"http://localhost:8080/chapter08/fn_split.jsp"访问 fn_split.jsp 页面，此时，浏览器窗口中显示的结果如图 8-25 所示。

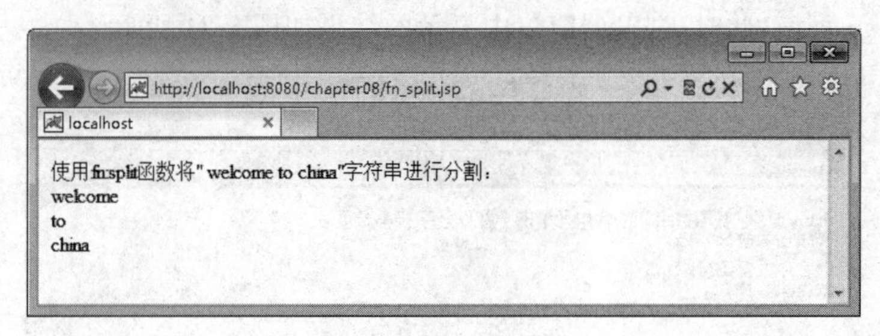

图 8-25 fn_split.jsp

从图 8-25 可以看出，浏览器中输出了三个字符串分别为 welcome、to 和 china，这是由于在例 8-23 中，使用 fn:split 函数将字符串"welcome to china"按照空字符分割成一个字符串数组，并使用<c:forEach>标签将数组中的元素进行了迭代输出。

8.3.6 fn:join 函数

前面讲过 fn:split 函数可以将一个字符串按照指定的分隔符分割成一个数组，在 Functions 标签库中还提供了与其功能相反的函数 fn:join，该函数可以通过指定的分隔符，将一个字符串数组中的所有元素合并为一个字符串，其语法格式如下。

```
fn:join(String source[], String spearator)→String
```

在上述语法中，可以看到 fn:join 函数需要接收两个 String 类型参数。其中，source 参数用于指定操作的字符串数组，spearator 参数用于指定作为分隔符的字符串。如果 spearator 参数是一个空字符，则 fn:join 函数将不使用任何分隔符将字符串数组中的各个元素连接起来。

为了使读者更好地学习 fn:join 函数，接下来通过一个具体的案例演示如何使用 fn:join 函数，如例 8-24 所示。

例 8-24　fn_join.jsp

```
1    <%@page language="java" contentType="text/html; charset=utf-8"
2    pageEncoding="utf-8" import="java.util.*"%>
3    <%@taglib uri="http://java.sun.com/jsp/jstl/functions" prefix="fn"%>
4    <%@taglib uri="http://java.sun.com/jsp/jstl/core" prefix="c"%>
5    <html>
6    <head></head>
7    <body>
8        使用 fn:join 函数将字符串数组合并:<br>
9        <%
10           String strs[]={ "www", "itcast", "cn" };
11       %>
12       <c:set value="<%=strs%>" var="strs"/>
13       ${fn:join(strs,".")}
14   </body>
15   </html>
```

打开 IE 浏览器，在地址栏中输入"http://localhost:8080/chapter08/fn_join.jsp"访问 fn_join.jsp 页面，此时，浏览器窗口中显示的结果如图 8-26 所示。

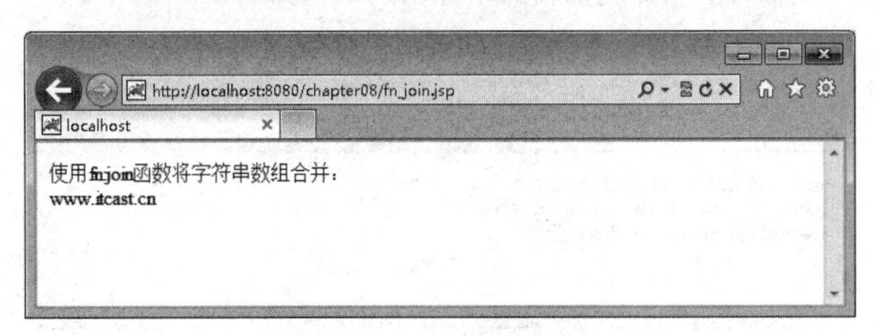

图 8-26　fn_join.jsp

从图 8-26 可以看出，浏览器窗口中显示的是一个完整的字符串 www.itcast.cn，这是由于在例 8-24 中，使用 fn_join 函数将字符串数组中的元素 www、itcast 和 cn 用"."字符连接起来，合并为一个新的字符串，因此在浏览器中显示的字符串为 www.itcast.cn。

8.3.7　fn:indexOf 函数

在程序开发中，经常需要在指定的字符串中返回另一个字符串的索引，为了在 JSP 页面完成这种功能，Functions 标签库提供了一个 fn:indexOf 函数，该函数用于返回指定字符串在一个字符串中第一次出现的索引，其语法格式如下。

```
fn:indexOf(String source,String target)→int
```

在上述语法格式中，可以看到 fn:indexOf 函数需要接收两个 String 类型参数。其中，source 参数用于指定源字符串，target 参数用于指定目标字符串。如果源字符串包含目标字符串，那么，fn:indexOf 函数会返回目标字符串在源字符串中第一次出现的索引值，如果源字符串中不包含目标字符串，则返回－1，如果目标字符串为空，则返回 0。

为了使读者更好地学习 fn:indexOf 函数，接下来通过一个具体的案例演示 fn:indexOf 函数的应用，如例 8-25 所示。

例 8-25 fn_indexof.jsp

```
1    <%@page language="java" contentType="text/html; charset=utf-8"
2    pageEncoding="utf-8" import="java.util.*"%>
3    <%@taglib uri="http://java.sun.com/jsp/jstl/functions" prefix="fn"%>
4    <html>
5    <head></head>
6    <body>
7        fn:indexOf("www.itcastit.cn","it")返回值为:
8        ${fn:indexOf("www.itcastit.cn","it") }<br>
9        fn:indexOf("www.itcast.cn","aaa")返回值为:
10       ${fn:indexOf("www.itcast.cn","aaa") }<br>
11       fn:indexOf("www.itcast.cn","")返回值为:
12       ${fn:indexOf("www.itcast.cn","") }<br>
13   </body>
14   </html>
```

打开 IE 浏览器，在地址栏中输入“http://localhost:8080/chapter08/fn_indexof.jsp”访问 fn_indexof.jsp 页面，此时，浏览器窗口中显示的结果如图 8-27 所示。

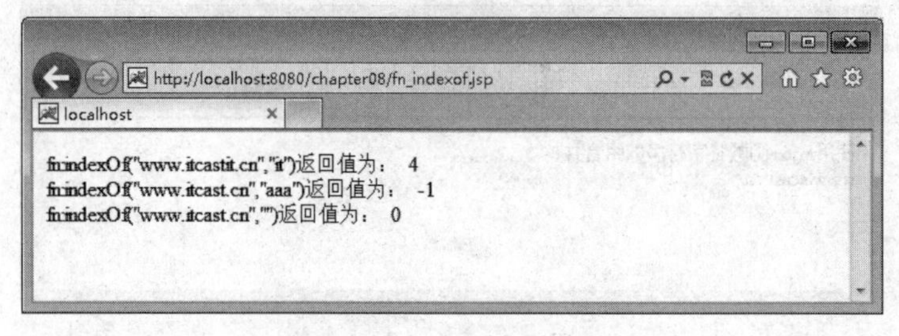

图 8-27 fn_indexof.jsp

从图 8-27 可以看出，在字符串 www.itcast.cn 中查找指定的字符串 it，则返回字符串 it 在 www.itcast.cn 中第一次出现的索引 4，在字符串 www.itcast.cn 中查找指定的字符串 aaa，则返回结果为－1，在字符串 www.itcast.cn 中查找指定的字符串为空时，则返回结果为 0。

8.3.8　fn:contains 函数

在一个 JSP 页面中，如果要想判断一个字符串是否包含指定的字符串，就需要使用 Functions 标签库提供的 fn:contains 函数，该函数专门用于判断一个字符串中是否包含指定的字符串，其语法格式如下。

```
fn:contain(String source,String target)→boolean
```

在上述语法格式中，可以看到 fn:contains 函数需要接收两个 String 类型的参数。其中，source 参数用于指定源字符串，target 参数用于指定包含的目标字符串。如果源字符串包含目标字符串，则 fn:contains 函数返回 true，否则返回 false。如果目标字符串为空，则 fn:contains 函数总是返回 true。需要注意的是，fn:contains 函数在比较两个字符串是否相等时对大小写比较敏感。

为了使读者更好地学习 fn:contains，接下来通过一个具体的案例演示 fn:contains 函数的应用，如例 8-26 所示。

例 8-26　fn_contains.jsp

```
1    <%@page language="java" contentType="text/html; charset=utf-8"
2    pageEncoding="utf-8" import="java.util.*"%>
3    <%@taglib uri="http://java.sun.com/jsp/jstl/functions" prefix="fn"%>
4    <html>
5    <head></head>
6    <body>
7        fn:contains("www.itcast.cn","it")返回值为:
8        ${fn:contains("www.itcast.cn","it") }<br>
9        fn:contains("www.itcast.cn","IT")返回值为:
10        ${fn:contains("www.itcast.cn","IT") }<br>
11        fn:contains("www.itcast.cn","")返回值为:
12        ${fn:contains("www.itcast.cn","") }<br>
13    </body>
14    </html>
```

打开 IE 浏览器，在地址栏中输入“http://localhost:8080/chapter08/fn_contains.jsp”访问 fn_contains.jsp 页面，此时，浏览器窗口中显示的结果如图 8-28 所示。

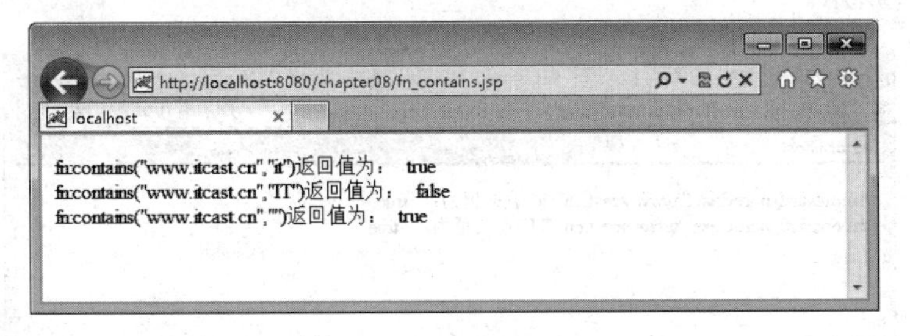

图 8-28　fn_contains.jsp

从图 8-28 可以看出，函数 fn:contains("www.itcast.cn","it")的返回值为 true，而函数 fn:contains("www.itcast.cn","IT")的返回值为 false，因此可以说明，fn:contains 函数在

比较两个字符串时对大小写比较敏感，而函数 fn:contains("www.itcast.cn","")的返回值一直为 true。

8.3.9 fn:containsIgnoreCase 函数

前面讲解的<fn:contains>函数在判断一个字符串是否包含指定字符串时，对大小写比较敏感，然而有些时候我们并不关心大小写问题，此时就可以使用 Functions 标签库中提供的 fn:containsIgnoreCase 函数，该函数专门用于检测一个字符串中是否包含指定的字符串，其语法格式如下。

```
fn:containsIgnoreCase(String source,String target)→boolean
```

上述语法格式中，可以看到 fn:containsIgnoreCase 函数与 fn:contains 函数类似，同样需要接收两个 String 参数，只不过 fn:containsIgnoreCase 函数在比较两个字符串是否相等时，不需要考虑字符串的大小写问题。为了使读者更好地学习 fn:containsIgnoreCase 函数，接下来通过一个具体的案例演示 fn:containsIgnoreCase 函数的用法，如例 8-27 所示。

例 8-27 fn_containsIgnoreCase.jsp

```
1   <%@page language="java" contentType="text/html; charset=utf-8"
2   pageEncoding="utf-8"%>
3   <%@taglib uri="http://java.sun.com/jsp/jstl/functions" prefix="fn"%>
4   <html>
5   <head></head>
6   <body>
7       fn:containsIgnoreCase("www.itcast.cn","it")返回值为:
8       ${fn:containsIgnoreCase("www.itcast.cn","it") }<br>
9       fn:containsIgnoreCase("www.itcast.cn","IT")返回值为:
10      ${fn:containsIgnoreCase("www.itcast.cn","IT") }<br>
11  </body>
12  </html>
```

打开 IE 浏览器，在地址栏中输入"http://localhost:8080/chapter08/fn_containsIgnoreCase.jsp"访问 fn_containsIgnoreCase.jsp 页面，此时，浏览器窗口中显示的结果如图 8-29 所示。

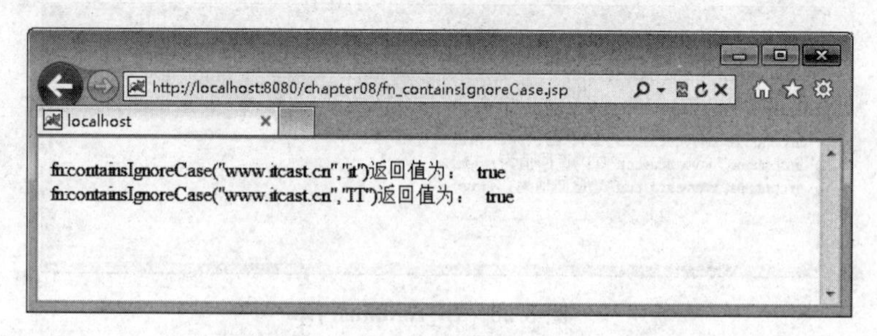

图 8-29 fn_containsIgnoreCase.jsp

从图 8-29 可以看出，函数 fn:containsIgnoreCase("www.itcast.cn","it")和 fn:

containsIgnoreCase("www.itcast.cn","IT")的返回值都为 true,这就说明 fn:containsIgnoreCase 函数在比较两个字符串是否相等时可以忽略大小写。

8.3.10　fn:startsWith 函数与 fn:endsWith 函数

在程序开发中,经常需要判断某一个字符串是否以指定的字符串开发或结束,同理,在 JSP 页面中也需要完成这种功能。为此,Functions 标签库提供了两个函数 fn:startsWith 和 fn:endsWith,具体如下。

1. fn:startsWith 函数

fn:startsWith 函数用于判断一个字符串是否以指定字符串开始,其语法格式如下。

```
fn:startsWith(String source,String target)
```

2. fn:endsWith 函数

fn:endsWith 函数用于判断一个字符串是否以指定字符串结束,其语法格式如下。

```
fn:endsWith(String source,String target)
```

需要注意的是,在上面两个函数的语法格式中,参数 source 和 target 分别用来指定源字符串和目标字符串,并且它们的返回值类型都是 boolean 类型。

为了使读者更好地学习 fn:startsWith 函数和 fn:endsWith 函数,接下来通过一个具体的案例来演示这两个函数的用法,如例 8-28 所示。

例 8-28　fn_startsWith.jsp

```
1   <%@page language="java" contentType="text/html; charset=utf-8"
2   pageEncoding="utf-8"%>
3   <%@taglib uri="http://java.sun.com/jsp/jstl/functions" prefix="fn"%>
4   <html>
5   <head></head>
6   <body>
7       fn:startsWith("www.itcast.cn","www")返回值为:
8       ${fn:startsWith("www.itcast.cn","www") }<br>
9       fn:startsWith("welcome","www")返回值为:
10      ${fn:startsWith("welcome","www") }<br>
11      fn:endsWith("www.itcast.cn","cn")返回值为:
12      ${fn:endsWith("www.itcast.cn","cn") }<br>
13      fn:endsWith("welcome","cn")返回值为:
14      ${fn:endsWith("welcome","cn") }<br>
15  </body>
16  </html>
```

打开 IE 浏览器,在地址栏中输入"http://localhost:8080/chapter08/fn_startsWith.jsp"访问 fn_startsWith.jsp 页面,此时,浏览器窗口中显示的结果如图 8-30 所示。

从图 8-30 可以看出,如果字符串 www.itcast.cn 是以 www 开始的,fn:startsWith 函

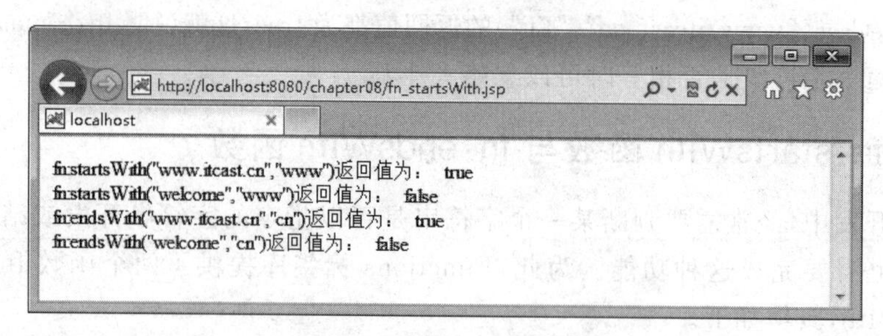

图 8-30 fn_startsWith. jsp

数就返回 true，否则返回 false；如果字符串 www. itcast. cn 是以 cn 结尾的，fn：endsWith 就返回 true，否则返回 false。

8.3.11 fn:replace 函数

在程序开发中，经常需要对一个字符串中某一部分进行替换操作，为了在 JSP 页面中完成这种功能，Functions 标签库提供了一个 fn：replace 函数，该函数用于将一个字符串中包含的指定字符串替换为其他字符串，并返回替换后的字符串。其语法格式如下。

```
fn:replace(String source,String before,String after)→String
```

在上述语法格式中，可以看到 fn：replace 函数需要接收三个 String 类型的参数。其中，source 参数用于指定操作的源字符串，before 参数用于指定源字符串中要被替换的子字符串，after 参数指定用于替换的子字符串。

为了使读者更好地学习 fn：replace 函数，接下来通过一个具体的案例演示 fn：replace 函数的作用，如例 8-29 所示。

例 8-29 fn_replace. jsp

```
1    <%@page language="java" contentType="text/html; charset=utf-8"
2    pageEncoding="utf-8"%>
3    <%@taglib uri="http://java.sun.com/jsp/jstl/functions" prefix="fn"%>
4    <html>
5    <head></head>
6    <body>
7       fn:replace("www.itcast.cn",".","-")的替换结果为:
8       ${fn:replace("www.itcast.cn",".","-") }<br>
9       fn:replace("2013/11/28","/","-")的替换结果为:
10      ${fn:replace("2013/11/28","/","-") }<br>
11   </body>
12   </html>
```

打开 IE 浏览器，在地址栏中输入"http://localhost:8080/chapter08/fn_replace. jsp"访问 fn_replace. jsp 页面，此时，浏览器窗口中显示的结果如图 8-31 所示。

从图 8-31 可以看出，字符串"www. itcast. cn"被替换成了"www-itcast-cn"，字符串"2013/11/28"被替换成了"2013-11-28"。这是由于在例 8-29 中使用了 fn：replace 函数，将字符串"www. itcast. cn"中的". "替换成了"-"，并组成了一个新的字符串，同理，字符串

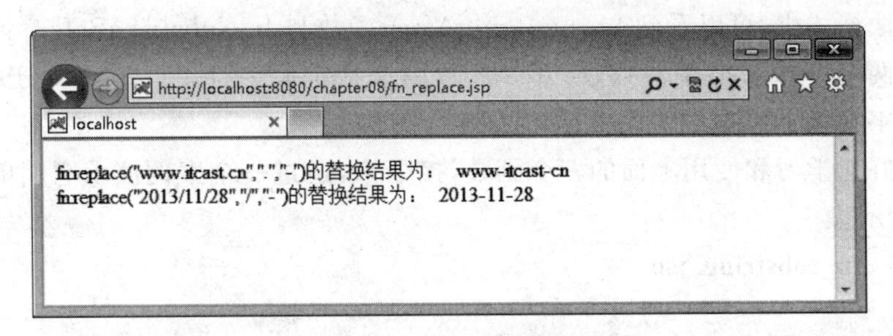

图 8-31 fn_replace.jsp

"2013/11/28"中的"/"也被替换成"-",组成了一个新的字符串,最终将这两个新组成的字符串输出到浏览器中。

8.3.12 fn:substring、fn:substringAfter 与 fn:substringBefore 函数

在程序开发中,经常需要截取一个字符串中指定的部分,为了在 JSP 页面中完成这种功能,Functions 标签库提供了三个函数,具体如下。

1. fn:substring 函数

fn:substring 函数用于截取一个字符串中指定子字符串并返回截取到的子字符串,其语法格式如下。

```
fn:substring(String source,int beginIndex,int endIndex)→String
```

上述语法格式中,可以看到 fn:substring 函数需要接收三个参数,其中,source 参数用于指定源字符串,beginIndex 参数用于指定截取字符串开始的索引值,endIndex 参数用于指定截取子字符串结束的索引值,beginIndex 参数和 endIndex 参数都是 int 类型,其值都是从 0 开始。需要注意的是,在截取字符串时包含 beginIndex 位置的字符,不包含 endIndex 位置的字符。

2. fn:substringBefore 函数

fn:substringBefore 函数用于截取并返回指定字符串之前的子字符串,其语法格式如下。

```
fn:substringBefore(String source,String target)→String
```

上述语法格式中,可以看到 fn:substringBefore 函数需要接收两个 String 类型参数,其中,source 参数用于指定源字符串,target 用于指定子字符串。如果源字符串不包含子字符串,则返回空字符串。

3. fn:substringAfter 函数

fn:substringAfter 用于截取并返回指定字符串之后的子字符串,其语法格式如下。

```
fn:substringAfter(String source,String target)→String
```

上述语法格式中，可以看到 fn:substringAfter 函数与 fn:substringBefore 函数类似，同样需要接收两个 String 类型参数，source 参数用于指定源字符串，target 用于指定子字符串。如果源字符串不包含子字符串，则返回空字符串。

为了更好地学习和使用上面的三个函数，接下来，通过一个案例演示它们的具体用法，如例 8-30 所示。

例 8-30　fn_substring.jsp

```
1   <%@page language="java" contentType="text/html; charset=utf-8"
2   pageEncoding="utf-8" import="java.util.*"%>
3   <%@taglib uri="http://java.sun.com/jsp/jstl/functions" prefix="fn"%>
4   <html>
5   <head></head>
6   <body>
7       fn:substring("welcome to itcast!",3,9)返回的结果为:
8       ${fn:substring("welcome to itcast!",3,9) }<br>
9       fn:substringBefore("mydata.txt",".")返回的结果为:
10      ${fn:substringBefore("mydata.txt",".") }<br>
11      fn:substringAfter("mydata.txt",".")返回的结果为:
12      ${fn:substringAfter("mydata.txt",".") }<br>
13  </body>
14  </html>
```

打开 IE 浏览器，在地址栏中输入“http://localhost:8080/chapter08/fn_substring.jsp”访问 fn_substring.jsp 页面，此时，浏览器窗口中显示的结果如图 8-32 所示。

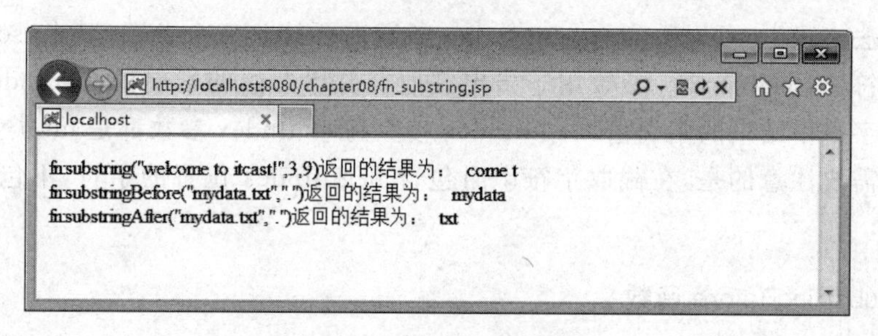

图 8-32　fn_substring.jsp

从图 8-32 可以看出，使用 fn:substring 函数可以截取指定的字符串，使用 fn:substringBefore 函数可以截取“.”字符之前的字符串，使用 fn:substringAfter 函数可以截取“.”字符之后的字符串，这三个函数最终都会返回截取后的字符串。

小结

本章主要讲解了 JSTL 标签库中的标签，首先讲解了 JSTL 的使用，然后讲解了 JSTL 中两个重要的标签库 Core 和 Functions。通过本章的学习，读者可以使用 JSTL 方便快捷地开发 JSP 页面。

【思考题】

编写一个 index1.jsp 文件，应用 JSTL 核心库中的<c:forEach>标签输出 10 以内的全部奇数。

第 9 章 自定义标签

学习目标

- ◆ 掌握自定义标签的开发步骤；
- ◆ 了解传统标签接口，学会使用传统标签创建自定义标签；
- ◆ 掌握简单标签接口 SimpleTag 以及 JspFragment 类和 SimpleTagSupport 的基本功能；
- ◆ 掌握如何使用简单标签控制标签体以及 JSP 页面内容的执行。

在 JSP 开发中，为了处理某些逻辑功能，难免会在 JSP 页面书写大量的 Java 代码，从而导致 JSP 页面难以维护，可重用性较低。为此，JSP 从版本 1.1 开始，支持用户开发自己的标签，即自定义标签。本章将针对如何开发自定义标签进行详细的讲解。

9.1 自定义标签入门

9.1.1 什么是自定义标签

自定义标签可以有效地将 HTML 代码与 Java 代码分离，从而使不懂 Java 编程的 HTML 设计人员也可以编写出功能强大的 JSP 页面。JSP 规范中定义了多个用于开发自定义标签的接口和类，它们都位于 javax.servlet.jsp.tagext 包中，这些接口和类的继承关系如图 9-1 所示。

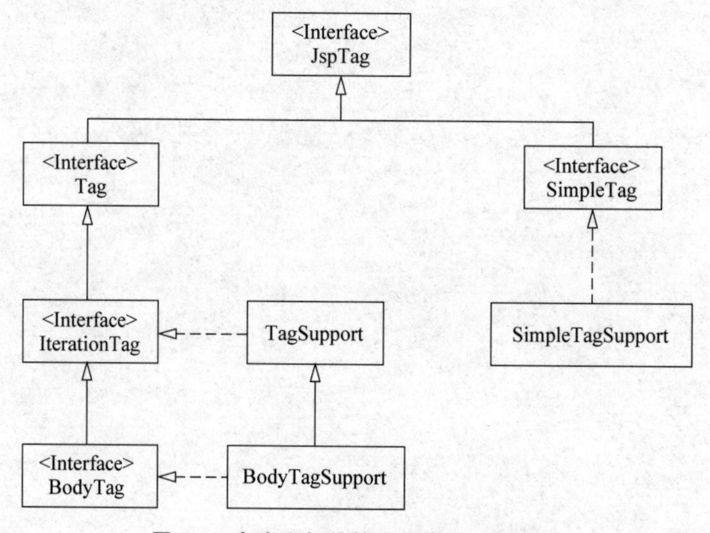

图 9-1 自定义标签接口和类的继承关系

从图 9-1 中可以看出，所有的标签处理器类都需要实现 javax. servlet. jsp. tagext. JspTag 接口，这个接口是在 JSP2.0 中新增的一个标识接口，它没有任何方法，主要是作为 javax. servlet. jsp. tagext. Tag 和 javax. servlet. jsp. tagext. SimpleTag 的共同基类。在 JSP2.0 之前，所有的标签类都需要实现 Tag 接口，这样的标签称为传统标签。后来为了简化标签的开发，JSP2.0 规范又定义了一种新类型的标签，称为简单标签，简单标签的处理器类要实现 SimpleTag 接口。关于传统标签和简单标签的相关知识，将在后面进行详细讲解。

9.1.2　自定义标签的开发步骤

前面已经学习了自定义标签的基本知识，接下来讲解如何开发一个自定义标签。开发一个自定义标签至少需要三个步骤，具体如下。

1. 编写标签处理器

开发自定义标签的核心任务就是要编写作为标签处理器的 Java 类。

(1) 传统标签开发，需要实现 javax. servlet. jsp. tagext. Tag 接口。

(2) 简单标签开发，需要实现 javax. servlet. jsp. tagext. SimpleTag 接口。

Tag 接口和 SimpleTag 接口定义了 JSP 页面与标签处理器类之间的通信规则。如果 JSP 引擎在编译 JSP 页面时遇到自定义标签，传统标签将会调用标签处理器类的 doStartTag()方法，简单标签将会调用标签处理器类的 doTag()方法。

2. 编写标签库描述符文件

要想让 JSP 引擎在遇到自定义标签时，能找到其所对应的标签处理器类，还必须编写一个标签库描述符(Tag Library Descriptor)文件，简称 TLD 文件。TLD 文件与标签处理器之间的关系就如同 web. xml 文件与 Servlet 之间的关系，一个标签处理器类要想被 JSP 容器找到并调用，必须在 TLD 文件中进行注册，一个 TLD 文件中可以注册多个标签处理器类，每个自定义标签的注册名称不能相同，同一个 TLD 文件中注册的多个标签处理器类就形成了一个自定义标签库。TLD 文件是基于 XML 文件的，其内容的编写需要遵循 XML 语法规范。

下面编写一个名为 mytag. tld 的标签库描述符文件，具体示例如下。

```
<? xml version="1.0" encoding="GBK" ? >
<!--自定义标签的根标签是<taglib>,根标签使用的是 schema 约束,根标签的属性及其取值,
通常是固定不变的-->
<taglib xmlns="http://java.sun.com/xml/ns/j2ee"
    xmlns:xsi="http://www.w3.org/2001/XMLSchema-instance"
    xsi:schemaLocation="http://java.sun.com/xml/ns/j2ee
    http://java.sun.com/xml/ns/j2ee/web-jsptaglibrary_2_0.xsd"
    version="2.0">
    <!--TLD 的头文件,这部分信息通常是固定不变的 -->
    <!--指定标签库的版本号 -->
    <tlib-version>1.0</tlib-version>
    <!--指定标签库的名称 -->
```

```
    <short-name>SimpleTag</short-name>
    <!--指定标签库的 URI -->
    <uri>http://www.itcast.cn</uri>
    <!--注册一个自定义的标签 -->
    <tag>
        <!--指定自定义标签的注册名称 -->
        <name>ipTag</name>
        <!--指定标签的标签处理器类 -->
        <tag-class>cn.itcast.chapter09.tag.IpTag</tag-class>
        <!--指定标签体的类型,empty 表示标签体为空 -->
        <body-content>empty</body-content>
    </tag>
</taglib>
```

在上述 tld 文件中,通过注释的方式为每个元素进行了说明。除了<body-content>元素外,其他元素都很容易理解。<body-content>元素用于指定标签体的类型,其值共有 4 个,具体如下。

(1) empty:表示在使用自定义标签时不能设置标签体,否则 JSP 容器会报错。

(2) JSP:表示自定义标签的标签体可以为任意的 JSP 元素,需要注意的是 JSP 必须大写。

(3) scriptless:表示自定义标签的标签体可以包含除 JSP 脚本元素之外的任意 JSP 元素。

(4) tagdependent:表示 JSP 容器对标签体内容不进行解析处理,而是将标签体内容原封不动输出给客户端或交给标签处理器自己去处理。例如,如果<body-content>元素的值为 tagdependent,那么标签体中的 EL 表达式“${...}”、标签“<>”和 JSP 脚本“<%…%>”,都会被当作普通的字符文本处理。

需要注意的是,编写完 TLD 文件后,需要把它放置到 WEB-INF 目录或者其子目录下,但 WEB-INF\classes 目录和 WEB-INF\lib 目录除外。

3. 在 JSP 页面导入和使用自定义标签

TLD 文件编写完成后,就可以在 JSP 文件中使用自定义标签。在使用自定义标签之前,首先需要使用 taglib 指令来引入 TLD 文件,其语法格式如下。

```
<%@taglib uri="" prefix="" %>
```

在上述语法格式中,uri 属性用于指定引用的是哪一个 TLD 文件,它应该和要引入的 TLD 文件中<uri>元素的值保持一致。prefix 属性用于为引入的 TLD 文件指定一个“引用代号”,在使用这个标签库中注册的自定义标签时都需要加上这个“引用代号”作为前缀。prefix 属性的值可以是任意的,但不能和其他 taglib 指令中的 prefix 属性值重复,而且需要遵循 XML 名称空间的命名约定。

在 JSP 页面引入 TLD 文件后,就可以在 JSP 页面使用自定义标签了。自定义标签的格式有很多种,具体如下。

1) 空标签

空标签是指不包含标签体的标签,它有两种语法格式,如下所示。

```
<prefix:tagname/>                           //格式 1
<prefix:tagname></prefix:tagname>           //格式 2
```

在上面的标签中，prefix 表示标签的前缀，tagname 表示标签名，标签名必须和 TLD 文件中的自定义标签的注册名称相同。由于标签中不包含标签体，因此可以不使用结束标签，但是在标签最后一定要使用正斜线(/)来关闭标签。

2) 带标签体的标签

在自定义标签的开始标签和结束标签之间可以包含标签体，其格式如下所示。

```
<prefix:tagname>body</prefix:name>
```

在上面的标签中，body 是标签体，标签体通常为 JSP 的页面元素，包括普通文本、脚本片段、脚本表达式和 EL 表达式等。

3) 带属性的标签

标签的属性是对标签元素的补充说明，它一般定义在开始标签中，以键/值对的形式出现，带有属性的标签格式如下所示。

```
<prefix:tagname attrname1="attrvalue1" [attrname2="attrvalue2" …]>
    [body]
</prefix:tagname>
```

在上面的标签中，attrname1 和 attrname2 为标签的属性。需要注意的是，空标签和带标签体的标签都可以有属性，而且一个标签中可以定义多个属性。

4) 嵌套标签

嵌套标签是指在一个标签的标签体中包含另外的标签，外层的标签称为父标签，内层嵌套的标签称为子标签，其语法格式如下。

```
<prefix:tagname>
    <prefix:nestedtagname>
        [body]
    </prefix:nestedtagname>
</prefix:tagname>
```

在上面的标签中，<prefix:tagname>是父标签，<prefix:nestedtagname>是子标签。JSP 标签允许在一个父标签中包含多个子标签，也允许使用标签的多重嵌套。

9.2 传统标签

9.2.1 Tag 接口

Tag 接口是所有传统标签的父接口，它定义了 4 个 int 类型的静态常量和 6 个抽象方法，具体如表 9-1 和表 9-2 所示。

表 9-1 中的常量都是标签处理器方法的返回值，服务器根据方法的返回值来决定标签体和 JSP 页面是否执行。接下来，针对 Tag 接口中定义的方法进行讲解，如表 9-2 所示。

表 9-1 Tag 接口的静态常量

静态常量	功能描述
EVAL_BODY_INCLUDE	doStartTag()方法的返回值,表示标签体会被执行
SKIP_BODY	doStartTag()方法的返回值,表示标签体不被执行
EVAL_PAGE	doEndTag()方法的返回值,表示标签后面余下的 JSP 页面继续执行
SKIP_PAGE	doEndTag()方法的返回值,表示标签后面余下的 JSP 页面不被执行

表 9-2 Tag 接口的抽象方法

方法声明	功能描述
void setPageContext(PageContext pc)	JSP 容器实例化标签处理器后,调用 setPageContext()方法将 JSP 页面的内置对象 pageContext 对象传递给标签处理器,标签处理器可以通过 pageContext 对象与 JSP 页面进行通信
void setParent(Tag t)	调用 setPageContext()方法后,JSP 容器会调用 setParent()方法将当前标签的父标签处理器对象传递给当前标签处理器,如果当前标签没有父标签,则传递给 setParent()方法的参数为 null
Tag getParent()	返回当前标签的父标签处理器对象,如果当前标签没有父标签则返回 null
int doStartTag()	当 JSP 容器解析到自定义标签的开始标签时,会调用 doStartTag()方法,该方法可以返回 EVAL_BODY_INCLUDE 和 SKIP_BODY 两个常量,如果使用 Tag 的子接口 BodyTag,还可以使用 BodyTag. EVAL_BODY_BUFFERED 常量
int doEndTag()	当 JSP 容器解析到自定义标签的结束标签时,会调用 doEndTag()方法,该方法可以返回 EVAL_PAGE 和 SKIP_PAGE 两个常量
void release()	JSP 容器在标签处理器对象被作为垃圾回收之前调用 release()方法,以便释放标签处理器所占用的资源

Tag 接口定义了 JSP 页面与标签处理器之间的通信规则,当 JSP 容器将 JSP 页面翻译成 Servlet 源文件时,如果遇到 JSP 标签,会创建标签处理器类的实例对象,然后依次调用标签处理器的 setPageContext()方法、setParent()方法、doStartTag()方法、doEndTag()方法和 release()方法,因此,在实现 Tag 接口时,需要对这些抽象方法进行实现。

9.2.2 IterationTag 接口

在自定义标签的开发过程中,有时需要对标签体的内容进行重复处理,这时,可以使用 IterationTag 接口,它继承自 Tag 接口,在 Tag 接口基础上新增了一个 EVAL_BODY_AGAIN 常量和一个 doAfterBody()方法,具体如下。

1. EVAL_BODY_AGAIN 常量

EVAL_BODY_AGAIN 常量是 doAfterBody()方法的返回值,如果 doAfterBody()方法返回该常量,JSP 容器会把标签体的内容重复执行一次。

2. int doAfterBody()方法

JSP 容器在每次执行完标签体后会调用 doAfterBody()方法,该方法可以返回常量

SKIP_BODY 和 EVAL_BODY_AGAIN。如果方法返回 SKIP_BODY 常量,JSP 容器会去执行代表结束标签的 doEndTag()方法,如果返回 EVAL_BODY_AGAIN,则重复执行标签体。

为了让读者更好地学习 IterationTag 接口,接下来通过一个案例演示如何使用 IterationTag 接口实现重复执行标签体的功能,具体步骤如下。

(1) 编写标签处理器类。

在 Eclipse 中新建 Web 工程 chapter09,并在工程下编写标签处理器类 Iterate.java。由于 TagSupport 类实现了 IterationTag 接口,为了简化程序的编写,我们定义的标签处理器类只需继承 TagSupport 类即可,Iterate.java 类的实现代码如例 9-1 所示。

例 9-1　Iterate.java

```
1    package cn.itcast.chapter09.classisctag;
2    import javax.servlet.jsp.JspException;
3    import javax.servlet.jsp.tagext.*;
4    public class Iterate extends TagSupport {
5        //定义变量
6        private int num;
7        //提供 num 属性的 setter 方法
8        public void setNum(int num) {
9            this.num=num;
10       }
11       //执行一次标签体
12       public int doStartTag() throws JspException {
13           return Tag.EVAL_BODY_INCLUDE;
14       }
15       //根据属性值对标签体进行执行
16       public int doAfterBody() throws JspException {
17           num--;
18           if (num>0) {
19               return EVAL_BODY_AGAIN;
20           } else {
21               return SKIP_BODY;              //跳过标签体
22           }
23       }
24   }
```

在例 9-1 中,成员变量 num 用于接收标签 num 属性的值,用来决定标签体的执行次数。由于 doStartTag()方法的返回值为 EVAL_BODY_INCLUDE,在执行 doAfterBody()方法之前,标签体已经执行了一次,因此在 doAfterBody()方法中判断 if 条件之前先将 num 的值自减一次。

(2) 注册标签处理器类。

在 mytag.tld 文件中增加一个 Tag 元素,对标签处理器类进行注册,注册信息如下所示。

```
<tag>
    <name>iterate</name>
```

```
    <tag-class>cn.itcast.chapter09.classisctag.Iterate</tag-class>
    <body-content>JSP</body-content>
    <attribute>
        <name>num</name>
        <required>true</required>
    </attribute>
</tag>
```

(3) 编写 JSP 页面 iterate.jsp。

在 JSP 页面中使用<itcast:iterate num="">标签，将 num 属性的值设置为 5，同时将标签体的内容设置为“hello,itcast!”。iterate.jsp 页面如例 9-2 所示。

例 9-2　iterate.jsp

```
1    <%@page language="java" pageEncoding="GBK"%>
2    <%@taglib uri="http://www.itcast.cn" prefix="itcast"%>
3    <html>
4        <head>
5        <title>iterate Tag</title>
6        </head>
7        <body>
8            <itcast:iterate num="5">
9                hello,itcast!<br/>
10           </itcast:iterate>
11       </body>
12   </html>
```

(4) 启动 Tomcat 服务器，在浏览器地址栏中输入“http://localhost:8080/chapter09/iterate.jsp”访问 iterate.jsp 页面，如图 9-2 所示。

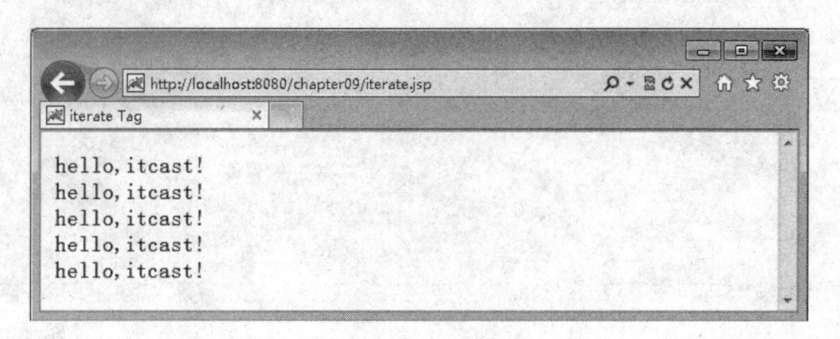

图 9-2　运行结果

从运行结果可以发现，在浏览器中标签体内容“hello,itcast!”显示了 5 遍。说明编写的自定义标签实现了重复执行标签体的功能。

9.2.3 BodyTag 接口

在实现自定义标签时，有时需要对标签体的内容进行处理以后再向浏览器输出，比如将小写英文字母转化为大写，将 HTML 标签进行转义等。为了实现这样的功能，JSP 规范中定义了一个 BodyTag 接口，它继承自 IterationTag 接口，并在 IterationTag 接口基础上新增了两个方法和一个静态常量，具体如下。

1. EVAL_BODY_BUFFERED 常量

如果标签处理器类实现了 BodyTag 接口,它的 doStartTag()方法除了可以返回 SKIP_BODY 和 EVAL_BODY_INCLUDE 常量之外,还可以返回 EVAL_BODY_BUFFERED 常量。当 doStartTag()方法返回 EVAL_BODY_BUFFERED 常量时,JSP 容器将会创建一个 javax.servlet.jsp.tagext.BodyContent 对象,使用该对象来执行标签体。关于 BodyContent 类的用法,将在下面进行详细的讲解。

2. setBodyContent(BodyContent b)方法

当且仅当 doStartTag()方法返回 EVAL_BODY_BUFFERED 常量时,JSP 容器才会调用 setBodyContent()方法,通过该方法将 BodyContent 对象传递给标签处理器类使用。

3. doInitBody()方法

JSP 容器在调用 setBodyContent()方法后会调用 doInitBody()方法来完成一些初始化工作,该方法的调用在标签体执行之前。

其中,最重要的是 setBodyContent()方法。为了帮助读者更好地理解 BodyTag 接口处理标签内容的方式,有必要对 BodyContent 类进行详细讲解。

BodyContent 类是 JspWriter 类的子类,它在 JspWriter 的基础上增加了一个用于存储数据的缓冲区(确切地说缓冲区是在 BodyContent 的子类 org.apache.jasper.runtime.BodyContentImple 中定义的),当调用 BodyContent 对象的方法写数据时,数据将被写入到 BodyContent 内部的缓冲区中。

明白了 BodyContent 类的这个特点,就不难理解 JSP 容器是如何利用 BodyContent 对象来处理标签体内容了。当标签处理器类的 doStartTag()方法返回 EVAL_BODY_BUFFERED 常量时,JSP 容器会创建一个 BodyContent 对象,然后调用该对象的 write()方法将标签体的内容写入 BodyContent 对象的缓冲区中,开发者只要能够访问 BodyContent 缓冲区的内容,就能对标签体的内容进行处理。在 BodyContent 类中定义了一些用于访问缓冲区内容的方法,具体如表 9-3 所示。

表 9-3 BodyContent 类的常用方法

方法声明	功能描述
String getString()	以字符串的形式返回 BodyContent 对象缓冲区中保存的数据
Reader getReader()	返回一个关联 BodyContent 对象缓冲区中数据的 Reader 对象,通过 Reader 对象可以读取缓冲区中的数据
void clearBody()	用于清空 BodyContent 对象缓冲区中的内容
JspWriter getEnclosingWriter()	用于返回 BodyContent 对象中关联的 JspWriter 对象。当 JSP 容器创建 BodyContent 对象后,PageContext 对象中的"out"属性不再指向 JSP 的隐式对象,而是指向新创建的 BodyContent 对象。同时,在 BodyContent 对象中会用一个 JspWriter 类型的成员变量 enclosingWriter 记住原来的隐式对象,getEnclosingWriter()方法返回的就是原始的 JSP 隐式对象
writerOut(Writer out)	用于将 BodyContent 对象中的内容写入到指定的输出流

在表 9-3 列举的所有方法中，其中 getEnclosingWriter()方法最难理解，但是，只需要记住该方法的返回值为 out 即可。

除了 BodyContent 类外，在 BodyTag 接口还会涉及很多常量和方法，为了让读者更好地掌握标签处理器的执行流程，接下来，通过一张图来描述，具体如图 9-3 所示。

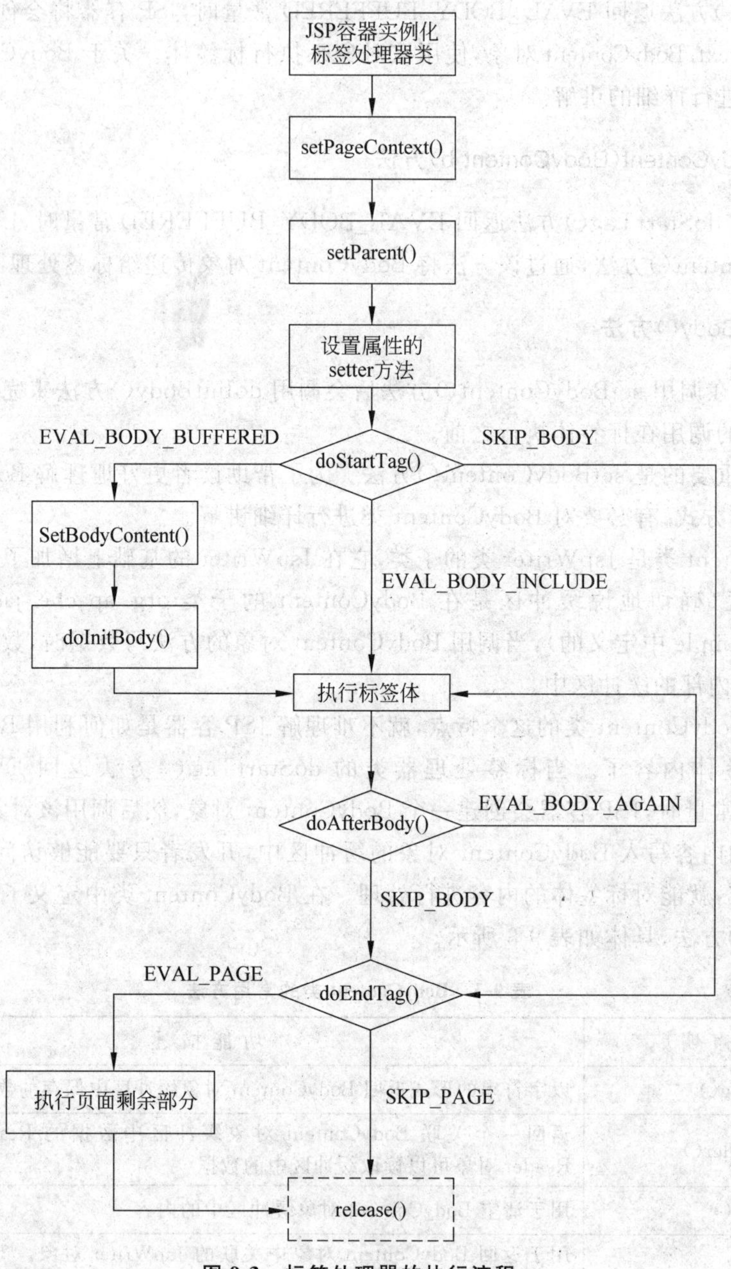

图 9-3 标签处理器的执行流程

图 9-3 清楚地描述了 JSP 容器执行标签处理器的过程。其中，release()方法之所以使用虚线，是因为这个方法不会在标签处理器每次执行都被 JSP 容器调用，只有当标签处理器对象作为垃圾被回收之前它才会被调用。传统标签的处理器是单例的，只会被创建和销

毁一次。

接下来,通过实现自定义标签<itcast:toUpperCase>,学习如何使用 BodyTag 接口将标签体中的小写英文字母转换为大写,具体步骤如下。

(1) 编写标签处理器类 ToUpperCase.java。

JSP 规范中定义了一个类 BodyTagSupport 实现了 BodyTag 接口,为了简化程序的编写,标签处理器类 ToUpperCase.java 只需要继承 BodyTagSupport 类即可。ToUpperCase.java 类的实现代码如例 9-3 所示。

例 9-3 ToUpperCase.java

```
1    package cn.itcast.chapter09.classisctag;
2    import java.io.IOException;
3    import javax.servlet.jsp.JspException;
4    import javax.servlet.jsp.tagext.BodyTagSupport;
5    public class ToUpperCase extends BodyTagSupport {
6        //定义 doEndTag()方法
7        public int doEndTag() throws JspException {
8            //获取缓冲区中数据
9            String content=getBodyContent().getString();
10           //将数据转为大写
11           content=content.toUpperCase();
12           try {
13               //输出数据内容(两种方式均可)
14               //pageContext.getOut().write(content);
15               bodyContent.getEnclosingWriter().write(content);
16           } catch (IOException e) {
17               e.printStackTrace();
18           }
19           return super.doEndTag();
20       }
21   }
```

由于 BodyTagSupport 类中的 doStartTag()方法默认返回 EVAL_BODY_BUFFERED 常量,JSP 容器会在执行标签体之前创建 BodyContent 对象,然后将标签体内容通过 setBodyContent()方法设置给 BodyContent 对象。因此在例 9-3 中的 doEndTag()方法中可以直接使用 getBodyContent()方法的 getString()方法获得写入到 BodyContent 缓冲区中的内容,然后将其转换为大写,通过调用 getEnclosingWriter()方法获取到 out 对象,将内容输出到浏览器中。

注意:不能直接使用 doStartTag()方法的原因是,执行 doStartTag()方法时,BodyContent 对象中还没有缓存标签体的内容,因此通过 getBodyContent()方法还无法获得标签的内容。

(2) 注册标签处理器类。

在 mytag.tld 文件中增加一个 Tag 元素,对标签处理器类进行注册,注册信息如下所示。

```
<tag>
    <name>toUpperCase</name>
```

```
    <tag-class>cn.itcast.chapter09.classisctag.ToUpperCase</tag-class>
    <body-content>JSP</body-content>
</tag>
```

(3) 编写 JSP 页面 toUpperCase. jsp。

在 JSP 页面中使用<itcast: toUpperCase>标签，在标签体中写入 26 个小写的英文字母，如例 9-4 所示。

例 9-4　toUpperCase. jsp

```
1    <%@page language="java" pageEncoding="GBK"%>
2    <%@taglib uri="http://www.itcast.cn" prefix="itcast"%>
3    <html>
4    <head>
5    <title>HelloWorld Tag</title>
6    </head>
7    <body>
8        <itcast:toUpperCase>
9            abcdefghijklmnopqrstuvwxyz
10       </itcast:toUpperCase>
11   </body>
12   </html>
```

(4) 启动 Tomcat 服务器，在浏览器地址栏中输入 URL 地址"http://localhost:8080/chapter09/toUpperCase. jsp"访问 toUpperCase. jsp 页面，浏览器显示的结果如图 9-4 所示。

图 9-4　运行结果

从运行结果可以看出，自定义标签<itcast: toUpperCase>成功地将标签体中的小写英文字母转换为大写。

9.2.4　案例——实现一个传统自定义标签

前面已经分别讲解了传统标签的几个重要的接口。为了帮助读者快速学习传统自定义标签的开发，接下来，将演示如何开发一个显示 IP 地址的自定义标签<itcast:ipTag/>，具体步骤如下。

(1) 编写完成标签功能的标签处理器类。

在 chapter09 工程中创建一个标签处理器类 cn. itcast. chapter09. tag. IpTag。该类继承了 Tag 接口的实现类 TagSupport，具体如例 9-5 所示。

例 9-5　IpTag. java

```
1    package cn.itcast.chapter09.tag;
2    import java.io.IOException;
3    import javax.servlet.jsp.JspException;
4    import javax.servlet.jsp.tagext.TagSupport;
5    public class IpTag extends TagSupport{
6        public int doStartTag() throws JspException {
7            //获取用户的 IP 地址
8            String IP=pageContext.getRequest().getRemoteAddr();
9            try{
10               //输出用户的 IP 地址
11               pageContext.getOut().write("访问用户的 IP 地址为: "+IP);
12           }catch(IOException e){
13               e.printStackTrace();
14           }
15           return super.doStartTag();
16       }
17   }
```

在例 9-5 中,IpTag 标签处理器实现的功能是显示访问用户的 IP 地址。由于 JSP 引擎在编译 JSP 页面时遇到自定义标签,就会调用标签处理器类的 doStartTag()方法,因此,将获取访问用户 IP 地址的操作放在 doStartTag()方法中进行实现。

(2) 编写 TLD 文件。

标签处理器类编写完成后,需要在 WEB-INF 目录或其子目录下编写一个 TLD 文件用于描述自定义标签,mytag. tld 文件的具体实现代码如例 9-6 所示。

例 9-6　mytag. tld

```
1    <? xml version="1.0" encoding="GBK" ? >
2    <taglib xmlns="http://java.sun.com/xml/ns/j2ee"
3        xmlns:xsi="http://www.w3.org/2001/XMLSchema-instance"
4        xsi:schemaLocation="http://java.sun.com/xml/ns/j2ee
5        http://java.sun.com/xml/ns/j2ee/web-jsptaglibrary_2_0.xsd"
6        version="2.0">
7        <!--TLD 的头文件,这部分信息通常是固定不变的 -->
8        <!--指定标签库的版本号 -->
9        <tlib-version>1.0</tlib-version>
10       <!--指定标签库的名称 -->
11       <short-name>SimpleTag</short-name>
12       <!--指定标签库的 URI -->
13       <uri>http://www.itcast.cn</uri>
14       <!--注册一个自定义的标签 -->
15       <tag>
16           <!--指定自定义标签的注册名称 -->
17           <name>ipTag</name>
18           <!--指定标签的标签处理器类 -->
19           <tag-class>cn.itcast.chapter09.tag.IpTag</tag-class>
20           <!--指定标签体的类型,empty 表示标签体为空 -->
21           <body-content>empty</body-content>
```

```
22        </tag>
23    </taglib>
```

(3) 编写JSP文件,并导入和使用自定义标签。

在chapter09工程的根目录下创建一个JSP文件ip.jsp,并在文件中导入和调用自定义标签,ip.jsp的实现代码如例9-7所示。

例9-7 ip.jsp

```
1    <%@page language="java" pageEncoding="GBK"%>
2    <%@taglib uri="http://www.itcast.cn" prefix="itcast"%>
3    <html>
4        <head>
5            <title>HelloWorld Tag</title>
6        </head>
7        <body>
8         <itcast:ipTag/>
9        </body>
10   </html>
```

将工程chapter09部署到Tomcat服务器,启动Tomcat服务器,在浏览器地址栏中输入URL地址"http://localhost:8080/chapter09/ip.jsp"访问ip.jsp文件,浏览器显示的结果如图9-5所示。

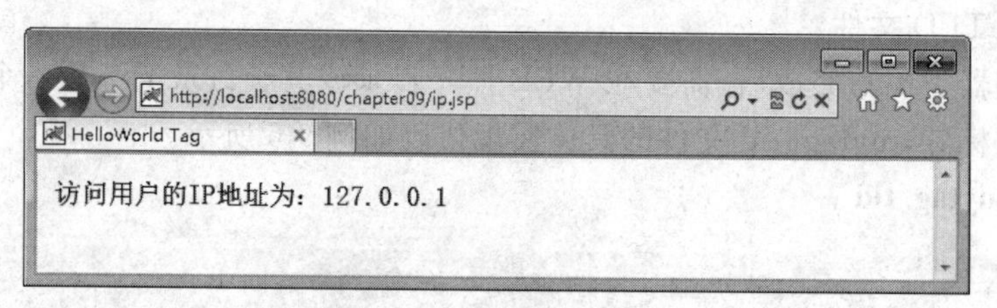

图9-5 运行结果

从图9-5中可以看出,浏览器显示出了访问用户的IP地址,由此可见,我们开发的自定义标签<itcast:IpTag />成功地获取到了用户的IP地址。

9.3 简单标签

由于传统标签在使用三个标签接口来完成不同的功能时,显得过于烦琐,不利于标签技术的推广,为此,Sun公司为了降低标签技术的学习难度,在JSP2.0中定义了一个更为简单、便于编写和调用的SimpleTag接口来实现标签的功能。实现SimpleTag接口的标签通常称为简单标签。本节将详细讲解简单标签的实现。

9.3.1 简单标签API

SimpleTag接口与传统标签接口最大的区别在于: SimpleTag接口中只定义了一个用于处理标签逻辑的doTag()方法,该方法用于取代传统标签接口中定义的doStartTag()、doEndTag()和doAfterBody()等方法。doTag()方法在JSP引擎执行自定义标签时调用,并且只被调用一次，那些使用传统标签接口所能完成的功能，例如是否执行标签体、迭代输出标签体、对标签体内容进行修改等功能都在 doTag()方法体内完成。

接下来，首先对在开发简单标签时需要用到一些接口和类进行介绍，具体如下。

1. SimpleTag 接口

SimpleTag 是所有简单标签处理器的父接口，它共定义了 5 个方法，具体如表 9-4 所示。

表 9-4 SimpleTag 接口的常用方法

方法声明	功能描述
void setJspContext(JspContext pc)	用于将 JSP 页面的内置对象 pageContext 对象传递给标签处理器，标签处理器可以通过 pageContext 对象与 JSP 页面进行通信。JSPContext 类是 PageContext 类的父类，其中定义了一些不依赖于 Servlet 运行环境的方法，setJspContext()方法接收的参数类型为 JspContext，是为了便于将简单标签扩展应用到非 Servlet 运行环境中
void setParent(JspTag parent)	用于将当前标签的父标签处理器对象传递给当前标签处理器，如果当前标签没有父标签，JSP 容器不会调用这个方法
JspTag getParent()	返回当前标签的父标签处理器对象，如果当前标签没有父标签则返回 null
void setJspBody(JspFragment jspBody)	用于把代表标签体的 JspFragment 对象传递给标签处理器对象
void doTag()	用于完成所有的标签逻辑，包括输出、迭代、修改标签体内容等。在 doTag()方法中可以抛出 javax. servlet. jsp. SkipPageException 异常，用于通知 JSP 容器不再执行 JSP 页面中位于结束标签后面的内容，这等效于在传统标签的 doEndTag()方法中返回 SKIP_PAGE 常量

从表 9-4 中可以看出，SimpleTag 接口中的方法和传统标签接口中定义的方法签名有所区别，但是功能却基本一致，例如，都实现了给标签处理器传递 PageContext 对象和父标签处理器对象的功能，而且 JSP 容器执行简单标签处理器的顺序也和执行传统标签处理器的顺序一致。简单标签处理器的执行流程如图 9-6 所示。

需要注意的是，JSP 规范要求 JSP 容器在每次处理 JSP 页面中的简单标签时，都需要创建一个独立的简单标签处理器实例对象，而不会像传统标签那样对标签处理器对象进行缓存，因此简单标签也是线程安全的。

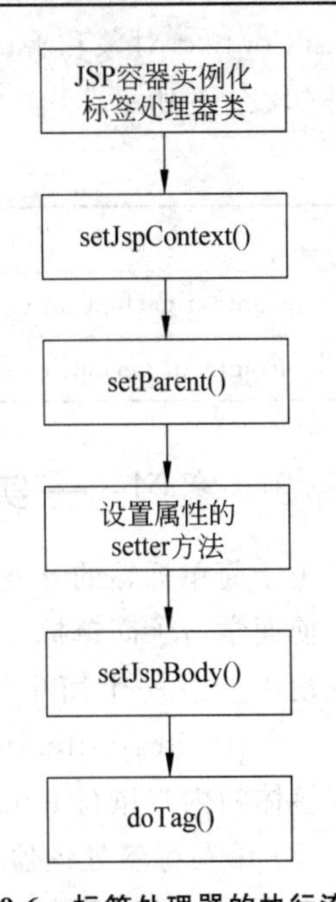

图 9-6 标签处理器的执行流程

2. JspFragment 类

javax. servlet. jsp. tagext. JspFragment 类是在 JSP2. 0 中定义的，它的实例对象代表 JSP 页面中的一段 JSP 片段，但是这段 JSP 片段中不能包含 JSP 脚本元素。

JSP 容器在处理简单标签的标签体时，会把标签体内容用一个 JspFragment 对象表示，并调用标签处理器对象的 setJspBody( )方法将 JspFragment 对象传递给标签处理器对象，标签开发者可以根据需要调用 JspFragment 对象的方法来决定是否输出标签体、或者循环多次输出标签体等。在 JspFragment 类中定义了两个方法，方法的说明如表 9-5 所示。

表 9-5 JspFragment 类的方法

方法声明	功能描述
JspContext getJspContext()	用于返回代表调用页面的 JspContext 对象
void invoke(Writer out)	用于将标签体内容写入到指定的输出流对象 out 中，如果调用该方法时传入的参数为 null，JSP 容器会将标签内容写入到 JspContext.getOut()方法返回的输出流对象中

在表 9-5 中，JspFragment 的 invoke()方法是简单标签开发中最重要的一个方法，它用于控制如何执行标签体的内容。如果在 doTag()方法中调用一次 invoke()方法，就会执行一次标签体，多次调用 invoke()方法就会多次执行标签体。与 BodyContent 对象不同的是，在 JspFragment 中没有提供容器缓存标签体内容，也没有定义 getString()之类的方法取出标签体内容，如果想对标签体内容进行修改，只需在调用 invoke()方法时传入一个可取出结果数据的输出流对象，例如 StringWriter、CharArrayWriter，让标签体的执行结果输出到该输出流对象中，然后取出数据进行修改后再输出到浏览器即可。

3. SimpleTagSupport

为了简化简单标签处理器的编写，JSP 规范中定义了一个类 SimpleTagSupport，该类实现了 SimpleTag 接口，它内部使用成员变量 jspContext 和 jspBody 引用了 JSP 容器传入的 JspContext 对象和 JspFragment 对象，并且提供了两个方法来返回这两个对象的引用，具体如表 9-6 所示。

表 9-6 SimpleTagSupport 类的方法

方法声明	功能描述
JspContext getJspContext()	用于返回代表调用页面的 JspContext 对象
JspFragment getJspFragment()	用于返回代表标签体的 JspFragment 对象

9.3.2 案例——实现一个自定义简单标签

由于简单标签的开发相对于传统标签更加简单便捷，因此它在实际开发中运用更为广泛。前面学习了简单标签开发的相关知识，为了让读者能够快速学习简单标签的开发，接下来就动手开发一个简单标签<itcast:simpleIterate num="">，这个标签实现的功能和 9.2.2 节中<itcast:iterate num="">标签实现的功能一致，就是根据标签属性 num 的值将标签体的内容执行 num 遍。

(1) 编写标签处理器类。

在 chapter09 工程下创建一个包 cn.itcast.chapter09.simpletag，在该包下编写标签处

理器类 SimpleIterate 继承 SimpleTagSupport 类，如例 9-8 所示。

例 9-8　SimpleIterate. java

```
1    package cn.itcast.chapter09.simpletag;
2    import java.io.IOException;
3    import javax.servlet.jsp.JspException;
4    import javax.servlet.jsp.tagext.JspFragment;
5    import javax.servlet.jsp.tagext.SimpleTagSupport;
6    public class SimpleIterate extends SimpleTagSupport {
7        //定义变量
8        private int num;
9        //提供 num 属性的 setter 方法
10       public void setNum(int num) {
11           this.num=num;
12       }
13       //对标签进行逻辑处理
14       public void doTag() throws JspException, IOException {
15           //获取标签体
16           JspFragment jf=this.getJspBody();
17           //对标签体进行循环执行
18           for (int i=0; i <num; i++) {
19               jf.invoke(null);
20           }
21       }
22   }
```

在例 9-8 的 doTag()方法中，使用成员变量 num 接收标签 num 属性的值，然后在 for 循环中调用 num 次的 invoke()方法，即把标签体的值执行了 num 次。

(2) 编写简单标签库描述符文件。

按照 9.2.2 节的 mytag. tld 文件，编写一个简单标签库描述符文件 simpletag. tld，如例 9-9 所示。

例 9-9　simpletag. tld

```
1    <?xml version="1.0" encoding="GBK" ?>
2    <taglib xmlns="http://java.sun.com/xml/ns/j2ee"
3    xmlns:xsi="http://www.w3.org/2001/XMLSchema-instance"
4        xsi:schemaLocation="http://java.sun.com/xml/ns/j2ee
5        http://java.sun.com/xml/ns/j2ee/web-jsptaglibrary_2_0.xsd"
6        version="2.0">
7        <tlib-version>1.0</tlib-version>
8        <short-name>SimpleTag</short-name>
9        <uri>/simpleTag</uri>
10       <tag>
11           <name>simpleIterate</name>
12           <tag-class>
13               cn.itcast.chapter09.simpletag.SimpleIterate
14           </tag-class>
15           <!--指定标签体的类型,scriptless 表示除 JSP 脚本元素之外的 JSP 元素 -->
16           <body-content>scriptless</body-content>
```

```
17          <attribute>
18              <name>num</name>
19              <required>true</required>
20          </attribute>
21      </tag>
22  </taglib>
```

在 TLD 文件中声明简单标签和声明传统标签的方式基本一致，只是简单标签的<body-content>元素的值只能为 empty、scriptless 和 tagdependent，其默认值为 scriptless。因为简单标签的标签体中不能包含 JSP 脚本元素，所以不能像传统标签那样将<body-content>元素的值设置为 JSP。

(3) 编写 simpleIterate.jsp 页面。

在页面中调用<itcast:iterate num="">标签并将标签的属性指定为 5。具体如例 9-10 所示。

例 9-10　simpleIterate.jsp

```
1   <%@page language="java" pageEncoding="GBK"%>
2   <%@taglib uri="/simpleTag" prefix="itcast"%>
3   <html>
4       <head>
5       <title>iterate Tag</title>
6       </head>
7       <body>
8           <itcast:simpleIterate num="5">
9               first simpleTag!<br/>
10          </itcast:simpleIterate>
11      </body>
12  </html>
```

(4) 打开 Tomcat 服务器，在浏览器地址栏中输入 URL 地址“http://localhost:8080/chapter09/simpleIterate.jsp”访问 simpleIterate.jsp 页面，可以看到浏览器中的显示结果如图 9-7 所示。

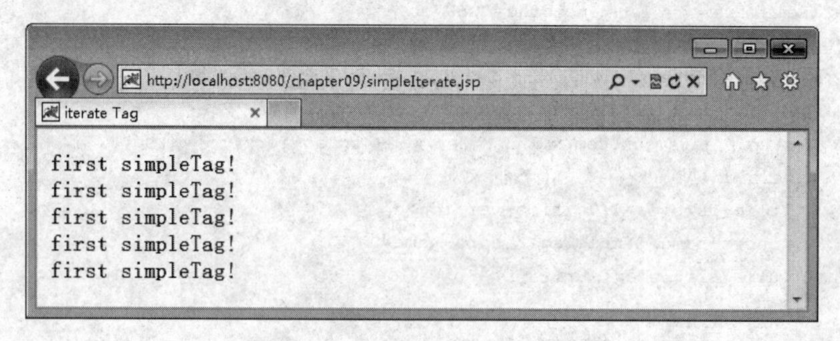

图 9-7　访问 simpleIterate.jsp 页面

从运行结果可以看出，简单标签<itcast:simpleIterate num="">实现了与传统标签一样的功能，并且实现更为简单。

动手体验：模拟JSTL的<c:choose>、<c:when>和<c:otherwise>标签

通过上面的学习，读者已经掌握了简单标签的开发过程，为了让读者能够更熟练地开发简单标签，接下来模仿JSTL核心标签库中的<c:choose>、<c:when test="">和<c:otherwise>标签，开发一套自己的标签<itcast:choose>、<itcast:when test="">和<itcast:otherwise>来实现if-else的功能，开发的步骤如下所示。

(1) 编写标签<itcast:choose>的标签处理器类ChooseTag继承SimpleTagSupport类，在ChooseTag类中定义一个boolean类型的成员变量flag，其作为标识符用来控制<itcast:when>和<itcast:otherwise>的标签体是否执行，具体代码如例9-11所示。

例9-11 ChooseTag.java

```
1    package cn.itcast.chapter09.simpletag;
2    import java.io.IOException;
3    import javax.servlet.jsp.JspException;
4    import javax.servlet.jsp.tagext.SimpleTagSupport;
5    public class ChooseTag extends SimpleTagSupport {
6        //用于控制子标签标签体的执行
7        private boolean flag;
8        public boolean isFlag() {
9            return flag;
10       }
11       public void setFlag(boolean flag) {
12           this.flag=flag;
13       }
14       //执行标签体
15       public void doTag() throws JspException, IOException {
16           this.getJspBody().invoke(null);
17       }
18   }
```

(2) 编写标签<itcast:when test="">的标签处理器类WhenTag，在WhenTag类中定义一个boolean类型的成员变量来接收标签中test属性传入的值，其代码如例9-12所示。

例9-12 WhenTag.java

```
1    package cn.itcast.chapter09.simpletag;
2    import java.io.IOException;
3    import javax.servlet.jsp.*;
4    import javax.servlet.jsp.tagext.*;
5    public class WhenTag extends SimpleTagSupport {
6        private boolean test;
7        public void setTest(boolean test) {
8            this.test=test;
9        }
10       public void doTag() throws JspException, IOException {
11           //获得父标签对象
12           JspTag tag=this.getParent();
```

```
13            //判断父标签是否是 ChooseTag
14            if(!(tag instanceof ChooseTag)){
15                throw new JspTagException("OUT_OF_CHOOSE");
16            }
17            //将父标签对象强转成 ChooseTag 类型
18            ChooseTag chooseTag= (ChooseTag)tag;
19            //判断 test 为 true 且父标签中的 flag 为 false 时,执行标签体
20            if(test&&!chooseTag.isFlag()){
21                this.getJspBody().invoke(null);
22                //执行完标签体后,将父标签中的 flag 置为 true
23                chooseTag.setFlag(true);
24            }
25        }
26    }
```

在例 9-12 的 doTag()方法中，首先调用 SimpleTagSupport 的 getParent()方法获取父标签处理器对象 tag，如果 tag 对象不是 ChooseTag 类型，则说明<itcast:when>标签没有嵌套在<itcast:choose>标签中，程序抛出异常，反之，则将 tag 对象强制转换成 ChooseTag 类型对象 chooseTag，判断如果 test 的值为 true 并且 chooseTag 对象中 flag 的值为 false，就执行<itcast:when>标签的标签体，同时将 chooseTag 对象的 flag 置为 true，这样其他嵌套的标签发现 flag 的值为 true，就不会再去执行标签体。

(3) 编写标签<itcast:otherwise>的标签处理器类 OtherwiseTag，其代码如例 9-13 所示。

例 9-13 OtherwiseTag.java

```
1    package cn.itcast.chapter09.simpletag;
2    import java.io.IOException;
3    import javax.servlet.jsp.*;
4    import javax.servlet.jsp.tagext.*;
5    public class OtherwiseTag extends SimpleTagSupport {
6        public void doTag() throws JspException, IOException {
7            //获得父标签对象
8            JspTag tag=this.getParent();
9            //判断父标签是否是 ChooseTag
10           if (!(tag instanceof ChooseTag)) {
11               throw new JspTagException("OUT_OF_CHOOSE");
12           }
13           //将父标签对象强转成 ChooseTag 类型
14           ChooseTag chooseTag= (ChooseTag) tag;
15           //判断父标签中的 flag 为 false 时,执行标签体
16           if (!chooseTag.isFlag()) {
17               this.getJspBody().invoke(null);
18               //执行完标签体后,将父标签中的 flag 置为 true
19               chooseTag.setFlag(true);
20           }
21       }
22   }
```

例 9-13 的 doTag()方法和例 9-12 中 WhenTag 类的 doTag()方法类似，同样是先调用

getParant()方法获取父标签对象，如果该对象是ChooseTag类型，则根据对象中flag的值来决定是否执行标签体。

(4) 在simpletag.tld文件中增加三个Tag元素，对标签处理器类ChooseTag、WhenTag和OtherwiseTag进行注册，注册信息如下所示。

```
<!--choose tag -->
<tag>
    <name>choose</name>
    <tag-class>cn.itcast.chapter09.simpletag.ChooseTag</tag-class>
    <body-content>scriptless</body-content>
</tag>
<!--when tag -->
<tag>
    <name>when</name>
    <tag-class>cn.itcast.chapter09.simpletag.WhenTag</tag-class>
    <body-content>scriptless</body-content>
    <attribute>
        <name>test</name>
        <required>true</required>
        <rtexprvalue>true</rtexprvalue>
    </attribute>
</tag>
<!--otherwise tag -->
<tag>
    <name>otherwise</name>
    <tag-class>cn.itcast.chapter09.simpletag.OtherwiseTag</tag-class>
    <body-content>scriptless</body-content>
</tag>
```

(5) 编写hobby.jsp和choose_when_otherwise.jsp文件对三个自定义标签进行测试。其中，在hobby.jsp页面中定义了一个form表单，表单中包含4个单选按钮，在choose_when_otherwise.jsp文件中使用<itcast:choose>、<itcast:when>和<itcast:otherwise>标签，根据表单提交的值来决定执行哪一个标签体的内容。hobby.jsp和choose_when_otherwise.jsp文件的代码分别如例9-14和例9-15所示。

例9-14 hobby.jsp

```
1   <%@page language="java" pageEncoding="GBK"%>
2   <html>
3       <body>
4           <form action="choose_when_otherwise.jsp">
5               <input type="radio" name="hobby" value="badminton"/>羽毛球
6               <input type="radio" name="hobby" value="football"/>足球
7               <input type="radio" name="hobby" value="basketball"/>篮球
8               <input type="radio" name="hobby" value="others"/>其他<br/>
9               <input type="submit" value="提交">
10          </form>
11      </body>
12  </html>
```

例 9-15 choose_when_otherwise.jsp

```
1   <%@page language="java" pageEncoding="GBK"%>
2   <%@taglib prefix="itcast" uri="/simpleTag"%>
3   <html>
4       <head>
5           <title>choose when otherwise tag</title>
6       </head>
7       <body>
8           <itcast:choose>
9               <itcast:when test="${param.hobby=='badminton' }">
10                  你的爱好是羽毛球
11              </itcast:when>
12              <itcast:when test="${param.hobby=='football' }">
13               你的爱好是足球
14              </itcast:when>
15              <itcast:when test="${param.hobby=='basketball' }">
16                  你的爱好是篮球
17                  </itcast:when>
18              <itcast:otherwise>
19                  要加强体育锻炼哦
20              </itcast:otherwise>
21          </itcast:choose>
22      </body>
23  </html>
```

例 9-15 中，<itcast:choose>标签内嵌套了三个<itcast:when>标签和一个<itcast:otherwise>标签。在三个<itcast:when>标签中，分别对表单提交的数据进行判断，如果条件成立，就执行该<itcast:when>标签体的内容，如果三个<itcast:when>标签判断条件都不成立，则执行<itcast:otherwise>标签体的内容。

(6) 在浏览器的地址栏中输入 URL 地址"http://localhost:8080/chapter09/hobby.jsp"访问 hobby.jsp 页面，浏览器显示结果如图 9-8 所示。

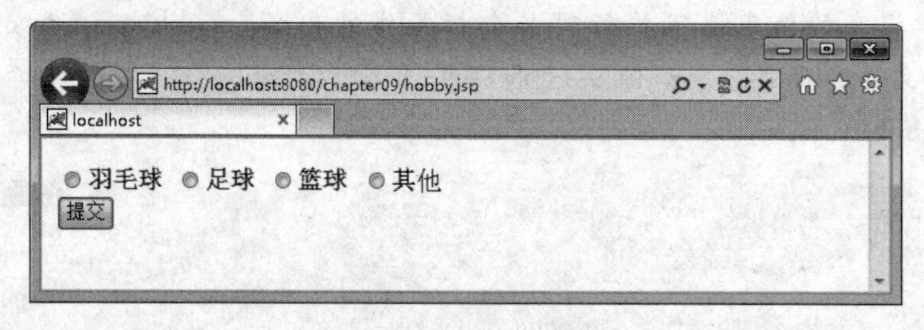

图 9-8 hobby.jsp

选中图 9-8 中的"羽毛球"单选框，单击"提交"按钮，可以看到浏览器显示的结果如图 9-9 所示。

从图 9-9 可以看到，当选中"羽毛球"单选框提交后，由于 choose_when_otherwise.jsp 页面第一个<itcast:when>标签中的 test="${param.hobby=='badminton' }"条件成立，因此执行第一个<itcast:when>标签体中的内容"你的爱好是羽毛球"。

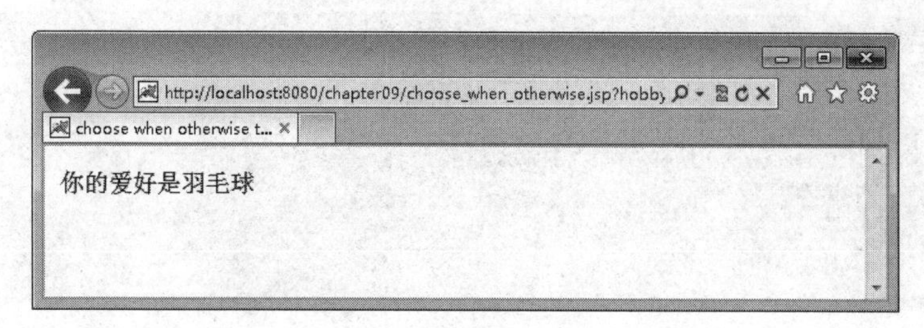

图 9-9　choose_when_otherwise. jsp

单击浏览器的"后退"按钮，然后选中图 9-8 中的"其他"单选框再次提交，可以看到浏览器显示出了<itcast:otherwise>标签体的内容，如图 9-10 所示。

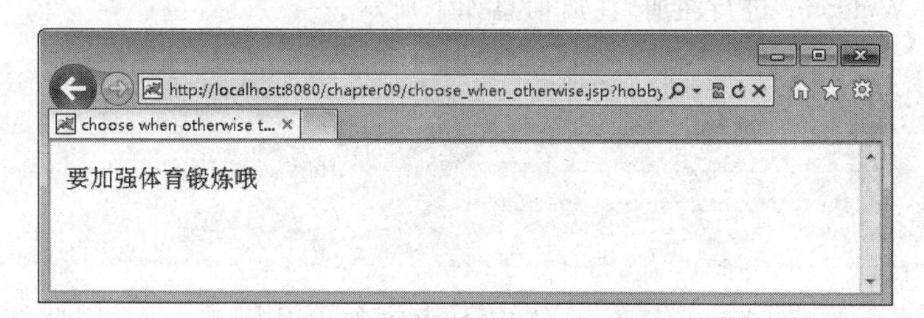

图 9-10　choose_when_otherwise. jsp

9.3.3　控制是否执行标签体内容

在使用标签时，经常需要控制是否执行标签体内容。例如，判断用户的登录状态，如果用户登录，则执行标签体，否则就不显示。简单标签使用 doTag()方法完成判断，如果用户登录，则显示用户名称，如果用户没有登录，则可以抛出 javax. servlet. jsp. SkipPageException 异常，用于通知 JSP 容器不再执行标签体内容，这等效于在传统标签的 doEndTag()方法中返回 SKIP_PAGE 常量。

接下来通过显示用户姓名的案例，学习如何使用 invoke(Writer out)方法控制标签体内容的执行，具体步骤如下。

(1) 编写标签处理器类 Welcome. java。Welcome. java 的具体实现代码如例 9-16 所示。

例 9-16　Welcome. java

```
1    package cn.itcast.chapter09.simpletag;
2    import java.io.IOException;
3    import javax.servlet.jsp.JspException;
4    import javax.servlet.jsp.PageContext;
5    import javax.servlet.jsp.tagext.SimpleTagSupport;
6    public class Welcome extends SimpleTagSupport {
7        public void doTag() throws JspException, IOException {
8            //获取 pageContext 对象
9            PageContext pageContext= (PageContext) this.getJspContext();
10           //获取 session 中名称为 user 的属性
11            String name= (String)pageContext .getSession()
```

```
12                 .getAttribute("user");
13         //判断 name 是否为空,不为空则执行标签体内容
14         if (name !=null) {
15             this.getJspBody().invoke(null);
16         }
17     }
18 }
```

例 9-16 的 doTag()方法中,检查 Session 域中是否存在名称为“user”的属性,以此来判断用户是否登录,如果登录则执行标签体,反之则忽略标签体。

(2) 在 tld 文件中注册标签处理器类。在 simpletag.tld 文件中增加一个 Tag 元素,对标签处理器类 Welcome 进行注册,注册信息如下所示。

```
<tag>
    <name>welcome</name>
    <tag-class>cn.itcast.chapter09.simpletag.Welcome</tag-class>
    <body-content>scriptless</body-content>
</tag>
```

由于在<itcast:welcome />标签体中不能包含 JSP 脚本元素,因此注册信息中将<body-content>元素的值设置为简单标签标签体的默认值 scriptless。

(3) 编写 JSP 页面 welcome.jsp,用于模拟用户登录和显示用户信息。welcome.jsp 文件如例 9-17 所示。

例 9-17 welcome.jsp

```
1    <%@page language="java" pageEncoding="GBK"%>
2    <%@taglib uri="/simpleTag" prefix="itcast"%>
3    <html>
4    <head>
5    <title>Welcome Tag</title>
6    </head>
7    <body>
8        <%
9            String username=request.getParameter("username");
10           if (username !=null) {
11               session.setAttribute("user", username);
12           }
13       %>
14       欢迎光临本站!
15       <itcast:welcome>
16       亲,您的昵称为:${user }
17       </itcast:welcome>
18   </body>
19   </html>
```

在例 9-17 中,第 15~17 行代码使用了自定义标签<itcast:welcome>,标签会根据 session 域中是否有“user”属性来判断第 16 行的标签体内容是否执行。

(4) 启动 Tomcat 服务器,在浏览器地址栏中输入“http://localhost:8080/chapter09/

welcome.jsp? username=Lee”来访问 welcome.jsp 页面，浏览器显示的结果如图 9-11 所示。

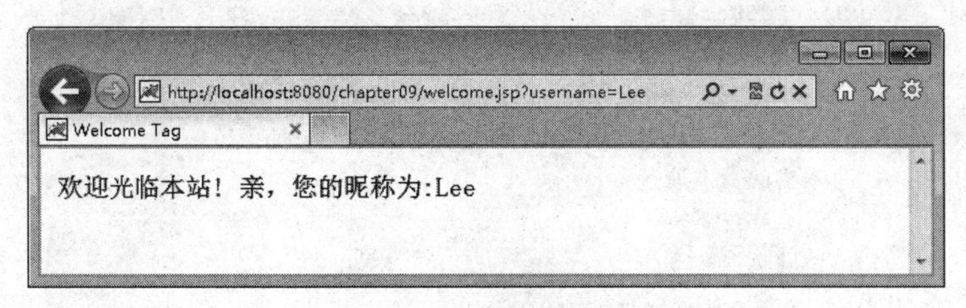

图 9-11　运行结果

从图 9-11 中可以看到，由于在 URL 地址中传入了 username 参数，<itcast:welcome>标签检测到用户已经登录，因此显示出了标签体的内容。

(5) 重新打开一个浏览器窗口，在地址栏中输入“http://localhost:8080/chapter09/welcome.jsp”，这时，浏览器显示的结果如图 9-12 所示。

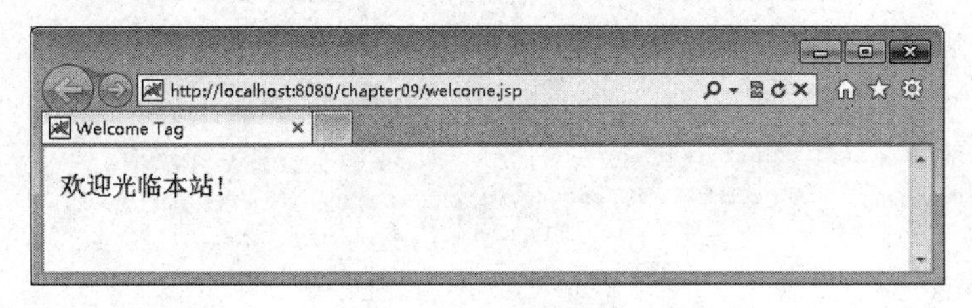

图 9-12　运行结果

从图 9-12 可以看到，由于这次访问的 URL 地址没有传递 username 参数，<itcast:welcome>标签检测到用户没有登录，所以没有显示出标签体的内容。

9.3.4　控制是否执行 JSP 页面的内容

假设一个网站要求只能通过本网站中的超链接来访问某些 JSP 页面时，如果直接访问这些 JSP 页面或者通过非本网站的超链接来访问这些 JSP 页面，那么被访问的 JSP 页面应该停止执行其中的内容，此现象称为防盗链。接下来通过实现一个具有防盗链功能的自定义标签<itcast:antiHotLinking />，学习如何使用简单标签控制 JSP 页面的执行，具体步骤如下。

(1) 编写标签处理器类 AntiHotLinking.java，如例 9-18 所示。

例 9-18　AntiHotLinking.java

```
1    package cn.itcast.chapter09.simpletag;
2    import java.io.IOException;
3    import javax.servlet.http.*;
4    import javax.servlet.jsp.JspException;
5    import javax.servlet.jsp.PageContext;
6    import javax.servlet.jsp.tagext.*;
7    public class AntiHotLinking extends SimpleTagSupport {
8        public void doTag() throws JspException, IOException {
9            //获取 pageContext 对象
```

```
10            PageContext pageContext= (PageContext) this.getJspContext();
11            //获取 request 对象
12            HttpServletRequest request= (HttpServletRequest) pageContext
13                    .getRequest();
14            //获得请求网页的 URL
15            String referer=request.getHeader("referer");
16            //拼写本机的请求消息头
17            String serverName= "http://"+request.getServerName();
18            //输出访问页面的 URL
19            System.out.println(referer);
20            //判断请求消息头的值不为空且请求头与本机头字段值相同
21            if (referer !=null && referer.startsWith(serverName)) {
22            //执行 JSP 页面内容
23            } else {
24                try {
25                     //获取响应对象
26                    HttpServletResponse resp=
27                            (HttpServletResponse) pageContext.getResponse();
28                     //将请求重定向到本地资源 index.html 页面
29                    resp.sendRedirect("/chapter09/index.html");
30                } catch (Exception e) {
31                    e.printStackTrace();
32                }
33            }
34        }
35    }
```

在例 9-18 的 doTag()方法中，调用 HttpServletRequest 的 getHeader()方法获得 referer 请求消息头的值并对该值进行判断，如果该值以“http://localhost”开头则执行请求页面内容，否则重定向到 index. html 页面。由于需要重定向到一个新的页面，因此在 chapter09 工程的根目录下需要编写一个 index. html 页面，index. html 的代码如下所示。

```
<html>
    <body>
        网站首页
    </body>
</html>
```

(2) 注册标签处理器类。在 simpletag. tld 文件中增加一个 Tag 元素，对标签处理器类 AntiHotLinking 进行注册，注册信息如下所示。

```
<tag>
    <name>antiHotLinking</name>
    <tag-class>cn.itcast.chapter09.simpletag.AntiHotLinking</tag-class>
    <body-content>scriptless</body-content>
</tag>
```

由于在<itcast: antiHotLinking />标签中不需要有标签体，因此注册信息中将<body-content>元素的值设置为默认值 scriptless。

(3) 编写 JSP 页面 antiHotLinking.jsp，在页面中使用<itcast:antiHotLinking />标签，并在标签下写一些文本内容。antiHotLinking.jsp 页面如例 9-19 所示。

例 9-19　antiHotLinking.jsp

```
1   <%@page language="java" pageEncoding="UTF-8"%>
2   <%@taglib uri="/simpleTag" prefix="itcast"%>
3   <html>
4   <head>
5   <title>HelloWorld Tag</title>
6   </head>
7   <body>
8       <itcast:antiHotLinking/>
9       如果你看到这些内容,说明你是通过合法路径进入本网站
10  </body>
11  </html>
```

(4) 启动 Tomcat 服务器，在浏览器地址栏中输入"http://localhost:8080/chapter09/antiHotLinking.jsp"访问 antiHotLinking.jsp 页面，浏览器的显示结果如图 9-13 所示。

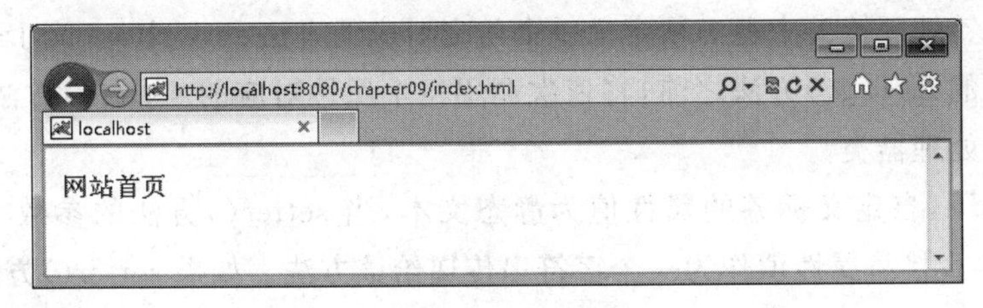

图 9-13　运行结果

从图 9-13 中可以看出，浏览器显示出了内容"网站首页"。这是因为在浏览器地址栏中直接输入 URL 地址访问 antiHotLinking.jsp 页面时，referer 请求消息头字段为空，因此，当执行到<itcast: antiHotLinking />标签时会重定向到 index.html 页面，显示出"网站首页"的文本信息。

接下来在 index.html 页面中增加一个指向 antiHotLinking.jsp 页面的超链接，如下所示。

```
<a href="/chapter09/antiHotLinking.jsp">访问 antiHotLinking.jsp 页面</a>
```

在浏览器地址栏中输入 URL 地址"http://localhost:8080/chapter09/index.html"访问 index.html 页面，然后通过 index.html 页面中的超链接访问 antiHotLinking.jsp 页面，这时由于请求消息头中包含 referer 头字段且其值以"http://localhost"开头，因此浏览器显示出了标签<itcast:antiHotLinking />下的 JSP 内容，如图 9-14 所示。

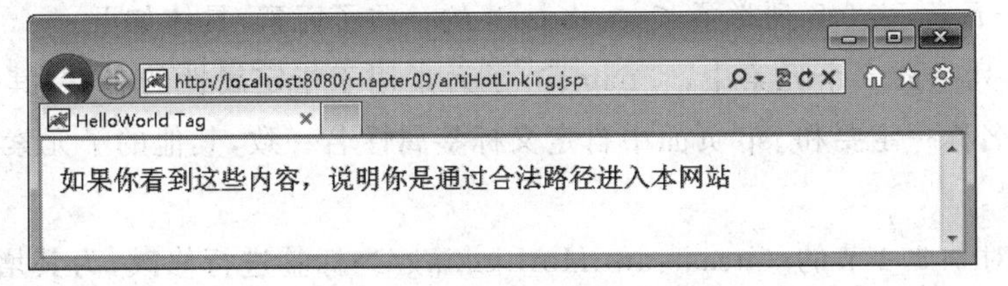

图 9-14　运行结果

9.3.5 简单标签的属性

在 9.3.4 节中，实现了一个具有防盗链功能的<itcast:antiHotLinking/>标签，当请求消息头中 referer 请求头字段的值不符合判断条件时，标签会将用户的访问请求重定向到 index.html 页面。如果多个 JSP 页面都需要这样的防盗链功能，则需要重定向到不同的页面。这时，<itcast:antiHotLinking/>标签很难满足需求。为了提高标签的灵活性和复用性，在 JSP 页面使用自定义标签时，可以通过设置属性为标签处理器传递参数信息。例如，可以为<itcast:antiHotLinking />标签增加一个 url 属性，通过该属性指定重定向的页面，具体示例如下。

```
<itcast:antiHotLinking url="/chapter09/index.html"/>
```

要想为自定义标签设置属性，通常需要完成两件任务，具体如下。

(1) 在标签处理器类中，为每一个属性定义对应的成员变量并定义 setter()方法。

自定义标签每个属性都必须按照 JavaBean 的属性定义方式，例如，标签中有一个属性名为 url，在标签处理器类中就必须定义一个与之对应的方法 setUrl()。当 JSP 容器调用标签处理器对象的 doTag()方法之前，将依次调用每个属性对应的 setter()方法，将各个属性值传递给标签处理器类。

默认情况下，自定义标签的属性值为静态文本，当 setter()方法的参数为 String 类型时，JSP 容器会直接将属性值作为一个字符串传递给该方法。如果 setter()方法中的参数类型为基本数据类型，JSP 容器在调用 setter()方法之前会先将属性值进行转换。例如，在 JSP 页面中使用了如下所示的标签。

```
<itcast:test attr="123"/>
```

而标签处理器类中定义的 setter 方法如下所示。

```
public void setAttr(int attr)
```

当 JSP 容器在处理 attr 属性时，会先调用 Integer. value("123")方法将字符串“123”转换为整数 123，之后再作为参数传递给标签处理器类的 setAttr()方法。

(2) 在 TLD 文件中声明每个标签的属性信息。

在 TLD 文件中，<tag>标签有一个子元素<attribute>用于描述自定义标签的属性，自定义标签的每个属性都必须要有一个对应的<attribute>元素。在<attribute>元素中还包含一些子元素，表 9-7 列举了<attribute>的一些子元素，具体如下。

在表 9-7 列举的 5 个元素中，<name>子元素用于指定属性的名称，其值必须进行设置，而且属性名称一定要和 jsp 页面中自定义标签属性名一致，其他的子元素则可以设置也可以不用设置。

接下来，对 9.3.4 节的<itcast:antiHotLinking/>标签进行修改，为其增加一个 url 属性，具体实现步骤如下所示。

表 9-7　<attribute>的子元素

元 素 名	功 能 描 述
description	用于描述属性的描述信息
name	用于指定属性的名称，属性名大小写敏感，且不能以 jsp、_jsp、java 和 sun 开头
required	用于指定在 JSP 页面调用自定义标签时是否必须设置这个属性。其取值包括 true 和 false，true 表示必须设置，false 表示设不设置均可。默认值为 false
rtexprvalue	rtexprvalue 是 runtime expression value（运行时表达式）的简称，用于指定属性的值为静态还是动态。其取值包括 true 和 false，true 表示属性值可以为一个动态元素，比如一个脚本表达式<%=value%>，false 表示属性值只能为静态文本值，比如"abc"。默认值为 false
type	用于指定属性值的类型

（1）修改例 9-18 中定义的标签处理器类 AntiHotLinking.java，为其增加一个成员变量 url 和一个成员方法 setUrl(String url)，如例 9-20 所示。

例 9-20　AntiHotLinking.java

```
1    package cn.itcast.chapter09.simpletag;
2    import java.io.IOException;
3    import javax.servlet.http.*;
4    import javax.servlet.jsp.JspException;
5    import javax.servlet.jsp.PageContext;
6    import javax.servlet.jsp.tagext.*;
7    public class AntiHotLinking extends SimpleTagSupport {
8        private String url;
9        public void setUrl(String url) {
10           this.url=url;
11       }
12       public void doTag() throws JspException, IOException {
13           //获得 JSP 页面的 pageContext 对象
14           PageContext pageContext=(PageContext) this.getJspContext();
15           //获得 request 对象
16           HttpServletRequest request=(HttpServletRequest) pageContext
17                   .getRequest();
18           //获得请求的超链接网页的 URL
19           String referer=request.getHeader("referer");
20           //拼写本机的请求消息头
21           String serverName="http://"+request.getServerName();
22           //输出访问页面的 URL
23           System.out.println(referer);
24           //判断请求消息头的值不为空且请求头与本机头字段信息相同
25           if (referer !=null && referer.startsWith(serverName)) {
26           //执行 JSP 页面内容
27           } else {
28               try {
29                   //获取响应对象
30                   HttpServletResponse resp=
31                           (HttpServletResponse)pageContext.getResponse();
```

```
32                //将请求重定向到本地资源 index.html 页面
33                resp.sendRedirect(url);
34            } catch (Exception e) {
35                e.printStackTrace();
36            }
37        }
38    }
39 }
```

在例 9-20 中，当 JSP 容器解析到标签的 url 属性时，会调用 setUrl()方法将属性值传递给成员变量 url，这样在程序的第 33 行就可以根据调用者指定的 url 属性值来决定要重定向到哪个页面。

(2) 为描述<itcast:antiHotLinking/>标签的<tag>标签增加子元素<attribute>，如下所示。

```
<tag>
    <name>antiHotLinking</name>
        <tag-class>
        cn.itcast.chapter09.classisctag.AntiHotLinking
    </tag-class>
    <body-content>scriptless</body-content>
    <attribute>
        <name>url</name>
        <required>true</required>
    </attribute>
</tag>
```

在上面的<attribute>元素中，通过<name>子元素指定标签的属性为 url，由于标签处理器类需要根据 url 属性的值决定重定向的页面，因此将<required>子元素的值设置为 true，即在 JSP 页面调用标签时，必须指定 url 属性。

(3) 修改 antiHotLinking. jsp 页面，为其中的<itcast:antiHotLinking />标签增加 url 属性，如下所示。

```
<itcast:antiHotLinking url="/chapter09/index.html"/>
```

(4) 启动 Tomcat 服务器，在浏览器地址栏中输入 URL 地址"http://localhost:8080/chapter09/antiHotLinking. jsp"访问 antiHotLinking. jsp 页面，由于 referer 头字段为空，因此标签根据 url 属性的值将请求重定向到指定的 index. html 页面，如图 9-15 所示。

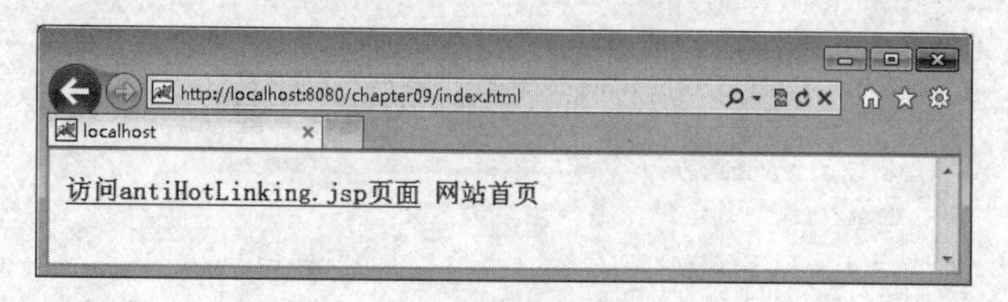

图 9-15 访问 antiHotLinking. jsp 页面

从图 9-15 可以看出，已经成功地为<itcast:antiHotLinking/>标签增加了一个 url 属性。

动手体验：为标签属性设置 JSP 动态元素

在 TLD 文件中，如果将<rtexprvalue>元素的值设置为 true，则标签的属性值可以被设置为一个 JSP 动态元素，这是一个非常有用的功能，它使得标签的属性值不再局限于静态文本，而可以根据程序的需求动态地进行设置。例如，标签中有一个名为 user 的属性，这个属性接收 cn.itcast.chapter09.domain.User 类型的值，而在页面的 session 域中以"user"为键保存了一个 User 类型的对象，那么在 JSP 页面中可以使用 EL 表达式来设置标签的 user 属性值，如下所示。

```
<itcast:showtime user="${user }"/>
```

需要注意的是，当自定义标签的属性值为 JSP 动态元素时，JSP 容器在处理标签属性时不会对属性的值进行转换，而是直接将其传递给标签处理器类，所以在这种情况下，JSP 动态元素的结果类型必须与处理器类中属性的类型相同，否则会出现编译错误。

接下来就根据上面的需求设计一个自定义标签<itcast:showtime user="" />，在标签中定义一个 user 属性接收 cn.itcast.chapter09.domian.User 类型的值。

（1）在 chapter09 工程下，创建一个 cn.itcast.chapter09.domain 包，并在该包中定义一个 User 类，在类中定义一个 name 属性，如例 9-21 所示。

例 9-21　User.java

```
1    package cn.itcast.chapter09.domain;
2    public class User {
3        //定义 name 字段
4        private String name;
5        //提供 set 和 get 方法
6        public String getName() {
7            return name;
8        }
9        public void setName(String name) {
10           this.name=name;
11       }
12   }
```

（2）在 chapter09 工程下的 cn.itcast.chapter09.classisctag 包中编写标签处理器类 Showtime.java，在类中定义一个 User 类型的成员变量 user 以及一个 setUser(User user)方法，如例 9-22 所示。

例 9-22　Showtime.java

```
1    package cn.itcast.chapter09.simpletag;
2    import java.io.IOException;
3    import javax.servlet.jsp.JspException;
4    import javax.servlet.jsp.JspWriter;
```

```
5   import javax.servlet.jsp.PageContext;
6   import javax.servlet.jsp.tagext.SimpleTagSupport;
7   import cn.itcast.chapter09.domain.User;
8   public class Showtime extends SimpleTagSupport {
9       //定义 user 属性
10      private User user;
11      //提供 setter 方法
12      public void setUser(User user) {
13          this.user=user;
14      }
15      public void doTag() throws JspException {
16          //获取 pageContext 对象
17          PageContext pageContext= (PageContext) this.getJspContext();
18          //获取 out 对象
19          JspWriter out=pageContext.getOut();
20          try {//输出用户名
21              out.write("当前用户的名字:"+user.getName());
22          } catch (IOException e) {
23              e.printStackTrace();
24          }
25      }
26  }
```

(3) 在 simpletag.tld 文件中增加一个 Tag 元素，对标签处理器类 Showtime 进行注册，注册信息如下所示。

```
<tag>
    <name>showtime</name>
    <tag-class>cn.itcast.chapter09.simpletag.Showtime</tag-class>
    <body-content>scriptless</body-content>
    <attribute>
        <name>user</name>
        <required>true</required>
        <rtexprvalue>true</rtexprvalue>
    </attribute>
</tag>
```

由于标签<itcast：showtime user="" />中的 user 属性接收一个 JSP 动态元素，因此在<attribute>元素中设置子元素<rtexprvalue>的值为 true。

(4) 编写 JSP 页面 showtime.jsp，在页面中首先使用脚本片段在 session 域中存入一个 User 对象，并设置 User 对象的 name 属性值，然后使用<itcast:showtime user="${user}" />标签，在标签中使用 EL 表达式将 session 域中的 User 对象传给 user 属性。showtime.jsp 页面如例 9-23 所示。

例 9-23 showtime.jsp

```
1   <%@page language="java" pageEncoding="GBK"
2   import="cn.itcast.chapter09.domain.User"%>
3   <%@taglib uri="/simpleTag" prefix="itcast"%>
```

```
4    <html>
5    <head>
6    <title>showtime Tag</title>
7    </head>
8    <body>
9    <%--向 User 对象中存值--%>
10       <%
11           User user=new User();
12           user.setName("Conca");
13           session.setAttribute("user", user);
14       %>
15       <itcast:showtime user="${user }"/>
16   </body>
17   </html>
```

(5) 启动 Tomcat 服务器，在浏览器地址栏中输入 URL 地址"http://localhost:8080/chapter09/showtime.jsp"访问 showtime.jsp 页面，可以看到浏览器中显示出 session 域中 User 对象的 name 属性值，如图 9-16 所示。

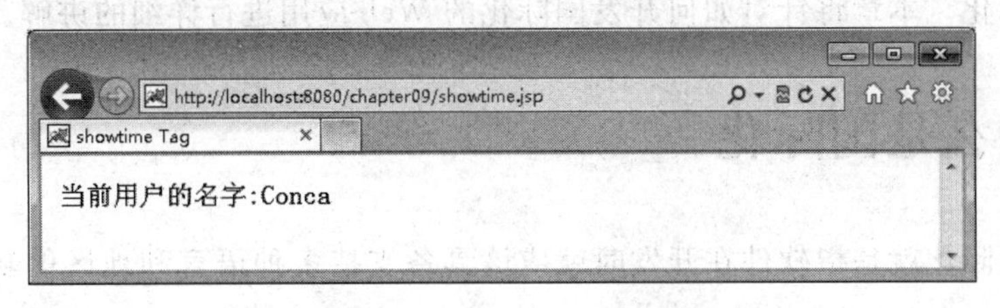

图 9-16　访问 showtime.jsp

小结

本章主要讲解了传统标签和简单标签的开发与使用。传统标签在 JSP 技术中，可以很好地控制 JSP 页面内容的执行。而简单标签的开发比传统标签更加简单，因此在开发过程中运用非常广泛。通过本章的学习，读者要对传统标签和简单标签的开发流程熟练掌握。

【思考题】

实现一个自定义简单标签，模拟 JSTL 的<c:forEach>标签的功能。

第10章 国际化

学习目标

◆ 了解什么是国际化,熟悉实现国际化的API;

◆ 能够开发国际化的Web应用;

◆ 熟悉国际化标签库,可以用国际化标签实现Web应用。

开发一个Web应用程序时,如果想让不同国家的用户看到不同的效果,就需要对这个应用进行国际化。本章将针对如何开发国际化的Web应用进行详细的讲解。

10.1 什么是国际化

所谓的国际化就是指软件在开发时就应该具备支持多种语言和地区的功能,也就是说开发的软件能同时应对不同国家和地区的用户访问,并针对不同国家和地区的用户,提供相应的、符合来访者阅读习惯的页面和数据。由于国际化internationalization这个单词的首字母"i"和尾字母"n"之间有18个字符,因此国际化被简称为i18n。

国际化这个概念比较抽象,对于读者来说可能比较难以理解,为了让读者更直观地认识国际化,接下来先看一个例子。首先进入计算机的控制面板,双击"区域和语言"图标打开该窗口,此时可以看到中文(中国)地区的日期和时间格式,如图10-1所示。如果想设置不同区域的语言,还可以单击图10-2中的"格式"下拉列表按钮,选择其他地区的语言,假设选择"德语(德国)",就会出现德国地区的日期和时间格式,如图10-2所示。

通过比较图10-1和图10-2,发现用户选择不同区域的语言时,对应的日期和时间格式有许多明显的区别,而设置完不同语言后,系统中的日期和时间格式就会发生相应的变化。在Web应用中,能够根据用户选择的语言来显示页面中的数据,则该应用就是一个国际化的Web应用。

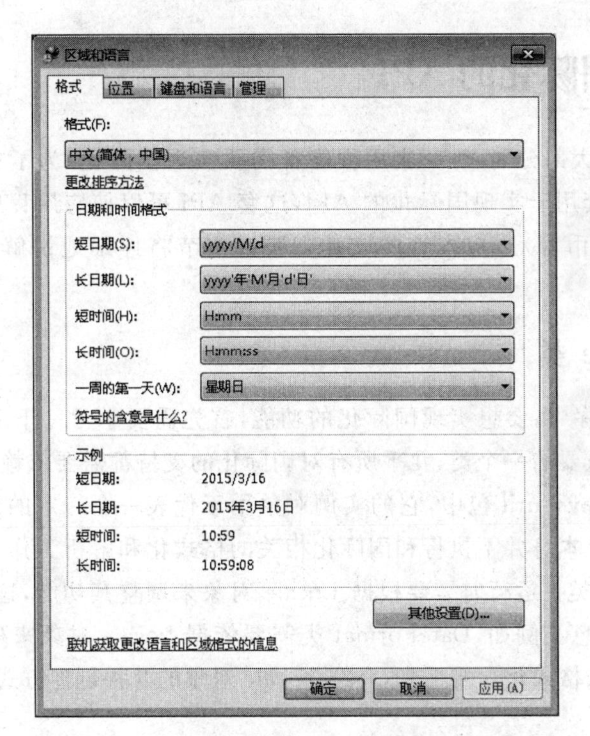

图 10-1　区域和语言 1

图 10-2　区域和语言 2

10.2 实现国际化的 API

在实际开发中,大部分的 Web 应用程序都需要实现国际化,为了方便完成这种功能,Java 语言提供了一套用于实现国际化的 API,这套 API 可以使应用程序中特殊的数据(如语言、时间、日期、货币等)适应本地的文化习惯。本节将详细地讲解这套与国际化相关的 API。

10.2.1 Locale 类

在 Web 应用程序中,要想实现国际化的功能,首先需要学习一下 Locale 类,Locale 类是实现国际化非常重要的一个类,几乎所有对国际化的支持都需要依赖这个类。

Locale 类位于 java. util 包中,它的实例对象用于代表一个特定的地理、政治或文化上的区域。Locale 对象本身并不执行和国际化相关的格式化和解析工作,它仅负责向本地敏感类(JDK 中的某个类在运行时需要根据 Locale 对象来调整其功能,这个类就称为本地敏感类)提供本地化信息。例如,DateFormat 类需要依据 Locale 对象来确定日期的格式,然后对日期进行分析和格式化。接下来,介绍 Locale 对象的几种创建方式和 Locale 类中的一些方法,具体如下。

1. 创建 Locale 实例对象

JDK 提供了多种方式来创建 Locale 的实例对象,其中包括使用 Locale 类的构造方法、使用 Locale 的常量等。接下来就针对如何创建 Locale 类的实例对象进行讲解。

1) 使用 Locale 类的构造方法

Locale 类有三个重载的构造方法,它们的语法定义如下。

(1) public Locale(String language)

(2) public Locale(String language,String country)

(3) public Locale(String language,String country,String variant)

以上三个构造方法都可以创建 Locale 对象,这些方法中都传递了一个或多个参数。其中,参数 language 表示有效的 ISO 语言代码(国际标准化组织 ISO 为各语言所定制的语言代码),它使用 ISO-639 定义的两个小写字母表示,如使用“en”表示英语;参数 country 表示有效的 ISO 国家代码,它使用 ISO-3166 定义的两个大写字母表示,如使用“US”表示美国;参数 variant 是预留给第三方软件开发商或浏览器使用的一个附加变量,例如,使用 WIN 代表 Windows,MAV 代表 Macintosh 等。

使用 Locale 类的构造方法创建 Locale 实例对象时,如果 Locale 对象仅用于说明当地的语言信息,则使用第一个构造方法即可,示例代码如下。

```
Locale enLocale=new Locale("en");
```

如果要创建一个标识当地语言信息以及国家信息的 Locale 对象时,则使用第二个构造方法即可,示例代码如下。

```
Locale enLocale=new Locale("en","US");
```

如果要创建一个带有附加变量的Locale对象时，则使用第三个构造方法即可，例如，创建一个标识传统西班牙排序的Local对象，具体示例如下。

```
Locale enLocale=new Locale("es","ES","Traditional_WIN");
```

2）使用Locale类的常量

虽然使用Locale类的构造方法可以创建Locale的实例对象，但需要指定语言代码和国家代码作为构造方法的参数，这样会比较麻烦。为此，Locale类中定义了一些常量，如Locale.ENGLISH、Locale.GERMAN、Locale.US、Locale.HK等，这些常量分别对应一些提前创建好的表示不同语言和国家的Locale对象。使用这些常量便可以方便地创建Locale实例对象，示例代码如下。

```
Locale locale=Locale.CHINESE;
```

2. Locale类的常用方法

在程序开发中经常会使用Locale对象标志一些本地信息，为了方便获取Locale对象中标志的信息，Locale类中还定义了一些方法，使用这些方法可以获取国家代码和语言代码等信息，表10-1列举了Locale类中定义的一些常用方法。

表10-1 Locale的相关方法

方法声明	功能描述
String getCountry()	获取Locale实例对象的ISO国家代码
String getLanguage()	获取Locale实例对象的ISO语言代码
String getVariant()	获取Locale实例对象的变量编码
String getDisplayCountry()	获取Locale实例对象适合显示给用户的国家名称
String getDisplayCountry(Locale inLocale)	
String getDisplayLanguage()	获取Locale实例对象适合显示给用户的语言名称
String getDisplayLanguage(Locale inLocale)	
String getDisplayName()	获取Locale实例对象显示的名称
String getDisplayName(Locale inLocale)	

在表10-1中，列举了Locale类的常用方法，对于读者来说，这些方法可能会比较难以理解，接下来通过一个案例演示这些方法的使用。首先在Eclipse中新建chapter10工程，然后在该工程中创建cn.itcast.chapter10包，在该包中编写LocaleExam.java程序，如例10-1所示。

例10-1 LocaleExam.java

```
1    package cn.itcast.chapter10;
```

```
2    import java.util.*;
3    public class LocaleExam {
4        public static void main(String[] args) {
5            Locale locale=new Locale("en", "US");
6            System.out.println("美国地区的 ISO 语言代码: "+
7            locale.getLanguage());
8            System.out.println("美国地区的 ISO 国家代码: "+
9            locale.getCountry());
10           System.out.println("显示给本地用户的语言名称: "+
11           locale.getDisplayLanguage());
12           System.out.println("显示给美国用户的语言名称: "+
13           locale.getDisplayLanguage(locale));
14           System.out.println("显示给本地用户的信息名称: "+
15           locale.getDisplayName());
16           System.out.println("显示给美国用户的信息名称: "+
17           locale.getDisplayName(locale));
18       }
19   }
```

在 Eclipse 中运行 LocaleExam.java 程序，此时，控制台窗口中显示的结果如图 10-3 所示。

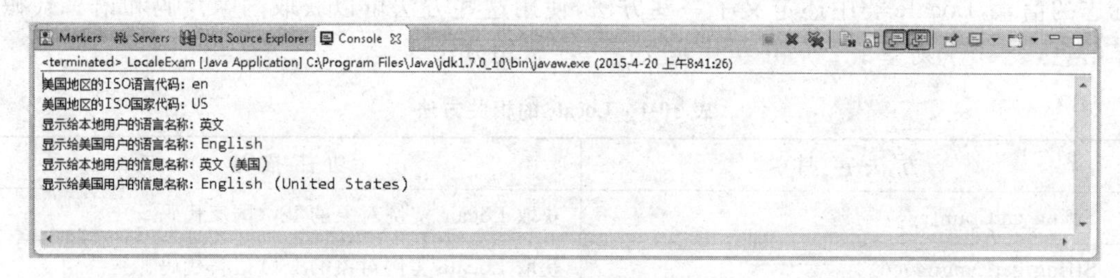

图 10-3　控制台窗口

从图 10-3 可以看出，控制台窗口中输出了美国地区的 ISO 语言代码和国家代码、显示给本地用户和美国用户的语言名称以及信息名称。这是由于在例 10-1 中创建了一个美国地区的 Locale 对象，当使用相应的方法获取信息时，如果传递一个 Locale 对象，则会获取美国地区的国家代码、语音名称等，否则就会获取本地区域的国家代码、语言名称等。

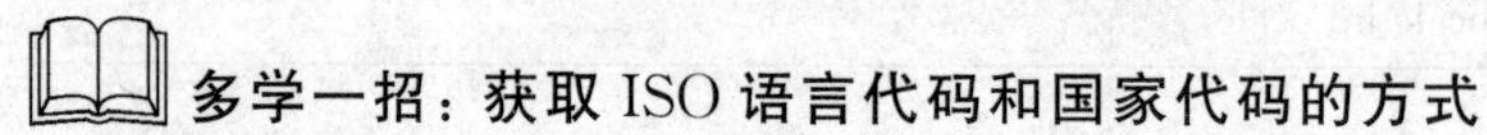

多学一招：获取 ISO 语言代码和国家代码的方式

在讲解 Locale 对象时，会使用一些 ISO 语言代码和国家代码，这些代码不用特殊记忆，在许多网站都可以查询，例如在"http://www.loc.gov/standards/iso639-2/langhome.html"网页可以查询 ISO 语言代码，在"http://www.iso.ch/iso/en/prods-services/iso3166ma/02iso-3166-code-lists/list-en1.html"网页可以查询 ISO 国家代码。

除了以上方式可以查询各个地区的 ISO 语言代码和国家代码，还可以通过 IE 浏览器轻松地完成这种功能，首先单击 IE 浏览器的"工具"→"Internet 选项"菜单，打开"Internet 选项"对话框，如图 10-4 所示。

在打开的"Internet 选项"对话框中，单击"语言"按钮，打开"语言首选项"对话框，如图 10-5 所示。

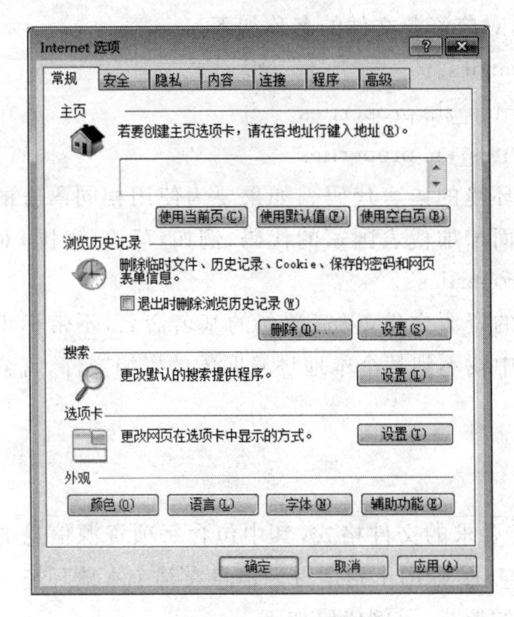

图 10-4　添加语言

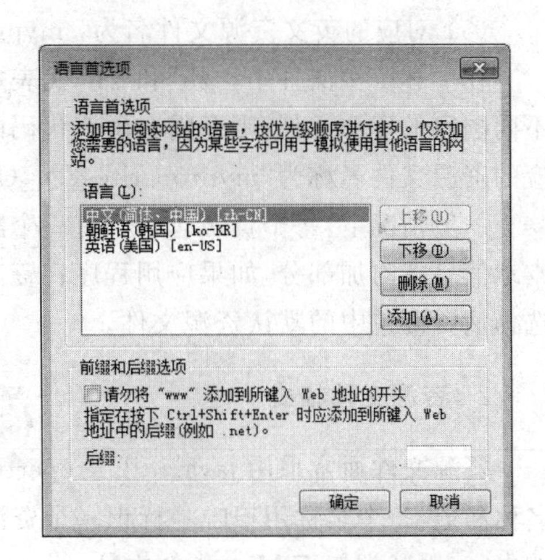

图 10-5　"语言首选项"对话框

单击图 10-5 中的"添加"按钮，如图 10-6 所示。

从图 10-6 中可以看到许多地区的 ISO 语言代码和国家代码，其中方括号内"-"前面的字符是 ISO 语言代码，"-"后面的字符是 ISO 国家代码，例如，阿拉伯语(巴林)的语言代码为 ar，国家代码为 BM。

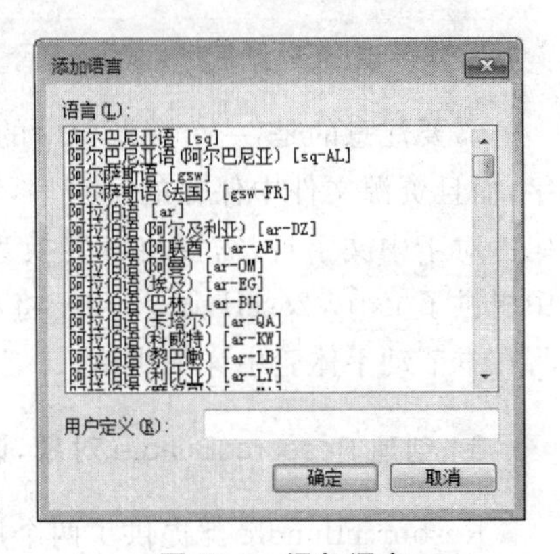

图 10-6　添加语言

10.2.2　ResourceBundle 类

在开发一个国际化的 Web 应用时，通常会存储许多用于保存各个国家语言的资源文件，这些资源文件都需要使用类加载器来加载，这样的加载方式比较麻烦，为了方便获取这些资源文件，JDK 提供了一个 ResourceBundle 类，该类位于 java. util 包中，用于描述一个资源包，一个资源包用于包含一组与某个本地环境相关的对象，可以从一个资源包中获取特定的本地环境的对象。对于不同的本地环境，可以有不同的 ResourceBundle 对象与之关联。本节将针对 ResourceBundle 进行详细的讲解。

1. 资源包简介

在设计一个国际化的应用时，应该把程序显示的文本内容(例如，菜单和按钮的标题)从源文件中分离出来，放在独立的资源文件(扩展名为. properties 的文件)中，并针对不同的本地环境编写不同的资源文件，例如，在英语资源文件中写入"hello"，在中文资源文件中写入"你好"，这些资源文件共同组成一个资源包。

一个资源包中每个资源文件都必须拥有共同的基名。除了基名，每个资源文件的名称中还必须有标识其本地信息的附加部分。

例如，一个资源包的基名是 myproperties，对应资源文件的名称如下。

(1) 默认资源文件名：myproperites. properties。

(2) 对应的中文资源文件名为：myproperites_zh. properties。

(3) 对应的英文资源文件名为：myproperites_en. properties。

在上述资源文件中，"zh"和"en"代表本地环境的语言代码。如果要为使用相同语言的不同国家的资源文件，则还需在语言代码的后面增加代表国家的代码，例如，英语(美国)对应的资源文件名称为"myproperites_en_US. properties"。

一般情况下，每个资源包中都有一个默认的资源文件，以资源包的基名命名，不带标识本地信息的附加部分，如果应用程序在资源包中找不到某个本地环境匹配的资源文件，就会选择该资源包中的默认资源文件。

2. 资源文件格式

资源文件通常采用 java. util. Properties 类要求的文件格式，其中包含每项资源信息的名称和值，每个名称用于唯一标识一个资源信息，值则用于指定资源信息在某个本地环境下的内容，也就类似于 Map 集合中"key=value"的形式，示例代码如下。

```
username=itcast
```

需要注意的是，一个资源包中的所有资源文件的关键字必须相同，值则为相应国家的文字，而且资源文件中保存的字符串，都是 ASCII 字符，对于所有非 ACSII 字符，须先进行编码。对于中文字符，需要将其转换为相应的 Unicode 编码，其格式为\uXXXX。为此，JDK 中提供了 native2ascII 命令，用于将本地非 ASCII 字符转换为 Unicode 编码，具体操作步骤将在本节动手体验中详细讲解。

3. 创建 ResourceBundle 对象，读取资源文件

ResourceBundle 类提供了两个用于创建 ResourceBundle 对象的静态方法，该方法用于装载资源文件，并创建 ResourceBundle 实例，具体如下。

(1) getBundle(String baseName)

(2) getBundle(String baseName，Locale locale)

以上两个方法中的参数 baseName 用于指定资源文件的名称，参数 Locale 用于指定使用的 Locale 对象，如果没有指定 Locale 参数，则使用本地默认的 Locale，示例代码如下。

```
Locale locale=Locale.US;
ResourceBundle myResources=ResourceBundle
.getBundle("MyResources",locale);
```

使用 getBundle()方法创建好 ResourceBundle 对象之后，应用程序就可以加载相应的资源文件，并通过 ResourceBundle 对象的 getString()方法，获取资源文件中指定的资源名所对应的值。

为了让读者更好地学习 ResourceBundle，接下来通过一个具体的案例演示如何使用 ResourceBundle 读取资源文件。首先需要在 chapter10 工程的 src 根目录中，编写一个名为

MyResources_ en. properties 的资源文件（创建一个 File 文件，将该文件命名为 MyResources_en. properties)，在该文件中存储一些信息，如下所示。

```
key=Hello
value=Nice to meet you
```

接下来在 chapter10 工程的 cn. itcast. chapter10 包中，编写一个 MyResourcesBundle. java 程序，用于读取资源文件，如例 10-2 所示。

例 10-2　MyResourcesBundle. java

```
1    package cn.itcast.chapter10;
2    import java.util.*;
3    public class MyResourcesBundle {
4        public static void main(String[] args) {
5            Locale locale=Locale.US;
6            ResourceBundle myResources=
7                ResourceBundle.getBundle("MyResources",locale);
8            String Key=myResources.getString("key");
9            String Value=myResources.getString("value");
10            System.out.println("key:"+Key);
11            System.out.println("value:"+Value);
12        }
13    }
```

运行 MyResourcesBundle. java 程序，此时，控制台窗口中显示的结果如图 10-7 所示。

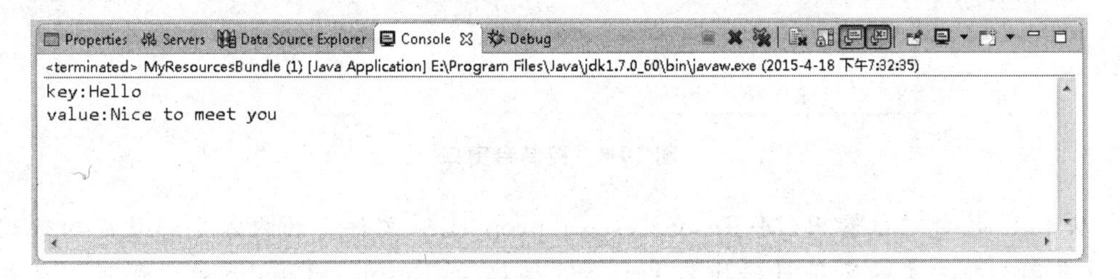

图 10-7　控制台窗口

从如图 10-7 所示的运行结果可以看出，使用 ResourceBundle 对象成功地获取到了 MyResources_en. properties 资源文件中存储的 Key 值和 Value 值。

动手体验：使用 native2ascii 命令转换字符编码

前面讲过，在 properties 属性文件中保存的字符串，都是 ASCII 字符，对于所有非 ACSII 字符，须先进行编码。对于中文的字符串要想保存在 properties 文件中，就必须将其转换为相应的 Unicode 编码，接下来分步骤讲解如何使用 native2ascii 命令转换字符编码。

(1) 在 D 盘根目录下编写一个使用中文 GB2312 字符集编码的 temp. properties 资源文件，内容具体如下。

```
key=你好
value=很高兴见到你
```

(2) 在命令行窗口中进入 temp.properties 文件所在的目录，执行 native2ascii 命令，具体如下。

```
native2ascii -encoding gb2312 temp.properties MyResources_zh.properties
```

上述这行命令的意思，是将一个使用 GB2312 字符集编码的 temp.properties 文件转换为 Unicode 编码，并将转换后的结果保存到 MyResources_zh.properties 文件中。

(3) 执行完 native2ascii 命令后，会在当前目录下生成一个名为 MyResources_zh.properties 的文件，使用记事本程序打开 MyResources_zh.properties 的文件，该文件中的内容具体如下。

```
key=\u4f60\u597d
value=\u5f88\u9ad8\u5174\u89c1\u5230\u4f60
```

可见，在新生成的 MyResources_zh.properties 文件中，本地字符集编码的字符都被转换成了 Unicode 编码的转义序列。

(4) 接下来将生成的 MyResources_zh.properties 文件复制到 chapter10 工程的 src 根目录下，并删除原来的 MyResources_en.properties 文件，再次运行例 10-2，此时控制台窗口中显示的结果如图 10-8 所示。

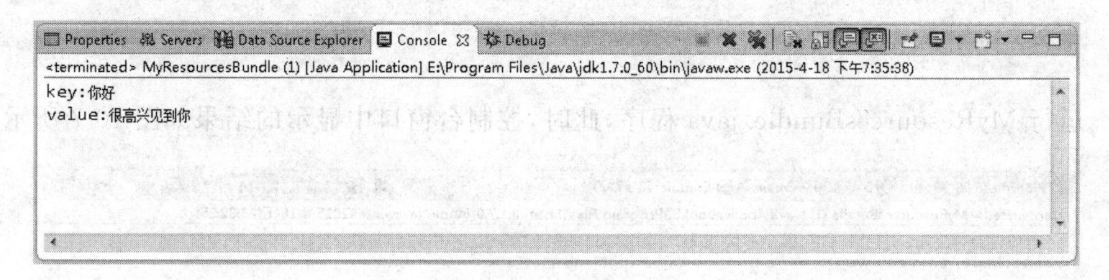

图 10-8 控制台窗口

从图 10-8 中可以看出，MyResources_zh.properties 文件中的内容全部被成功地读取了，这是因为将中文的字符串转换为 Unicode 编码后，ResourceBundle 对象便可以读取相应的资源文件了。

10.2.3 DateFormat 类

在实际生活中，每个国家地区的日期/时间的表示方式都大不相同，有时需要让日期/时间按照指定国家的文化习惯进行显示，为了完成这种功能，JDK 提供了一个 DateFormat 类，DateFormat 类是一个抽象类，它继承自 Format，可以将一个日期/时间对象格式化为表示某个特定地区的日期/时间字符串，也可以将某个地区的日期/时间的字符串解析为相应的 Date 对象。接下来，介绍 DateFormat 对象的几种创建方式和 DateFormat 类中的一些常量和方法，具体如下。

1. DateFormat 中的常量

DateFormat 类定义了一些用于描述日期/时间显示模式的整型常量，其中包括 SHORT、DEFAULT、MEDIUM、LONG、FULL，在实例化 DateFormat 对象时，可以使用这些常量控制日期/时间的显示长度。这些常量所表示的日期/时间的确切格式取决于本地环境，例如，在中文(中国)本地环境下，日期/时间“2013 年 12 月 11 日下午 4 时 41 分 20 秒”，各种模式的表现形式如下。

(1) SHORT 模式完全是数字的，这个日期/时间显示的格式为“13-12-11 下午 4:41”。

(2) MEDIUM 模式比 SHORT 模式长些，这个日期/时间显示的格式为“2013-12-11 16:41:20”。

(3) LONG 模式比 MEDIUM 模式更长一些，这个日期/时间显示的格式为“2013 年 12 月 11 日 下午 04 时 41 分 20 秒”。

(4) FULL 模式指定日期/时间的完整格式，这个日期/时间显示的格式为“2013 年 12 月 11 日 星期三 下午 04 时 41 分 20 秒 CST”。

(5) DEFAULT 表示默认的显示模式，它的值为 MEDIUM。

2. 获取 DateFormat 类的实例对象

由于 DateFormat 是一个抽象类，不能使用构造方法创建实例对象，因此，JDK 提供了一些用于获取 DateFormat 实例对象的静态方法，在这些静态方法中可以传递一些参数，也可以不传递参数，接下来列举一些传递参数的静态方法，具体如下。

(1) getDateInstance(int style, Locale aLocale)：以指定的日期显示模式和本地信息来获取 DateFormat 对象，该对象不处理时间值部分。

(2) getTimeInstance(int style, Locale aLocale)：以指定的时间显示模式和本地信息来获取 DateFormat 对象，该对象不处理日期值部分。

(3) getDateTimeInstance(int dateStyle, int timeStyle, Locale aLocale)：以单独指定的日期显示模式、时间显示模式和本地信息来获得 DateFormat 实例对象。

3. 日期/时间的格式化和解析

为了方便对日期/时间的字符串进行格式化以及解析为 Date 对象，DateFormat 类提供了两个方法，具体如下。

1) format()方法

该方法可以将日期/时间对象格式化为符合本地习惯的字符串，示例代码如下。

```
String dateTime=DateFormat.getDateTimeInstance().format(new Date());
```

2) parse()方法

该方法可以将某个本地习惯的日期/时间字符串解析为 Date 对象，示例代码如下。

```
DateFormat df=DateFormat.getDateInstance(DateFormat.Long,Locale.US);
Date date=df.parse("September 15,2013");
```

为了让读者更好地学习 DateFormat 对象的 format()方法和 parse()方法，接下来通过一个具体的案例演示这两个方法的使用，如例 10-3 所示。

例 10-3 DateFormatExam.java

```
1    package cn.itcast.chapter10;
2    import java.text.*;
```

```
3    import java.util.*;
4    public class DateFormatExam {
5        public static void main(String[] args) throws ParseException {
6            //获取本地默认的 DateFormat 对象
7            DateFormat df=DateFormat.getDateTimeInstance();
8            //获取本地默认的 DateFormat 对象
9            DateFormat df1=DateFormat.getDateInstance();
10           Date date=new Date();
11           System.out.println("使用默认的本地信息对日期/时间进行格式化:");
12           System.out.println(df.format(date));
13           System.out.println("使用默认的本地信息解析日期/时间字符串:");
14           System.out.println(df1.parse("2013-12-11"));
15       }
16   }
```

运行 DateFormatExam.java 程序,此时,控制台窗口中显示的结果如图 10-9 所示。

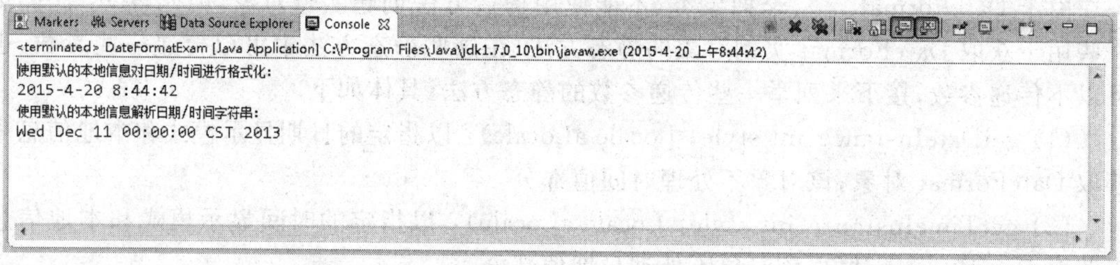

```
Markers  Servers  Data Source Explorer  Console
<terminated> DateFormatExam [Java Application] C:\Program Files\Java\jdk1.7.0_10\bin\javaw.exe (2015-4-20 上午8:44:42)
使用默认的本地信息对日期/时间进行格式化:
2015-4-20 8:44:42
使用默认的本地信息解析日期/时间字符串:
Wed Dec 11 00:00:00 CST 2013
```

图 10-9 控制台窗口

从图 10-9 可以看出,使用 DateFormat 对象的 format()方法,将日期/时间按照本地的日期和时间进行了显示,使用 DateFormat 对象的 parse()方法,将字符串"2015-3-16"解析为一个 Date 对象。

需要注意是,format()方法和 parse()方法的作用是完全相反的,format()方法可以将时间日期转化为相应地区和国家的样式显示,parse()方法可以将相应地区的时间日期转化成 Date 对象,该方法在使用时,解析的时间或日期要符合指定的国家、地区格式,否则会抛出异常。

10.2.4 NumberFormat 类

前面讲过在使用日期/时间时,为了满足各地区的不同文化习惯需要进行格式化,然而有些时候,对于一些数值也需要进行格式化,为了完成这种功能,JDK 提供了一个 NumberFormat 类,该类与 DateFormate 类似,也是 Format 的一个抽象子类,NumberFormat 类可以将一个数值格式化为本地格式的字符串,也可以将某个本地格式的数值字符串解析为对应的数值。接下来,介绍 NumberFormat 对象的几种创建方式和 NumberFormat 类中的一些方法。

1. 获取 NumberFormat 类的实例对象

实例化 NumberFormat 类时,可以使用 Locale 对象作为参数,也可以不使用,接下来列举使用 Locale 对象作为参数的方法,具体如下。

(1) getNumberInstance(Locale locale)：以参数 Locale 对象所标识的本地信息来获取具有多种用途的 NumberFormat 实例对象。

(2) getIntegerInstance(Locale locale)：以参数 Locale 对象所标识的本地信息来获取处理整数的 NumberFormat 实例对象。

(3) getCurrencyInstance(Locale locale)：以参数 Locale 对象所标识的本地信息来获取处理货币的 NumberFormat 实例对象。

(4) getPercentInstance(Locale locale)：以参数 Locale 对象所标识的本地信息来获取处理百分比数值的 NumberFormat 实例对象。

2. 数值的格式化和解析

NumberFormat 与 DateFormat 类似，为了方便对数值进行格式化和解析，NumberFormat 类也提供了两个方法 format()和 parse()，接下来就针对这两个方法进行讲解。

1) format()方法

该方法可以将一个数值格式化为符合某个国家或地区习惯的数值字符串，示例代码如下。

```
String numberString=NumberFormat.getInstance().format(12345);
```

2) parse()方法

该方法可以将符合某个国家或地区习惯的数值字符串解析为对应的 Number 对象，示例代码如下。

```
NumberFormat nf=NumberFormat.getInstance(Locale.ENGLISH);
Number number=nf.parse("12.345");
```

为了让读者更好地学习 NumberFormat 对象的 format()方法和 parse()方法，接下来通过一个具体的案例演示这两个方法的使用，如例 10-4 所示。

例 10-4 NumberFormatExam.java

```
1   package cn.itcast.chapter10;
2   import java.text.*;
3   import java.util.*;
4   public class NumberFormatExam {
5       public static void main(String[] args) throws ParseException {
6           System.out.println("--------------格式化数值--------------");
7           NumberFormat nf=NumberFormat.getNumberInstance();
8           System.out.println("使用本地信息格式化数值: "+nf.format(101.5));
9           NumberFormat nf1=NumberFormat.getPercentInstance();
10          System.out.println("使用百分比形式格式化数值: "+nf1.format(0.45));
11          NumberFormat nf2=NumberFormat.getCurrencyInstance(Locale.US);
12          System.out.println("使用美国地区信息格式化货币:"+nf2.format(1200));
13          System.out.println("--------------解析数值--------------");
14          NumberFormat nf3=NumberFormat.getInstance();
```

```
15          System.out.println("使用默认的本地信息解析数值字符串："+
16                                          nf3.parse("113.55"));
17          NumberFormat nf4=NumberFormat.getPercentInstance(Locale.US);
18          System.out.println("使用美国地区信息解析百分数字符串："+
19                                          nf4.parse("125.3%"));
20      }
21  }
```

运行 NumberFormatExam.java 程序，此时，控制台窗口中显示的结果如图 10-10 所示。

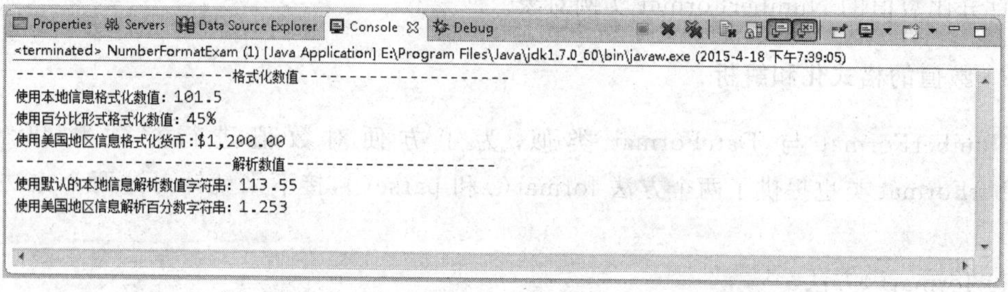

```
<terminated> NumberFormatExam (1) [Java Application] E:\Program Files\Java\jdk1.7.0_60\bin\javaw.exe (2015-4-18 下午7:39:05)
----------------------格式化数值----------------------
使用本地信息格式化数值：101.5
使用百分比形式格式化数值：45%
使用美国地区信息格式化货币：$1,200.00
----------------------解析数值----------------------
使用默认的本地信息解析数值字符串：113.55
使用美国地区信息解析百分数字符串：1.253
```

图 10-10 控制台窗口

从图 10-10 可以看出，使用 NumberFormat 对象的 format()方法可以将一些数值按照本地信息进行格式化，也可以按照美国地区进行格式化，使用 NumberFormat 对象的 parse()方法可以将一些数值字符串解析为本地区域的数值对象，也可以解析为美国地区的数值对象。需要注意的是，在使用 parse()方法时，解析的数值字符串要符合指定国家和地区的表现形式，否则会抛出异常。

10.2.5 MessageFormat 类

动态地拼接一个字符串时，经常需要写 String info="I am"+num+"years old";这样的代码，如果需要拼接的字符串较多，这样的格式看起来会比较麻烦，为了解决这个问题，JDK 提供了一个 MessageFormat 类，该类提供了一种用参数替换模式字符串中的占位符的方式，它将根据模式字符串中包含的占位符产生一系列的格式化对象，然后调用这些格式化对象对参数进行格式化，并将格式化后的结果字符串插入到模式字符串中的适当位置。接下来将针对 MessageFormat 类进行详细的讲解。

1. 模式化字符串与占位符

MessageFormat 类操作模式字符串，通常情况下都是包含占位符的，如下所示。

```
On {0},there was {1} on planet {2}.
```

上述的模式字符串中，花括号以及花括号内的数字被称为占位符，如{0}、{1}，这些占位符都会被 MessageFormat 格式化的参数所代替。

2. MessageFormat 类格式化模式字符串

通过前面的讲解，我们知道 MessageFormat 类可以格式化模式字符串，接下来就分步骤讲解如何使用 MessageFormat 格式化模式字符串。

1）创建 MessageFormat 对象

在使用 MessageFormat 格式化模式字符串之前，首先需要创建 MessageFormat 对象。MessageFormat 类提供了两个构造方法，它们的语法定义如下。

（1）public MessageFormat(String pattern)

（2）public MessageFormat(String pattern, Locale locale)

上述的两个构造方法都可以创建 MessageFormat 对象，其中，第一个构造方法需要在创建 MessageFormat 对象时传递一个模式字符串的参数，第二个构造方法不仅需要传递模式字符串的参数，还需要传递一个 Locale 对象，用于指定按照某个本地环境对模式字符串进行格式化。通常情况下，选择使用第一个构造方法创建 MessageFormat 对象。

2）调用 MessageFormat 对象的 format()方法

MessageFormat 有一个 format()方法，该方法用于执行模式字符串的格式化操作，在调用 format()方法时，需要传递一个 Object 类型的参数数组，数组中的每个元素分别用于替换模式字符串中与其索引对应的占位符。

接下来就按照上面的步骤，来完成 MessageFormat 类对模式字符串的格式化操作，如例 10-5 所示。

例 10-5　MessageFormatExam.java

```
1    package cn.itcast.chapter10;
2    import java.text.*;
3    public class MessageFormatExam {
4        public static void main(String[] args) {
5            String pattern="On {0},{1} destroyed {2} houses "
6                    +"and caused {3} of damage.";
7            Object[] msgArgs={"2010.11.03", "a hurricance", "100", "2000000"};
8            MessageFormat mf=new MessageFormat(pattern);
9            String result=mf.format(msgArgs);
10           System.out.println(result);
11       }
12   }
```

运行 MessageFormatExam.java 程序，此时，控制台窗口中显示的结果如图 10-11 所示。

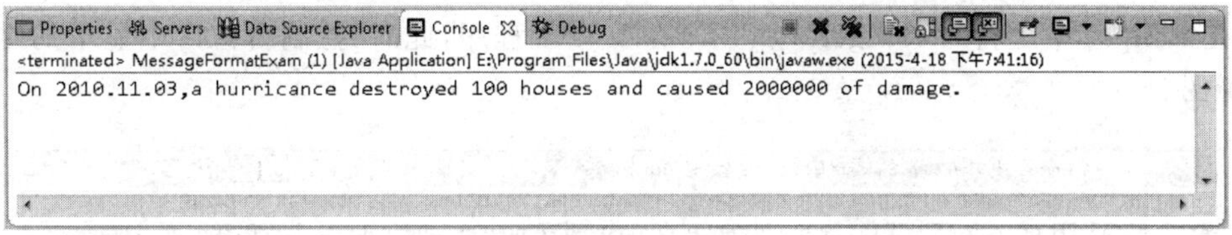

```
Properties  Servers  Data Source Explorer  Console  Debug
<terminated> MessageFormatExam (1) [Java Application] E:\Program Files\Java\jdk1.7.0_60\bin\javaw.exe (2015-4-18 下午7:41:16)
On 2010.11.03,a hurricance destroyed 100 houses and caused 2000000 of damage.
```

图 10-11　控制台窗口

从图 10-11 可以看出，控制台窗口中输出了一个完整的字符串。这是因为在例 10-5 中，首先定义了一个模式字符串和一个 Object 类型的参数数组，然后在创建 MessageFormat 对象时，将模式字符串作为参数传递给它，最后调用 MessageFormat 对象的format()方法传递一个Object类型的数组，并根据格式化的数据在数组中的索引来替换对应的占位符，这样便完成了模式字符串的格式化。

3. 加强对MessageFormat的学习

前面讲解过，占位符是用花括号和一个数字来表示，实际上，这种形式只是占位符中的一种，占位符总共有三种形式，具体如下。

(1) { ArgumentIndex }

(2) { ArgumentIndex, FormatType }

(3) { ArgumentIndex, FormatType, FormatStyle }

其中，ArgumentIndex表示要格式化的数据在参数数组中的索引，这个索引是由0～9之间的数字组成；FormatType表示参数的格式化类型，它的值可以是number、date、time、choice 4种，如{1,date}；FormatStyle表示指定的格式化类型下的某种模式，它的值是与对应格式化类型匹配的合法模式或字符串，假设将格式化类型指定为number，则FormatStyle的值可以是integer、currency、percent等，如{2,number,integer}。关于FormatStyle的具体值可以查阅Java API，这里就不一一列举了。

为了加强对MessageFormat的学习，接下来通过一个具体的案例演示MessageFormat格式化使用不同占位符的模式字符串，如例10-6所示。

例10-6　MessageFormatExam1.java

```
1   package cn.itcast.chapter10;
2   import java.text.MessageFormat;
3   import java.util.Date;
4   public class MessageFormatExam1 {
5       public static void main(String[] args) {
6           String pattern="At {0,time} on {0,date}, {1} destroyed "
7                   +"{2,number,integer} houses and caused {3} of damage.";
8           Object[] msgArgs={ new Date(System.currentTimeMillis()),
9                   "a hurricance", new Integer(7), new Double(2000000) };
10          MessageFormat mf=new MessageFormat(pattern);
11          String result=mf.format(msgArgs);
12          System.out.println(result);
13      }
14  }
```

在Eclipse中运行MessageFormatExam1.java程序，此时，控制台窗口中显示的结果如图10-12所示。

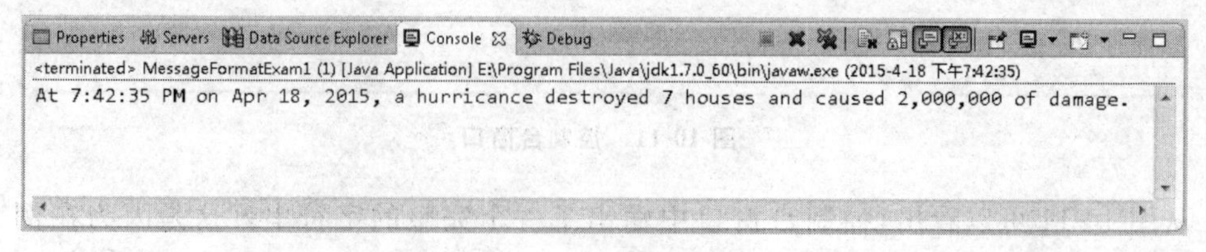

图10-12　控制台窗口

从图 10-12 可以看出，在控制台窗口中同样输出了一个完整的字符串。这是因为在例 10-6 中，定义了一个模式字符串和一个 Object 类型的参数数组，在模式字符串中使用了相同的占位符，并且指定了占位符的格式化类型以及对应的模式，在使用数组中的元素替换重复的占位符时，msgArgs 数组中的第一个元素 new Date(System.currentTimeMillis())对象中的时间和日期会分别替换{0,time}和{0,date}，其他的占位符也会被对应地替换。

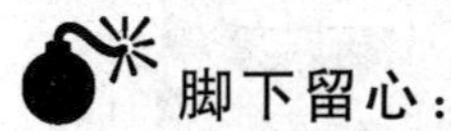

在使用 MessageFormat 对象格式模式字符串时，如果字符串中要使用单引号将某个字符引起来，则需要使用两个单引号，一个单引号会被忽略，示例代码如下。

```
String message="oh, this is ''a'' {0}";
Object[] array=new Object[]{"cat"};
String value=MessageFormat.format(message, array);
System.out.println(value);
```

输出结果如下。

```
oh, this is 'a' cat
```

10.3　开发国际化的 Web 应用

前面已经讲解了一些与国际化相关的 API，使用这些 API 就可以开发国际化的 Web 应用，本节将详细讲解如何开发国际化的 Web 应用。

10.3.1　获取 Web 应用中的本地信息

要实现 Web 应用的国际化，首先需要获取客户端浏览器的本地信息，根据客户端浏览器的本地信息来访问相应的资源文件。大多数 Web 浏览器通常会在 HTTP 请求消息中通过 Accept-Language 消息头附带本地信息，Web 容器则可以根据 Accept-Language 消息头创建标识客户端本地信息的 Locale 对象。为此，HttpServletRequest 对象提供了两个方法，具体如下。

1. getLocale()方法

用于返回代表客户端的首选本地信息的 Locale 对象。

2. getLocales()方法

用于返回一个 Enumeration 集合。

为了让读者更好地理解如何获取 Web 应用中的本地信息，接下来分步骤进行讲解，具体如下。

(1) 设置浏览器支持的本地信息。

大多数的 Web 浏览器都提供了设置本地信息的功能，例如，对于微软的 IE 浏览器，可以选择“工具”→“Internet 选项”→“语言”命令，然后在“语言首选项”对话框中添加浏览器支持的本地信息，如图 10-13 所示。

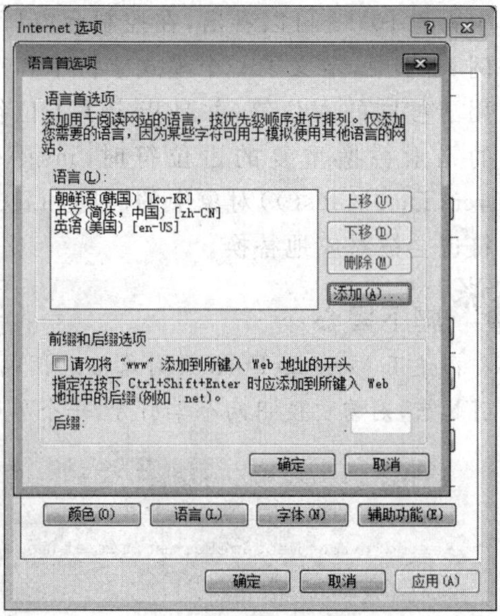

从图 10-13 中可以看出，在 IE 浏览器的“语言首选项”对话框中设置了两种语言。当访问 Web 应用中的某个文件时，浏览器就会根据这个设置，自动配置 HTTP 请求消息中的 Accept-Language 头字段，将“语言首选项”对话框中的所有语言都作为浏览器支持的本地信息，并且按照优先级的降序排列。

(2) 编写 clientlocale.jsp 页面。

在 chapter10 工程的 WebContent 根目录中，编写一个 clientlocale.jsp 页面，该页面用于获得并输出客户端支持的本地信息，如例 10-7 所示。

图 10-13 语言首选项

例 10-7 clientlocale.jsp

```
1    <%@page language="java" contentType="text/html; charset=gb2312"
2       pageEncoding="gb2312" import="java.util.*"%>
3    <html>
4    <head></head>
5    <body>
6       <%
7          Locale perferlocale=request.getLocale();
8          out.println("客户端首选的本地信息为: "+perferlocale);
9       %><br>
10      <br>客户端支持的所有本地信息列表,按优先级的降序排列:
11      <br>
12      <br>
13      <%
14         Enumeration locales=request.getLocales();
15      %>
16      <li>本地信息   本性信息的显示名称</li>
17      <%
18         while (locales.hasMoreElements()) {
19            Locale locale=(Locale) locales.nextElement();
20      %>
21      <li>
22         <%=locale%>
23                 
24         <%=locale.getDisplayName()%>
25      </li>
26      <%
27         }
28      %>
29   </body>
30   </html>
```

（3）访问 clientlocale.jsp 页面启动 Web 服务器，打开 IE 浏览器，在地址栏中输入"http://localhost:8080/chapter10/clientlocale.jsp"访问 clientlocale.jsp 页面，此时，浏览器窗口中显示的结果如图 10-14 所示。

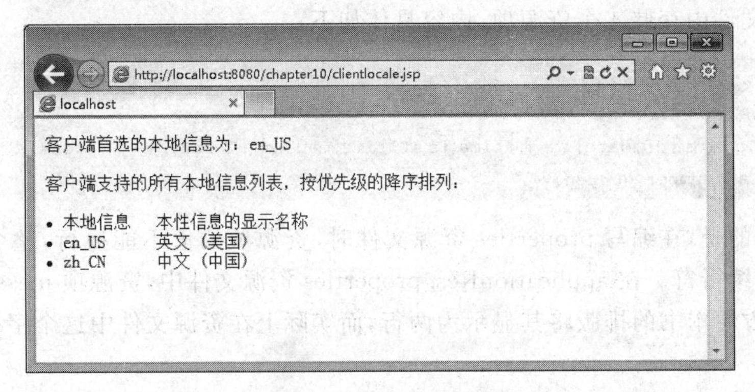

图 10-14　clientlocale.jsp(1)

从图 10-14 可以看出，客户端首选的本地信息为 en_US，客户端所支持的本地信息列表的顺序是按照"语言首选项"对话框中优先级的顺序进行排列的。

（4）修改语言首选项的顺序，再次访问 clientlocale.jsp 页面。

改变图 10-14 中 IE 浏览器所支持的两种语言的排列顺序，将客户端首选的本地信息变为"中文(中国)"，然后单击浏览器窗口中的"刷新"按钮，此时，浏览器窗口中的显示结果如图 10-15 所示。

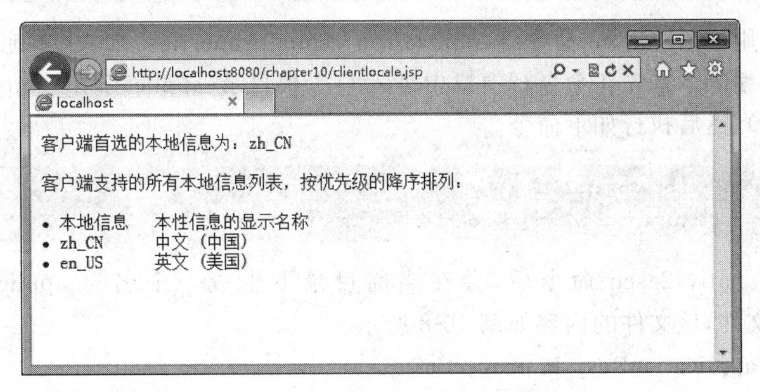

图 10-15　clientlocale.jsp(2)

从图 10-15 可以看出，客户端首选的本地信息变为 zh_CN，并且客户端所支持的本地信息列表中，中文(中国)的优先级高于英文(美国)。这是因为将浏览器所支持的两种语言顺序颠倒后，浏览器就会将中文(中国)设置为客户端首选的本地信息。

10.3.2　案例——开发国际化的 Web 应用

通过前面的讲解，我们已经知道如何获取客户端浏览器的本地信息，接下来通过编写一个 JSP 页面来完成国际化的开发，将该页面中的 title 信息、向客户端输出的文本信息等从 JSP 页面分离出来，放在基名为"applicationRes"的资源文件中，具体步骤如下。

1. 编写默认的资源文件

在 chapter10 工程的 src 根目录中，编写一个名为 applicationRes. properties 的资源文件，在该资源文件中存储 4 个资源项，内容具体如下。

```
title=The I18N of the Web
heading=Hello World! A I18N program
message=Today is {0,date,long},time is {0,time,medium}. I bought {1} books,
and spent {2,number,currency}.
```

需要注意的是，在编写 properties 资源文件时，资源项的值不能换行，整个值必须写在同一行或加上续行符。在 applicationRes. properties 资源文件中，资源项 message 的字符串比较长，为了方便本书的排版将其显示为两行，而实际上在资源文件中这个字符串的值应该书写在一行。

2. 编写中文本地环境的资源文件

参照 applicationRes. properties 资源文件的内容，在 D 盘编写一个用于产生中文本地环境下的临时文件 application_temp. properties，该资源文件的内容具体如下。

```
title=Web应用的国际化
heading=你好！一个国际化应用程序
message=今天是{0,date,long},现在的时间是{0,time,medium}.
我今天买了{1}本书,共花了{2,number,currency}.
```

接下来使用 native2ascii 命令将 application_temp. properties 文件中本地编码的字符转换为 Unicode 编码。首先在命令行窗口中进入 D 盘根目录(application_temp. properties 文件所在的目录)，然后执行如下命令。

```
native2ascii -encoding gb2312
application_temp.properties applicationRes_zh.properties
```

执行完成 native2ascii 命令后，会在当前目录下生成一个名为 applicationRes_zh. properties 的文件，该文件的内容如例 10-8 所示。

例 10-8 applicationRes_zh. properties

```
title=Web\u5e94\u7528\u7684\u56fd\u9645\u5316
heading=\u4f60\u597d\uff01\u4e00\u4e2a\u56fd\u9645\u5316\u5e94\u7528\u7
a0b\u5e8f
message=\u4eca\u5929\u662f{0,date,long},\u73b0\u5728\u7684\u65f6\u95f4\
u662f{0,time,medium}.\u6211\u4eca\u5929\u4e70\u4e86{1}\u672c\u4e66,
    \u5171\u82b1\u4e86{2,number,currency}.
```

接下来将完成 Unicode 编码转换后的 applicationRes_zh. properties 文件，复制到 chapter10 工程的 src 目录中，这样就完成了中文本地环境下资源文件的编写。

3. 编写英文本地环境下的资源文件

在 chapter10 工程的 src 根目录中，编写一个名为 applicationRes_en. properties 的资源

文件。由于默认的 applicationRes. properties 资源文件使用的就是英文本地环境，因此，将该文件中的内容复制到 applicationRes_en. properties 文件，就会产生一个英文本地环境的资源文件。

4. 编写 webi18n. jsp

在 chapter10 工程的 WebContent 根目录中，编写一个 webi18n. jsp 文件，用于读取浏览器的首选本地环境下的资源信息，如例 10-9 所示。

例 10-9　webi18n. jsp

```
1    <%@page language="java" contentType="text/html; charset=gb2312"
2        pageEncoding="gb2312" import="java.util.*,java.text.*"%>
3    <html>
4    <%
5        Locale locale=request.getLocale();
6        ResourceBundle bundle=ResourceBundle.getBundle("applicationRes",
7                locale);
8    %>
9    <head>
10   <title><%=bundle.getString("title")%></title>
11   </head>
12   <body>
13       <%=bundle.getString("heading")%><br>
14       <br>
15       <%
16           String message=bundle.getString("message");
17           MessageFormat msgFmt=new MessageFormat(message, locale);
18           Date dateTime=new Date();
19           Object[] msgArgs={ dateTime, new Integer(10), new Double(550.8) };
20       %>
21       <%=msgFmt.format(msgArgs)%>
22   </body>
23   </html>
```

5. 访问 webi18n. jsp 页面

打开 IE 浏览器，在地址栏中输入“http://localhost:8080/chapter10/webi18n. jsp”访问 webi18n. jsp 页面，此时，浏览器显示的结果如图 10-16 所示。

从图 10-16 可以看出，浏览器中显示的内容为中文本地环境下的信息，这是英文在 IE 浏览器中将客户端首选项的本地信息设置为“中文（中国）”，因此就会加载 applicationRes_zh. properties 资源文件，最终将结果显示在浏览器中。

6. 再次访问 webi18n. jsp 页面

修改 IE 浏览器所支持的中文（中国）和英文（美国）语言的顺序，将客户端首选的本地信息变为“英文（美国）”，然后单击浏览器窗口中的“刷新”按钮，结果如图 10-17 所示。

从图 10-17 可以看出，浏览器中显示的内容为英文本地环境下的信息，这是由于在 IE

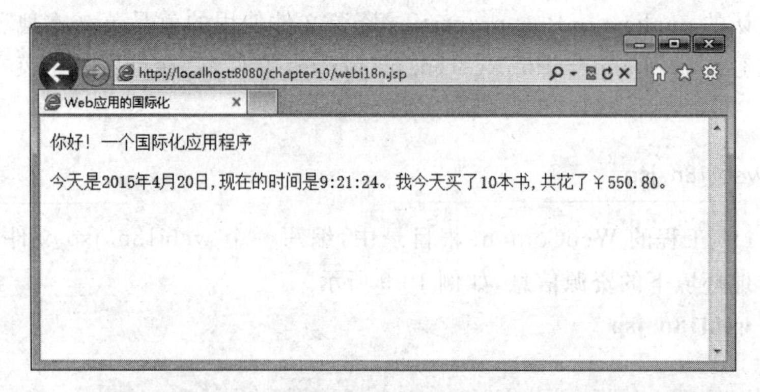

图 10-16 webi18n.jsp(1)

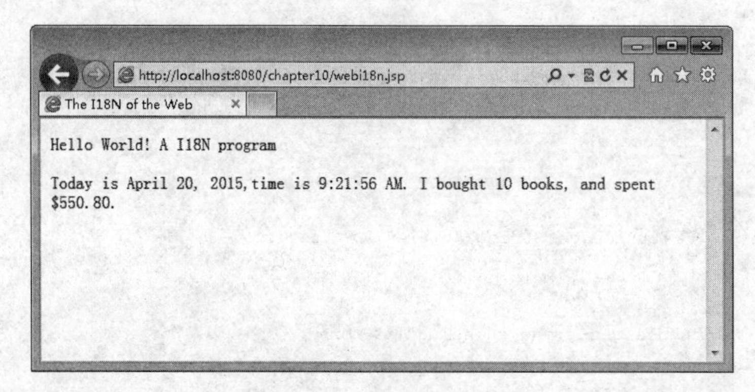

图 10-17 webi18n.jsp(2)

浏览器中将客户端首选项的本地信息设置为"英文(美国)"，因此就会加载 applicationRes_en.properties 资源文件，在浏览器中显示英文内容。此时，如果将 applicationRes_en.properties 和 applicationRes_zh.properties 这两个文件删除，那么在访问 webi18n.jsp 文件时会自动加载默认的 applicationRes.properties，显示英文本地环境下的信息。

通过完成上面 Web 应用程序的国际化可以发现，当要为这个 Web 应用程序增加某个新的本地化支持时，只需要增加一个适合该本地环境的资源文件即可，不用修改 JSP 源程序中的代码，可见，实现 Web 应用程序国际化其实也很简单。

10.4 国际化标签库

为了简化 Web 应用的国际化开发，JSTL 中提供了一个用于实现国际化和格式化功能的标签库，简称为国际化标签库，其前缀名为 fmt。国际化标签库封装了 java.util 和 java.text 这两个包中与国际化相关的 API 类的功能，并提供了绑定资源包和从资源包中的本地资源文件内读取文本内容的标签、对数值和日期等本地敏感的数据按本地化信息进行显示和解析的标签、按本地特定的时区来调整时间的标签。本节将针对国际化标签进行详细的讲解。

10.4.1 设置全局信息的标签

在开发国际化的Web应用时，首先需要设置一些全局信息，比如设置用户的本地化信息、设置统一的字符集编码等。接下来将针对国际化标签库中设置全局信息的标签进行详细讲解。

1. <fmt:setLocale>标签

<fmt:setLocale>标签用于在JSP页面中显式地设置用户的本地化信息，并将设置的本地化信息以Locale对象的形式保存在某个Web域中，其在Web域中的属性名称为"javax.servlet.jsp.jstl.fmt.locale"。使用<fmt:setLocale>标签设置本地化信息后，国际化标签库中的其他标签将使用该本地化信息，而忽略客户端浏览器传递过来的本地信息。

<fmt:setLocale>标签的语法格式如下。

```
<fmt:setLocale value="locale"
               [variant="variant"]
               [scope="{page|request|session|application}"]/>
```

在上述语法格式中，value属性用于指定用户的本地化信息，其值可以是一个字符串或java.util.Locale对象。如果是字符串，则必须包含小写形式的语言编码，其后也可带大写形式的国家编码，两者中间用"-"或"_"连接。如果value属性的值为NULL，<fmt:setLocale>标签将采用客户端浏览器传递过来的本地信息。variant属性用于指定创建Locale实例对象时设置的变量部分，它用于标识开发商或特定浏览器为实现扩展功能而自定义的信息。scope属性用于指定将构造出的Locale实例对象保存在哪个Web作用域中。需要注意的是，value属性和variant属性能支持EL表达式，而scope属性不支持EL表达式。

2. <fmt:requestEncoding>标签

<fmt:requestEncoding>标签用于设置统一的请求消息的字符集编码，该标签内部调用request.setCharacterEncoding()方法，以便Web容器将请求消息中的参数值按该字符集编码转换成Unicode字符串返回。<fmt:requestEncoding>标签的语法格式如下。

```
<fmt:requestEncoding [value="charsetName"]/>
```

在上述语法格式中，value属性用于指定请求消息的字符集编码，其类型为String，支持动态属性值。使用<fmt:requestEncoding>标签设置请求编码的示例代码如下。

```
<fmt:requestEncoding value="gb2312"/>
```

关于<fmt:requestEncoding>标签还有几点说明，具体如下。

(1) 调用<fmt:requestEncoding>标签能够正确解码请求参数值中的非ISO-8859-1编码的字符，但是必须在获取任何请求参数之前进行调用。

(2) 有的浏览器没有完全遵守HTTP规范，在请求消息中没有包含Content-Type请求头，这时需要使用<fmt:requestEncoding>标签来设置请求编码。

(3) 如果不设置value属性，首先会采用请求消息的Content-Type头中定义的字符集编码，其次会采用session域中的javax.servlet.jsp.jstl.fmt.request.charest属性的值，再次会采用ISO-8859-1字符集编码。

10.4.2 信息显示标签

通过前面的学习可以知道，在设计一个国际化的应用时，应该把程序显示的文本内容放在独立的资源文件中，那么如何读取这些资源文件呢？国际化标签库中提供了一系列用于读取资源文件中信息的标签，具体如下。

1. <fmt:Bundle>标签

<fmt:Bundle>用于根据<fmt:setLocale>标签设置的本地化信息创建一个资源包实例对象，但它创建的ResourceBundle实例对象只在其标签内有效。<fmt:Bundle>标签的语法格式如下。

```
<fmt:Bundle basename="basename" [prefix="prefix"]>
                    body content
</fmt:Bundle>
```

在上述语法格式中，basename属性用于指定创建ResourceBundle实例对象的基名。prefix属性用于指定追加到嵌套在<fmt:Bundle>标签内的<fmt:Message>标签的key属性值前面的前缀。

2. <fmt:setBundle>标签

<fmt:setBundle>用于创建一个资源包实例对象，并将其绑定到一个Web域的属性上。<fmt:setBundle>标签的语法格式如下。

```
<fmt:setBundle basename="basename"
              [var="varName"]
              [scope="{page|request|session|application}"]/>
```

在上述语法格式中，basename属性用于指定创建ResourceBundle实例对象的基名。var属性用于指定将创建出的ResourceBundle实例对象保存到Web域中的属性名称。scope属性用于指定将创建出的ResourceBundle实例对象保存在哪个Web作用域中。

<fmt:setBundle>标签还有一些特性，具体如下。

(1) 如果basename属性的值为null、空字符串或找不到basename属性指定的资源，<fmt:setBundle>标签保存到Web域中的属性的值为null。

(2) 如果没有指定var属性，<fmt:setBundle>标签将把ResourceBundle实例对象以域属性名javax.servlet.jsp.jstl.fmt.localizationContext保存到Web域中。所有没有嵌套在<fmt:Bundle>标签中且未指定bundle属性的<fmt:formatDate>都将使用该标签创建的资源包。

3. <fmt:message>标签

<fmt:message>标签用于从一个资源包中读取信息并进行格式化输出，它的使用有几种语法格式，具体如下。

语法1：没有标签体的情况。

```
<fmt:message key="messageKey"
         [bundle="resourceBundle"]
         [var="varName"]
         scope="{page|request|session|application}"/>
```

语法2：在标签体中指定格式化文本串中的占位符参数的情况。

```
<fmt:message key="messageKey"
         [bundle="resourceBundle"]
         [var="varName"]
         scope="{page|request|session|application}">
     <fmt:param>subtags
</fmt:message>
```

语法3：在标签体中指定消息关键字和可选择的占位符参数。

```
<fmt:message key="messageKey"
         [bundle="resourceBundle"]
         [var="varName"]
         scope="{page|request|session|application}">
     key
     optional<fmt:param>subtags
</fmt:message>
```

关于<fmt:message>标签还有几点说明，具体如下。

(1) 如果指定的资源不存在，则输出"??? <key>???"形式的错误信息。

(2) 如果 ResourceBundle 中不存在 key 属性指定的信息，则输出"??? <key>???"形式的错误信息。

(3) 如果 key 属性的值为 null 或空字符串，则输出"?????"的错误信息。

(4) 如果<fmt:message>标签处理的格式化字符串中包含参数，但其中没有嵌套与该参数对应的<fmt:param>标签，则直接输出该参数在格式化文本串中的原始形式。

4. <fmt:param>标签

<fmt:param>标签用于为格式化文本串中的占位符设置参数值，它只能嵌套在<fmt:message>标签内使用。<fmt:param>标签的语法格式有两种，具体如下。

语法1：用 value 属性指定参数值。

```
<fmt:param value="messageParameter"/>
```

语法2：在标签体中指定参数的值。

```
<fmt:param>
    Body content
</fmt:param>
```

在上述语法结构中，<fmt:param>标签的 value 属性类型是 java. lang. Object，它支持动态属性值。

讲解完这几个用于信息显示的标签，接下来用标签的形式重新实现例 10-9 的国际化页面效果，如例 10-10 所示。

例 10-10　fmt_message. jsp

```
1    <%@page language="java" contentType="text/html; charset=gb2312"
2        pageEncoding="gb2312" import="java.util.*,java.text.*"%>
3    <%@taglib prefix="fmt" uri="http://java.sun.com/jsp/jstl/fmt"%>
4    <html>
5    <fmt:setBundle basename="applicationRes" var="applicationRes"/>
6    <head>
7    <title><fmt:message bundle="${applicationRes}" key="title"/></title>
8    </head>
9    <body>
10       <fmt:message bundle="${applicationRes}" key="heading"/>
11       <br>
12       <jsp:useBean id="now" class="java.util.Date"/>
13       <%
14           session.setAttribute("nm", new Integer(10));
15           session.setAttribute("number", new Double(550.8));
16       %>
17       <fmt:message bundle="${applicationRes}" key="message">
18           <fmt:param value="${now}"/>
19           <fmt:param value="${nm}"/>
20           <fmt:param value="${number}"/>
21       </fmt:message>
22       <br>
23    </body>
24    </html>
```

打开 IE 浏览器，在地址栏中输入“http://localhost:8080/chapter10/ fmt_message. jsp”访问 fmt_message. jsp 页面，此时，浏览器显示的结果如图 10-18 所示。

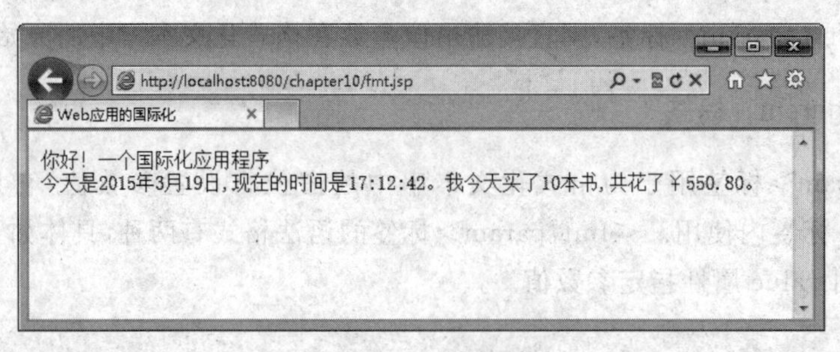

图 10-18　运行结果

修改 IE 浏览器所支持的中文(中国)和英文(美国)语言的顺序,将客户端首选的本地信息变为"英文(美国)",然后单击浏览器窗口的"刷新"按钮,结果如图 10-19 所示。

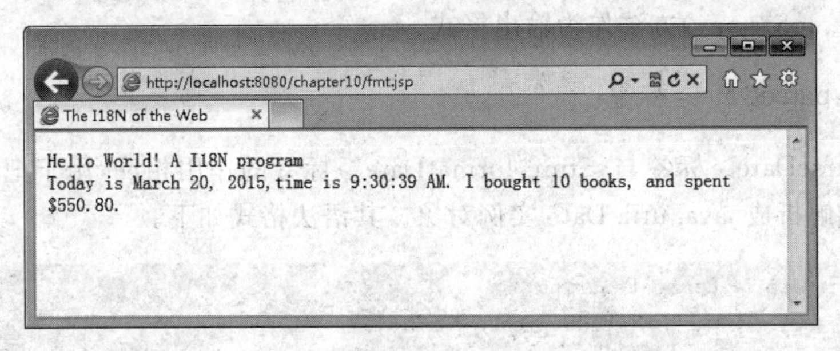

图 10-19　运行结果

在例 10-10 中,用国际化标签实现了国际化的 Web 应用。可见,使用标签可以更加简单地实现国际化的 Web 应用。

10.4.3　数字及日期格式化标签

在开发国际化的 Web 应用时,由于不同的国家,除了语言文字不同外,数字的表示以及日期格式都会有差异,为此,国际化标签库中提供了一系列标签用于格式化数字及日期,接下来进行详细讲解。

1. <fmt:formatDate>标签

<fmt:formatDate>标签用于对日期和时间按本地化信息进行格式化,或对日期和时间按 JSP 页面作者自定义的格式进行格式化。其语法格式如下。

```
<fmt:formatDate value="date"
                [type="{time|date|both}"]
                [dateStyle="{dafault|short|medium|long|full}"]
                [timeStyle="{dafault|short|medium|long|full}"]
                [pattern="customPattern"]
                [timeZone="timeZone"]
                [var="varName"]
                [scope="{page|request|session|application}"]/>
```

在上述语法格式中,各属性说明具体如下。

(1) value: 指定要格式化的日期或时间。

(2) type: 指定格式化输出的部分(日期、时间或两者都输出)。

(3) dateStyle: 指定日期部分的输出格式,其设置值与 10.2.3 节中讲解的 DateFormat 类中相同。

(4) timeStyle: 指定时间部分的输出格式,其设置值与 10.2.3 节中讲解的 DateFormat 类中相同。

(5) pattern: 指定一个自定义的日期和时间输出格式。

(6) timeZone: 指定当前采用的时区。

(7) var: 用于指定将格式化结果保存到某个 Web 域中的某个属性的名称。

(8) scope：指定将格式化结果保存到哪个 Web 域中。

需要注意的是，如果<fmt:formatDate>标签不能确定格式化的本地化信息，就使用 java.util.Date.toString()方法作为输出格式。

2. <fmt:parseDate>标签

<fmt:parseDate>标签与<fmt:formatDate>标签的作用相反，用于把已经格式化的标准日期格式解析成 java.util.Date 实例对象。其语法格式如下。

```
<fmt:parseDate value="dateString"
              [type="{time|date|both}"]
              [dateStyle="{dafault|short|medium|long|full}"]
              [timeStyle="{dafault|short|medium|long|full}"]
              [pattern="customPattern"]
              [timeZone="timeZone"]
              [parseLocale="parseLocale"]
              [var="varName"]
              [scope="{page|request|session|application}"]>
   date value to be parsed
</fmt:parseDate>
```

<fmt:parseDate>标签与<fmt:formatDate>标签中的属性类似，这里就不再重复讲解了。其中，parseLocale 为解析字符串所用的本地环境。需要注意的是，value 属性的值必须是合法的日期/时间字符串，否则会抛出异常。

3. <fmt:timeZone>标签

<fmt:timeZone>标签用于设置时区，但它的设置值只对其标签体部分有效。<fmt:timeZone>标签的语法格式如下。

```
<fmt:timeZone value="timeZone">
              Body content
</fmt:timeZone>
```

在上述语法格式中，value 属性支持动态属性值，它的值可以是一个命名时区的字符串，也可以是 java.util.TimeZone 类的一个实例对象。如果 value 属性的值为 null 或空字符串，标签体中的内容就使用 GMT 的 0 基准时区。如果 value 属性的值是表示时区名称的字符串，这个字符串通过 java.util.TimeZone.getTimeZone()静态方法被解析为 java.util.TimeZone 类的实例对象。

4. <fmt:setTimeZone>标签

<fmt:setTimeZone>标签用于在 JSP 页面中显式的设置时区，并将设置的时区信息以 TimeZone 对象的形式保存在某个 Web 域中，其语法格式如下。

```
<fmt:setTimeZone value="timeZone"
                [var="varName"]
                [scope="{page|request|session|application}"]/>
```

在上述语法格式中，value 属性用于指定表示时区的 ID 字符串或 TimeZone 对象。其值的设置与<fmt:timeZone>标签相同。<fmt:setTimeZone>标签将创建出的 TimeZone 实例对象保存在 scope 属性指定的 Web 域中，如果没有指定 var 属性，其在 Web 域中的属性名称为 javax.servlet.jsp.jstl.fmt.timeZone，所有没有嵌套在其他<fmt:timeZone>标签中且未指定 timezone 属性的<fmt:formatDate>标签都将使用该属性名关联的时区。

5. <fmt:formatNumber>标签

<fmt:formatNumber>标签用于将数值、货币或百分数按本地化信息进行格式化，其语法格式如下。

```
<fmt:formatNumber [type="{number|currency|percent}"]
            [pattern="customPattern"]
            [currencyCode="currencyCode"]
            [currencySymbol="currencySymbol"]
            [groupingUsed="true|false"]
            [maxIntegerDigits="maxIntegerDigits"]
            [minIntegerDigits="minIntegerDigits"]
            [maxFractionDigits="maxFractionDigits"]
            [minFractionDigits="minFractionDigits"]
            [var="varName"]
            [scope="{page|request|session|application}"]>
    Number
</fmt:formatNumber>
```

在上述语法格式中，各属性说明具体如下。

(1) value：指定要格式化的数值。

(2) type：指定格式化输出的值是数值、百分数还是货币。

(3) pattern：指定一个自定义的数值输出格式。

(4) currencyCode：指定货币编码。

(5) currencySymbol：指定货币符号。

(6) groupingUsed：指定格式化后的结果是否使用组分隔符。

(7) maxIntegerDigits：指定格式化后结果的整数部分最多包含几位数字。

(8) minIntegerDigits：指定格式化后结果的整数部分最少包含几位数字。

(9) maxFractionDigits：指定格式化后结果的小数部分最多包含几位数字。

(10) minFractionDigits：指定格式化后结果的小数部分最少包含几位数字。

(11) var：指定将格式化结果保存到某个 Web 域中的某个属性的名称。

(12) scope：指定将格式化结果保存到哪个 Web 域中。

需要注意的是，如果<fmt:formatNumber>标签不能确定格式化的本地环境，就使用 Number.toString()作为输出格式。

6. <fmt:parseNumber>标签

<fmt:parseNumber>标签与<fmt:formatNumber>标签的作用相反，它用于将一个按本地化方式被格式化后的数值、货币或百分数解析为数值，其语法格式如下。

```
<fmt:parseNumber [type="{number|currency|percent}"]
                 [pattern="customPattern"]
                 [parseLocale="parseLocale"]
                 [intergerOnly="true|false"]
                 [var="varName"]
                 [scope="{page|request|session|application}"]>
         Numberic value to be parsed
</fmt:parseNumber>
```

在上述语法格式中，parseLocale 属性用于指定解析字符串时所用的本地环境。intergerOnly 属性用于指定是否只解析数值字符串的整数部分。在使用<fmt:parseNumber>标签解析值时要特别注意，它执行的解析非常严格，要解析的数值字符串必须严格符合特定的本地环境及 pattern 属性设置的自定义格式。

介绍完国际化标签库中的数字及日期格式化标签，接下来，通过一个案例演示这些标签的使用，如例 10-11 所示。

例 10-11　fmt_Date.jsp

```
1    <%@page language="java" contentType="text/html; charset=gb2312"
2        pageEncoding="gb2312" import="java.util.*,java.text.*"%>
3    <%@page import="java.util.*"%>
4    <%@taglib prefix="fmt" uri="http://java.sun.com/jsp/jstl/fmt"%>
5    <html>
6    <head>
7    <title></title>
8    </head>
9    <body>
10       <%
11           pageContext.setAttribute("dateref", new Date());
12       %>
13       <fmt:formatDate value="${dateref}" type="both" dateStyle="default"
14           timeStyle="default" var="date"/>
15       <h3>default 显示日期时间：${date}</h3>
16       <fmt:formatDate value="${dateref}" type="both"
17           pattern="yyyy年MM月dd日 HH时mm分ss秒SSS毫秒" var="date"/>
18       <h3>自定义格式显示日期时间：${date}</h3>
19       <fmt:parseDate value="3/24/15" pattern="MM/dd/yy" var="parsed"/>
20       <h3>格式化用字符串表示的日期:<fmt:formatDate value="${dateref}"/></h3>
21
22       <fmt:timeZone value="GMT+1:00">
23           <fmt:formatDate value="${dateref}" type="both" dateStyle="full"
24               timeStyle="full" var="date"/>
25           <h3>使用"GMT+1:00"时区：${date}</h3>
26       </fmt:timeZone>
27
28       <fmt:formatNumber value="351989.356789" maxIntegerDigits="7"
29           maxFractionDigits="3" groupingUsed="true" var="num"/>
30       <h3>格式化数字：${num}</h3>
31       <fmt:formatNumber value="351989.356789" pattern="##.###E0" var="num"/>
32       <h3>科学记数法：${num}</h3>
```

```
33        <fmt:parseNumber value="¥351,989.356.00" type="currency"
34            var="num" parseLocale="zh_CN"/>
34        <h3>解析字符串"¥351,989.356.00": ${num}</h3>
36
37    </body>
38    </html>
```

打开 IE 浏览器，在地址栏中输入“http://localhost:8080/chapter10/ fmt_Date.jsp”访问 fmt_Date.jsp 页面，此时，浏览器显示的结果如图 10-20 所示。

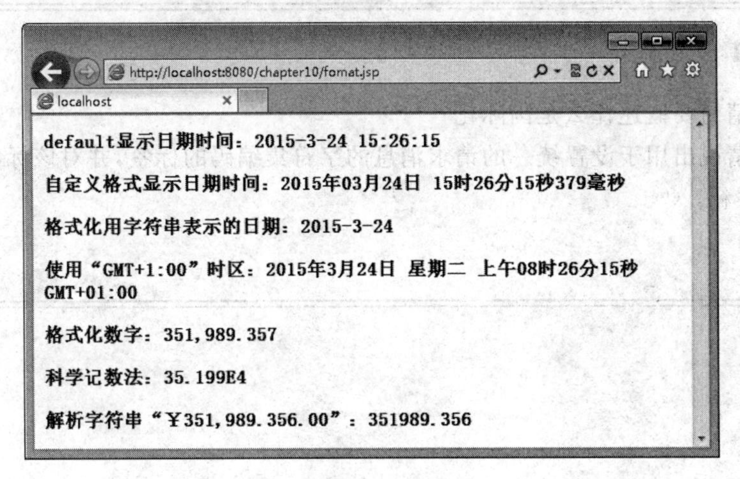

图 10-20　运行结果

修改 IE 浏览器所支持的中文(中国)和英文(美国)语言的顺序，将客户端首选的本地信息变为“英文(美国)”，然后单击浏览器窗口的“刷新”按钮，结果如图 10-21 所示。

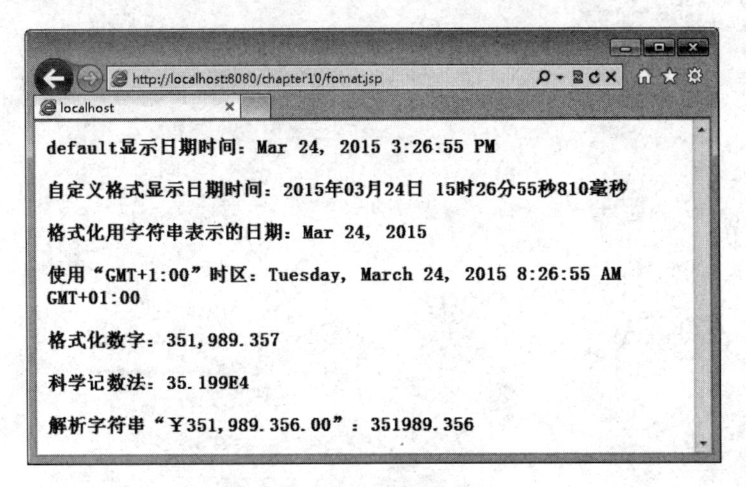

图 10-21　运行结果

在例 10-11 中，演示了国际化标签库中数字及日期格式化的标签的使用。在本案例中只用了标签中的部分属性，对于各个标签的其他属性，读者可以自行尝试，这里就不一一做演示了。

小结

本章主要针对Web开发中的国际化进行讲解，首先介绍了什么是国际化，然后介绍了国际化开发过程中所涉及的相关API，最后通过具体的案例来演示如何开发国际化的Web应用。通过本章的学习，希望读者可以真正认识国际化的重要，并且熟练掌握国际化的开发流程。

【思考题】

1. 请简要概述什么是国际化？

2. 请说出用于设置统一的请求消息的字符集编码的标签，并对该标签的功能特点进行解释。

第 11 章

综合项目——网上书城（上）

学习目标

- ◆ 熟悉网上书城的核心业务；
- ◆ 掌握网站开发的基本流程；
- ◆ 掌握 MVC 的开发模式。

通过前面章节的学习，读者应该已经掌握了 Web 开发的基础知识，学习这些基础知识就是为了开发 Web 网站奠定基础。如今，互联网早已融入了社会生活的各个领域。在大量网民的推动下，中国的网上购物迅速发展。网上购物具有价格透明，足不出户就能货比三家等优点。那么，网络购物平台是如何实现的呢？从本章开始，将针对一个实现网上购书的项目进行详细的讲解。

11.1 项目概述

11.1.1 需求分析

近年来，随着 Internet 的迅速崛起，互联网已成为收集提供信息的最佳渠道并逐步进入传统的流通领域，于是电子商务开始流行起来，越来越多的商家在网上建起在线商店，向消费者展示出一种新颖的购物理念。网上购物系统作为 B2B(Business to Business，企业对企业)、B2C(Business to Customer，企业对消费者)，C2C(Customer to Customer，消费者对消费者)电子商务的前端商务平台，在其商务活动全过程中起着举足轻重的作用。在网上书城项目中主要讲解的是如何建设 B2C 的网上购物系统。该项目应满足以下需求。

(1) 统一友好的操作界面，具有良好的用户体验。

(2) 商品分类详尽，可按不同类别查看商品信息。

(3) 公告栏、本周热卖商品的展示。

(4) 网站首页轮播图满足图书广告的需要。

(5) 用户信息的注册和验证。

(6) 通过图书名模糊搜索相关图书。

(7) 通过购物车一次购买多件商品。

(8) 提供简单的安全模型，用户必须登录后购买图书。

(9) 用户选择商品后可以在线提交订单。

(10) 用户可以查看自己的订单信息。

(11) 设计网站后台,管理网站的各项基本数据。

(12) 系统运行安全稳定且响应及时。

11.1.2 功能结构

网上书城项目分为前台和后台两个部分。那么前台和后台分别具有哪些功能模块呢?接下来通过两张图来描述项目前台和后台的功能结构,具体如图 11-1 和图 11-2 所示。

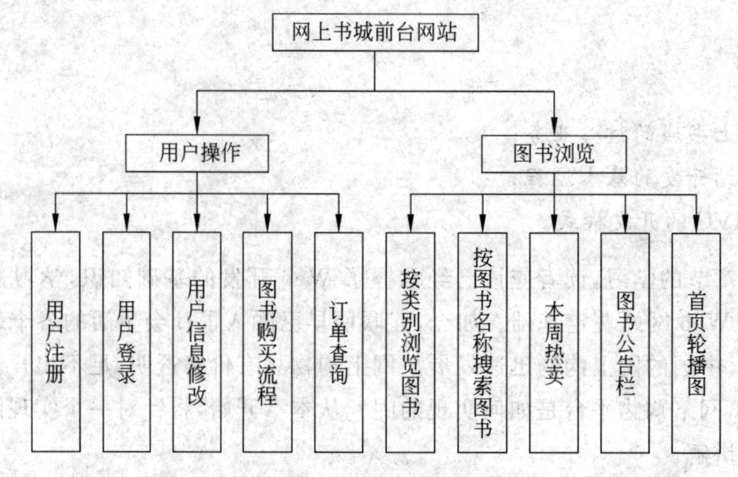

图 11-1 前台的功能结构

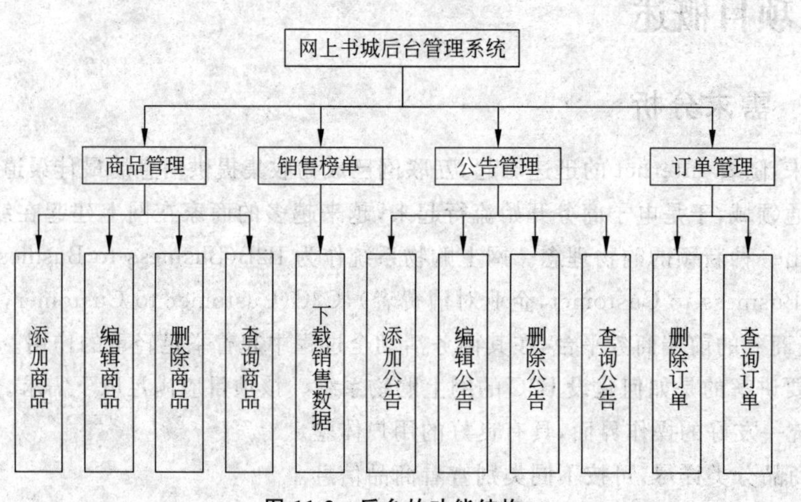

图 11-2 后台的功能结构

11.1.3 项目预览

网上书城项目由多个页面组成,但是本教材篇幅有限,只能给出几个核心的页面。项目的全部页面读者可以运行博学谷网站中的源程序进行访问。

首先进入网上书城的首页,首页主要展示图书的类别信息,以及广告页轮播图、公告板、本周热卖等内容,如图 11-3 所示。

单击某本书的图片或书名即可进入本书的详细介绍页面,如图 11-4 所示。

图 11-3　网上书城首页

图 11-4　商品介绍页面

如果是注册并激活成功的用户，登录网上书城前台系统，即可直接选购商品。当用户在商品介绍页面中单击“购买”按钮后，会将该商品放入到购物车中。用户也可以使用购物车选购多本图书，购物车可以保存用户采购的多种图书信息，购物车页面如图 11-5 所示。

当用户按照书城购物流程一步步执行后，系统将自动生成订单。用户可以通过单击“我的账户”→“订单查询”超链接查看自己的订单信息，如图 11-6 所示。

图 11-5 购物车页面

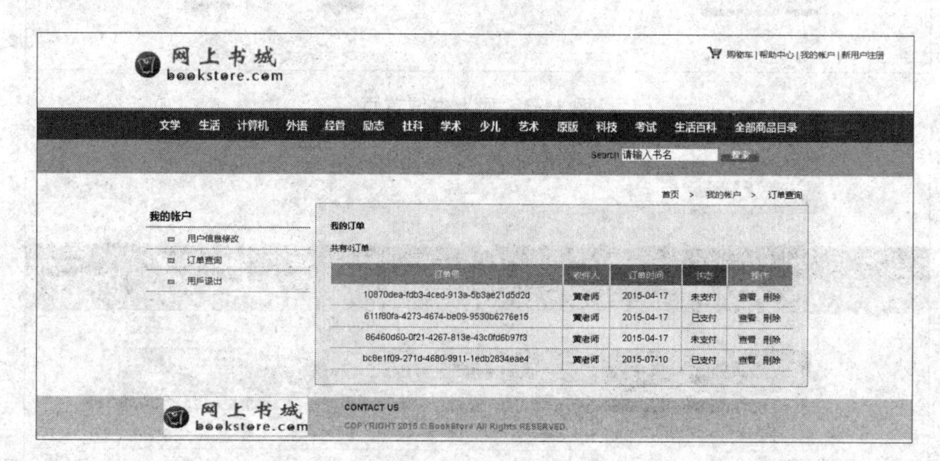

图 11-6 订单查询页面

11.2 数据库设计

开发应用程序时，对数据库的操作是必不可少的，数据库设计是根据程序的需求及其实现功能所制定的，数据库设计的合理性将直接影响到程序的开发过程。本项目采用 MySQL 数据库，通过 DBUtils 工具实现系统的持久化操作。

11.2.1 E-R 图设计

在设计数据库之前，需要明确在网上书城项目中都有哪些实体对象。根据实体对象间的关系来设计数据库。接下来介绍一种能描述实体对象关系的模型——E-R 图。E-R 图也称实体-联系图(Entity Relationship Diagram)，它能够直观地表示实体类型和属性之间的关联关系。

下面根据网上书城项目的需求以及参考线上大型购物网站，为本项目的核心实体对象设计 E-R 图，具体如下。

(1) 用户实体(user)的 E-R 图，如图 11-7 所示。

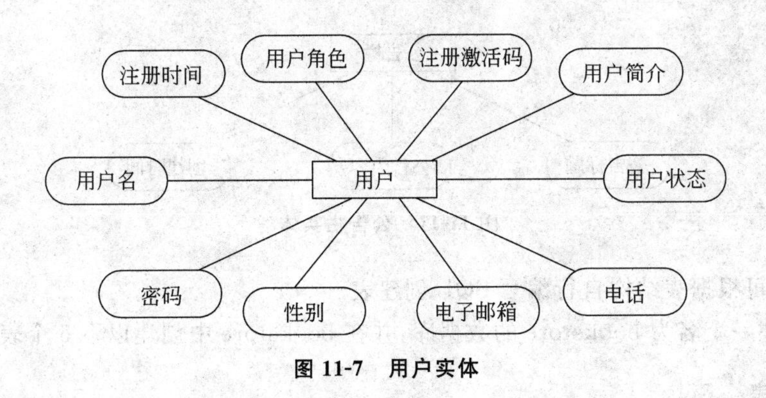

图 11-7　用户实体

(2) 商品实体(products)的 E-R 图,如图 11-8 所示。

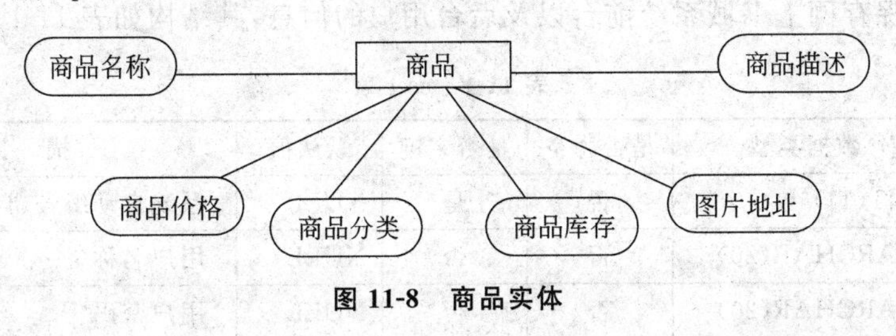

图 11-8　商品实体

(3) 订单实体(orders)的 E-R 图,如图 11-9 所示。

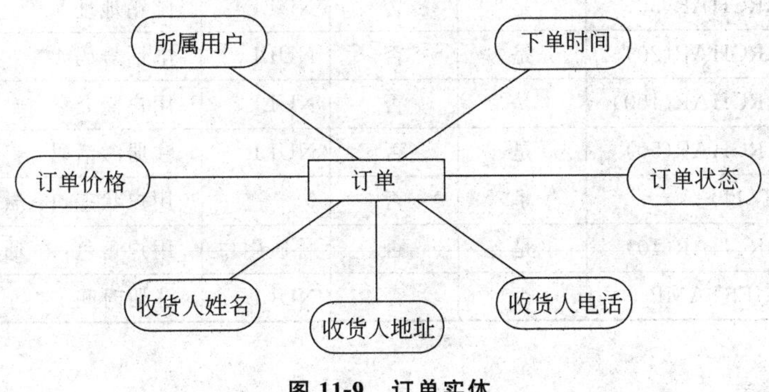

图 11-9　订单实体

(4) 订单项(orderitem)的 E-R 图,如图 11-10 所示。

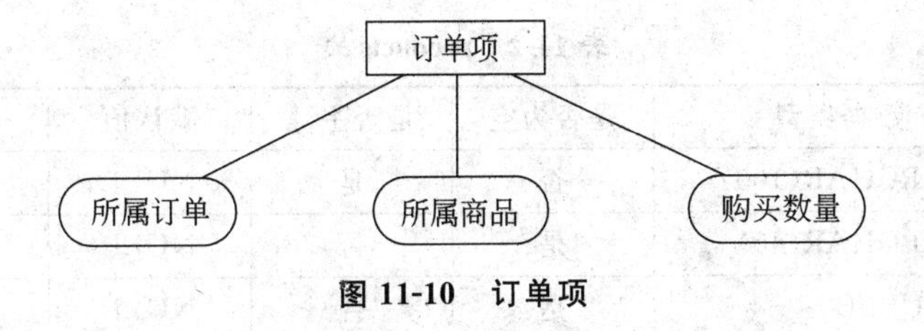

图 11-10　订单项

(5) 公告栏实体(notice)的 E-R 图,如图 11-11 所示。

11.2.2　创建数据库和数据表

接下来,就根据 11.2.1 节中的 E-R 图来设计数据库和数据表。在此,只提供数据表的

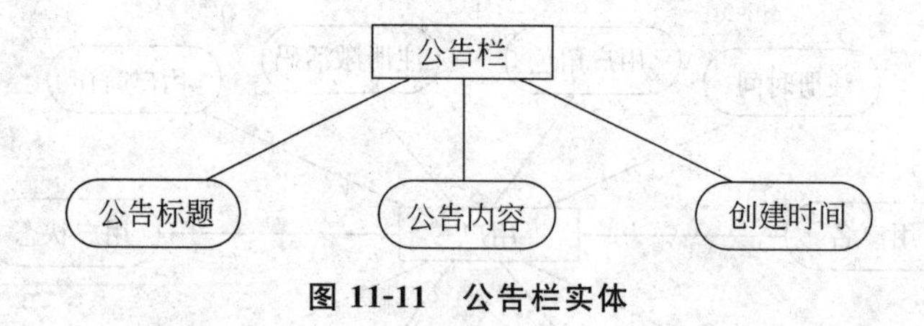

图 11-11 公告栏实体

表结构，读者可根据表结构自行编写 SQL 创建表。

首先创建一个名为 bookstore 的数据库，并在 bookstore 中创建以下 5 个表，具体如下。

1. user 表

该表用于保存网上书城系统前台以及后台用户的信息，其结构如表 11-1 所示。

表 11-1 user 表

字段名	数据类型	是否为空	是否主键	默认值	描　述
id	INT(11)	否	是	NULL	系统自动编号、自增
username	VARCHAR(20)	否	否	NULL	用户名称
password	VARCHAR(20)	否	否	NULL	用户密码
gender	VARCHAR(2)	是	否	NULL	性别
email	VARCHAR(50)	是	否	NULL	邮箱地址
telephone	VARCHAR(20)	是	否	NULL	电话号码
introduce	VARCHAR(100)	是	否	NULL	用户简介
activeCode	VARCHAR(50)	是	否	NULL	注册激活码
state	INT(11)	是	否	0	用户状态，1：激活 0：未激活
role	VARCHAR(10)	是	否	普通用户	用户角色：普通用户、超级用户
registTime	TIMESTAMP	否	否	NULL	注册时间

2. products 表

该表用于保存网上书城系统前台以及后台商品的信息，其结构如表 11-2 所示。

表 11-2 products 表

字段名	数据类型	是否为空	是否主键	默认值	描　述
id	VARCHAR(100)	否	是	NULL	商品 ID
name	VARCHAR(40)	是	否	NULL	商品名称
price	DOUBLE	是	否	NULL	商品价格
category	VARCHAR(40)	是	否	NULL	商品分类
pnum	INT(11)	是	否	NULL	商品库存量
imgurl	VARCHAR(100)	是	否	NULL	商品图片地址
description	VARCHAR(255)	是	否	NULL	商品描述

3．orders 表

该表用于保存网上书城系统前台以及后台订单的信息，其结构如表 11-3 所示。

表 11-3　orders 表

字 段 名	数据类型	是否为空	是否主键	默认值	描　述
id	VARCHAR(100)	否	是	NULL	订单 ID
money	DOUBLE	是	否	NULL	订单价格
receiverAddress	VARCHAR(255)	是	否	NULL	收货地址
receiverName	VARCHAR(20)	是	否	NULL	收货人姓名
receiverPhone	VARCHAR(20)	是	否	NULL	收货人电话
paystate	INT(11)	是	否	0	订单状态，1：已支付，0：未支付
ordertime	TIMESTAMP	是	否	NULL	订单生成时间
user_id	INT(11)	是	否	NULL	用户 ID，关联 user 表中的主键

4．orderitem 表

该表用于保存网上书城系统前台以及后台订单的条目信息，其结构如表 11-4 所示。

表 11-4　orderitem 表

字段名	数据类型	是否为空	是否主键	默认值	描　述
order_id	VARCHAR(100)	否	是	NULL	订单 ID，关联 orders 表中的主键
product_id	VARCHAR(100)	是	否	NULL	商品 ID，关联 products 表中的主键
buynum	INT(11)	是	否	NULL	单个商品的购买数量

5．notice 表

该表用于保存网上书城系统前台以及后台公告栏的信息，其结构如表 11-5 所示。

表 11-5　notice 表

字段名	数据类型	是否为空	是否主键	默认值	描　述
n_id	INT	否	是	NULL	系统自动编号、自增
title	VARCHAR(10)	是	否	NULL	公告标题
details	VARCHAR(255)	是	否	NULL	公告内容
n_time	VARCHAR(18)	是	否	NULL	公告的创建时间

11.3 项目前期准备

在开发功能模块之前，应该先进行项目环境的搭建及项目框架的搭建等工作，接下来分步骤讲解，在正式开发功能模块前应做的准备工作，具体如下。

(1) 新建一个动态 Web 项目，名称为 bookstore。

(2) 确定项目运行环境的版本。

网上书城项目使用的数据库是 MySQL 5.5 版本，Java 开发包为 JDK 1.7。

(3) 将项目所需 jar 包导入项目的 lib 文件夹下。

① 本项目使用 c3p0 数据源连接数据库，需要 c3p0 数据源的 jar 包。

② 项目的 JSP 页面使用了 JSTL 标签库，需要 jstl. jar 和 standard. jar 两个包。

③ 项目中使用 DBUtils 工具处理数据的持久化操作，需要导入 BeanUtils 工具包。

④ 由于在注册时系统还会给注册用户填写的邮箱发送一封激活邮件，需要导入 mail. jar 包。

本项目所需的所有 jar 包，具体如图 11-12 所示。

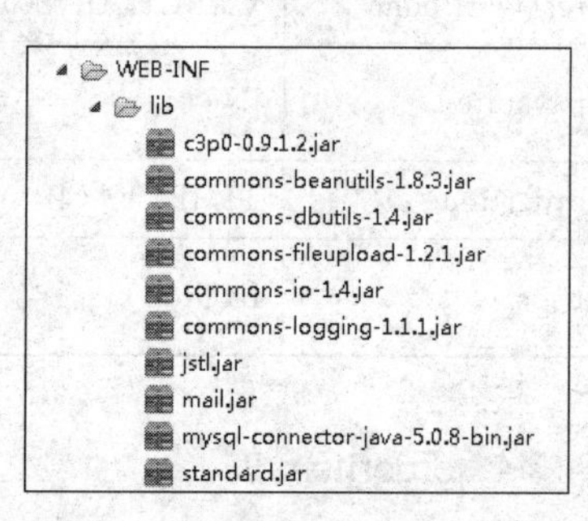

图 11-12 lib 目录下 jar 包

(4) 配置 c3p0-config. xml。

将 jar 包导入项目中后，在 src 根目录下编写 c3p0-config. xml 文件，该文件用于配置数据库连接参数，具体代码如下。

```
<? xml version="1.0" encoding="UTF-8"? >
<c3p0-config>
    <default-config>
        <property name="user">root</property>
        <property name="password">itcast</property>
        <property name="driverClass">com.mysql.jdbc.Driver</property>
        <property name="jdbcUrl">jdbc:mysql:///bookstore</property>
    </default-config>
</c3p0-config>
```

(5) 编写 filter 过滤器。

为了防止项目中请求和响应时出现乱码情况，需要编写一个过滤器 EncodingFilter 来统一全站的编码，防止出现乱码的情况，具体如例 11-1 所示。

例 11-1 EncodingFilter. java

```
1   public class EncodingFilter implements Filter {
2       public void init(FilterConfig filterConfig) throws ServletException {
3       }
4       public void doFilter(ServletRequest request, ServletResponse response,
5       FilterChain chain) throws IOException, ServletException {
6           //处理请求乱码
7           HttpServletRequest httpServletRequest=
8           (HttpServletRequest) request;
```

```
9           HttpServletRequest myRequest=new MyRequest(httpServletRequest);
10          //处理响应乱码
11          response.setContentType("text/html;charset=utf-8");
12          chain.doFilter(myRequest, response);
13      }
14      public void destroy() {
15      }
16  }
17  //自定义 request 对象
18  class MyRequest extends HttpServletRequestWrapper {
19      private HttpServletRequest request;
20      private boolean hasEncode;
21      public MyRequest(HttpServletRequest request) {
22          super(request);                     //super 必须写
23          this.request=request;
24      }
25      //对需要增强方法进行覆盖
26      @Override
27      public Map getParameterMap() {
28          //先获得请求方式
29          String method=request.getMethod();
30          if (method.equalsIgnoreCase("post")) {
31              //post 请求
32              try {
33                  //处理 post 乱码
34                  request.setCharacterEncoding("utf-8");
35                  return request.getParameterMap();
36              } catch (UnsupportedEncodingException e) {
37                  e.printStackTrace();
38              }
39          } else if (method.equalsIgnoreCase("get")) {
40              //get 请求
41      Map<String, String[]>parameterMap=request.getParameterMap();
42              if (!hasEncode) {               //确保 get 手动编码逻辑只运行一次
43                  for (String parameterName : parameterMap.keySet()) {
44                      String[] values=parameterMap.get(parameterName);
45                      if (values !=null) {
46                          for (int i=0; i<values.length; i++) {
47                              try {
48                                  //处理 get 乱码
49                          values[i]=new String(
50                    values[i].getBytes("ISO-8859-1"),"utf-8");
51                              } catch (UnsupportedEncodingException e) {
52                                  e.printStackTrace();
53                              }
54                          }
55                      }
56                  }
57                  hasEncode=true;
58              }
```

```
59                return parameterMap;
60            }
61            return super.getParameterMap();
62        }
63        @Override
64        public String getParameter(String name) {
65            Map<String, String[]>parameterMap=getParameterMap();
66            String[] values=parameterMap.get(name);
67            if (values==null) {
68                return null;
69            }
70            return values[0];       //取回参数的第一个值
71        }
72        @Override
73        public String[] getParameterValues(String name) {
74            Map<String, String[]>parameterMap=getParameterMap();
75            String[] values=parameterMap.get(name);
76            return values;
77        }
78    }
```

在例 11-1 中，第 1～16 行代码用于自定义一个过滤器 EncodingFilter，该过滤器可以用来处理请求和响应乱码，将编码统一成 UTF-8，本项目所有的请求都会执行这个过滤器；第 18～78 行代码用于自定义一个 MyRequest 类，该类继承自 HttpServletRequestWrapper，并重写 getParameterMap()、getParameter()和 getParameterValues()这三个用于获取请求参数的方法。

由于本项目分为前后台，只有超级用户才能登录到后台管理系统，所以在用户登录时，需要一个能够判断当前用户是否具有登录后台权限的过滤器。在网上书城项目中，过滤用户权限的过滤器为 AdminPrivilegeFilter，其代码如例 11-2 所示。

例 11-2　AdminPrivilegeFilter. java

```
1    public class AdminPrivilegeFilter implements Filter {
2        public void init(FilterConfig filterConfig) throws ServletException {
3        }
4        public void doFilter(ServletRequest req, ServletResponse resp,
5                FilterChain chain) throws IOException, ServletException {
6            //1. 强制转换
7            HttpServletRequest request=(HttpServletRequest) req;
8            HttpServletResponse response=(HttpServletResponse) resp;
9            //2. 判断是否具有权限
10           User user=(User) request.getSession().getAttribute("user");
11           if (user !=null && "超级用户".equals(user.getRole())) {
12               //3. 放行
13               chain.doFilter(request, response);
14               return;
15           }
16           response.sendRedirect(request.getContextPath()
17               +"/error/privilege.jsp");
```

```
18          }
19          public void destroy() {
20          }
21      }
```

在例 11-2 中，第 7、8 行代码用于将 request 和 response 对象强制转换成 HttpServletRequest 和 HttpServletResponse 类型；第 10～18 行代码用于获取 session 中用户信息，然后判断用户是否存在，如果存在并且该用户是超级用户，那么就放行，让请求继续执行，否则就跳转到错误页面，提示权限不足。

在 web.xml 文件中配置这两个过滤器，代码如下所示。

```
<filter>
      <filter-name>encodingFilter</filter-name>  <filter-class>cn.itcast.bookStore.
      web.filter.EncodingFilter
</filter-class>
   </filter>
   <filter-mapping>
      <filter-name>encodingFilter</filter-name>
      <url-pattern>/*</url-pattern>
   </filter-mapping>
   <filter>
      <filter-name>adminPrivilegeFilter</filter-name>
<filter-class>cn.itcast.bookStore.web.filter.AdminPrivilegeFilter
</filter-class>
   </filter>
   <filter-mapping>
      <filter-name>adminPrivilegeFilter</filter-name>
      <url-pattern>/admin/*</url-pattern>
   </filter-mapping>
```

上述代码是 EncodingFilter 和 AdminPrivilegeFilter 这两个过滤器的映射配置，从代码中可以看出本项目中所有的请求都会经过 EncodingFilter 过滤器，从而实现全站统一编码，而请求项目根目录下的 admin 路径下的所有文件不仅经过 EncodingFilter 过滤器，还会经过 AdminPrivilegeFilter 过滤器。需要注意的是，根目录下的 admin 文件夹中存放的是本系统后台的所有页面。

(6) 编写工具类 DataSourceUtils。

在项目的 cn. itcast. bookStore. utils 包下编写类 DataSourceUtils，该类用于获取数据源和数据库连接。由于在使用 DBUtils 工具处理事务时需要自己创建连接，所以该类还创建了处理事务的一系列方法，具体如例 11-3 所示。

例 11-3 DataSourceUtils. java

```
1    package cn.itcast.bookStore.utils;
2    import java.sql.Connection;
3    import java.sql.SQLException;
4    import javax.sql.DataSource;
5    import com.mchange.v2.c3p0.ComboPooledDataSource;
6    public class DataSourceUtils {
```

```
7     private static DataSource dataSource=new ComboPooledDataSource();
8     private static ThreadLocal<Connection>tl=new ThreadLocal<Connection>();
9         public static DataSource getDataSource() {
10            return dataSource;
11        }
12        /**
13         * 当 DBUtils 需要手动控制事务时,调用该方法获得一个连接
14         *
15         * @return
16         * @throws SQLException
17         */
18        public static Connection getConnection() throws SQLException {
19            Connection con=tl.get();
20            if (con==null) {
21                con=dataSource.getConnection();
22                tl.set(con);
23            }
24            return con;
25        }
26        /**
27         * 开启事务
28         *
29         * @throws SQLException
30         */
31        public static void startTransaction() throws SQLException {
32            Connection con=getConnection();
33            if (con !=null)
34                con.setAutoCommit(false);
35        }
36        /**
37         * 从 ThreadLocal 中释放并且关闭 Connection,并结束事务
38         *
39         * @throws SQLException
40         */
41        public static void releaseAndCloseConnection() throws SQLException {
42            Connection con=getConnection();
43            if (con !=null) {
44                con.commit();
45                tl.remove();
46                con.close();
47            }
48        }
49        /**
50         * 事务回滚
51         * @throws SQLException
52         */
53        public static void rollback() throws SQLException {
54            Connection con=getConnection();
55            if (con !=null) {
56                con.rollback();
```

```
57                }
58            }
59    }
```

到此,项目前期准备便已经完成了,下面会针对功能模块进行讲解。由于项目代码量大,而本教材篇幅有限,在下面针对功能模块讲解时,只会展示出关键性的代码,详细代码请参见博学谷网站中的项目源代码。Bookstore 项目源代码在 Eclipse 资源管理器中的展开图如图 11-13 和图 11-14 所示。

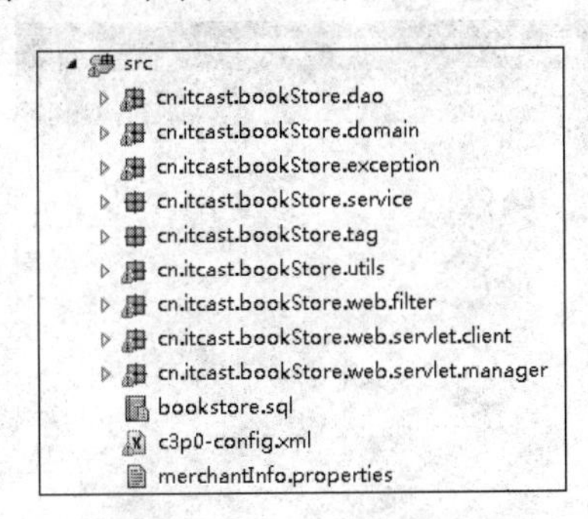

图 11-13　src 目录下文件

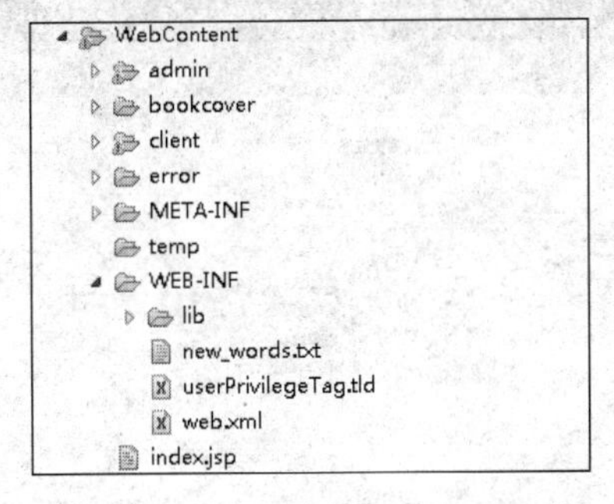

图 11-14　WebContent 目录下文件

接下来详细描述图 11-13 中各个包下的文件归类,具体如下。

(1) dao 包下的 Java 文件为与数据库进行交互的类。

(2) domain 包下的 Java 文件为实体类。

(3) exception 包中为自定义异常。

(4) service 包中的类主要用于编写业务逻辑,并调用 dao 操作数据库。

(5) tag 包中的类为自定义标签类,该包中只有一个类 PrivilegeTag 用于判断用户是否登录。

(6) utils 包中的类为项目中所用到的工具类。

(7) web. filter 包中有两个过滤器类,分别用于过滤全站编码和判断用户权限。

(8) web. servlet. client 包中的类为项目前台的 Servlet 类。

(9) web. servlet. manager 包中的类为项目后台的 Servlet 类。

接下来详细描述 WebContent 目录下的文件分类,具体如下。

(1) admin 文件中的文件包括后台管理平台的所有页面以及 CSS、JS 和图片等。

(2) bookcover 文件夹中存放了图书封面图片。

(3) client 文件夹中包含前台的所有页面和 JS 代码。

(4) error 文件夹中包含所有错误页面。

11.4　用户注册和登录模块

用户注册是用户参与网站活动最直接的桥梁。通过用户注册可以有效地采集用户信息,并将合法的用户信息保存到指定的数据表中。成功注册并激活的会员登录后,可以使用网站的更多功能,例如购物车、提交和支付订单、查看个人账户等。接下来本节将针对用户注册和登录模块进行详细的讲解。

11.4.1 用户注册

在网上书城网站上,用户只有登录后,才可以进行购物,那么首次进入网站的用户就需要先注册账号。首先看一下项目的注册页面预览,如图 11-15 所示。

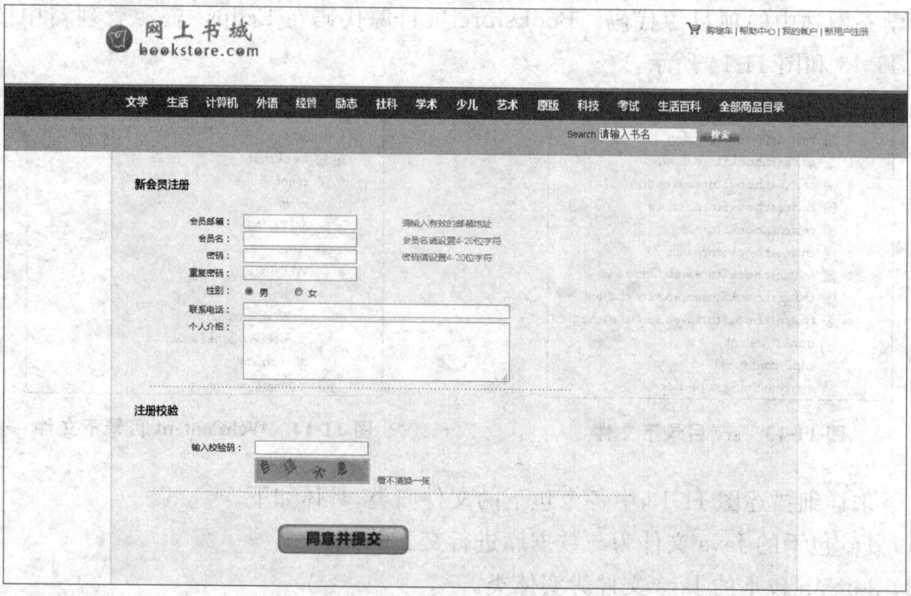

图 11-15 会员注册页面

从图 11-15 中可以看出,新用户注册需要填写的信息有邮箱、会员名、密码、性别、联系电话、个人介绍以及校验码。其中输入的邮箱地址应该是合法的,且需要是本人拥有的邮箱,注册时系统会自动向此邮箱发送一封邮件,用于注册用户的激活操作。密码和重复密码表单输入的内容必须一致。接下来看一下注册页面 register.jsp 的代码,具体如例 11-4 所示。

例 11-4 register.jsp

```
1   <%@page language="java" import="java.util.*" pageEncoding="UTF-8"%>
2   <!DOCTYPE HTML PUBLIC "-//W3C//DTD HTML 4.01 Transitional//EN">
3   <html>
4   <head>
5   <title>bookStore 注册页面</title>
6   <%--导入 css --%>
7   <link rel="stylesheet"
8       href="${pageContext.request.contextPath}/client/css/main.css"
9       type="text/css"/>
10  <script type="text/javascript">
11      function changeImage() {
12          //改变验证码图片中的文字
13      document.getElementById("img").src=
14      "${pageContext.request.contextPath}/imageCode? time="
15      +new Date().getTime();
16      }
```

```
17  </script>
18  </head>
19  <body class="main">
20      <%--导入头 --%>
21      <%@include file="head.jsp"%>
22      <%@include file="menu_search.jsp"%><%--导入导航条与搜索 --%>
23      <div id="divcontent">
24   KG- * 3]form action=
25   "${pageContext.request.contextPath}/register" method="post">
26  <table width="850px" border="0" cellspacing="0">
27  <tr>
28      <td style="padding: 30px"><h1>新会员注册</h1>
29          <table width="70%" border="0" cellspacing="2" class="upline">
30              <tr>
31                  <td style="text-align: right; width: 20%">会员邮箱:</td>
32                  <td style="width: 40%">
33                  <input type="text" class="textinput" name="email"/>
34                  </td>
35                  <td>
36                      <font color="#999999">请输入有效的邮箱地址</font></td>
37              </tr>
38              <tr>
39                  <td style="text-align: right">会员名:</td>
40                      <td>
41                      <input type="text" class="textinput" name="username"/>
42                  </td>
43                  <td>
44                      <font color="#999999">会员名请设置 4-20 位字符</font>
45                      </td>
46          </tr>
47          <tr>
48                  <td style="text-align: right">密码:</td>
49                  <td>
50                  <input type="password" class="textinput" name="password"/>
51                   </td>
52                  <td>
53                      <font color="#999999">密码请设置 4-20 位字符</font>
54                      </td>
55          </tr>
56          <tr>
57                  <td style="text-align: right">重复密码:</td>
58                  <td>
59              <input type="password" class="textinput" name="repassword"/>
60                  </td>
61                  <td> </td>
62          </tr>
63          <tr>
64                  <td style="text-align: right">性别:</td>
65                  <td colspan="2">  
66          <input type="radio" name="gender" value="男" checked="checked"/>
67                      男        
```

```
68            <input type="radio" name="gender" value="女"/>女
69                   </td>
70                   <td> </td>
71            </tr>
72            <tr>
73                   <td style="text-align: right">联系电话:</td>
74                   <td colspan="2">
75                    <input type="text" class="textinput"
76                   style="width: 350px" name="telephone"/>
77                   </td>
78                   <td> </td>
79            </tr>
80            <tr>
81                <td style="text-align: right">个人介绍:</td>
82                <td colspan="2">
83                    <textarea class="textarea" name="introduce"></textarea>
84                </td>
85                <td> </td>
86            </tr>
87    </table>
88                <h1>注册校验</h1>
89    <table width="80%" border="0" cellspacing="2" class="upline">
90            <tr>
91                <td style="text-align: right; width: 20%">输入校验码:</td>
92                <td style="width: 50%">
93                    <input type="text" class="textinput"/>
94                </td>
95                <td> </td>
96            </tr>
97            <tr>
98                <td style="text-align: right; width: 20%;"> </td>
99                <td rowspan="2" style="width: 50%">
100                    <img src="${pageContext.request.contextPath}/imageCode"
101                        width="180" height="30" class="textinput"
102                        style="height: 30px;" id="img"/>  
103       <a href="javascript:void(0);" onclick="changeImage()">看不清换一张</a>
104                 </td>
105            </tr>
106    </table>
107    <table width="70%" border="0" cellspacing="0">
108            <tr>
109                <td style="padding-top: 20px; text-align: center">
110                    <input type="image" src="images/signup.gif"
111                    name="submit" border="0">
112                                </td>
113                            </tr>
114                        </table>
115                    </td>
116                </tr>
117                </table>
118            </form>
```

```
119         </div>
120     <%@include file="foot.jsp"%>
121     </body>
122     </html>
```

从例 11-4 中可以看出,注册功能页面的核心代码是一个 form 表单,在代码第 103 行,有一个"注册校验"的功能,这里使用了验证码生成的工具类 CheckImageServlet(具体代码可查看项目源代码),每次单击"看不清换一张"链接时,会请求一次 CheckImageServlet 实现对验证码进行更换。信息填写完成后,当单击"同意并提交"链接时,表单信息会提交到第 25 行代码中的地址：/register,它在 web. xml 文件中映射的是 RegisterServlet 类。该类用于完成注册操作,其实现代码如例 11-5 所示。

例 11-5　RegisterServlet. java

```
1    public class RegisterServlet extends HttpServlet {
2        private static final long serialVersionUID=1L;
3        public void doGet(HttpServletRequest request,
4        HttpServletResponse response)throws ServletException, IOException {
5            doPost(request, response);
6        }
7        public void doPost(HttpServletRequest request,
8        HttpServletResponse response)throws ServletException, IOException {
9            //将表单提交的数据封装到 javaBean
10           User user=new User();
11           try {
12               BeanUtils.populate(user, request.getParameterMap());
13               //封装激活码
14               user.setActiveCode(ActiveCodeUtils.createActiveCode());
15           } catch (IllegalAccessException e) {
16               e.printStackTrace();
17           } catch (InvocationTargetException e) {
18               e.printStackTrace();
19           }
20           //调用 service 完成注册操作。
21           UserService service=new UserService();
22           try {
23               service.register(user);
24           } catch (RegisterException e) {
25               e.printStackTrace();
26               response.getWriter().write(e.getMessage());
27               return;
28           }
29           //注册成功,跳转到 registersuccess.jsp
30           response.sendRedirect(request.getContextPath()
31               +"/client/registersuccess.jsp");
32       }
33   }
```

在例 11-5 中,第 12 行代码使用 BeanUtils 第三方工具类的 populate()方法,将所有注册信息封装到 user 对象中;第 14 行代码用于向 user 对象中封装激活码;第 20～32 行代码用于调用 service 层的方法完成注册操作，如果注册成功则跳转到 registersuccess.jsp 页面；如果失败则输出错误信息。在代码第 23 行，调用 service 层的 register()方法完成注册操作时，该方法不仅将用户注册信息保存到数据库 user 表中，还向用户发送一个用于激活用户账号的邮件。register()方法的具体代码如下所示。

```
1   //注册操作
2   public void register(User user) throws RegisterException {
3       try {
4           //调用 dao 层方法完成注册操作
5           dao.addUser(user);
6           //发送激活邮件
7           String emailMsg="感谢您注册网上书城,点击
8           <a href='http://localhost:8080/bookstore/activeUser? activeCode="
9           +user.getActiveCode()+"'> 激活  </a>后使用。
10           <br>为保障您的账户安全,
11           请在 24 小时内完成激活操作";
12          MailUtils.sendMail(user.getEmail(), emailMsg);
13      } catch (Exception e) {
14          e.printStackTrace();
15          throw new RegisterException("注册失败");
16      }
17  }
```

在上述代码中，第 5 行代码用于调用 dao 层方法，将用户注册信息保存到数据库 user 表中，代码第 7～11 行用于向用户账户发送激活邮件。至此，注册功能便完成了。其中，由于 user 实体类内无逻辑代码，在此不展示其代码。dao 层代码将在讲解用户登录时一并展示。

11.4.2 用户登录

用户注册并成功激活之后，该用户便可以进行网站的登录操作了。接下来通过一个流程图来描述网上书城前台系统登录模块的流程，如图 11-16 所示。

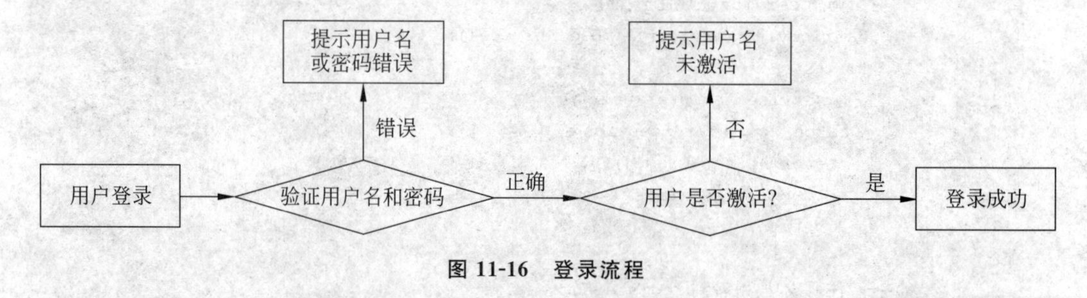

图 11-16 登录流程

在图 11-16 中，用户登录过程中首先要验证用户名和密码是否正确，还要验证该用户是否激活，用户名密码都正确，并且该用户已激活才能够登录成功。

下面看一下网上书城前台系统的登录页面，如图 11-17 所示。

从图 11-17 中可以看出，登录时需要输入用户名和密码，同时还可以选择“记住用户名”以及“自动登录”功能。登录模块对应的页面是 login.jsp，其部分关键代码如下。

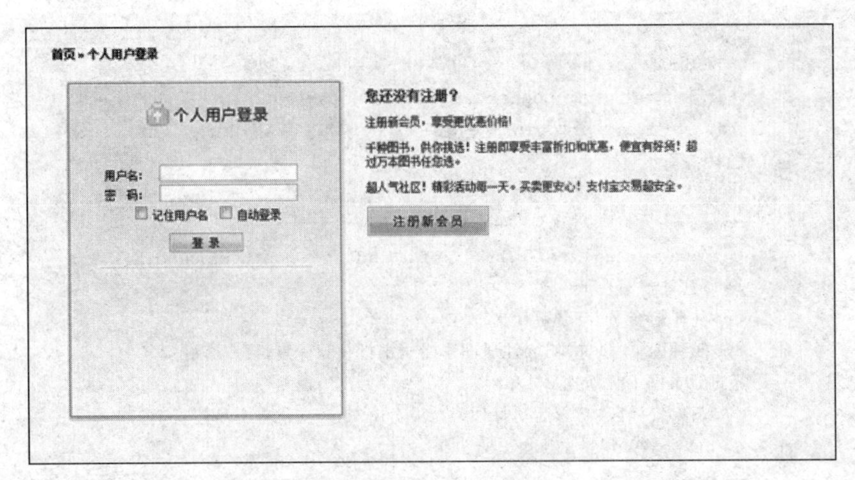

图 11-17 登录页面

```
1     <form action="${pageContext.request.contextPath}/login" method="post">
2         ...
3             <tr>
4                 <td style="text-align:right; padding-top:5px; width:25%">
5                     用户名:
6                 </td>
7                 <td style="text-align:left">
8                 <input name="username" type="text" class="textinput"/>
9                 </td>
10            </tr>
11            <tr>
12                <td style="text-align:right; padding-top:5px">
13                密     码:
14                </td>
15                <td style="text-align:left">
16            <input name="password" type="password" class="textinput"/>
17                </td>
18            </tr>
19            <tr>
20                <td colspan="2" style="text-align:center">
21            <input type="checkbox" name="checkbox" value="checkbox"/>
22                记住用户名   
23            <input type="checkbox" name="checkbox" value="checkbox"/>
24                自动登录
25                </td>
26            </tr>
27            <tr>
28                <td colspan="2" style="padding-top:10px; text-align:center">
29            <input name="image" type="image" onclick="return formcheck()"
30                src="${pageContext.request.contextPath }
31                /client/images/loginbutton.gif" width="83" height="22"/>
32                </td>
33            </tr>
```

```
34          <tr>
35              <td colspan="2" style="padding-top:10px">
36          <img src="${pageContext.request.contextPath }
37          /client/images/loginline.gif" width="241" height="10"/>
38              </td>
39          </tr>
40          …
41              <td style="text-align:left; padding-top:30px; width:60%">
42          <h1>您还没有注册？</h1>
43          <p>注册新会员,享受更优惠价格!</p>
44          <p>千种图书,供你挑选!注册即享受丰富折扣和优惠,便宜有好货!
45          超过万本图书任您选。</p>
46          <p>超人气社区!精彩活动每一天。买卖更安心!支付宝交易超安全。</p>
47          <p style="text-align:left">
48          <a href="${pageContext.request.contextPath }/client/register.jsp">
49              <img src="${pageContext.request.contextPath }
50              /client/images/signupbutton.gif" width="135" height="33"/>
51      </a>
52      …
53  </form>
```

在登录的过程中,通过页面中获取的用户名和密码作为查询条件,在用户信息表中查找条件匹配的用户信息,如果返回的结果不为空,则说明用户名和密码输入正确;反之输入错误。需要注意的是,用户名和密码输入正确后,还需要判断该用户是否为激活用户。当单击"登录"按钮时,表单信息会提交到第1行代码中的地址:/login,它在web.xml文件中映射的是LoginServlet类。该类用于完成登录操作,其实现代码如例11-6所示。

例 11-6 LoginServlet.java

```
1   public class LoginServlet extends HttpServlet {
2       private static final long serialVersionUID=1L;
3       public void doGet(HttpServletRequest request,
4        HttpServletResponse response)throws ServletException, IOException {
5           doPost(request, response);
6       }
7       public void doPost(HttpServletRequest request,
8        HttpServletResponse response)throws ServletException, IOException {
9           //1.获取登录页面输入的用户名与密码
10          String username=request.getParameter("username");
11          String password=request.getParameter("password");
12          //2.调用 service 完成登录操作。
13          UserService service=new UserService();
14          try {
15              User user=service.login(username, password);
16              //3.登录成功,将用户存储到 session 中.
17              request.getSession().setAttribute("user", user);
18              //获取用户的角色,其中用户的角色分为普通用户和超级用户两种
19              String role=user.getRole();
20              //如果是超级用户,就进入到网上书城的后台管理系统;否则进入我的账户页面
21              if ("超级用户".equals(role)) {
```

```
22                  response.sendRedirect(request.getContextPath()+
23                                                      "/admin/login/home.jsp");
24                  return;
25              } else {
26                  response.sendRedirect(request.getContextPath()
27                          +"/client/myAccount.jsp");
28                  return;
29              }
30          } catch (LoginException e) {
31          //如果出现问题,将错误信息存储到 request 范围,并跳转回登录页面显示错误信息
32              e.printStackTrace();
33              request.setAttribute("register_message", e.getMessage());
34              request.getRequestDispatcher("/client/login.jsp").
35                                                  forward(request, response);
36              return;
37          }
38      }
39  }
```

在例11-6中，是调用UserService类来完成登录操作的，接下来为读者展示UserService类中验证用户名、密码以及是否为激活用户的代码，具体如例11-7所示。

例11-7　UserService.java

```
1   //登录操作
2   public User login(String username, String password)
3        throws LoginException {
4       try {
5           //根据登录时表单输入的用户名和密码,查找用户
6   User user=dao.findUserByUsernameAndPassword(username, password);
7           //如果找到,还需要确定用户是否为激活用户
8           if (user !=null) {
9               //只有是激活用户才能登录成功,否则提示"用户未激活"
10              if (user.getState()==1) {
11                  return user;
12              }
13              throw new LoginException("用户未激活");
14          }
15          throw new LoginException("用户名或密码错误");
16      } catch (SQLException e) {
17          e.printStackTrace();
18          throw new LoginException("登录失败");
19      }
20  }
```

在例11-7中，第6行代码用于根据登录时表单输入的用户名和密码，查找用户；第8～15行代码用于判断用户是否存在，如果存在则继续判断用户是否激活，只有已激活才能登录成功，否则提示“用户未激活”；如果用户不存在则提示“用户名或密码错误”。需要注意的是，注册用户时已经保证了系统前台用户名的唯一性，所以根据登录时表单输入的用户名和密码查找的用户，只能返回一个Object对象。

在用户注册和用户登录模块中，都需要调用 UserDao 类来添加、查找和验证用户，UserDao 类的部分关键代码如例 11-8 所示。

例 11-8 UserDao. java

```
1    public class UserDao {
2        //添加用户
3        public void addUser(User user) throws SQLException {
4        String sql="insert into User (username,password,gender,email, "
5                +"telephone,introduce,activecode) values(?,?,?,?,?,?,?)";
6         ueryRunner runner=
7                new QueryRunner(DataSourceUtils.getDataSource());
8        int row=runner.update(sql, user.getUsername(), user.getPassword(),
9                  user.getGender(), user.getEmail(), user.getTelephone(),
10                 user.getIntroduce(), user.getActiveCode());
11           if (row==0) {
12               throw new RuntimeException();
13           }
14       }
15       //根据激活码查找用户
16       public User findUserByActiveCode(String activeCode)
17        throws SQLException {
18           String sql="select * from user where activecode=?";
19           QueryRunner runner=
20               new QueryRunner(DataSourceUtils.getDataSource());
21           return runner.query(sql,
22               new BeanHandler<User>(User.class), activeCode);
23       }
24       //激活用户
25       public void activeUser(String activeCode) throws SQLException {
26           String sql="update user set state=? where activecode=?";
27           QueryRunner runner=
28               new QueryRunner(DataSourceUtils.getDataSource());
29           runner.update(sql, 1, activeCode);
30       }
31       //根据用户名与密码查找用户
32       public User findUserByUsernameAndPassword
33        (String username, String password) throws SQLException {
34           String sql="select * from user where username=? and password=?";
35           QueryRunner runner=
36               new QueryRunner(DataSourceUtils.getDataSource());
37           return runner.query(sql,
38               new BeanHandler<User>(User.class),username,password);
39       }
40   }
```

在 UserDao 中，实现了 4 个方法，作用分别为添加用户、根据激活码查找用户、激活用户、根据用户名与密码查找用户。到这里，就已经展示完了用户注册和登录的核心代码。

11.5 购物车模块

在电子商务网站中购物车模块是必不可少的,也是最重要的模块之一。接下来,将学习如何实现网上书城项目的购物车模块。

11.5.1 模块概述

在开发购物车模块之前,首先应该熟悉该模块实现的功能以及整个功能模块的处理流程。接下来通过一幅图来展示购物车模块实现的所有功能,具体如图 11-18 所示。

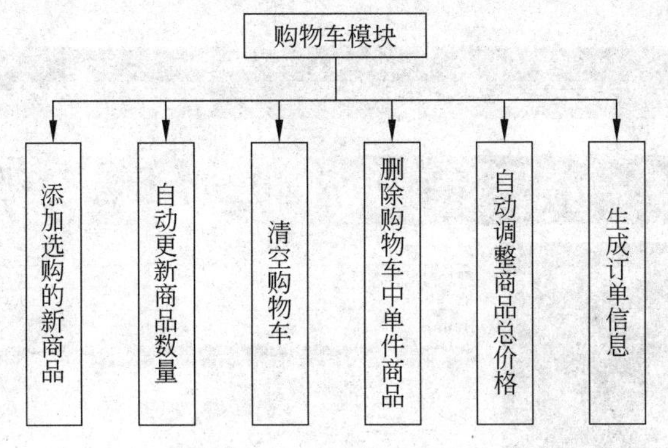

图 11-18　购物车功能结构

从图 11-18 中可以看出,购物车模块包括管理购物车中的商品和生成订单信息的功能。那么,项目中整个的购物流程是怎样实现的呢？下面通过一幅图来描述购物车的功能流程,如图 11-19 所示。

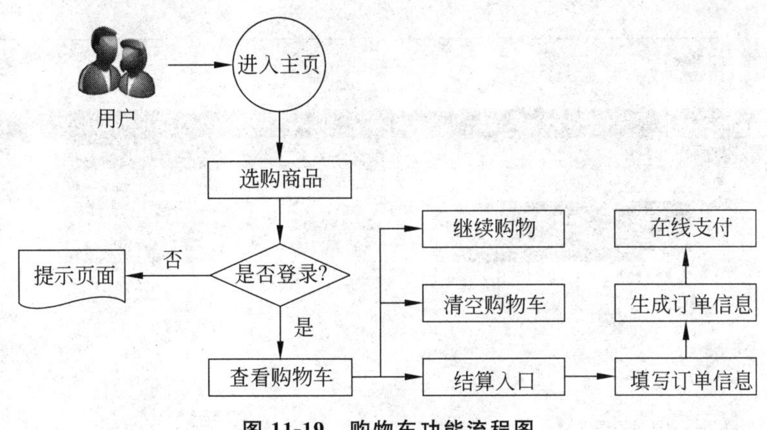

图 11-19　购物车功能流程图

图 11-19 清楚地描述了整个购物流程,需要注意的是,购物车的功能是基于 Session 实现的,Session 充当了一个临时信息存储平台。当其失效后,保存的购物车信息也将全部丢失。

11.5.2 实现购物车的基本功能

现在,已经清楚了购物车模块的功能结构和流程,接下来将逐个讲解购物车的基本功能,具体如下。

1. 在购物车中添加商品

登录会员浏览商品详细信息并单击页面中的"购买"按钮后,会将该商品放入购物车内,如图 11-20 和图 11-21 所示。

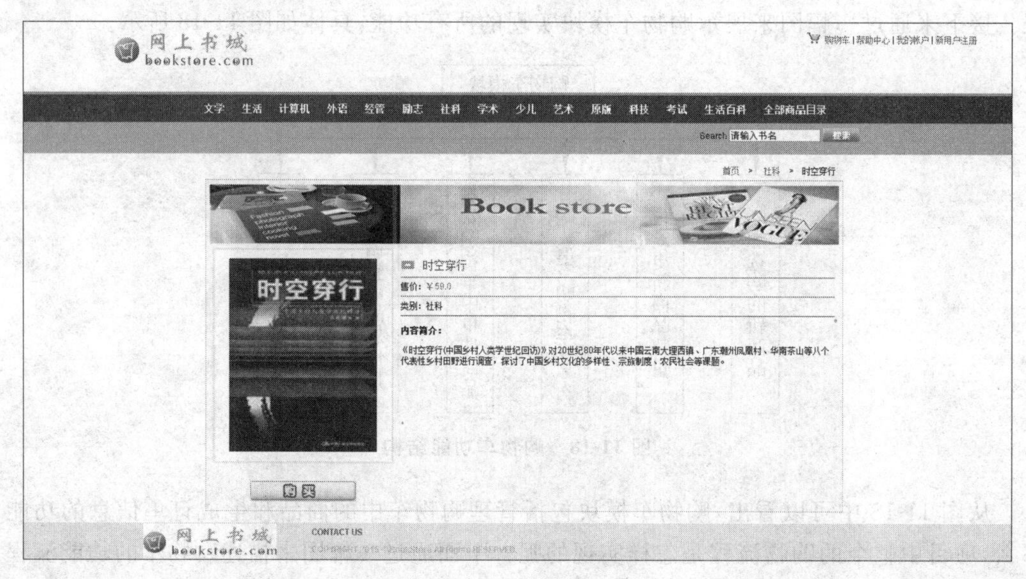

图 11-20 商品详细信息页

图 11-21 放入购物车内的商品信息

向购物车中添加商品时,首先要获取商品的 id,根据 id 查询出该商品的详细信息。然后判断购物车中是否存在该商品,如果存在则修改该商品的数量,自动加 1;否则添加新的商品购买信息。添加商品信息的方法封装在 AddCartServlet 类中,代码如例 11-9 所示。

例 11-9　AddCartServlet.java

```
1    public class AddCartServlet extends HttpServlet {
2        public void doGet(HttpServletRequest request,
3                HttpServletResponse response)
4                throws ServletException, IOException {
5            doPost(request, response);
6        }
7        public void doPost(HttpServletRequest request,
8                HttpServletResponse response)
9                throws ServletException, IOException {
10           //1.得到商品 id
11           String id=request.getParameter("id");
12           //2.调用 service 层方法,根据 id 查找商品
13           ProductService service=new ProductService();
14           try {
15               Product p=service.findProductById(id);
16               //将商品添加到购物车
17               HttpSession session=request.getSession();
18               //从 session 中获取购物车对象
19               Map<Product, Integer>cart=
20               (Map<Product, Integer>)session.getAttribute("cart");
21               //如果购物车为 null,说明没有商品存储在购物车中,创建出购物车
22               if (cart==null) {
23                   cart=new HashMap<Product, Integer>();
24               }
25               //如果 count 返回不为 null,说明商品在购物车中存在。
26               Integer count=cart.put(p, 1);
27               if (count !=null) {
28                   cart.put(p, count+1);
29               }
30               session.setAttribute("cart", cart);
31               response.sendRedirect(request.getContextPath()
32                +"/client/cart.jsp");
33               return;
34           } catch (FindProductByIdException e) {
35               e.printStackTrace();
36           }
37       }
38   }
```

AddCartServlet 执行成功后重定向到 cart.jsp 页面,其部分关键代码如例 11-10 所示。

例 11-10　cart.jsp

```
1    <table cellspacing="1" class="carttable">
2    <tr>
3        <td width="10%">序号</td>
4        <td width="30%">商品名称</td>
5        <td width="10%">价格</td>
```

```
6           <td width="20%">       数量</td>
7           <td width="10%">库存</td>
8           <td width="10%">小计</td>
9           <td width="10%">取消</td>
10      </tr>
11      </table>
12          <c:set var="total" value="0"/>
13          <c:forEach items="${cart}" var="entry" varStatus="vs">
14              <table width="100%" border="0" cellspacing="0">
15                  <tr>
16                      <td width="10%">${vs.count}</td>
17                      <td width="30%">${entry.key.name }</td>
18                      <td width="10%">${entry.key.price }</td>
19                      <td width="20%">
20                          <input type="button" value='-' style="width:20px"
21                          onclick="changeProductNum('${entry.value-1}',
22                          '${entry.key.pnum}','${entry.key.id}')">
23                          <input name="text" type="text" value="${entry.value}"
24                          style="width:40px;text-align:center"/>
25                      <input type="button" value='+' style="width:20px"
26                          onclick="changeProductNum('${entry.value+1}',
27                           '${entry.key.pnum}','${entry.key.id}')">
28                  </td>
29                      <td width="10%">${entry.key.pnum}</td>
30                      <td width="10%">${entry.key.price * entry.value}</td>
31                      <td width="10%">
32                       <a href="${pageContext.request.contextPath}/changeCart?
33                       id=${entry.key.id}&count=0
34                       style="color:#FF0000; font-weight:bold">X</a>
35                      </td>
36                  </tr>
37          </table>
38              <c:set value="${total+entry.key.price * entry.value}" var="total"/>
39          </c:forEach>
40      <table cellspacing="1" class="carttable">
41          <tr>
42              <td style="text-align:right; padding-right:40px;">
43                  <font style="color:#FF6600; font-weight:bold">
44                      合计：  ${total}元
45                  </font>
46              </td>
47          </tr>
48      </table>
49      <div style="text-align:right; margin-top:10px">
50          <a href="${pageContext.request.contextPath}/showProductByPage">
51              <img src="images/gwc_jx.gif" border="0"/>
52          </a>
53              
54          <a href="${pageContext.request.contextPath}/client/order.jsp">
55              <img src="${pageContext.request.contextPath}
```

```
56              /client/images/gwc_buy.gif" border="0"/>
57          </a>
58      </div>
```

在例 11-10 中,第 13～39 行代码通过 EL 表达式 ${cart}的方式获取购物车中的信息,得到的结果是一个 Map 集合,使用 c 标签遍历 Map 集合,通过"entry.key"和"entry.value"分别获取商品的各种信息。

2. 删除购物车中指定商品

如果想删除购物车中的商品,可以单击购物车中某个商品后面的×链接,便可以清除该商品的订单条目信息。这是因为在单击×链接后会将商品 id 和商品数量 count 发送到 ChangeCartServlet 类,其代码如例 11-11 所示。

例 11-11　ChangeCartServlet.java

```
1   public class ChangeCartServlet extends HttpServlet {
2       public void doGet(HttpServletRequest request,
3        HttpServletResponse response)throws ServletException, IOException {
4           doPost(request, response);
5       }
6       public void doPost(HttpServletRequest request,
7       HttpServletResponse response)throws ServletException, IOException {
8           //1.得到商品 id
9           String id=request.getParameter("id");
10          //2.得到要修改的数量
11          int count=Integer.parseInt(request.getParameter("count"));
12          //3.从 session 中获取购物车
13          HttpSession session=request.getSession();
14          Map<Product, Integer>cart=
15                      (Map<Product, Integer>) session.getAttribute("cart");
16          Product p=new Product();
17          p.setId(id);
18          //修改购物车中指定的商品数量,如果 count 为 0,表示删除该商品
19          if (count !=0) {
20              cart.put(p, count);
21          } else {
22              cart.remove(p);
23          }
24          response.sendRedirect(request.getContextPath()
25          +"/client/cart.jsp");
26          return;
27      }
28  }
```

在例 11-11 中,ChangeCartServlet 类首先获得商品 id 和要修改的数量 count,然后从 session 中获取到当前用户的购物车。如果要修改的数量为 0,就从购物车中删除该商品;如果要修改的数量不为 0,则修改该商品的数量。

11.5.3 实现订单的相关功能

要结算选购的商品，首先要生成一个订单，其中应该包括结算的商品信息、收货地址、收货人、联系方式等。用户在购物车页面单击“结算”链接后打开页面，如图 11-22 所示。

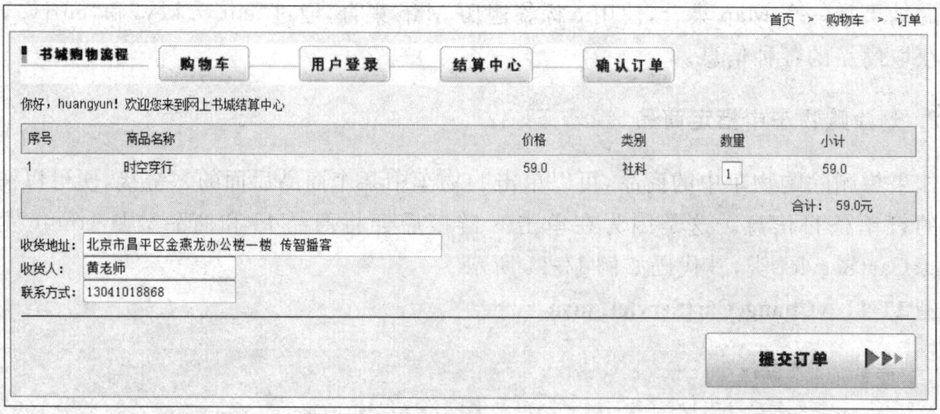

图 11-22 结算中心

图 11-22 为订单信息页面。该页面根据购物车中的商品名称和数量生成了订单，并可以填写用户姓名、联系电话和收获地址，其中，收货人和联系方式默认显示为用户注册时填写的用户名和联系电话，这两个信息在提交订单前均可以进行修改。

1. 结算

订单页面所对应的 JSP 文件为 order.jsp，页面的部分关键代码如例 11-12 所示。

例 11-12 order.jsp

```
1     <script type="text/javascript">
2         function createOrder(){
3             document.getElementById("orderForm").submit();
4         }
5     </script>
6     <formid="orderForm"
7     action="${pageContext.request.contextPath}/createOrder" method="post">
8     <table cellspacing="1" class="carttable">
9         <tr>
10            <td width="10%">序号</td>
11            <td width="40%">商品名称</td>
12            <td width="10%">价格</td>
13            <td width="10%">类别</td>
14            <td width="10%">数量</td>
15            <td width="10%">小计</td>
16        </tr>
17    </table>
18    <c:set value="0" var="totalPrice"/>
19    <c:forEach items="${cart}" var="entry" varStatus="vs">
20        <table width="100%" border="0" cellspacing="0">
```

```
21          <tr>
22              <td width="10%">${vs.count}</td>
23              <td width="40%">${entry.key.name }</td>
24              <td width="10%">${entry.key.price }</td>
25              <td width="10%">${entry.key.category}</td>
26              <td width="10%">
27                  <input name="text" type="text" value="${entry.value}"
28                   style="width:20px" readonly="readonly"/>
29              </td>
30              <td width="10%">${entry.key.price * entry.value}</td>
31          </tr>
32      </table>
33      <c:set var="totalPrice"
34       value="${totalPrice+entry.key.price * entry.value}"/>
35  </c:forEach>
36  <table cellspacing="1" class="carttable">
37      <tr>
38          <td style="text-align:right; padding-right:40px;">
39       <font style="color:#FF0000">合计:   ${totalPrice}元</font>
40          <input type="hidden" name="money" value="${totalPrice}">
41          </td>
42      </tr>
43  </table>
44  <p>
45      收货地址:<input name="receiverAddress" type="text" value=""
46      style="width:350px"/>    <a href="#"></a>
47      <br/>收货人:     
48      <input name="receiverName" type="text" value="${user.username}"
49      style="width:150px"/>    <a href="#"></a>
50      <br/>联系方式:<input type="text" name="receiverPhone"
51      value="${user.telephone}"
52      style="width:150px"/>    
53      <a href="#"></a>
54  </p>
55  <hr/>
56  <p style="text-align:right">
57      <img src="images/gif53_029.gif" width="204" height="51"
58      border="0" onclick="createOrder();"/>
59  </p>
60  </form>
```

例 11-12 中,在单击“提交订单”时,会触发在代码第 58 行的 createOrder()方法,该方法用于提交表单。表单信息会提交到第 7 行代码中的地址: /createOrder,它在 web.xml 文件中映射的是 CreateOrderServlet 类。

2. 提交订单

CreateOrderServlet 类用于把订单信息保存到数据库。CreateOrderServlet 类核心代码如例 11-13 所示。

例 11-13 CreateOrderServlet.java

```
1	//生成订单
2	public class CreateOrderServlet extends HttpServlet {
3	    public void doGet(HttpServletRequest request,
4	     HttpServletResponse response)throws ServletException, IOException {
5	        doPost(request, response);
6	    }
7	    public void doPost(HttpServletRequest request,
8	     HttpServletResponse response)throws ServletException, IOException {
9	        //1.得到当前用户
10	        HttpSession session=request.getSession();
11	        User user=(User) session.getAttribute("user");
12	        //2.从购物车中获取商品信息
13	        Map<Product, Integer>cart=
14	                    (Map<Product, Integer>)session.getAttribute("cart");
15	        //3.将数据封装到订单对象中
16	        Order order=new Order();
17	        try {
18	            BeanUtils.populate(order, request.getParameterMap());
19	        } catch (IllegalAccessException e) {
20	            e.printStackTrace();
21	        } catch (InvocationTargetException e) {
22	            e.printStackTrace();
23	        }
24	        order.setId(IdUtils.getUUID());                    //封装订单 id
25	        order.setUser(user);                               //封装用户信息到订单.
26	        for (Product p : cart.keySet()) {
27	            OrderItem item=new OrderItem();
28	            item.setOrder(order);
29	            item.setBuynum(cart.get(p));
30	            item.setP(p);
31	            order.getOrderItems().add(item);
32	        }
33	        //4.调用 service 中添加订单操作.
34	        OrderService service=new OrderService();
35	        service.addOrder(order);
36	        response.sendRedirect(request.getContextPath()
37	         +"/client/createOrderSuccess.jsp");
38	    }
39	}
```

在进行“提交订单”操作时，不仅需要把订单信息保存到订单表，还需要向 orderItem 表中添加数据，并且修改商品表中该商品的库存数量。

11.6 图书信息查询模块

图书根据其题材和内容的不同，可以分为不同的类型，单击商品分类导航栏中的指定分类，可以展示该分类下的所有图书，而搜索功能用于根据书名模糊查询图书，满足用户快速搜寻心仪图书的需要。接下来本节将对商品分类导航栏和搜索模块的实现进行详细的讲解。

11.6.1　商品分类导航栏

根据商品类型的不同,将图书分为文学类、生活类、计算机类等。单击导航栏上不同的类型,显示该类型下所有的图书,当单击“全部商品目录”时,查询的是所有的图书。

商品分类导航栏和搜索栏的预览如图 11-23 所示。

图 11-23　商品分类导航栏和搜索模块

商品分类导航栏位于 menu_search.jsp 页面中,其对应代码如下。

```
1    <a href="${pageContext.request.contextPath}
2        /showProductByPage? category=文学">文学</a>
3    <a href="${pageContext.request.contextPath}
4        /showProductByPage? category=生活">生活</a>
5    <a href="${pageContext.request.contextPath}
6     /showProductByPage? category=计算机">计算机</a>
7    <a href="${pageContext.request.contextPath}
8    /showProductByPage? category=外语">外语</a>
9    <a href="${pageContext.request.contextPath}
10    /showProductByPage? category=经营">经管</a>
11    <a href="${pageContext.request.contextPath}
12    /showProductByPage? category=励志">励志</a>
13    <a href="${pageContext.request.contextPath}
14    /showProductByPage? category=社科">社科</a>
15    <a href="${pageContext.request.contextPath}
16    /showProductByPage? category=学术">学术</a>
17    <a href="${pageContext.request.contextPath}
18    /showProductByPage? category=少儿">少儿</a>
19    <a href="${pageContext.request.contextPath}
20    /showProductByPage? category=艺术">艺术</a>
21    <a href="${pageContext.request.contextPath}
22    /showProductByPage? category=原版">原版</a>
23    <a href="${pageContext.request.contextPath}
24    /showProductByPage? category=科技">科技</a>
25    <a href="${pageContext.request.contextPath}
26    /showProductByPage? category=考试">考试</a>
27    <a href="${pageContext.request.contextPath}
28    /showProductByPage? category=生活百科">生活百科</a>
29    <a href="${pageContext.request.contextPath}
30    /showProductByPage" style="color:#FFFF00">全部商品目录</a>
```

从上述代码中可以看出,不同分类图书的链接请求地址均为“/showProductByPage”,而且都带了 category 参数,只是其参数值不一样。需要注意的是,商品分类导航栏中在查询“全部商品目录”时，是没有 category 参数的。“/showProductByPage”在 web. xml 中映射到 ShowProductByPageServlet 类，其部分关键代码如例 11-14 所示。

例 11-14 ShowProductByPageServlet. java

```
1   //分页显示数据
2   public class ShowProductByPageServlet extends HttpServlet {
3       public void doGet(HttpServletRequest request,
4       HttpServletResponse response)throws ServletException, IOException {
5           doPost(request, response);
6       }
7       public void doPost(HttpServletRequest request,
8       HttpServletResponse response)throws ServletException, IOException {
9           //1.定义当前页码,默认为 1
10          int currentPage=1;
11          String _currentPage=request.getParameter("currentPage");
12          if (_currentPage !=null) {
13              currentPage=Integer.parseInt(_currentPage);
14          }
15          //2.定义每页显示条数,默认为 4
16          int currentCount=4;
17          String _currentCount=request.getParameter("currentCount");
18          if (_currentCount !=null) {
19              currentCount=Integer.parseInt(_currentCount);
20          }
21          //3.获取查找的分类
22          String category="全部商品";
23          String _category=request.getParameter("category");
24          //当分类 category 参数值不为 null 时,将获取的值赋给 category 变量
25          if (_category !=null) {
26              category=_category;
27          }
28          //4.调用 service,完成获取当前页分页数据.
29          ProductService service=new ProductService();
30          PageBean bean=
31           service.findProductByPage(currentPage, currentCount,category);
32          //将数据存储到 request 范围,跳转到 product_list.jsp 页面展示
33          request.setAttribute("bean", bean);
34          request.getRequestDispatcher("/client/product_list.jsp").
35                                          forward(request, response);
36      }
37  }
```

在例 11-14 中，第 9～20 行代码用于对查询的结果进行分页显示；第 21～27 行代码用于获取查找的分类 category 参数值，当分类 category 参数值不为 null 时，将获取的值赋给 category 变量，查询指定分类下的商品，否则就查找全部商品；第 28～36 行代码用于调用 service，完成获取当前页分页数据，并将数据存储到 request 范围，跳转到 product_list. jsp 页面展示。

11.6.2 搜索功能

用户在浏览商品时,可以通过导航栏选择查看不同分类的图书,或者单击"全部商品目录"查看所有的图书,但是由于网上书城的图书数量众多,并不方便用户快速查找和购买心仪的图书,因此在一个成熟的电子商务网站中搜索功能是很有必要的,同时这也是网站人性化和操作界面友好的一种体现。

搜索功能位于 menu_search.jsp 页面中,其对应代码如例 11-15 所示。

例 11-15 menu_search.jsp

```
1     <form action="${pageContext.request.contextPath }
2     /MenuSearchSerlvet" id="searchform">
3         <table width="100%" border="0" cellspacing="0">
4             <tr>
5                 <td style="text-align:right; padding-right:220px">
6                     Search
7                     <input type="text" name="textfield" class="inputtable"
8                      id="textfield" value="请输入书名"
9                     onmouseover="this.focus();"
10                    onclick="my_click(this, 'textfield');"
11                    onBlur="my_blur(this, 'textfield');"/>
12                    <a href="#">
13                        <img src="${pageContext.request.contextPath}
14                        /client/images/ serchbutton.gif" border="0"
15                        style="margin-bottom:-4px" onclick="search()"/>
16                    </a>
17                </td>
18            </tr>
19        </table>
20    </form>
```

从上述代码可以看出,搜索功能由一个用于输入搜索关键字的输入框和一个"搜索"链接组成。值得一提的是,单击"搜索"链接时使用了一段简单的 JavaScript,触发的是单击事件,执行 search()函数对表单进行提交。输入框同样使用了一些 JavaScript 代码来实现效果,没有学习过 JavaScript 的读者不需纠结这些代码如何实现,只需要知道它能实现这些效果即可。单击链接表单提交,请求的地址是"/MenuSearchSerlvet",在 web.xml 文件中映射到 MenuSearchSerlvet 类。

MenuSearchSerlvet 类代码如例 11-16 所示。

例 11-16 MenuSearchSerlvet.java

```
1     /**
2      * 前台页面,用于导航栏下面搜索功能的 servlet
3      */
4     public class MenuSearchSerlvet extends HttpServlet {
5         private static final long serialVersionUID=1L;
6         public void doGet(HttpServletRequest req,
7          HttpServletResponse resp) throws ServletException, IOException {
8             this.doPost(req, resp);
```

```
9        }
10       public void doPost(HttpServletRequest req,
11       HttpServletResponse resp) throws ServletException, IOException {
12           //1.定义当前页码,默认为 1
13           int currentPage=1;
14           String _currentPage=req.getParameter("currentPage");
15           if (_currentPage !=null) {
16               currentPage=Integer.parseInt(_currentPage);
17           }
18           //2.定义每页显示条数,默认为 4
19           int currentCount=4;
20           //获取前台页面搜索框输入的值
21           String searchfield=req.getParameter("textfield");
22           //如果搜索框中没有输入值,则表单传递的为默认值,此时默认查询全部商品目录
23           if("请输入书名".equals(searchfield)){
24               req.getRequestDispatcher("/showProductByPage").
25                forward(req, resp);
26               return;
27           }
28           //调用 service 层的方法,通过书名模糊查询,查找相应的图书
29           ProductService service=new ProductService();
30           PageBean bean=service.
31                   findBookByName(currentPage,currentCount,searchfield);
32           //将数据存储到 request 范围,跳转到 product_search_list.jsp 页面展示
33           req.setAttribute("bean", bean);
34           req.getRequestDispatcher("/client/product_search_list.jsp").
35                                 forward(req, resp);
36       }
37   }
```

在例 11-16 中,第 12～19 行代码用于对查询出来的结果进行分页显示;第 21 行代码用于获取输入框中输入的值;第 23～27 行代码用于判断搜索框中是否有输入值,如果没有,则表单传递的为默认值,重定向到"/showProductByPage",这种情况下会查询出所有的图书;如果有输入值,首先调用 service 层的方法,通过书名模糊查询,查找相应的图书,然后将数据存储到 request 范围,跳转到 product_search_list. jsp 页面展示。

11.6.3 公告板和本周热卖

公告板和本周热卖模块位于首页广告轮播图下面,在访问网站首页时进行动态显示。公告板用于发布与网站相关的信息,本周热卖用于展示本周内销售数量最多的两本图书,公告板和本周热卖模块具体如图 11-24 所示。

访问网站首页时,在根目录下的 index. jsp 中,通过 jsp:forward 标签配置将请求转发到 ShowIndexSerlvet,代码片段如下所示。

```
<jsp:forward page="ShowIndexSerlvet"></jsp:forward>
```

在 web. xml 文件中, ShowIndexSerlvet 请求映射到 ShowIndexSerlvet 类,

图 11-24　公告板和本周热卖

ShowIndexSerlvet 类是用于前台页面展示的 servlet，动态展示最新添加或修改的一条公告，以及本周热卖商品，其实现代码如例 11-17 所示。

例 11-17　ShowIndexSerlvet.java

```
1   /**
2    *  前台页面展示的 servlet
3    *  1、展示最新添加或修改的一条公告
4    *  2、展示本周热卖商品
5    */
6   public class ShowIndexSerlvet extends HttpServlet{
7       public void doGet(HttpServletRequest req,
8        HttpServletResponse resp)throws ServletException, IOException {
9           this.doPost(req, resp);
10      }
11      public void doPost(HttpServletRequest req,
12       HttpServletResponse resp)throws ServletException, IOException {
13          //1、查询最近一条公告,放入 request 域中,传递到 index.jsp 页面进行展示
14          NoticeService nService=new NoticeService();
15          Notice notice=nService.getRecentNotice();
16          req.setAttribute("n", notice);
17
18      //2、查询本周热卖的两条商品,放入 request 域中,传递到 index.jsp 页面进行展示
19          ProductService pService=new ProductService();
20          List<Object[]>pList=pService.getWeekHotProduct();
21          req.setAttribute("pList", pList);
22
23          //请求转发
24          req.getRequestDispatcher("/client/index.jsp").
25           forward(req, resp);
26      }
27  }
```

在例 11-17 中，第 14～16 行代码用于查询最新添加或编辑过的公告放入 request 域中，传递到 index.jsp 页面进行展示；第 19～21 行代码用于查询本周热卖的两条商品放入 request 域中，传递到 index.jsp 页面进行展示；第 24 行代码用于将请求转发到根路径下的 client 文件夹下的 index.jsp 中。需要注意的是，在第 15 行和第 20 行代码分别调用了 service 层的方法，而 service 层又调用了 dao 层的同名方法。我们知道，dao 层是数据访问层，负责和数据库打交道，进行数据持久化操作。

由于这两个功能较为简单，它们核心的代码都在 dao 层，所以这里分别对公告板和本周热卖的 dao 层方法进行详细介绍，具体如下。

1. 公告板

公告板所对应的 dao 层方法为 getRecentNotice()方法，其代码如下所示。

```
//前台系统,查询最新添加或修改的一条公告
public Notice getRecentNotice() throws SQLException {
    String sql="select * from notice order by n_time desc limit 0,1";
    QueryRunner runner=new QueryRunner(DataSourceUtils.getDataSource());
    return runner.query(sql, new BeanHandler<Notice>(Notice.class));
}
```

上述代码中，由于公告板里的公告信息，只取公告板表中最新添加或编辑的一条公告，所以在查询时需要根据 notice 表中的 n_time 字段来进行倒序排序，并取一条进行显示，那么这条公告就一定是最新的。

2. 本周热卖

本周热卖所对应的 dao 层方法为 getWeekHotProduct()方法，其代码如下所示。

```
//前台,获取本周热卖商品
public List<Object[]>getWeekHotProduct() throws SQLException {
    String sql="SELECT products.id,products.name, "+
                " products.imgurl,SUM(orderitem.buynum) totalsalnum "+
                " FROM orderitem,orders,products "+
                " WHERE orderitem.order_id=orders.id "+
                        " AND products.id=orderitem.product_id "+
                        " AND orders.paystate=1 "+
                        " AND orders.ordertime>DATE_SUB(NOW(),"+
                        "INTERVAL 7 DAY) "+
                " GROUP BY products.id,products.name,products.imgurl "+
                " ORDER BY totalsalnum DESC "+
                " LIMIT 0,2 ";
    QueryRunner runner=new QueryRunner(DataSourceUtils.getDataSource());
    return runner.query(sql, new ArrayListHandler());
}
```

需要获取本周热卖的商品时需要统计的是，订单时间相对于当前时间 7 天内的已支付的订单中，图书销售数量最多的两本图书，并查询出图书的相关信息。由于本周热卖中的 SQL 语句较为复杂，接下来对这段 SQL 语句代码进行详细的讲解。

(1) 共查询了三张表，分别为 orderitem、orders 和 products。

(2) 查询条件为订单时间在 7 天内，并且订单的支付状态为 1。

(3) 以单个商品的销售总个数(本周内)作为 totalsalnum 临时字段，并按 totalsalnum 的降序排列取前两本书为本周热卖。

小结

本章主要针对网上书城项目的模块概述、数据库设计、项目前期准备和项目中的前台系统进行详细的讲解。通过本章的学习，读者应该了解网上书城项目的需求、功能结构及其数据库和数据表的设计，掌握如何实现一个电子商务网站前台系统的核心功能，例如用户注册和登录、购物车等。

【思考题】

请简单描述购物车模块的设计思路。

第 12 章 综合项目——网上书城（下）

学习目标

◆ 掌握数据的增删改查操作；

◆ 掌握文件的上传下载操作；

◆ 了解后台管理系统核心模块的业务逻辑。

通过第 11 章的讲解，我们对网上书城的项目需求、数据库设计以及前台网站有了一定的了解，前台网站主要用于和用户进行交互，满足注册用户的购物体验。为了方便地管理、发布和维护前台网站的内容，常常还需要开发针对前台网站的后台管理系统。接下来，本章将针对网上书城后台管理系统进行详细的讲解。

12.1 后台管理系统概述

在讲解后台管理系统之前，有必要先让读者对网上书城后台管理系统有一个整体的印象，比如了解后台系统的页面框架、后台系统具有哪些功能模块以及后台系统代码的结构等，接下来就针对这些方面进行简单的介绍。

后台管理系统的页面框架是通过<frameset>标签来组织的，为了让读者能更直观地了解网上书城后台管理系统的页面框架，下面通过一张图来描述，如图 12-1 所示。

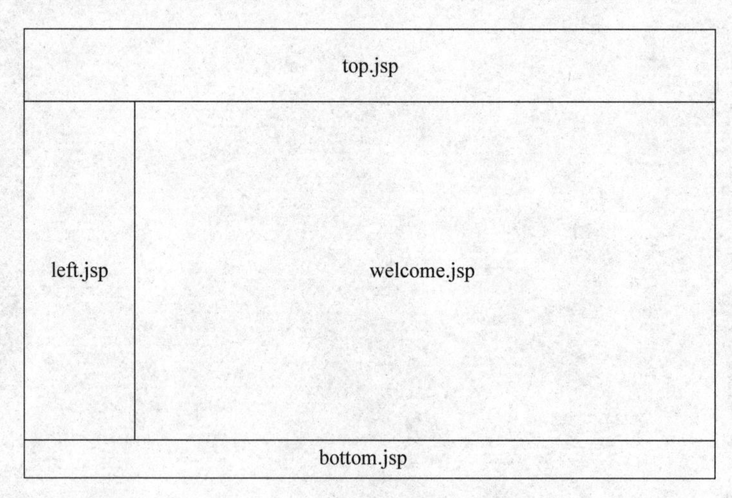

图 12-1　网上书城后台页面框架

图 12-1 中描述的就是网上书城后台系统的页面框架，top. jsp 是网站的顶部页面，其中

包括后台管理系统的 logo 图、日期信息和退出系统功能，bottom. jsp 是网站的底部页面，它可以用于显示后台系统的版权等信息，left. jsp 是网站的左边页面，其中包括各模块的菜单，welcome. jsp 是网站的欢迎页面，属于后台系统的主体部分，单击各模块的菜单，相应的内容会在主体部分中进行动态显示。

通过超级用户登录成功后，进入后台系统，网上书城后台管理系统的页面预览如图 12-2 所示。

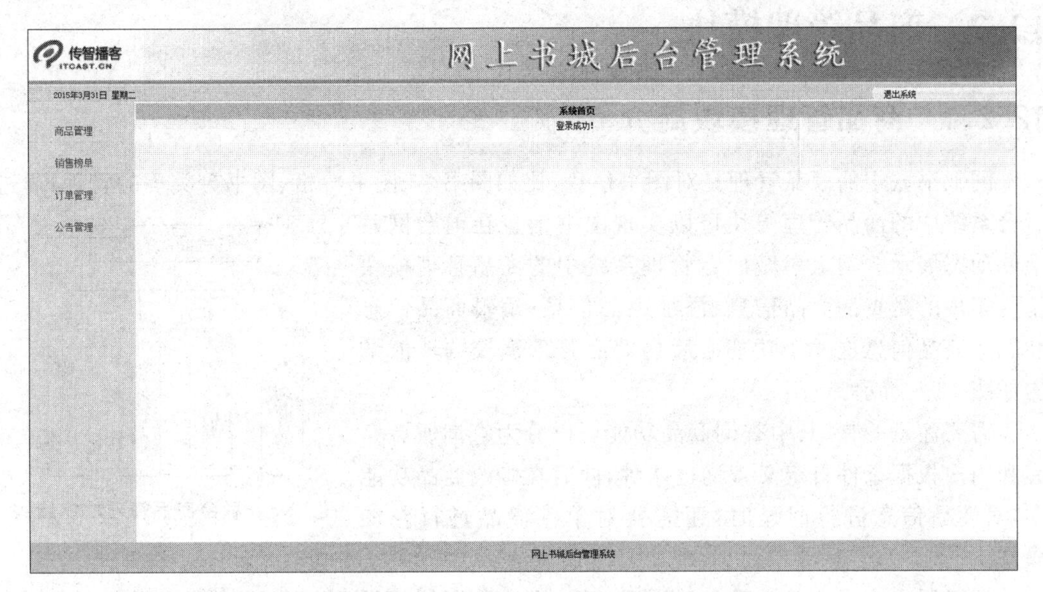

图 12-2　网上书城后台管理系统

通过页面预览图，可以直观地看出网上书城后台系统的页面框架中各部分页面的功能，其中在左边页面的菜单栏中，可以看出网上书城后台系统具有的主要功能模块包括商品管理、销售榜单、订单管理以及公告管理。左边页面菜单栏具体如图 12-3 所示。

我们为网上书城前台网站和后台管理系统提供了完整的源代码，其中，后台管理系统源代码的目录结构如图 12-4 所示。

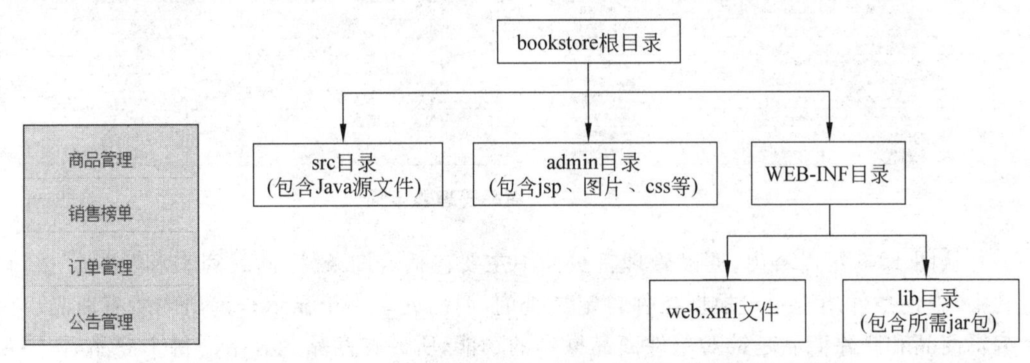

图 12-3　左边页面菜单栏　　**图 12-4　后台管理系统源代码的目录结构**

针对网上书城后台管理系统的注册和登录，有两点需要提醒读者注意，具体如下。

(1) 后台管理系统中并没有提供专门针对后台用户进行注册的功能，而是共用了前台网站的用户注册功能,在普通用户注册完成后,手动将数据库 user 表中的 role 字段值修改为超级用户,便完成了后台系统用户的注册。

(2) 后台管理系统中并没有提供专门后台系统的登录功能,而是共用了前台网站的用户登录功能,在前台网站"我的账户"中进行登录时,系统会判断用户角色是普通用户还是超级用户,如果是超级用户则可以成功登录后台系统。

12.2 商品管理模块

12.2.1 商品管理模块简介

网上书城中的商品管理是对图书信息,比如图书名、图书价格、图书分类等的管理,通过后台系统中的商品管理模块可以实现图书信息在前台网站上的动态展示。网上书城后台管理系统中的商品管理模块主要实现的是查询商品信息、添加商品信息、编辑商品信息和删除商品信息这 4 个功能。后台商品管理模块的功能结构如图 12-5 所示。

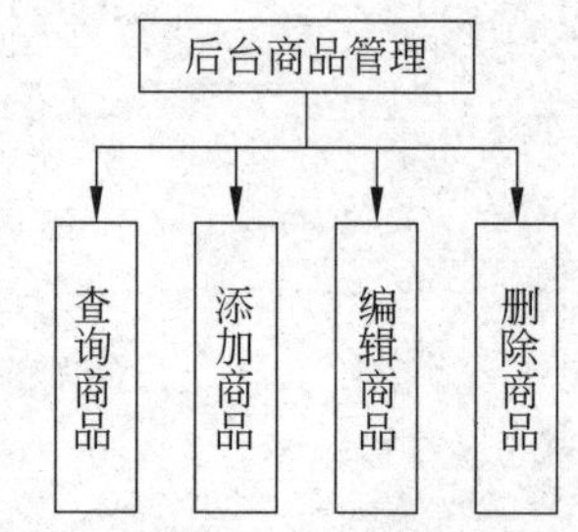

图 12-5 后台商品管理功能结构

需要注意的是,其中查询商品功能可以分为查询所有商品和用户根据条件自定义查询这两种,同时在修改商品功能中,对商品信息进行回显时,还需要对单件商品进行查询操作。

超级用户在成功登录后台系统后,单击左边页面的"商品管理"菜单,即可进入商品管理模块首页,商品管理模块首页页面如图 12-6 所示。

查询条件

商品编号　　类别: —选择商品类别—

商品名称:　　价格区间(元):

查询　重置

商品列表

添加

商品编号	商品名称	商品价格	商品数量	商品类别	编辑	删除
3cdd01d2-95d4-4077-b512-ff4c3b340d6b	学会宽容	25.0	10	社科		
72c52302-cd1e-4a22-8ac8-dc300a915be5	时空穿行	59.0	95	社科		
79bbe618-d2f8-4081-b35a-62ebbe938b64	Java基础入门	44.5	10	计算机		
84c842da-16b6-4e87-953e-859a1ca62bab	赢在影响力	89.0	47	励志		
8740bee0-bfb8-4ba1-8f6e-b69310617db9	大勇和小花的欧洲日记	26.0	100	生活百科		
880fdb00-6798-4302-962b-f337f3393802	Java Web程序开发入门	44.5	100	计算机		
968df3a0-be4d-473e-85a8-d3466b4ca7c2	别做正常的傻瓜	18.0	2	励志		
9a7af97e-deea-417e-ad66-23ea755d2a51	培育男孩	25.0	10	生活		
cb22386f-0b77-454c-976f-d6417ad72613	中国国家地理	20.0	20	学术		

图 12-6 商品管理首页面

从图 12-6 可以看出,商品管理首页面中主要包括查询条件、商品列表和"添加"按钮等,其中,查询条件用于用户根据条件自定义查询,商品列表用于显示查询出的所有商品。由于编辑商品和删除商品是针对单件商品操作的功能,所以在商品列表中的每个商品后,还带有用于针对该商品进行编辑和删除的链接。

12.2.2 实现查询商品列表功能

在 12.2.1 节讲到,查询商品功能可以分为查询所有商品和用户根据条件自定义查询这两种情况,下面就对它们分别进行讲解,具体如下。

1. 查询所有商品信息

为了后台管理人员能方便地查看网上书城项目中所有商品的信息,常常需要开发查询所有商品信息的功能,该功能将查询出的所有商品信息,展示在商品管理首页面商品列表中。单击系统左侧页面菜单栏中的“商品管理”菜单,请求到“/listProduct”,它在 web.xml 文件中映射的是 ListProductServlet 类,该类就是后台管理系统中,用于查询所有商品信息的 Servlet。

ListProductServlet 类具体如例 12-1 所示。

例 12-1 ListProductServlet.java

```
1    /**
2     * 后台系统
3     * 查询所有商品信息的 servlet
4     */
5    public class ListProductServlet extends HttpServlet {
6        public void doGet(HttpServletRequest request,HttpServletResponse
7                response)throws ServletException, IOException {
8            doPost(request, response);
9        }
10       public void doPost(HttpServletRequest request, HttpServletResponse
11               response)throws ServletException, IOException {
12           //创建 service 层的对象
13           ProductService service=new ProductService();
14           try {
15               //调用 service 层用于查询所有商品的 listAll()方法
16               List<Product>ps=service.listAll();
17               //将查询出的所有商品放进 request 域中
18               request.setAttribute("ps", ps);
19               //将请求转发到 list.jsp
20               request.getRequestDispatcher("/admin/products/list.jsp")
21                       .forward(request, response);
22               return;
23           } catch (ListProductException e) {
24               e.printStackTrace();
25               response.getWriter().write(e.getMessage());
26               return;
27           }
28       }
29   }
```

在例 12-1 中,第 13 行代码用于创建 service 层的对象;第 16 行代码用于调用 service 层 ProductService 类的 listAll()方法,查询所有的商品;第 18 行代码将查询出的所有商品放进 request 域中;第 20、21 行代码用于将请求转发到 list.jsp,该文件对应的页面就是如图 12-6 所示的商品管理首页面。

ProductServic 类的 listAll ()方法具体如下。

```
1    //查找所有商品信息
2    public List<Product>listAll() throws ListProductException {
3        try {
4            return dao.listAll();
5        } catch (SQLException e) {
6            e.printStackTrace();
7            throw new ListProductException("查询商品失败");
8        }
9    }
```

从上述代码可以看出，service 层并没有其他的业务逻辑处理，它又调用的是 dao 层 ProductDao 类的 listAll()方法，该方法代码具体如下。

```
1    //查找所有商品
2    public List<Product>listAll() throws SQLException {
3        String sql="select * from products";
4        QueryRunner runner=new QueryRunner(DataSourceUtils.getDataSource());
5        return runner.query(sql,
6                new BeanListHandler<Product>(Product.class));
7    }
```

为了让读者更好地理解查询出的商品列表如何在页面中显示，下面将 list.jsp 文件中与商品列表相关的代码进行展示，如例 12-2 所示。

例 12-2 list.jsp

```
1     ...
2     <table cellspacing="0" cellpadding="1" rules="all"
3         bordercolor="gray" border="1" id="DataGrid1"
4         style="BORDER-RIGHT: gray 1px solid; BORDER-TOP:
5         gray 1px solid; BORDER-LEFT: gray 1px solid; WIDTH: 100%;
6         WORD-BREAK: break-all; BORDER-BOTTOM: gray 1px solid;
7         BORDER-COLLAPSE: collapse; BACKGROUND-COLOR: #f5fafe;
8         WORD-WRAP: break-word">
9         <tr style="FONT-WEIGHT: bold; FONT-SIZE: 12pt; HEIGHT: 25px;
10            BACKGROUND-COLOR: #afd1f3">
11            <td align="center" width="24%">商品编号</td>
12            <td align="center" width="18%">商品名称</td>
13            <td align="center" width="9%">商品价格</td>
14            <td align="center" width="9%">商品数量</td>
15            <td width="8%" align="center">商品类别</td>
16            <td width="8%" align="center">编辑</td>
17            <td width="8%" align="center">删除</td>
18        </tr>
19        <c:forEach items="${ps}" var="p">
20        <tr onmouseover="this.style.backgroundColor='white'"
21            onmouseout="this.style.backgroundColor='#F5FAFE';">
22            <td style="CURSOR: hand; HEIGHT: 22px" align="center"
23                width="200">${p.id }</td>
24            <td style="CURSOR: hand; HEIGHT: 22px" align="center"
```

```
25              width="18%">${p.name }</td>
26          <td style="CURSOR: hand; HEIGHT: 22px" align="center"
27              width="8%">${p.price }</td>
28          <td style="CURSOR: hand; HEIGHT: 22px" align="center"
29              width="8%">${p.pnum }</td>
30          <td style="CURSOR: hand; HEIGHT: 22px" align="center">
31              ${p.category}</td>
32          <td align="center" style="HEIGHT: 22px" width="7%">
33  <a href="${pageContext.request.contextPath}/findProductById?
34              id=${p.id}&type=admin">
35  <img src="${pageContext.request.contextPath}/admin/images/i_edit.gif"
36              border="0" style="CURSOR: hand">
37                  </a>
38          </td>
39          <td align="center" style="HEIGHT: 22px" width="7%">
40  <a href="${pageContext.request.contextPath}/deleteProduct? id=${p.id}">
41  <img src="${pageContext.request.contextPath}/admin/images/i_del.gif"
42           width="16" height="16" border="0" style="CURSOR: hand">
43              </a>
44          </td>
45      </tr>
46  </c:forEach>
47  </table>
48  …
```

在例 12-2 中，第 19～46 行代码使用了“<c:forEach>”标签和 EL 表达式相结合，首先获取 request 域中保存的商品列表，然后对商品列表进行遍历，最后获取每个商品的详细信息。

2. 按条件查询

一个商场中出售的商品数量是众多的，如何让网上书城后台管理人员快速查找出指定商品的信息，这是非常重要的工作。在图 12-6 中输入商品编号、商品类别、商品名称或价格区间的查询条件，单击“查询”按钮，系统将按照给定的条件筛选商品，并最终将这些符合条件的商品显示在商品管理首页面的商品列表中。

当单击“查询”按钮时，表单提交并请求到“/findProductByManyCondition”，它在 web.xml 文件中映射的是 FindProductByManyConditionServlet 类，该类是后台管理系统中，用于根据条件查询指定商品信息的 Servlet，如例 12-3 所示。

例 12-3　FindProductByManyConditionServlet.java

```
1   public class FindProductByManyConditionServlet extends HttpServlet {
2       public void doGet(HttpServletRequest request,
3        HttpServletResponse response)throws ServletException, IOException {
4           doPost(request, response);
5       }
6       public void doPost(HttpServletRequest request,
7       HttpServletResponse response)throws ServletException, IOException {
8           String id=request.getParameter("id");           //商品 id
```

```
9            String name=request.getParameter("name");               //商品名称
10           String category=request.getParameter("category");       //商品类别
11           String minprice=request.getParameter("minprice");       //最小价格
12           String maxprice=request.getParameter("maxprice");       //最大价格
13           //创建 ProductService 对象
14           ProductService service=new ProductService();
15           //调用 service 层用于条件查询的方法
16           List<Product>ps=service.findProductByManyCondition(id, name,
17                   category, minprice, maxprice);
18           //将条件查询的结果放进 request 域中
19           request.setAttribute("ps", ps);
20           //请求重定向到商品管理首页 list.jsp 页面
21           request.getRequestDispatcher("/admin/products/list.jsp")
22                   .forward(request, response);
23       }
24   }
```

在例 12-3 中，第 8～12 行代码用于获取表单提交的各种查询条件；第 14 行代码用于创建 service 层 ProductService 类的对象；第 16 行代码用于调用 ProductService 类中的 findProductByManyCondition()方法，该方法中传入了查询条件，用于根据不同的查询条件进行商品过滤；第 19 行代码用于将条件查询的结果放进 request 域中；第 21 行代码用于将请求转发到商品管理首页 list.jsp 页面，在商品列表中显示条件查询的结果。

ProductService 类中的 findProductByManyCondition()方法，具体如下所示。

```
1    //多条件查询
2    public List<Product>findProductByManyCondition(String id, String name,
3            String category, String minprice, String maxprice) {
4        List<Product>ps=null;
5        try {
6            ps=dao.findProductByManyCondition(id, name, category,
7                    minprice, maxprice);
8        } catch (SQLException e) {
9            e.printStackTrace();
10       }
11       return ps;
12   }
```

从上述代码可以看出，findProductByManyCondition()方法中并没有其他的逻辑代码，只是调用了 dao 层 ProductDao 类中的 findProductByManyCondition()方法，该方法具体如下。

```
1    //多条件查询
2    public List<Product>findProductByManyCondition(String id, String name,
3            String category, String minprice, String maxprice)
4             throws SQLException {
5        List<Object>list=new ArrayList<Object>();
6        String sql="select * from products where 1=1 ";
7        QueryRunner runner=new QueryRunner(DataSourceUtils.getDataSource());
8        //商品编号
```

```
9          if (id !=null && id.trim().length()>0) {
10             sql+=" and id=?";
11             list.add(id);
12         }
13         //商品名称
14         if (name !=null && name.trim().length()>0) {
15             sql+=" and name=?";
16             list.add(name);
17         }
18         //商品类别
19         if (category !=null && category.trim().length()>0) {
20             sql+=" and category=?";
21             list.add(category);
22         }
23         //价格区间
24         if (minprice !=null && maxprice !=null
25         && minprice.trim().length()>0 && maxprice.trim().length()>0) {
26             sql+=" and price between ? and ?";
27             list.add(minprice);
28             list.add(maxprice);
29         }
30         //将集合转为对象数组类型
31         Object[] params=list.toArray();
32         return runner.query(sql,
33                 new BeanListHandler<Product>(Product.class), params);
34     }
```

在上述代码中,第 6 行代码表示要执行的 SQL 语句,其中“where 1=1”是在拼接 SQL 语句时常用的方式,用于兼顾有查询条件和无查询条件时的情况;第 9～29 行代码用于根据输入的查询条件拼接 SQL 语句。

12.2.3　实现添加商品信息功能

当公司采购的一批新商品入库时,后台管理人员需要录入这些新商品的信息,并保存到数据库中,以便这些新商品可以在前台网站进行展示和出售,这时就需要进行添加商品信息操作。在如图 12-6 所示的商品管理首页面上,单击“添加”按钮,打开商品添加页面,如图 12-7 所示。

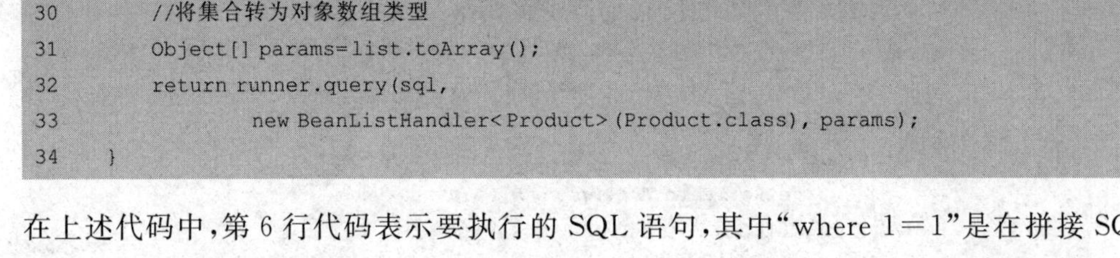

图 12-7　商品添加页面

填写图 12-7 中的各种商品信息,单击“确定”按钮会发送一个“/addProduct”请求,在 web.xml 文件中,该请求地址映射到 AddProductServlet 类,该类是后台用于添加商品的

Servlet。需要注意的是，由于添加商品中涉及上传商品图片的功能，因此在其对应的JSP页面form表单中，需要将method属性值设置为“post”，enctype属性值设置为“multipart/form-data”。

AddProductServlet类具体如例12-4所示。

例12-4　AddProductServlet.java

```
1     /**
2      * 后台系统
3      * 用于添加商品的 servlet
4      */
5     public class AddProductServlet extends HttpServlet {
6         public void doGet(HttpServletRequest request,HttpServletResponse
7                 response)throws ServletException, IOException {
8             doPost(request, response);
9         }
10        public void doPost(HttpServletRequest request,
11         HttpServletResponse response)throws ServletException, IOException {
12            //创建 Product 对象,用于封装提交的数据
13            Product p=new Product();
14            Map<String, String>map=new HashMap<String, String>();
15            //通过 IdUtils 工具类生成 UUID,封装成商品 id
16            map.put("id", IdUtils.getUUID());
17            DiskFileItemFactory dfif=new DiskFileItemFactory();
18            //设置临时文件存储位置
19             dfif.setRepository(new File(this.getServletContext()
20                    .getRealPath("/temp")));
21            //设置上传文件缓存大小为 10MB
22            dfif.setSizeThreshold(1024 * 1024 * 10);
23            //创建上传组件
24            ServletFileUpload upload=new ServletFileUpload(dfif);
25            //处理上传文件中文乱码
26            upload.setHeaderEncoding("utf-8");
27            try {
28                //解析 request 得到所有的 FileItem
29                List<FileItem>items=upload.parseRequest(request);
30                //遍历所有 FileItem
31                for (FileItem item : items) {
32                    //判断当前是否是上传组件
33                    if (item.isFormField()) {
34                        //不是上传组件
35                        String fieldName=item.getFieldName();        //获取组件名称
36                        String value=item.getString("utf-8");        //解决乱码问题
37                        map.put(fieldName, value);
38                    } else {
39                        //是上传组件
40                        //得到上传文件真实名称
41                        String fileName=item.getName();
42                        fileName=FileUploadUtils.subFileName(fileName);
43
```

```
44                      //得到随机名称
45                      String randomName=FileUploadUtils
46                              .generateRandonFileName(fileName);
47                      //得到随机目录
48                      String randomDir=FileUploadUtils
49                              .generateRandomDir(randomName);
50                      //图片存储父目录
51                      String imgurl_parent="/productImg"+randomDir;
52
53                      File parentDir=new File(this.getServletContext()
54                              .getRealPath(imgurl_parent));
55                      //验证目录是否存在,如果不存在,创建出来
56                      if (!parentDir.exists()) {
57                          parentDir.mkdirs();
58                      }
59                       //拼接图片存放的地址
60                      String imgurl=imgurl_parent+"/"+randomName;
61                      map.put("imgurl", imgurl);
62                      IOUtils.copy(item.getInputStream(),
63                          new FileOutputStream(
64                          new File(parentDir, randomName)));
65                      item.delete();
66                  }
67              }
68          } catch (FileUploadException e) {
69              e.printStackTrace();
70          }
71          try {
72              //通过 BeanUtils 工具的 populate()方法,将数据封装到 JavaBean 中
73              BeanUtils.populate(p, map);
74          } catch (IllegalAccessException e) {
75              e.printStackTrace();
76          } catch (InvocationTargetException e) {
77              e.printStackTrace();
78          }
79          //创建 ProductService 类的对象
80          ProductService service=new ProductService();
81          try {
82              //调用 service 层方法完成添加商品操作
83              service.addProduct(p);
84          //将请求转发到"/listProduct"路径,查询所有商品并显示商品管理首页面
85              response.sendRedirect(request.getContextPath()
86                      +"/listProduct");
87              return;
88          } catch (AddProductException e) {
89              e.printStackTrace();
90              response.getWriter().write("添加商品失败");
91              return;
92          }
93      }
94  }
```

由于该表单提交的数据分为两种：一种是普通表单域，包括商品名称、商品价格、商品数量、商品类别和商品描述；另一种是商品图片这种文件域，所以在程序中需要根据是否为文件域，对数据分别进行处理。在例 12-4 中，第 29 行代码用于解析请求数据得到 FileItem 对象集合；第 30 行代码用于遍历 FileItem 集合；第 31～66 行代码用于对每个 FileItem 进行判断，如果不是文件域就获取其名值对存入 Map 集合，如果是，那么说明是对商品图片的上传，拼接图片新名称并将图片放到指定的文件目录下；第 82 行代码调用了 service 层 ProductService 类的 addProduct ()方法，用于完成添加商品操作。

ProductService 类中的 addProduct ()方法如下。

```
1    //添加商品
2    public void addProduct(Product p) throws AddProductException {
3        try {
4            dao.addProduct(p);
5        } catch (SQLException e) {
6            e.printStackTrace();
7            throw new AddProductException("添加商品失败");
8        }
9    }
```

从上述代码可以看出，service 层并没有其他的业务逻辑处理，它只是调用了 dao 层 ProductDao 类的 addProduct()方法，该方法代码具体如下。

```
1    //添加商品
2    public void addProduct(Product p) throws SQLException {
3        String sql="insert into products values(?,?,?,?,?,?,?)";
4        QueryRunner runner=new QueryRunner(DataSourceUtils.getDataSource());
5        runner.update(sql, p.getId(), p.getName(), p.getPrice(),
6        p.getCategory(), p.getPnum(), p.getImgurl(), p.getDescription());
7    }
```

12.2.4 实现编辑商品信息功能

商品的信息在添加完成之后，还常常需要更改，例如，市场人员根据市场的需求，将商品的价格进行调整。不只商品价格的变化，商品的任何一个信息需要变更时，后台人员都可以通过编辑商品信息功能来完成操作。

在如图 12-6 所示的商品管理首页面上，单击商品列表中一个商品后面的“编辑”按钮，将发送一个 URL 请求“/findProductById”，该请求在 web. xml 文件中映射到 FindProductByIdServlet 类，它是前台网站和后台管理系统公共的 Servlet，该类用于根据商品 id 查询指定的商品信息。URL 请求后带有两个参数，分别是商品 id 和用户类型标识 type，其中，type 参数的作用是区分请求来自前台网站还是后台系统。查询出指定商品的信息之后，将信息保存在 request 域中，并转发到商品信息编辑页面，通过 EL 表达式便可以将商品的信息回显到表单指定的输入框中。

FindProductByIdServlet 类具体如例 12-5 所示。

例 12-5　FindProductByIdServlet.java

```
1    /**
2     * 根据商品 id 查找指定商品信息的 servlet
3     */
4    public class FindProductByIdServlet extends HttpServlet {
5        public void doGet(HttpServletRequest request, HttpServletResponse
6         response) throws ServletException, IOException {
7            doPost(request, response);
8        }
9        public void doPost(HttpServletRequest request, HttpServletResponse
10        response) throws ServletException, IOException {
11           //获取商品的 id
12           String id=request.getParameter("id");
13           //获取 type 参数值,此处的 type 用于区分请求来自前台网站还是后台系统
14           String type=request.getParameter("type");
15           //创建 service 层对象
16           ProductService service=new ProductService();
17           try {
18               //调用 service 层方法,通过 id 查找商品
19               Product p=service.findProductById(id);
20               request.setAttribute("p", p);
21               //前台网站不传递 type 值,会跳转到前台网站的商品详细信息 info.jsp 页面
22               if (type==null) {
23                   request.getRequestDispatcher("/client/info.jsp").
24                                                       forward(request,response);
25                   return;
26               }
27                //如果请求来自后台系统,跳转到后台系统的商品编辑 edit.jsp 页面
28               request.getRequestDispatcher("/admin/products/edit.jsp").
29                                                   forward(request, response);
30               return;
31           } catch (FindProductByIdException e) {
32               e.printStackTrace();
33           }
34       }
35   }
```

在例 12-5 中,第 12、14 行代码分别用于获取请求 URL 中两个参数 id 和 type 的值;第 19 行代码用于调用 service 层 ProductService 类的 findProductById()方法,查询指定商品的信息;第 20 行代码将查询出的商品信息放入 request 域中;第 22～29 行代码用于判断请求来自前台网站还是后台系统,如果来自后台系统,将请求转发到后台系统的商品编辑 edit.jsp 页面。

商品编辑页面,如图 12-8 所示。

从图 12-8 中可以看出,商品编辑页面和商品添加页面非常相似,其中不同的一点是进入商品编辑页面时,商品的名称、价格、数量等原有信息自动回显到了页面上,而不是所有的信息都手动进行填写。

在商品编辑页面中修改相应商品的信息,单击“确定”按钮会发送一个“/editProduct”请

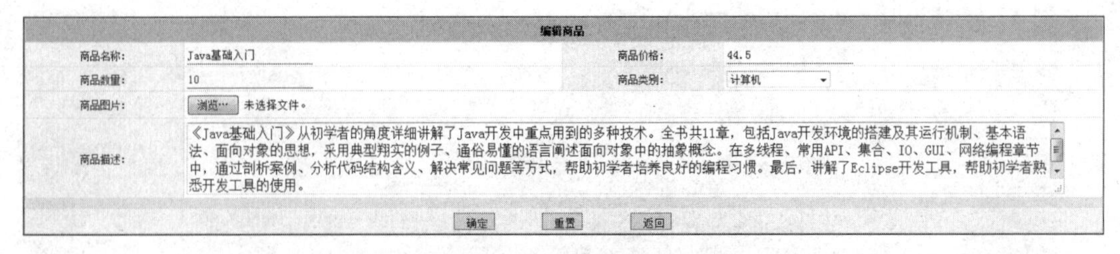

图 12-8　商品编辑页面

求，在 web.xml 文件中，该请求地址映射到 EditProductServlet 类，该类是后台系统用于编辑商品的 Servlet。需要注意的是，由于编辑商品和添加商品一样，都涉及上传商品图片的功能，因此在其对应的 JSP 页面 form 表单中，也需要将 method 属性值设置为"post"，enctype 属性值设置为"multipart/form-data"。

AddProductServlet 类具体如例 12-6 所示。

例 12-6　EditProductServlet.java

```
1    /**
2     * 后台系统
3     * 用于编辑商品信息的 servlet
4     */
5    public class EditProductServlet extends HttpServlet {
6        public void doGet(HttpServletRequest request,
7         HttpServletResponse response)throws ServletException, IOException {
8            doPost(request, response);
9        }
10       public void doPost(HttpServletRequest request,
11       HttpServletResponse response)throws ServletException, IOException {
12           //创建 JavaBean,将上传数据封装
13           Product p=new Product();
14           Map<String, String>map=new HashMap<String, String>();
15           DiskFileItemFactory dfif=new DiskFileItemFactory();
16           //设置临时文件存储位置
17            dfif.setRepository(new File(this.getServletContext()
18                                .getRealPath("/temp")));
19           //设置上传文件缓存大小为 10MB
20           dfif.setSizeThreshold(1024 * 1024 * 10);
21           //创建上传组件
22           ServletFileUpload upload=new ServletFileUpload(dfif);
23           //处理上传文件中文乱码
24           upload.setHeaderEncoding("utf-8");
25           try {
26               //解析 request 得到所有的 FileItem
27               List<FileItem>items=upload.parseRequest(request);
28               //遍历所有 FileItem
29               for (FileItem item : items) {
30                   //判断当前是否是上传组件
31                   if (item.isFormField()) {
32                       //不是上传组件
```

```
33                  String fieldName=item.getFieldName();          //获取组件名称
34                  String value=item.getString("utf-8");          //解决乱码问题
35                      map.put(fieldName, value);
36                  } else {
37                  //是上传组件
38                  //得到上传文件真实名称
39                  String fileName=item.getName();
40                  if (fileName !=null && fileName.trim().length()>0) {
41                      fileName=FileUploadUtils.subFileName(fileName);
42                      //得到随机名称
43                      String randomName=FileUploadUtils
44                              .generateRandonFileName(fileName);
45                      //得到随机目录
46                      String randomDir=FileUploadUtils
47                              .generateRandomDir(randomName);
48                      //图片存储父目录
49                      String imgurl_parent="/productImg"+randomDir;
50                      File parentDir=new File(this.getServletContext()
51                              .getRealPath(imgurl_parent));
52                      //验证目录是否存在,如果不存在,创建出来
53                      if (!parentDir.exists()) {
54                          parentDir.mkdirs();
55                      }
56                      String imgurl=imgurl_parent+"/"+randomName;
57                      map.put("imgurl", imgurl);
58                      IOUtils.copy(item.getInputStream(),
59                  new FileOutputStream(new File(parentDir,randomName)));
60                  item.delete();
61                  }
62              }
63          }
64      } catch (FileUploadException e) {
65              e.printStackTrace();
66      }
67          try {
68              //将数据封装到 JavaBean 中
69              BeanUtils.populate(p, map);
70          } catch (IllegalAccessException e) {
71              e.printStackTrace();
72          } catch (InvocationTargetException e) {
73              e.printStackTrace();
74          }
75
76          ProductService service=new ProductService();
77          //调用 service 完成修改商品操作
78          service.editProduct(p);
79          response.sendRedirect(request.getContextPath()+"/listProduct");
80          return;
81      }
82  }
```

从例 12-6 中可以看出，用于编辑商品的 EditProductServlet 和添加商品的 AddProductServlet 的代码逻辑非常相似，所不同的主要有两点：一是编辑时商品 id 不能修改，因此在 EditProductServlet 中不需再封装商品 id；二是编辑商品时，EditProductServlet 调用的是 service 层修改商品的方法，第 78 行代码就是用于调用 service 层 ProductServic 类的 editProduct()方法完成修改商品操作。

ProductServic 类的 editProduct()方法具体如下。

```
1   //修改商品信息
2   public void editProduct(Product p) {
3       try {
4           dao.editProduct(p);
5       } catch (SQLException e) {
6           e.printStackTrace();
7       }
8   }
```

从上述代码可以看出，service 层并没有其他的业务逻辑处理，它只是调用了 dao 层 ProductDao 类的 editProduct()方法，该方法代码具体如下。

```
1   //修改商品信息
2   public void editProduct(Product p) throws SQLException {
3       List<Object>obj=new ArrayList<Object>();
4       obj.add(p.getName());
5       obj.add(p.getPrice());
6       obj.add(p.getCategory());
7       obj.add(p.getPnum());
8       obj.add(p.getDescription());
9       String sql="update products set name=?,price=? ,category=?,pnum=?"
10              +",description=? ";
11      if (p.getImgurl() !=null && p.getImgurl().trim().length()>0) {
12          sql+=" ,imgurl=?";
13          obj.add(p.getImgurl());
14      }
15      sql+=" where id=?";
16      obj.add(p.getId());
17      QueryRunner runner=new QueryRunner(DataSourceUtils.getDataSource());
18      runner.update(sql, obj.toArray());
19  }
```

在上述代码中，第 9～15 行代码用于拼接 SQL 语句，根据编辑页面是否上传图片，判断是否对商品原来的图片地址进行修改，如果没有上传则不修改，否则进行修改。

12.2.5 实现删除商品信息功能

当某个商品永久下架时，就可以在后台系统中将该商品的信息删除。在如图 12-6 所示的商品管理首页面上，单击商品列表中一个商品后面的“删除”按钮☒，将发送一个 URL 请求，该请求在 web.xml 文件中映射到 DeleteProductServlet 类，同时 URL 请求后面还带了一个参数 id，用于指定要删除商品。

DeleteProductServlet 类具体如例 12-7 所示。

例 12-7 DeleteProductServlet. java

```
1   /**
2    * 后台系统
3    * 删除商品信息的 servlet
4    */
5   public class DeleteProductServlet extends HttpServlet {
6       public void doGet(HttpServletRequest request,
7        HttpServletResponse response)throws ServletException, IOException {
8           doPost(request, response);
9       }
10      public void doPost(HttpServletRequest request,
11       HttpServletResponse response)throws ServletException, IOException {
12          //获取请求参数,商品 id
13          String id=request.getParameter("id");
14          ProductService service=new ProductService();
15          //调用 service 层方法完成删除商品操作
16          service.deleteProduct(id);
17          response.sendRedirect(request.getContextPath()+"/listProduct");
18          return;
19      }
20  }
```

在例 12-7 中,第 13 行代码用于获取请求 URL 后面参数 id 的值;第 16 行代码用于调用 service 层 ProductService 类中的 deleteProduct()方法完成删除商品操作;第 17 行代码用于将请求重定向到"/listProduct"。通过对查询商品信息的讲解,我们知道"/listProduct"请求在 web. xml 中映射的是 ListProductServlet 类,该类用于查询所有商品并跳转到商品管理首页面,事实上,不仅删除商品信息操作结束后将请求重定向到"/listProduct",添加和编辑商品信息结束后同样如此。

ProductServic 类的 editProduct()方法具体如下。

```
1   //后台系统,根据 id 删除商品信息
2   public void deleteProduct(String id) {
3       try {
4           dao.deleteProduct(id);
5       } catch (SQLException e) {
6           throw new RuntimeException("后台系统根据 id 删除商品信息失败!");
7       }
8   }
```

从上述代码可以看出,service 层并没有其他的业务逻辑处理,它调用的是 dao 层 ProductDao 类的 deleteProduct ()方法,该方法代码具体如下。

```
1   //后台系统,根据 id 删除商品信息
2   public void deleteProduct(String id) throws SQLException {
3       String sql="DELETE FROM products WHERE id=?";
4       QueryRunner runner=new QueryRunner(DataSourceUtils.getDataSource());
5       runner.update(sql, id);
6   }
```

需要注意的是，在实际开发中删除操作常常是进行假删除，也就是说并不是在数据库中真正删除这条记录，而是修改这条记录的状态标识，同时删除商品操作还会牵涉到很多关联表的数据，如订单表。在网上书城后台系统的删除商品信息功能中，由于篇幅和时间的限制，并没有考虑上述两点，如果读者有兴趣，可以在本书提供的源代码基础上进行优化。

12.3 销售榜单模块

为了便于管理人员查看和保留销售历史数据，网上书城后台管理系统中提供了销售榜单模块，该模块主要实现的功能是下载历史销售数据，将已销售商品的信息按照商品销量从高到低排序后导出到 csv 文件中。销售榜单模块的功能结构如图 12-9 所示。

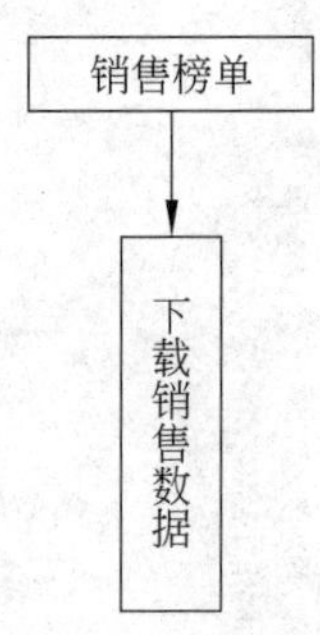

图 12-9 后台销售榜单功能结构

从图 12-9 中可以看出，销售榜单模块中只包含下载销售数据这一功能。单击左边页面菜单栏中的“销售榜单”菜单，将进入销售榜单功能首页面，如图 12-10 所示。

从图 12-10 中可以看出，下载销售数据时可以填写年份和月份这两个查询条件，在年份输入框和月份下拉框中分别填写相应信息，然后单击“下载”按钮，会弹出文件下载提示框，在提示框中选择文件的下载目录，单击“确定”按钮后就可以将指定年份和月份的销售历史数据下载到文件中。

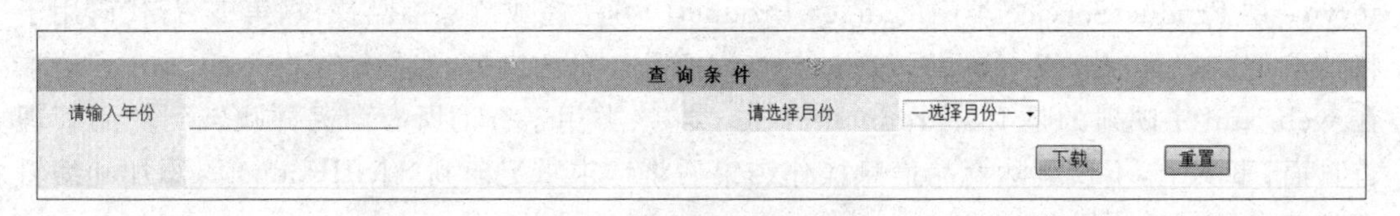

图 12-10 销售榜单首页面

如图 12-10 所示的销售榜单首页面对应的 JSP 是 download.jsp，其关键代码具体如例 12-8 所示。

例 12-8 download.jsp

```
1    ...
2    <form id="Form1" name="Form1"
3    action="${pageContext.request.contextPath}/download" method="post">
4    <table cellSpacing="1" cellPadding="0" width="100%" align="center"
5        bgColor="#f5fafe" border="0">
6            <tbody>
7                <tr>
8                    <td class="ta_01" align="center" bgColor="#afd1f3">
9                        <strong>查 询 条 件</strong>
10                   </td>
11               </tr>
12               <tr>
13                   <td>
14       <table cellpadding="0" cellspacing="0" border="0" width="100%">
```

```
15             <tr>
16                 <td height="22" align="center"
17                     bgColor="#f5fafe" class="ta_01">
18                         请输入年份
19                 </td>
20                 <td class="ta_01" bgColor="#ffffff">
21                 <input type="text" name="year" size="15" value=""
22                 id="Form1_userName" class="bg"/>
23                 </td>
24                 <td height="22" align="center" bgColor="#f5fafe"
25                         class="ta_01">
26                         请选择月份
27                 </td>
28                 <td class="ta_01" bgColor="#ffffff">
29                     <select name="month" id="month">
30                         <option value="0">--选择月份--</option>
31                         <option value="1">一月</option>
32                         <option value="2">二月</option>
33                         <option value="3">三月</option>
34                         <option value="4">四月</option>
35                         <option value="5">五月</option>
36                         <option value="6">六月</option>
37                         <option value="7">七月</option>
38                         <option value="8">八月</option>
39                         <option value="9">九月</option>
40                         <option value="10">十月</option>
41                         <option value="11">十一月</option>
42                         <option value="12">十二月</option>
43                     </select>
44                 </td>
45                 </tr>
46                 <tr>
47                 <td width="100" height="22" align="center"
48                         bgColor="#f5fafe" class="ta_01">
49                 </td>
50                 <td class="ta_01" bgColor="#ffffff">
51                 <font face="宋体" color="red"> </font>
52                 </td>
53                 <td align="right" bgColor="#ffffff" class="ta_01">
54                         <br><br>
55                 </td>
56                 <td align="center" bgColor="#ffffff" class="ta_01">
57                     <input type="submit" id="search" name="search"
58                             value="下载" class="button_view">
59                                  
60                     <input type="reset" name="reset" value="重置"
61                             class="button_view"/>
62                         </td>
63                         </tr>
64                     </table>
65                 </td>
```

```
66              </tr>
67          </tbody>
68      </table>
69  </form>
70  ...
```

在例 12-8 中，第 2～69 行代码表示的是一个 form 表单，其中第 20、21 行代码表示年份输入框，第 29～43 行代码表示月份下拉框，单击第 57、58 行代码表示的“下载”按钮，会将 form 表单提交到“/download”，该请求在 web.xml 文件中映射的是 DownloadServlet 类，该类是后台系统中用于下载销售数据的 Servlet。

DownloadServlet 类具体如例 12-9 所示。

例 12-9 DownloadServlet.java

```
1   public class DownloadServlet extends HttpServlet {
2       public void doGet(HttpServletRequest request,
3        HttpServletResponse response)throws ServletException, IOException {
4           doPost(request, response);
5       }
6       public void doPost(HttpServletRequest request,
7           HttpServletResponse response)throws ServletException, IOException {
8           String year=request.getParameter("year");         //年份
9           String month=request.getParameter("month");       //月份
10          //创建 service 层的对象
11          ProductService service=new ProductService();
12          //调用 service 层用于查询销售数据的方法 download();
13          List<Object[]>ps=service.download(year,month);
14          //拼接文件名
15          String fileName=year+"年"+month+"月销售榜单.csv";
16          //使客户端浏览器区分不同种类的数据。
17          response.setContentType(this.getServletContext()
18                                  .getMimeType(fileName));
19          //设置文件名
20          response.setHeader("Content-Disposition", "attachment;filename="
21          +new String(fileName.getBytes("GBK"),"iso8859-1"));
22          response.setCharacterEncoding("gbk");
23          //向文件中写入数据
24          PrintWriter out=response.getWriter();
25          out.println("商品名称,销售数量");
26          for (int i=0; i<ps.size(); i++) {
27              Object[] arr=ps.get(i);
28              out.println(arr[0]+","+arr[1]);
29          }
30          out.flush();
31          out.close();
32      }
33  }
```

在例 12-9 中，第 8、9 行代码用于接收表单传递的年份和月份参数；第 13 行代码用于把这两个参数传递给 ProductService 类中的 download()方法，返回一个销售数据的列表；第

15 行代码用于将年份、月份两个参数拼接出要保存的文件名；第 20 行代码用于设置 Content-Disposition 头字段，当浏览器接收到头时，会激活文件下载对话框，对话框中的文件名框默认填充了头中指定的文件名。第 24～31 行代码用于向 csv 文件中写入数据，“商品名称”、“销售数量”为标题，然后运用循环遍历，将销售数据逐行写入文件。

浏览器弹出的文件下载对话框如图 12-11 所示。

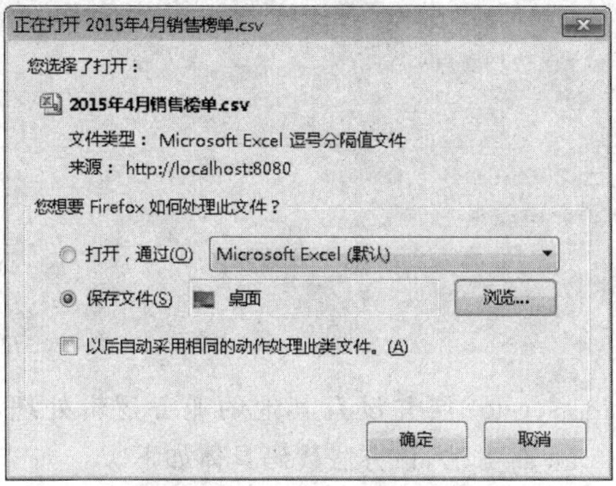

图 12-11　文件下载对话框

在图 12-11 中，后台系统的管理人员可以选择直接打开文件，也可以选择将文件保存在指定的目录下。在此选择将文件保存在桌面，然后单击“确定”按钮，名称为“2015 年 4 月销售榜单. csv”的 csv 文件(csv 即逗号分隔值文件格式，通常是纯文本文件。如果机器上装了 Microsoft Excel，. csv 文件默认是被 Excel 打开的)便被成功导出。

在文件保存的路径下找到“2015 年 4 月销售榜单. csv”文件并打开，文件内容具体如图 12-12 所示。

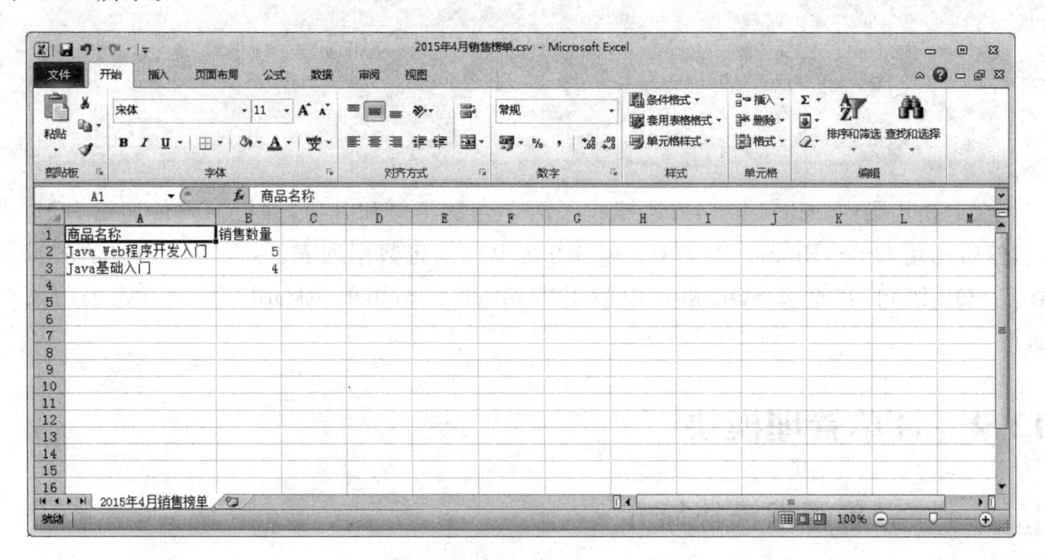

图 12-12　销售榜单 cvs 文件

从图 12-12 中可以看出，通过销售榜单模块下载 2015 年 4 月份销售数据成功。

在讲解例12-9时，我们讲到其中第13行代码调用了service层ProductService类中的download()方法，并向该方法传递了表示年份和月份的两个参数，为了让读者更好地理解它是如何返回一个销售数据列表的，下面将download()方法具体实现代码展示如下。

```
1   //下载销售榜单
2   public List<Object[]>download(String year, String month) {
3       List<Object[]>salesList=null;
4       try {
5           salesList=dao.salesList(year, month);
6       } catch (SQLException e) {
7           e.printStackTrace();
8       }
9       return salesList;
10  }
```

从上述代码可以看出，service层并没有其他的业务逻辑处理，它只是调用了dao层ProductDao类中的salesList ()方法，该方法代码具体如下。

```
1   //销售榜单
2   public List<Object[]>salesList(String year, String month)
3   throws SQLException {
4       String sql="SELECT products.name,SUM(orderitem.buynum) "+
5                   " totalsalnum    "+
6               "FROM orders,products,orderItem "+
7               "WHERE orders.id=orderItem.order_id "+
8               "AND products.id=orderItem.product_id "+
9               "AND orders.paystate=1 and year(ordertime)=? "+
10              "AND month(ordertime)=? "+
11              "GROUP BY products.name ORDER BY totalsalnum DESC";
12      QueryRunner runner=new QueryRunner(DataSourceUtils.getDataSource());
13      return runner.query(sql, new ArrayListHandler(), year, month);
14  }
```

在上述代码中，salesList()方法接收了两个参数年份和月份，并把参数传递给SQL语句，然后调用QueryRunner类的query()方法返回销售数据列表。salesList()方法的重点在于SQL语句，在这段SQL语句中使用了orders、products和orderItem三张表的关联查询。

12.4 订单管理模块

12.4.1 订单管理模块简介

网上书城中的订单管理是对订单信息，比如订单编号、订单收件人、订单总价和订单所属用户等的管理，这些订单信息是由网上书城网站前台用户提交订单时生成的。网上书城后台管理系统中的订单管理模块主要实现三个功能，分别是查询订单列表、查看订单详情和删除订单信息。后台订单管理模块的功能结构如图 12-13 所示。

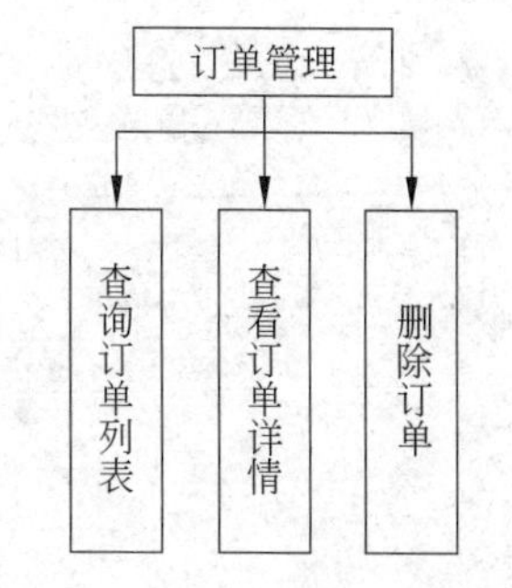

图 12-13　后台订单管理功能结构

超级用户在成功登录后台系统后,单击左边页面的“订单管理”菜单,即可进入订单管理模块的首页页面,订单管理首页面如图 12-14 所示。

从图 12-14 可以看出,订单管理首页面中主要包括查询条件、订单列表和按钮等,其中查询条件有订单编号和收件人,用户可以根据任一条件或者多条件进行自定义查询,订单列表用于显示查询出的订单。由于查看订单详情和删除订单是针对单个订单操作的功能,所以在订单列表中每一条数据的最后两列都有用于针对该订单进行查看和删除的链接。

查询条件

订单编号 ______ 收件人: ______

查询　重置

订单列表

订单编号	收件人	地址	联系电话	总价	所属用户	订单状态	查看	删除
10870dea-fdb3-4ced-913a-5b3ae21d5d2d	黄老师	北京市昌平区建材城西路金燕龙办公楼一层 传智播客	13041018869	148.0	huangyun	未支付		
611f80fa-4273-4674-be09-9530b6276e15	黄老师	北京市昌平区建材城西路金燕龙办公楼一层 传智播客	13041018869	89.0	huangyun	已支付		
86460d60-0f21-4267-813e-43c0fd6b97f3	黄老师	北京市昌平区建材城西路金燕龙办公楼一层 传智播客	13041018869	59.0	huangyun	未支付		
bc8e1f09-271d-4680-9911-1edb2834eae4	黄老师	北京市昌平区建材城西路金燕龙办公楼一层 传智播客	13041018869	400.5	huangyun	已支付		

图 12-14　订单管理首页面

12.4.2　实现查询订单列表功能

查询订单列表功能可以分为查询所有订单和用户根据条件自定义查询订单这两种情况,下面就对它们分别进行讲解,具体如下。

1. 查询所有订单信息

为了后台管理人员能方便地查看网上书城项目中所有订单的信息,常常需要开发查询所有订单信息的功能,该功能将所有订单信息展示在订单管理首页面订单列表中。单击系统左侧页面菜单中的“订单管理”菜单,请求到“/findOrders”,它在 web. xml 文件中映射的是 FindOrdersServlet 类,该类就是后台管理系统中,用于查询所有订单信息的 Servlet。

FindOrdersServlet 类具体如例 12-10 所示。

例 12-10　FindOrdersServlet. java

```
1    //查询所有订单
2    public class FindOrdersServlet extends HttpServlet {
3        public void doGet(HttpServletRequest request,
4          HttpServletResponse response)throws ServletException, IOException {
5            doPost(request, response);
6        }
7        public void doPost(HttpServletRequest request,
8        HttpServletResponse response)throws ServletException, IOException {
9            //创建 service 层对象
```

```
10          OrderService service=new OrderService();
11          //调用 service 层 findAllOrder()方法用于查询订单列表
12          List<Order>orders=service.findAllOrder();
13          request.setAttribute("orders", orders);
14          //将请求转发到 list.jsp 页面
15          request.getRequestDispatcher("/admin/orders/list.jsp")
16                      .forward(request,response);
17      }
18  }
```

在例 12-10 中,第 12 行代码用于调用 service 层 OrderService 类的 findAllOrder()方法,返回查询出的所有订单的集合。第 15、16 行代码用于将请求转发到 list.jsp,并将订单集合展示在订单列表。值得一提的是,list.jsp 对应的就是如图 12-14 所示的订单管理首页面。

OrderService 类的 findAllOrder()方法具体如下。

```
1   //查找所有订单
2   public List<Order>findAllOrder() {
3       List<Order>orders=null;
4       try {
5           //查找出订单信息
6           orders=odao.findAllOrder();
7       } catch (SQLException e) {
8           e.printStackTrace();
9       }
10      return orders;
11  }
```

从上述代码可以看出,service 层并没有其他的业务逻辑处理,它调用的是 dao 层 OrderDao 类的 findAllOrder()方法,该方法代码具体如下。

```
1   //查找所有订单
2   public List<Order>findAllOrder() throws SQLException {
3       String sql="select orders.*,user.* from orders,user"
4           +" where user.id=orders.user_id order by orders.user_id";
5       QueryRunner runner=new QueryRunner(DataSourceUtils.getDataSource());
6       return runner.query(sql, new ResultSetHandler<List<Order>>() {
7           public List<Order>handle(ResultSet rs) throws SQLException {
8               List<Order>orders=new ArrayList<Order>();
9                   //遍历所有的订单结果集
10                  while (rs.next()) {
11                      //设置订单信息
12              Order order=new Order();
13              order.setId(rs.getString("orders.id"));
14              order.setMoney(rs.getDouble("orders.money"));
15              order.setOrdertime(rs.getDate("orders.ordertime"));
16              order.setPaystate(rs.getInt("orders.paystate"));
17              order.setReceiverAddress(rs.getString("orders.receiverAddress"));
18              order.setReceiverName(rs.getString("orders.receiverName"));
```

```
19          order.setReceiverPhone(rs.getString("orders.receiverPhone"));
20          orders.add(order);
21
22          User user=new User();
23          user.setId(rs.getInt("user.id"));
24          user.setEmail(rs.getString("user.email"));
25          user.setGender(rs.getString("user.gender"));
26          user.setActiveCode(rs.getString("user.activecode"));
27          user.setIntroduce(rs.getString("user.introduce"));
28          user.setPassword(rs.getString("user.password"));
29          user.setRegistTime(rs.getDate("user.registtime"));
30          user.setRole(rs.getString("user.role"));
31          user.setState(rs.getInt("user.state"));
32          user.setTelephone(rs.getString("user.telephone"));
33          user.setUsername(rs.getString("user.username"));
34
35          order.setUser(user);
36              }
37              return orders;
38          }
39      });
40  }
```

在上述代码中,由于订单列表中需要显示所属用户这一项,所以需要查询两张表,即orders订单表和users用户表。所有的订单查询之后会转发到list.jsp页面,为了方便读者更好地理解如何将查询出的所有订单信息显示在页面上,接下来将list.jsp文件订单列表的相关代码进行展示,具体如例12-11所示。

例12-11 list.jsp

```
1   …
2   <table cellspacing="0" cellpadding="1" rules="all" bordercolor="gray"
3    border="1" id="DataGrid1" style="BORDER-RIGHT: gray 1px solid;
4   BORDER-TOP: gray 1px solid; BORDER-LEFT: gray 1px solid; WIDTH: 100%;
5   WORD-BREAK: break-all; BORDER-BOTTOM: gray 1px solid; BORDER-COLLAPSE:
6   collapse;BACKGROUND-COLOR:#f5fafe;WORD-WRAP: break-word">
7   <tr style="FONT-WEIGHT: bold; FONT-SIZE: 12pt;
8     HEIGHT: 25px; BACKGROUND-COLOR: #afd1f3">
9       <td align="center" width="20%">订单编号</td>
10      <td align="center" width="10%">收件人</td>
11      <td align="center" width="15%">地址</td>
12      <td align="center" width="10%">联系电话</td>
13      <td width="11%" align="center">总价</td>
14      <td width="8%" align="center">所属用户</td>
15      <td width="10%" align="center">订单状态</td>
16      <td width="7%" align="center">查看</td>
17      <td width="7%" align="center">删除</td>
18  </tr>
19  <c:forEach items="${orders}" var="order">
20  <tr onmouseover="this.style.backgroundColor='white'"
```

```
21          onmouseout="this.style.backgroundColor='#F5FAFE';">
22          <td style="CURSOR: hand; HEIGHT: 22px" align="center" width="20%">
23              ${order.id}</td>
24          <td style="CURSOR: hand; HEIGHT: 22px"align="center" width="10%">
25              ${order.receiverName}</td>
26          <td style="CURSOR: hand; HEIGHT: 22px" align="center" width="15%">
27              ${order.receiverAddress }</td>
28          <td style="CURSOR: hand; HEIGHT: 22px" align="center" width="10%">
29              ${order.receiverPhone }</td>
30          <td style="CURSOR: hand; HEIGHT: 22px" align="center">
31              ${order.money}</td>
32          <td width="8%" align="center">${order.user.username}</td>
33          <td width="10%" align="center">
34              ${order.paystate==0?"未支付":"已支付"}</td>
35          <td align="center" style="HEIGHT: 22px">
36              <a href="${pageContext.request.contextPath}
37              /findOrderById? id=${order.id}&type=admin">
38          <img src="${pageContext.request.contextPath}
39          /admin/images/button_view.gif" border="0" style="CURSOR: hand"></a>
40          </td>
41          <td align="center" style="HEIGHT: 22px">
42           <c:if test="${order.paystate!=0 }">
43              <a href="${pageContext.request.contextPath}
44                  /delOrderById? id=${order.id}&type=admin">
45                  <img src="${pageContext.request.contextPath}
46                   /admin/images/i_del.gif"
47                  width="16" height="16" border="0" style="CURSOR: hand">
48                  </a>
49              </c:if>
50              <c:if test="${order.paystate==0 }">
51                  <a href="javascript:alert('不能删除未支付订单')">
52                   <img src="${pageContext.request.contextPath}
53                      /admin/images/i_del.gif"
54                  width="16" height="16" border="0" style="CURSOR: hand">
55              </a>
56          </c:if>
57      </td>
58      </tr>
59      </c:forEach>
60      </table>
61      ...
```

例 12-11 所示的是订单管理首页中订单列表对应的代码，其中，第 19 行代码使用了<c:forEach>标签和 EL 表达式，获取 request 域中的 orders 属性，然后将该属性中对应着所有的订单信息进行遍历，第 42～56 行代码用于判断订单列表中的每个订单是否已支付，未支付订单不能进行删除操作。

2. 按条件查询

为了方便对订单的快速和精确查询，我们添加了条件查询功能，查询条件为订单编号和收件人。在查询条件中输入订单编号或者收件人,单击“查询”按钮,系统将按照给定的条件筛选订单,并最终将这些符合条件的订单显示在订单管理首页面的订单列表中。

单击“查询”按钮时,发送请求“/findOrderByManyCondition”,它在 web.xml 文件中映射的是 FindOrderByManyConditionServlet 类,该类是后台管理系统中,用于根据条件查询指定订单信息的 Servlet,具体如例 12-12 所示。

例 12-12 FindOrderByManyConditionServlet.java

```
1    public class FindOrderByManyConditionServlet extends HttpServlet {
2        public void doGet(HttpServletRequest request,
3        HttpServletResponse response)throws ServletException, IOException {
4            doPost(request, response);
5        }
6        public void doPost(HttpServletRequest request,
7        HttpServletResponse response)throws ServletException, IOException {
8        String id=request.getParameter("id");                        //订单编号
9        String receiverName=request.getParameter("receiverName");    //用户名称
10           //创建 service 层对象
11           OrderService service=new OrderService();
12           //调用 service 查询订单列表的方法
13           List<Order>orders=
14            service.findOrderByManyCondition(id, receiverName);
15           request.setAttribute("orders", orders);
16           //将客户端请求交给 list.jsp 处理再返回给客户端
17       request.getRequestDispatcher("/admin/orders/list.jsp")
18                   .forward(request,response);
19       }
20   }
```

在例 12-12 中,第 8 行和第 9 行代码用于获取两个查询条件参数,第 14 行代码用于调用 service 层 OrderService 类中的另一个方法 findOrderByManyCondition(),并传入两个查询条件的实参。

OrderService 类中 findOrderByManyCondition()方法具体实现如下。

```
1    //多条件查询订单信息
2    public List<Order> findOrderByManyCondition(String id,
3            String receiverName) {
4        List<Order>orders=null;
5        try {
6            orders=odao.findOrderByManyCondition(id, receiverName);
7        } catch (SQLException e) {
8            e.printStackTrace();
9        }
10       return orders;
11   }
```

从上述代码可以看出,service 层并没有其他的业务逻辑处理,它调用的是 dao 层 OrderDao 类的 findOrderByManyCondition()方法,该方法代码具体如下。

```
1    //多条件查询
2    public List<Order> findOrderByManyCondition(String id,
3    String receiverName) throws SQLException {
4        List<Object> objs=new ArrayList<Object>();
5        String sql="select orders.*,user.* from orders,user "
6            +"where user.id=orders.user_id ";
7        if (id !=null && id.trim().length()>0) {
8            sql+=" and orders.id=?";
9            objs.add(id);
10       }
11       if (receiverName !=null && receiverName.trim().length()>0) {
12           sql+=" and receiverName=?";
13           objs.add(receiverName);
14       }
15       sql+=" order by orders.user_id";
16       QueryRunner runner=new QueryRunner(DataSourceUtils.getDataSource());
17       return runner.query(sql, new ResultSetHandler<List<Order>>() {
18           public List<Order> handle(ResultSet rs) throws SQLException {
19               List<Order> orders=new ArrayList<Order>();
20               while (rs.next()) {
21           Order order=new Order();
22           order.setId(rs.getString("orders.id"));
23           order.setMoney(rs.getDouble("orders.money"));
24           order.setOrdertime(rs.getDate("orders.ordertime"));
25           order.setPaystate(rs.getInt("orders.paystate"));
26            order.setReceiverAddress(rs
27           .getString("orders.receiverAddress"));
28           order.setReceiverName(rs.getString("orders.receiverName"));
29           order.setReceiverPhone(rs.getString("orders.receiverPhone"));
30           orders.add(order);
31
32           User user=new User();
33           user.setId(rs.getInt("user.id"));
34           user.setEmail(rs.getString("user.email"));
35           user.setGender(rs.getString("user.gender"));
36           user.setActiveCode(rs.getString("user.activecode"));
37           user.setIntroduce(rs.getString("user.introduce"));
38           user.setPassword(rs.getString("user.password"));
39           user.setRegistTime(rs.getDate("user.registtime"));
40           user.setRole(rs.getString("user.role"));
41           user.setState(rs.getInt("user.state"));
42           user.setTelephone(rs.getString("user.telephone"));
43           user.setUsername(rs.getString("user.username"));
44           order.setUser(user);
45               }
46               return orders;
47           }
48       }, objs.toArray());
49   }
```

在上述代码中,第 5～15 行代码用于拼接 SQL 语句,根据查询条件参数是否有值的情况,判断在 SQL 语句的 where 条件后是否加入该查询条件,这样做的原因是由于查询时条件的个数不确定,例如,只根据订单号或者只根据用户查询。

12.4.3　实现查看订单详情功能

在 12.4.2 节中实现了查询订单列表功能,列表中只能显示每个订单的部分信息,而管理订单时可能需要查看订单更详细的信息,例如某个订单中有哪些商品等,下面将详细讲解查看订单详情的功能。

进入订单管理后,在订单列表任意一行中单击按钮,进入订单详情页面,如图 12-15 所示。

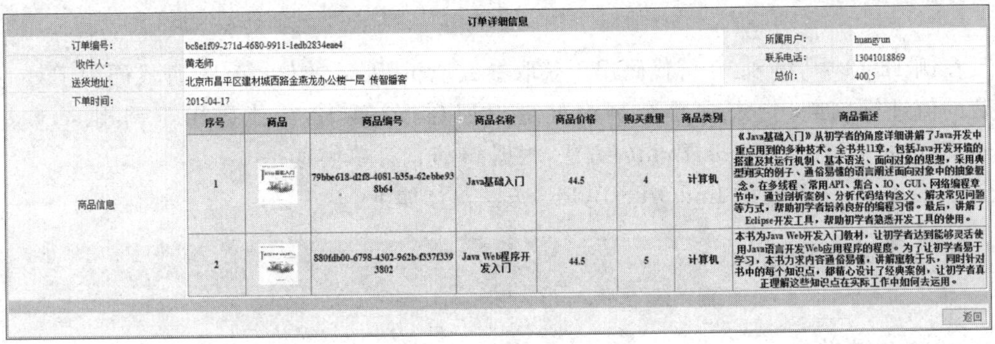

订单详细信息

订单编号: bc8e1f09-271d-4680-9911-1edb2834eae4　所属用户: huangyun
收件人: 黄老师　联系电话: 13041018869
送货地址: 北京市昌平区建材城西路金燕龙办公楼一层 传智播客　总价: 400.5
下单时间: 2015-04-17

商品信息

序号	商品	商品编号	商品名称	商品价格	购买数量	商品类别	商品描述
1		79bbe618-d2f8-4081-b35a-62ebbe938b64	Java基础入门	44.5	4	计算机	《Java基础入门》从初学者的角度详细讲解了Java开发中重点用到的多种技术。全书共11章,包括Java开发环境的搭建及其运行机制、基本语法、面向对象的思想,采用典型翔实的例子、通俗易懂的语言阐述面向对象中的抽象概念。在多线程、常用API、集合、IO、GUI、网络编程章节中,通过剖析案例、分析代码结构含义、解决常见问题等方式,帮助初学者培养良好的编程习惯。最后,讲解了Eclipse开发工具,帮助初学者熟悉开发工具的使用。
2		880fdb00-6798-4302-962b-f337f3393802	Java Web程序开发入门	44.5	5	计算机	本书为Java Web开发入门教材,让初学者达到能够灵活使用Java语言开发Web应用程序的程度。为了让初学者易于学习,本书力求内容通俗易懂,讲解寓教于乐,同时针对书中的每个知识点,都精心设计了经典案例,让初学者真正理解这些知识点在实际工作中如何去运用。

返回

图 12-15　订单详情页

在订单列表任意一行中单击按钮时发送了一个请求到 FindOrderByIdServlet 类,在 FindOrderByIdServlet 类中调用了查询订单详情的方法,由订单详情页面 view.jsp 处理后显示到浏览器上。

订单列表页按钮的请求路径,其代码片段如下所示。

```
<a href="${pageContext.request.contextPath}
/findOrderById? id=${order.id}&type=admin">
```

在上述代码中,URL 请求后带有两个参数,分别是订单 id 和用户类型标识 type,其中,type 参数的作用是区分请求来自前台网站还是后台系统。

编写 FindOrderByIdServlet 类代码,如例 12-13 所示。

例 12-13　FindOrderByIdServlet.java

```
1    public class FindOrderByIdServlet extends HttpServlet {
2        public void doGet(HttpServletRequest request,
3          HttpServletResponse response)throws ServletException, IOException {
4            doPost(request, response);
5        }
6        public void doPost(HttpServletRequest request,
7          HttpServletResponse response)throws ServletException, IOException {
8            String type=request.getParameter("type");    //用户类型
9            //1.得到要查询的订单的 id
```

```
10            String id=request.getParameter("id");
11            //2.根据 id 查找订单
12            OrderService service=new OrderService();
13            Order order=service.findOrderById(id);
14            request.setAttribute("order", order);
15            if(type!=null){
16                request.getRequestDispatcher("/admin/orders/view.jsp")
17                    .forward(request, response);
18                return;
19            }
20            request.getRequestDispatcher("/client/orderInfo.jsp")
21                .forward(request, response);
22        }
23    }
```

在例12-13中，第8、10行代码用于获取参数type和id的值；第15行代码用于对type参数的值进行判断，指定去哪个页面处理返回数据；第13行代码用于调用service层OrderService类的findOrderById()方法，根据id查询订单信息。

OrderService类中的findOrderById()方法具体如下。

```
1    //根据 id 查找订单
2    public Order findOrderById(String id) {
3        Order order=null;
4        try {
5            order=odao.findOrderById(id);
6            List<OrderItem>items=oidao.findOrderItemByOrder(order);
7            order.setOrderItems(items);
8        } catch (SQLException e) {
9            e.printStackTrace();
10       }
11       return order;
12   }
```

在上述代码中，第5行代码调用了dao层OrderDao类中的findOrderById()方法，这个方法是根据id获取订单信息，第6行代码调用了OrderItemDao类中的findOrderItemByOrder()方法，用于根据订单编号查询订单项信息。

OrderDao类中的findOrderById()方法具体如下。

```
1    public Order findOrderById(String id) throws SQLException {
2        String sql="select * from orders,user "
3            +" where orders.user_id=user.id and orders.id=?";
4        QueryRunner runner=new QueryRunner(DataSourceUtils.getDataSource());
5        return runner.query(sql, new ResultSetHandler<Order> () {
6            public Order handle(ResultSet rs) throws SQLException {
7                Order order=new Order();
8                while (rs.next()) {
9            order.setId(rs.getString("orders.id"));
10           order.setMoney(rs.getDouble("orders.money"));
11           order.setOrdertime(rs.getDate("orders.ordertime"));
```

```
12            order.setPaystate(rs.getInt("orders.paystate"));
13            order.setReceiverAddress(rs
14             .getString("orders.receiverAddress"));
15            order.setReceiverName(rs.getString("orders.receiverName"));
16            order.setReceiverPhone(rs.getString("orders.receiverPhone"));
17
18            User user=new User();
19            user.setId(rs.getInt("user.id"));
20            user.setEmail(rs.getString("user.email"));
21            user.setGender(rs.getString("user.gender"));
22            user.setActiveCode(rs.getString("user.activecode"));
23            user.setIntroduce(rs.getString("user.introduce"));
24            user.setPassword(rs.getString("user.password"));
25            user.setRegistTime(rs.getDate("user.registtime"));
26            user.setRole(rs.getString("user.role"));
27            user.setState(rs.getInt("user.state"));
28            user.setTelephone(rs.getString("user.telephone"));
29            user.setUsername(rs.getString("user.username"));
30            order.setUser(user);
31                }
32                return order;
33            }
34        }, id);
35    }
```

由于订单详情中需要显示订单项也就是商品的信息，所以还需要调用 OrderItemDao 类中的 findOrderItemByOrder()方法，用来根据订单编号查询订单项。

OrderItemDao 类中的 findOrderItemByOrder()方法具体如下。

```
1    //根据订单查找订单项，并将订单项中商品查找到。
2    public List<OrderItem> findOrderItemByOrder(final Order order)
3    throws SQLException {
4        String sql="select * from orderItem,Products "
5            +" where products.id=orderItem.product_id and order_id=?";
6        QueryRunner runner=new QueryRunner(DataSourceUtils.getDataSource());
7        return runner.query(sql, new ResultSetHandler<List<OrderItem>>() {
8            public List<OrderItem> handle(ResultSet rs) throws SQLException {
9                List<OrderItem> items=new ArrayList<OrderItem>();
10               while (rs.next()) {
11                   OrderItem item=new OrderItem();
12                   item.setOrder(order);
13                   item.setBuynum(rs.getInt("buynum"));
14                   Product p=new Product();
15                   p.setCategory(rs.getString("category"));
16                   p.setId(rs.getString("id"));
17                   p.setDescription(rs.getString("description"));
18                   p.setImgurl(rs.getString("imgurl"));
19                   p.setName(rs.getString("name"));
20                   p.setPnum(rs.getInt("pnum"));
```

```
21                  p.setPrice(rs.getDouble("price"));
22                  item.setP(p);
23                  items.add(item);
24              }
25              return items;
26          }
27      }, order.getId());
28  }
```

FindOrderByIdServlet 执行后转发到 view.jsp,其关键代码如例 12-14 所示。

例 12-14 view.jsp

```
1   …
2   <table cellSpacing="1" cellPadding="5" width="100%" align="center"
3   bgColor="#eeeeee" style="border: 1px solid #8ba7e3" border="0">
4     <tr>
5         <td class="ta_01" align="center"
6               bgColor="#afd1f3" colSpan="4"height="26">
7           <strong><STRONG>订单详细信息</STRONG></strong></td>
8     </tr>
9     <tr>
10          <td width="18%" align="center" bgColor="#f5fafe" class="ta_01">
11          订单编号:</td>
12          <td class="ta_01" bgColor="#ffffff">${order.id}</td>
13          <td align="center" bgColor="#f5fafe" class="ta_01">所属用户:</td>
14          <td class="ta_01" bgColor="#ffffff">${order.user.username }</td>
15    </tr>
16    <tr>
17        <td align="center" bgColor="#f5fafe" class="ta_01">收件人:</td>
18        <td class="ta_01" bgColor="#ffffff">${order.receiverName }</td>
19        <td align="center" bgColor="#f5fafe" class="ta_01">联系电话:</td>
20        <td class="ta_01" bgColor="#ffffff">${order.receiverPhone }</td>
21    </tr>
22    <tr>
23        <td align="center" bgColor="#f5fafe" class="ta_01">送货地址:</td>
24        <td class="ta_01" bgColor="#ffffff">${order.receiverAddress}</td>
25        <td align="center" bgColor="#f5fafe" class="ta_01">总价:</td>
26        <td class="ta_01" bgColor="#ffffff">${order.money }</td>
27    </tr>
28    <tr>
29        <td align="center" bgColor="#f5fafe" class="ta_01">下单时间:</td>
30      <td class="ta_01" bgColor="#ffffff" colSpan="3">
31      ${order.ordertime}</td>
32    </tr>
33    <tr>
34      <td class="ta_01" align="center" bgColor="#f5fafe">商品信息</td>
35      <td class="ta_01" bgColor="#ffffff" colSpan="3">
36  <table cellspacing="0" cellpadding="1" rules="all" bordercolor="gray"
37  border="1" id="DataGrid1" style="BORDER-RIGHT: gray 1px solid; BORDER-TOP:
38  gray 1px solid; BORDER-LEFT: gray 1px solid; WIDTH: 100%; WORD-BREAK:
```

```
39    break-all; BORDER-BOTTOM: gray 1px solid; BORDER-COLLAPSE: collapse;
40    BACKGROUND-COLOR: #f5fafe; WORD-WRAP: break-word">
41    <tr style="FONT-WEIGHT: bold; FONT-SIZE: 12pt;
42                HEIGHT: 25px; BACKGROUND-COLOR: #afd1f3">
43                        <td align="center" width="7%">序号</td>
44                        <td width="8%" align="center">商品</td>
45                        <td align="center" width="18%">商品编号</td>
46                        <td align="center" width="10%">商品名称</td>
47                        <td align="center" width="10%">商品价格</td>
48                        <td width="7%" align="center">购买数量</td>
49                        <td width="7%" align="center">商品类别</td>
50                        <td width="31%" align="center">商品描述</td>
51      </tr>
52        <c:forEach items="${order.orderItems}" var="item" varStatus="vs">
53        <tr style="FONT-WEIGHT: bold; FONT-SIZE: 12pt; HEIGHT: 25px;
54                BACKGROUND-COLOR: #eeeeee">
55                <td align="center" width="7%">${vs.count }</td>
56                <td width="8%" align="center">
57                <img src="${pageContext.request.contextPath}${item.p.imgurl}"
58                    width="50" height="50"></td>
59                <td align="center" width="18%">${item.p.id }</td>
60                <td align="center" width="10%">${item.p.name }</td>
61                <td align="center" width="10%">${item.p.price }</td>
62                <td width="7%" align="center">${item.buynum }</td>
63                <td width="7%" align="center">${item.p.category }</td>
64                <td width="31%" align="center">${item.p.description}</td>
65    </tr>
66    </c:forEach>
67    </table>
68    …
```

12.4.4 实现删除订单功能

后台系统管理员可以通过订单管理模块对已经支付的订单进行删除操作。在订单管理首页面上，订单列表中每条数据最后一栏中都有“删除”按钮☒，如图 12-16 所示。

订单编号	收件人	地址	联系电话	总价	所属用户	订单状态	查看	删除
10870dea-fdb3-4ced-913a-5b3ae21d5d2d	黄老师	北京市昌平区建材城西路金燕龙办公楼一层 传智播客	13041018869	148.0	huangyun	未支付		☒
611f80fa-4273-4674-be09-9530b6276e15	黄老师	北京市昌平区建材城西路金燕龙办公楼一层 传智播客	13041018869	89.0	huangyun	已支付		☒
86460d60-0f21-4267-813e-43c0fd6b97f3	黄老师	北京市昌平区建材城西路金燕龙办公楼一层 传智播客	13041018869	59.0	huangyun	未支付		☒
bc8e1f09-271d-4680-9911-1edb2834eae4	黄老师	北京市昌平区建材城西路金燕龙办公楼一层 传智播客	13041018869	400.5	huangyun	已支付		☒

图 12-16　订单列表

list.jsp 中和“删除”按钮相关的关键代码如下。

```
1    …
2    <c:if test="${order.paystate!=0 }">
3    <a href="${pageContext.request.contextPath}
4    /delOrderById? id=${order.id}&type=admin">
5    <img src="${pageContext.request.contextPath}/admin/images/i_del.gif"
6        width="16" height="16" border="0" style="CURSOR: hand"></a>
```

```
7     </c:if>
8     <c:if test="${order.paystate==0 }">
9     <a href="javascript:alert('不能删除未支付订单')">
10     <img src="${pageContext.request.contextPath}/admin/images/i_del.gif"
11         width="16" height="16" border="0" style="CURSOR: hand">
12     </a>
13     </c:if>
14     ...
```

上述代码对订单状态进行了判断，未支付的订单不能删除，并在第 9 行代码使用 JavaScript 的弹出框进行提示。对于已经支付的订单，单击订单列表中一个商品后面的"删除"按钮 ，将发送一个 URL 请求，该请求在 web. xml 文件中映射到 DelOrderByIdServlet 类，同时 URL 请求后面还带了一个参数 id，该参数为订单编号，用于指定要删除的订单。

DelOrderByIdServlet 类代码，如例 12-15 所示。

例 12-15　DelOrderByIdServlet. java

```
1     public class DelOrderByIdServlet extends HttpServlet {
2         public void doGet(HttpServletRequest request,
3           HttpServletResponse response)throws ServletException, IOException {
4             doPost(request, response);
5         }
6         public void doPost(HttpServletRequest request,
7           HttpServletResponse response)throws ServletException, IOException {
8             //获取订单 id
9             String id=request.getParameter("id");
10             //已支付的订单带有 type 值为 admin 的参数
11             String type=request.getParameter("type");
12             OrderService service=new OrderService();
13             if (type !=null && type.trim().length()>0) {
14                 //后台系统,调用 service 层 delOrderById()方法删除相应订单
15                 service.delOrderById(id);
16                 if ("admin".equals(type)) {
17                     request.getRequestDispatcher("/findOrders").
18                                     forward(request, response);
19                     return;
20                 }
21             } else {
22             //前台系统,调用 service 层 delOrderByIdWithClient()方法删除相应订单
23                 service.delOrderByIdWithClient(id);
24             }
25             response.sendRedirect(request.getContextPath()+
26                     "/client/delOrderSuccess.jsp");
27             return;
28         }
29     }
```

在例 12-15 中，第 13 行代码用于对 type 参数是否有值进行判断，由于后台是由超

级管理员账户登录的,传递的type参数的值为admin,所以程序将调用service层OrderService类中的delOrderById()方法,对订单进行删除,删除成功后转发到订单管理首页面。

OrderService类的delOrderById ()方法实现如下。

```
1    //根据 id 删除订单 管理员删除订单
2    public void delOrderById(String id) {
3        try {
4            DataSourceUtils.startTransaction();          //开启事务
5            oidao.delOrderItems(id);                     //删除订单项
6            odao.delOrderById(id);                       //删除订单
7        } catch (SQLException e) {
8            e.printStackTrace();
9            try {
10               DataSourceUtils.rollback();
11           } catch (SQLException e1) {
12               e1.printStackTrace();
13           }
14       }finally{
15           try {
16               DataSourceUtils.releaseAndCloseConnection();
17           } catch (SQLException e) {
18               e.printStackTrace();
19           }
20       }
21   }
```

上述代码中删除操作分为两部分,分别调用dao层OrderDao类中的delOrderById()方法和OrderItemDao类中的delOrderItems()方法,用于根据id删除订单信息和订单项信息。因为当某个订单被删除后,订单项作为该订单的关联信息变得没有意义,所以要同时删除,第4行代码用于开启事务处理,如果订单项或者订单有一个删除失败了,事务将回滚。

OrderDao类中的delOrderById()方法具体实现如下。

```
1    //根据 id 删除订单
2    public void delOrderById(String id) throws SQLException {
3        String sql="delete from orders where id=?";
4        QueryRunner runner=new QueryRunner();
5        runner.update(DataSourceUtils.getConnection(),sql,id);
6    }
```

OrderItemDao类中的delOrderItems ()方法具体实现如下。

```
1    //根据订单 id 删除订单项
2    public void delOrderItems(String id) throws SQLException {
3        String sql="delete from orderItem where order_id=?";
4        QueryRunner runner=new QueryRunner();
5        runner.update(DataSourceUtils.getConnection(),sql,id);
6    }
```

小结

本章主要针对网上书城项目的后台管理系统进行了详细的讲解。通过本章的学习，读者应该了解后台系统是如何与前台网站进行联系的，从而达到管理前台网站的目的，掌握如何实现后台管理系统中的各个模块，比如商品管理、订单管理等。

【思考题】

请简单描述商品管理模块的设计思路和实现流程。